U0717820

西藏大学喜马拉雅文库——
地球第三极科学技术研究系列

西藏麦地卡湿地常见藻类图集
Atlas of Common Algae in Mitika Wetland of Xizang

巴桑　庞婉婷　主编

科学出版社
北　京

内 容 简 介

麦地卡湿地是国际重要湿地，区域内有高原淡水湖泊、沼泽与河流，湿地类型丰富，功能完善，是全球高寒湿地生态系统中的典型代表。本书收录了麦地卡湿地国家级自然保护区常见藻类7门12纲28目50科146属561种（含变种及变型），其中蓝藻门13属19种3变种，金藻门7属10种1变种，黄藻门2属8种1变种，甲藻门2属2种，裸藻门5属18种6变种，绿藻门38属98种21变种1变型，硅藻门79属348种22变种3变型。书中记述了物种的中文名、拉丁名、鉴定文献和形态学特征，并在图版中展示光学显微镜或电子显微镜照片。书后附有中文名索引和拉丁名索引，便于读者查询。

本书可供植物学、藻类学、生态学及相关学科的科研、教学人员参考，也可供环境监测工作者阅读。

图书在版编目（CIP）数据

西藏麦地卡湿地常见藻类图集/巴桑，庞婉婷主编.—北京：科学出版社，2024.6
　ISBN 978-7-03-075382-3

　Ⅰ. ①西… Ⅱ. ①巴… ②庞… Ⅲ. ①沼泽化地–藻类–嘉黎县–图集 Ⅳ. ①Q949.2-64

中国国家版本馆 CIP 数据核字（2023）第 062467 号

责任编辑：王海光　王　好／责任校对：郑金红
责任印制：肖　兴／封面设计：北京图阅盛世文化传媒有限公司

科学出版社 出版
北京东黄城根北街 16 号
邮政编码：100717
http://www.sciencep.com

河北鑫玉鸿程印刷有限公司印刷
科学出版社发行　各地新华书店经销
*
2024 年 6 月第 一 版　　开本：787×1092　1/16
2024 年 6 月第一次印刷　　印张：12 1/4　插页：80
字数：524 000
定价：398.00 元
（如有印装质量问题，我社负责调换）

"西藏大学喜马拉雅文库"
编辑委员会

主　任　　金永兵

副主任　　郑安阳　　　方江平

委　员　　图登克珠　　达瓦　　　　单增罗布　　次旦扎西

　　　　　陈天禄　　　范海平　　　高大洪　　　贡觉扎西

　　　　　贡秋扎西　　觉嘎　　　　拉巴次仁　　尼玛扎西

　　　　　尼玛次仁　　普顿　　　　强巴央金　　桑木旦

　　　　　张金树　　　扎西　　　　平措达吉　　蔡秀清

《西藏麦地卡湿地常见藻类图集》
编委会

主　编　巴桑　　庞婉婷

副主编　刘洋　　于潘　　张家平

编　委（按姓氏笔画排序）

于潘　　巴桑　　邢冰伟　　刘洋

安瑞志　李晓东　杨清　　杨琳

张家平　庞婉婷　姜小蝶

序

　　青藏高原被称为"世界屋脊"，有着独特的自然条件和丰富的自然资源，也是长江、黄河、澜沧江、怒江、雅鲁藏布江等我国多条重要江河的源头区。有关青藏高原的生物资源状况，一直是科学家们高度关注的课题。20 世纪六七十年代，中国科学院多次组织综合科学考察队对西藏进行科学考察，取得了丰硕的科研成果。藻类是水生态系统中的初级生产者，种类繁多，分布广泛，对水环境生态监测与评估有着重要的意义。早在 1854 年，德国藻类学家 C. G. Ehrenberg 就对青藏高原的藻类有报道。中国科学院水生生物研究所在多次青藏高原科学考察的基础上，编写了《西藏藻类》（1992 年）和《中国西藏硅藻》（2000 年），书中记载西藏藻类 9 门 211 属 1932 种。但截至目前，西藏地区藻类的图片大多以手绘图为主，尚未有以光镜或电镜照片为主的图集出版。

　　麦地卡湿地位于西藏那曲嘉黎县北部，面积 43 496 hm^2，平均海拔 4900 m，是世界上海拔最高的湿地之一，属于典型的高原湖泊沼泽草甸湿地，被列入《国际重要湿地名录》。西藏大学麦地卡自治区级湿地生态系统定位观测研究站站长、西藏大学地球第三极碳中和研究中心主任巴桑教授主编的《西藏麦地卡湿地常见藻类图集》，记录了麦地卡湿地常见藻类 7 门 146 属 561 种（含变种及变型），每个物种都详细记述其形态特征，并配有清晰的光镜或电镜照片。

　　该书是在巴桑教授的主持下，由西藏大学与上海师范大学合作完成的。书中非硅藻照片均为彩色光镜照片，硅藻照片主要为 100 倍光镜照片和电镜照片，照片质量精良，种类组成具有典型的沼泽藻类特征。该书是一本高质量淡水藻类图集，也是西藏地区藻类生物多样性调查的重要成果。在该书即将出版之际，特此表示祝贺！

王全喜

2024年6月

前　言

　　西藏麦地卡湿地是世界海拔最高的湿地之一，其湿地类型齐全、功能完善，是集高原河流、湖泊、沼泽、草甸湿地为一体的典型高原湖泊沼泽草甸湿地，被称为"青藏高原重要生物基因库"。麦地卡湿地孕育着丰富而独特的生物物种，是植被类型变化的典型过渡带，同时也是黑颈鹤、雪豹等珍稀濒危物种繁殖和栖息的重要场所。麦地卡湿地是中国保持原生状态最完整的湿地之一，是研究生物起源、多样性、栖息环境、迁徙和进化的理想场所。

　　藻类属于水体中的微小生物，是河流、湖泊等水体的重要组成成分，作为重要的初级生产者，藻类在水体生态系统物质循环和能量流动中发挥着重要功能。研究麦地卡湿地藻类，对深入了解青藏高原生物多样性、生态系统功能以及环境变化具有重要意义。

　　2022年，在中央财政支持地方高校改革发展专项资金的支持下，西藏大学生态环境学院对麦地卡湿地重要水体理化因子、藻类物种组成和分布进行了野外实地调查，记录藻类生境信息并采集水体样品，对样品进行物种鉴定并拍摄照片，在认真整理所获取的资料后编写了《西藏麦地卡湿地常见藻类图集》。这是关于西藏藻类的首部图谱类书籍，可为西藏藻类研究提供参考。

　　本书相关研究由西藏大学巴桑教授主持完成。本书出版获得了西藏大学 2022 中央财政支持地方高校改革发展专项资金（藏财预指〔2022〕1 号）的资助，上海师范大学王全喜教授课题组、西藏自治区林业和草原局、麦地卡乡政府和麦地卡湿地国家级自然保护区等相关单位和个人提供了大力支持和帮助，在此一并表示感谢！

　　由于时间仓促，加之作者水平有限，书中不足之处在所难免，有些照片也不尽如人意，敬请读者批评指教。

巴桑

2023年4月

目　录

蓝藻门 Cyanophyta

蓝藻纲 Cyanophyceae ···3

色球藻目 Chroococcales ···3

色球藻科 Chroococcaceae ···3

隐球藻属 *Aphanocapsa* Nägeli 1849 ·······························3

色球藻属 *Chroococcus* Nägeli 1849 ·······························3

平裂藻属 *Merismopedia* Meyen 1839 ·······························4

立方藻属 *Eucapsis* Clements et Shantz 1909 ·······················5

腔球藻属 *Coelosphaerium* Nägeli 1849 ·························5

束球藻属 *Gomphosphaeria* Kützing 1836 ·······················5

藻殖段纲 Hormogonophyceae ···7

伪枝藻目 Scytonematales ···7

伪枝藻科 Scytonemataceae ···7

单岐藻属 *Tolypothrix* Kützing 1843 ·······························7

胶须藻目 Rivulariales ···7

胶须藻科 Rivulariaceae ···7

双须藻属 *Dichothrix* Zanardini 1858 ·······························7

颤藻目 Oscillatoriales ···8

假鱼腥藻科 Pseudanabaenaceae ···8

假鱼腥藻属 *Pseudanabaena* Lauterborn 1915 ···················8

颤藻科 Oscillatoriaceae ···8

颤藻属 *Oscillatoria* Vaucher ex Gomont 1892 ···················8

念珠藻目 Nostocales ···9

念珠藻科 Nostocaceae ···9

长孢藻属 *Dolichospermum* (Ralfs ex Bornet et Flahault) Wacklin,

Hoffmann et Komárek 2009 ···9

念珠藻属 *Nostoc* Vaucher 1803 ·······································9

节球藻属 *Nodularia* Mertens 1822 ·······························10

金藻门 Chrysophyta

金藻纲 Chrysophyceae ··13

  色金藻目 Chromulinales ··13

    色金藻科 Chromulinaceae ···13

     黄团藻属 *Uroglena* Ehrenberg 1834 ·····················13

    锥囊藻科 Dinobryaceae ··13

     锥囊藻属 *Dinobryon* Ehrenberg 1834 ··················13

     附钟藻属 *Epipyxis* Ehrenberg 1838 ····················14

  蛰居金藻目 Hibberdiales ··14

    金柄藻科 Stylococcaceae ··14

     金钟藻属 *Chrysopyxis* Stein 1878 ·····················14

     金瓶藻属 *Lagynion* Pascher 1912 ·····················15

黄群藻纲 Synurophyceae ···16

  黄群藻目 Synurales ···16

    黄群藻科 Synuraceae ··16

     黄群藻属 *Synura* Ehrenberg 1834 ·····················16

囊壳藻纲 Bicosoecophyceae ··17

  囊壳藻目 Bicosoecales ···17

    似树胞藻科 Pseudodendromonadaceae ·····················17

     似树胞藻属 *Pseudodendromonas* Bourrelly 1953 ······17

黄藻门 Xanthophyta

黄藻纲 Xanthophyceae ··21

  杂球藻目 Mischococcales ···21

    黄管藻科 Ophiocytiaceae ···21

     黄管藻属 *Ophiocytium* Nägeli 1849 ··················21

  黄丝藻目 Tribonematales ··22

    黄丝藻科 Tribonemataceae ···22

     黄丝藻属 *Tribonema* Derbès et Solier 1851 ·········22

甲藻门 Dinophyta

甲藻纲 Dinophyceae ···25

  多甲藻目 Peridiniales ···25

    裸甲藻科 Gymnodiniaceae ···25

     薄甲藻属 *Glenodinium* (Ehrenberg) Stein 1883 ·····25

多甲藻科 Peridiniaceae ··· 25

　多甲藻属 *Peridinium* Ehrenberg 1830 ································ 25

裸藻门 Euglenophyta

裸藻纲 Euglenophyceae ··· 29

　裸藻目 Euglenales ·· 29

　　裸藻科 Euglenaceae ··· 29

　　　裸藻属 *Euglena* Ehrenberg 1830 ································ 29

　　　柄裸藻属 *Colacium* Ehrenberg 1838 ························· 30

　　　囊裸藻属 *Trachelomonas* Ehrenberg 1834 ················ 30

　　　鳞孔藻属 *Lepocinclis* Perty 1849 ····························· 32

　　　扁裸藻属 *Phacus* Dujardin 1841 ······························· 33

绿藻门 Chlorophyta

绿藻纲 Chlorophyceae ·· 37

　团藻目 Volvocales ··· 37

　　团藻科 Volvocaceae ·· 37

　　　实球藻属 *Pandorina* Bory de Saint-Vincent 1826 ······ 37

　绿球藻目 Chlorococcales ·· 37

　　小桩藻科 Characiaceae ·· 37

　　　小桩藻属 *Characium* Braun 1849 ······························ 37

　　小球藻科 Chlorellaceae ··· 38

　　　四角藻属 *Tetraedron* Kützing 1845 ···························· 38

　　　单针藻属 *Monoraphidium* Komárková-Legnerová 1969 ··· 38

　　　纤维藻属 *Ankistrodesmus* Corda 1838 ······················ 39

　　　并联藻属 *Quadrigula* Printz 1916 ······························· 40

　　卵囊藻科 Oocystaceae ·· 40

　　　卵囊藻属 *Oocystis* Nägeli 1855 ································· 40

　　　肾形藻属 *Nephrocytium* Nägeli 1849 ························ 41

　　皮襟藻科 Hormotilaceae ·· 42

　　　掌网藻属 *Palmadictyon* Kützing 1845 ······················ 42

　　葡萄藻科 Botryococcaceae ··· 42

　　　葡萄藻属 *Botryococcus* Kützing 1849 ························ 42

　　网球藻科 Dictyosphaeraceae ·· 42

　　　网球藻属 *Dictyosphaerium* Nägeli 1849 ···················· 42

水网藻科 Hydrodictyaceae·······43

聚盘星藻属 *Soropediastrum* Wille 1924·······43

盘星藻属 *Pediastrum* Meyen 1829·······43

空星藻科 Coelastruaceae·······45

空星藻属 *Coelastrum* Nägeli 1849·······45

栅藻科 Scenedesmaceae·······45

十字藻属 *Crucigenia* Morren 1830·······45

栅藻属 *Scenedesmus* Meyen 1829·······46

四胞藻目 Tetrasporales·······48

四胞藻科 Tetrasporaceae·······48

四胞藻属 *Tetraspora* Link 1809·······48

丝藻目 Ulothricales·······48

丝藻科 Ulotrichaceae·······48

丝藻属 *Ulothrix* Kützing 1836·······48

双胞藻属 *Geminella* Turpin 1928·······49

微孢藻科 Microsporaceae·······49

微孢藻属 *Microspora* Thuret 1850·······49

胶毛藻目 Chaetophorales·······50

胶毛藻科 Chaetophoraceae·······50

毛枝藻属 *Stigeoclonium* Kützing 1843·······50

小丛藻属 *Microthamnion* Nägeli 1849·······50

鞘藻目 Oedogoniales·······51

鞘藻科 Oedogoniaceae·······51

毛鞘藻属 *Bulbochaete* Agardh 1817·······51

鞘藻属 *Oedogonium* Link 1820·······51

双星藻纲 Zygnematophyceae·······52

双星藻目 Zygnematales·······52

双星藻科 Zygnemataceae·······52

双星藻属 *Zygnema* Agardh 1824·······52

转板藻属 *Mougeotia* Agardh 1824·······52

水绵属 *Spirogyra* Link 1820·······52

中带鼓藻科 Mesotaeniaceae·······53

梭形鼓藻属 *Netrium* (Nägeli) Itzigsohn et Rothe 1856·······53

鼓藻目 Desmidiales·······53

鼓藻科 Desmidiaceae·······53

新月藻属 *Closterium* Nitzsch ex Ralfs 1848 ··53

宽带鼓藻属 *Pleurotaenium* Nägeli 1849 ··56

凹顶鼓藻属 *Euastrum* Ehrenberg ex Ralfs 1848 ··56

鼓藻属 *Cosmarium* Corda ex Ralfs 1848 ··57

角星鼓藻属 *Staurastrum* Meyen ex Ralfs 1848 ··62

叉星鼓藻属 *Staurodesmus* Teiling 1948 ··65

多棘鼓藻属 *Xanthidium* Ralfs 1848 ··66

泰林鼓藻属 *Teilingia* Bourrelly 1964 ··66

顶接鼓藻属 *Spondylosium* Brébisson ex Kützing 1849 ··67

圆丝鼓藻属 *Hyalotheca* Ralfs 1848 ··67

硅藻门 Bacillariophyta

中心纲 Centricae ··71

直链藻目 Melosirales ··71

直链藻科 Melosiraceae ··71

直链藻属 *Melosira* Agardh 1824 ··71

沟链藻科 Aulacoseiraceae ··71

沟链藻属 *Aulacoseira* Thwaites 1848 ··71

海链藻目 Thalassiosirales ··72

冠盘藻科 Stephanodiscaceae ··72

小环藻属 *Cyclotella* (Kützing) Brébisson 1838 ··72

碟星藻属 *Discostella* Houk et Klee 2004 ··72

琳达藻属 *Lindavia* (Schütt) DeToni et Forti 1900 ··73

冠盘藻属 *Stephanodiscus* Ehrenberg 1845 ··73

羽纹纲 Pennatae ··74

脆杆藻目 Fragilariales ··74

脆杆藻科 Fragilariaceae ··74

脆杆藻属 *Fragilaria* Lyngbye 1819 ··74

蛾眉藻属 *Hannaea* Patrick 1966 ··76

平格藻属 *Tabularia* Williams et Round 1986 ··76

肘形藻属 *Ulnaria* (Kützing) Compère 2001 ··77

十字脆杆藻科 Staurosiraceae ··78

假十字脆杆藻属 *Pseudostaurosira* Williams et Round 1988 ··78

网孔藻属 *Punctastriata* Williams et Round 1988 ··78

十字脆杆藻属 *Staurosira* Ehrenberg 1843 ··79

窄十字脆杆藻属 *Staurosirella* Williams et Round 1988 ·················80

平板藻科 Tabellariaceae ···80

等片藻属 *Diatoma* Bory de Saint-Vincent 1824 ·····················80

等杆藻属 *Distrionella* Williams 1990 ·································81

粗肋藻属 *Odontidium* Kützing1844 ·····································82

扇形藻属 *Meridion* Agardh 1824 ···82

平板藻属 *Tabellaria* Ehrenberg ex Kützing 1844 ···················83

短缝藻目 Eunotiales ···83

短缝藻科 Eunotiaceae ···83

短缝藻属 *Eunotia* Ehrenberg 1837 ·······································83

曲壳藻目 Achnanthales ···86

曲丝藻科 Achnanthidiaceae ···86

曲丝藻属 *Achnanthidium* Kützing 1844 ·································86

真卵形藻属 *Eucocconeis* Cleve et Meister 1912 ·····················87

格莱维藻属 *Gliwiczia* Kulikovskiy, Lange-Bertalot et Witkowski 2013 ·······87

平面藻属 *Planothidium* Round et Bukhtiyarova 1996 ···············88

片状藻属 *Platessa* Lange-Bertalot 2004 ·······························88

沙生藻属 *Psammothidium* Bukhtiyarova et Round 1996 ·············89

罗西藻属 *Rossithidium* Round et Bukhtiyarova 1996 ···············90

斯卡藻属 *Skabitschewskia* Kulikovskiy et Lange-Bertalot 2015 ·······91

卵形藻科 Cocconeidaceae ···91

卵形藻属 *Cocconeis* Ehrenberg 1837 ····································91

异极藻科 Gomphonemataceae ···92

双楔藻属 *Didymosphenia* Schmidt 1899 ·······························92

异纹藻属 *Gomphonella* Rabenhorst 1853 ······························92

异极藻属 *Gomphonema* Agardh 1824 ····································92

中华异极藻属 *Gomphosinica* Kociolek, You, Wang et Liu 2015 ·······97

双眉藻科 Amphoraceae ··97

双眉藻属 *Amphora* Ehrenberg et Kützing 1844 ·······················97

海双眉藻属 *Halamphora* (Cleve) Levkov 2009 ·······················98

桥弯藻科 Cymbellaceae ··99

桥弯藻属 *Cymbella* Agardh 1830 ··99

弯肋藻属 *Cymbopleura* (Krammer) Krammer 1999 ···················103

内丝藻属 *Encyonema* Kützing 1833 ····································105

拟内丝藻属 *Encyonopsis* Krammer 1997 ································· 107

瑞氏藻属 *Reimeria* Kociolek et Stoermer 1987 ·························· 108

舟形藻目 Naviculales ·· 109

　舟形藻科 Naviculaceae ·· 109

拉菲亚藻属 *Adlafia* Moser Lange-Bertalot et Metzeltin 1998 ··············· 109

暗额藻属 *Aneumastus* Mann et Stickle 1990 ························· 109

异菱藻属 *Anomoeoneis* Pfitzer 1871 ································ 110

短纹藻属 *Brachysira* Kützing 1836 ································ 110

美壁藻属 *Caloneis* Cleve 1894 ··································· 110

洞穴形藻属 *Cavinula* Mann et Stickle 1990 ·························· 111

格形藻属 *Craticula* Grunow 1867 ································· 112

交互对生藻属 *Decussata* (Patrick) Lange-Bertalot 2000 ················· 113

双壁藻属 *Diploneis* (Ehrenberg) Cleve 1894 ························· 113

管状藻属 *Fistulifera* Lange-Bertalot 1997 ·························· 114

肋缝藻属 *Frustulia* Rabenhorst 1853 ······························ 114

盖斯勒藻属 *Geissleria* Lange-Bertalot et Metzeltin 1996 ················ 115

布纹藻属 *Gyrosigma* Hassall 1845 ································ 116

蹄形藻属 *Hippodonta* Lange-Bertalot, Witkowski et Metzeltin 1996 ········· 116

喜湿藻属 *Humidophila* (Lange-Bertalot et Werum) Lowe, Kociolek,
　　Johansen, Van de Vijver, Lange-Bertalot et Kopalová 2014 ············ 117

小林藻属 *Kobayasiella* Lange-Bertalot 1999 ························· 117

泥栖藻属 *Luticola* Mann 1990 ··································· 118

马雅美藻属 *Mayamaea* Lange-Bertalot 1997 ························· 119

微肋藻属 *Microcostatus* Johansen et Sray 1998 ······················ 120

缪氏藻属 *Muelleria* (Frenguelli) Frenguelli 1945 ····················· 120

舟形藻属 *Navicula* Bory de Saint-Vincent 1822 ······················ 121

长篦形藻属 *Neidiomorpha* Lange-Bertalot et Cantonati 2010 ·············· 124

细篦藻属 *Neidiopsis* Lange-Bertalot et Metzeltin 1999 ················· 125

长篦藻属 *Neidium* Pfitzer 1871 ·································· 125

羽纹藻属 *Pinnularia* Ehrenberg 1843 ······························ 128

盘状藻属 *Placoneis* Mereschkowsky 1903 ·························· 132

假曲解藻属 *Pseudofallacia* Liu et Kociolek 2012 ····················· 134

鞍型藻属 *Sellaphora* Mereschkowsky 1902 ························· 134

辐节藻属 *Stauroneis* Ehrenberg 1843 ······························ 137

杆状藻目 Bacillariales ·· 139

　菱形藻科 Nitzschiaceae ·· 139

　　细齿藻属 *Denticula* Kützing 1844 ······························· 139

　　菱板藻属 *Hantzschia* Grunow 1877 ···························· 140

　　菱形藻属 *Nitzschia* Hassall 1845 ······························· 141

　　盘杆藻属 *Tryblionella* Simth 1853 ····························· 146

　　格鲁诺藻属 *Grunowia* Rabenhorst 1864 ····················· 147

　窗纹藻科 Epithemiaceae ··· 147

　　窗纹藻属 *Epithemia* Kützing 1844 ······························ 147

　　棒杆藻属 *Rhopalodia* Müller 1895 ····························· 148

　双菱藻科 Surirellaceae ·· 148

　　波缘藻属 *Cymatopleura* Smith 1851 ··························· 148

　　长羽藻属 *Stenopterobia* Brébisson et Van Heurck 1896 ··· 148

　　双菱藻属 *Surirella* Turpin 1828 ································· 149

参考文献 ·· 150

中文名索引 ·· 161

拉丁名索引 ·· 168

图版

蓝藻门 Cyanophyta

蓝藻是一类原核生物（prokaryote），又称蓝细菌（cyanobacteria），其形态为单细胞、群体和丝状体。细胞无色素体和真正的细胞核等细胞器，原生质体分为外部的色素区和无色的中央区。色素区除含有叶绿素 a 和两种叶黄素外，还含有藻红素和藻蓝素；同化产物主要是蓝藻淀粉。无色的中央区主要含有环丝状 DNA，无核膜、核仁。

蓝藻的细胞壁由 3～4 层黏肽复合物构成。单细胞和群体类蓝藻的细胞壁外层常有个体或群体胶被，丝状体类蓝藻的细胞壁外常具胶鞘。胶鞘和胶被分层或不分层，无色或具黄、褐、红、紫、蓝等颜色。

有些丝状蓝藻具异形胞，异形胞常为球形，细胞壁厚，内含物稀少，在光镜下无色透明。异形胞的着生位置是蓝藻分类的重要特征。

蓝藻的繁殖方式通常为细胞分裂，有些单细胞或群体类蓝藻可以形成外生孢子和内生孢子，丝状体类蓝藻除细胞分裂外，藻丝还能形成"藻殖段"，以"藻殖段"的方式进行营养繁殖。

蓝藻生长在各种水体或潮湿土壤、岩石、树干及树叶上，不少种类也能在干旱的环境中生长繁殖。水生蓝藻多在含氮较高、有机质丰富、偏碱性的水体生长，大量繁殖形成水华，破坏湖泊景观和水体生态环境，造成生态危害。

蓝藻的分类近年来变化较大，随着分子生物学研究的进展，出现了大量的新属和新种，许多常见的蓝藻类群分类地位也发生了变化。世界已报到的蓝藻约有 400 属近 5000 种。本书收录常见蓝藻 13 属 19 种 3 变种。

蓝藻纲 Cyanophyceae

色球藻目 Chroococcales

色球藻科 Chroococcaceae

隐球藻属 *Aphanocapsa* Nägeli 1849

原植体为群体，由 2 个至多个细胞组成，群体胶被厚而柔软，无色、黄色、棕色或蓝绿色。细胞球形、卵形、椭圆形或不规则形，常 2 个或 4 个细胞一组分布于群体中，每组间有一定的距离。个体胶被不明显，或仅有痕迹。原生质体均匀，无气囊，浅蓝色、亮绿色或灰蓝色。

常分布在湖泊、池塘中。

1. 微小隐球藻（图版 1: 1）

Aphanocapsa delicatissima West et West, 1912; 朱浩然, 1991, p. 20, pl. V, fig. 5.

群体球形、椭圆形或不定形，群体胶被黏质，均匀，无色或黄色。细胞球形，单生或成对，排列均匀而松散，蓝绿色。细胞直径 1.8~2.8 μm。

2. 细小隐球藻密集变种（图版 1: 2）

Aphanocapsa elachista **var. *conferta*** West et West, 1912; 朱浩然, 1991, p. 21, pl. VI, fig. 1; 李尧英等, 1992, p. 40, pl. I, fig. 2.

群体球形、卵形或椭圆形，群体胶被质均匀，无色。细胞球形，单独存在或成对，蓝绿色。细胞直径 3.8~5.2 μm。

色球藻属 *Chroococcus* Nägeli 1849

原植体多为 2~6 个以至更多（很少超过 64 个或 128 个）细胞组成的群体，群体胶被较厚，均匀或分层，透明或黄褐色、红色、紫蓝色。细胞球形或半球形，胶被均匀或分层。原生质体均匀或具颗粒，灰色、淡蓝绿色、蓝绿色、橄榄绿色、黄色或褐色。

广泛分布在池塘、湖泊、河道等水体中。

1. 膨胀色球藻（图版 1: 3-4）

Chroococcus turgidus (Kützing) Nägeli, 1849; 朱浩然, 1991, p. 34, pl. XI, fig. 2; 李尧英等, 1992, p. 44, pl. I, fig. 12.

群体胶被无色透明。细胞半球形，细胞相接触面处扁平，橄榄绿色、黄色，内具颗粒体。细胞直径 23～30 μm，包括胶被时直径 32～38 μm。

2. 厚膜色球藻（图版 1: 5）

Chroococcus turicensis (Nägeli) Hansgirg, 1887；朱浩然, 1991, p. 37, pl. XIII, fig. 1；李尧英等, 1992, p. 45, pl. I, fig. 14.

群体通常由 2～4 个细胞组成，胶被宽厚。细胞球形、半球形，蓝绿色或黄绿色，有时具颗粒体。细胞直径 16～30 μm，包括胶被时直径 25～38 μm。

3. 粘连色球藻（图版 1: 6）

Chroococcus cohaerens (Brébisson) Nägeli, 1849；朱浩然, 1991, p. 38, pl. XIII, fig. 5；李尧英等, 1992, p. 45.

群体胶被薄，无色，不分层；小群体之间以侧面互相粘连成一个片状体。细胞球形、半球形，蓝绿色，具颗粒体。细胞直径 7～12 μm。

4. 湖沼色球藻优美变种（图版 1: 7-8）

Chroococcus limneticus* var. *elegans Smith, 1918；朱浩然, 1991, p. 39, pl. XIII, fig. 10；李尧英等, 1992, p. 46, pl. II, fig. 4.

胶被宽厚无色，透明无层理。细胞球形、半球形或长圆形，灰绿色。细胞直径 36～43 μm。

平裂藻属 *Merismopedia* Meyen 1839

原植体群体，由一层细胞组成平板状，群体胶被无色、透明、柔软，群体中细胞排列整齐，通常 2 个细胞为一对，2 对为一组，4 个小组为一群，许多小群集合成大群体，群体中的细胞数目不定，小群体细胞多为 32～64 个，大多数细胞多可达数百个以至千个。细胞浅蓝绿色、亮绿色，少数为玫瑰红色至紫蓝色，原生质体均匀。

广泛分布在湖泊和池塘中，有时在夏季形成优势种，偶尔可以形成水华，在长江干流和河道中也有分布。

1. 点形平裂藻（图版 2: 1）

Merismopedia punctata Meyen, 1839；朱浩然, 1991, p. 79, pl. XXXI, fig. 10；李尧英等, 1992, p. 55, pl. III, fig. 15.

群体内的细胞排列十分整齐。细胞半球形、宽卵形或球形，淡蓝绿色或蓝绿色。细胞直径 2.0～3.5 μm。

2. 细小平裂藻（图版 2: 2）

Merismopedia minima Beck, 1897；朱浩然, 1991, p. 79, pl. XXXI, fig. 8.

细胞小，互相密贴，球形、半球形，蓝绿色。细胞直径 0.9～2.0 μm。

3. 旋折平裂藻（图版 2: 3）

Merismopedia convoluta Brébisson ex Kützing, 1849; 朱浩然, 1991, p. 81, pl. XXXI, fig. 5.

群体呈板状或叶片状, 可弯曲甚至边缘部卷折。细胞球形、半球形或长圆形, 蓝绿色。细胞直径 3.0～5.0 μm。

立方藻属 *Eucapsis* Clements et Shantz 1909

原植体群体, 立方体, 有胶被。细胞球形或亚球形, 蓝绿色, 两两相对为一小组, 每 4 个小组排列成一个小立方体, 4 个小立方体排列成大立方体。

分布在湖泊、浅水洼和积水处。

1. 高山立方藻（图版 2: 4）

Eucapsis alpina Clements et Shantz, 1909; 朱浩然, 1991, p. 82, pl. XXII, fig. 1.

群体胶被均匀, 无色。细胞球形, 蓝绿色。细胞直径 5～7 μm。

腔球藻属 *Coelosphaerium* Nägeli 1849

原植体群体, 球形、长圆形、椭圆形或略不规则。群体胶被厚, 无色, 均匀或具辐射状纹理; 个体胶被缺或不明显。细胞球形、半球形、椭圆形或倒卵形, 在群体胶被表面之下排列成完整的一层, 形成中空的群体。

分布在湖泊、池塘中, 常与微囊藻水华混生。

1. 居氏腔球藻（图版 2: 5）

Coelosphaerium kuetzingianum Nägeli, 1849; 朱浩然, 1991, p. 83, pl. XXXII, fig. 4; 李尧英等, 1992, p. 52.

群体球形或近球形, 直径 33～50 μm, 群体胶被无色透明。细胞近球形, 单一或成对, 在群体胶被的表面下排成一单层。原生质体均匀。细胞直径 1.5～3.0 μm。

束球藻属 *Gomphosphaeria* Kützing 1836

原植体群体, 球形、椭圆形、卵形。群体胶被厚, 无色, 无层理。群体中的细胞, 在胶被下面 2 个或 4 个一组排成一层, 每个细胞均和一条胶质柄相连。细胞梨形、倒卵形或椭圆形, 浅灰色、蓝绿色、橄榄绿色。

分布在池塘、鱼塘或浅水等静水水体中。

1. 圆孢束球藻（图版 2: 6-7）

Gomphosphaeria aponina Kützing, 1836; 朱浩然, 1991, p. 85, pl. XXXIII, fig. 3; 李尧英等, 1992, p. 54.

群体球形或近球形。细胞梨形或倒卵形, 蓝绿色或橄榄绿色, 老时呈黄绿色。群体直径 33～85 μm; 细胞长 4～6 μm, 宽 3～4 μm。

2. 圆孢束球藻心形变种（图版 2: 8）

Gomphosphaeria aponina* var. *cordiformis Wille, 1982; 朱浩然, 1991, p. 85, pl. XXXIII, fig. 4; 李尧英等, 1992, p. 54, pl. III, fig. 10.

本变种与原变种的区别为：细胞心脏形，以狭的一端附着于胶柄上；细胞长 7～9 μm，宽 5～8 μm。

藻殖段纲 Hormogonophyceae

伪枝藻目 Scytonematales

伪枝藻科 Scytonemataceae

单岐藻属 *Tolypothrix* Kützing 1843

原植体为游离、匍匐或直立丝状体，常具坚固的鞘，每个鞘内具一条藻丝。假分枝常在异形胞处产生，单一或成双。藻殖段在丝状体顶部产生，有些种类也产生孢子。

常附着在水中的岩石或者潮湿的石壁、土壤、木头等基质上。

1. 小单岐藻（图版 3: 1-6）

Tolypothrix tenuis Kützing, 1843; 朱浩然, 2007, p. 15, pl. IX, fig. 4; 李尧英等, 1992, p. 112.

丝状体多次假分枝。鞘薄，初无色，后为黄褐色，常分层。藻丝横壁处收缢或不收缢。细胞圆柱形，长宽相近或长略大于宽。异形胞圆柱形或球形，单生或 2～5 个一列。藻丝宽 12～18 μm；细胞长 8～12 μm，宽 5～8 μm；异形胞长 11～14 μm，宽 6～8 μm。

胶须藻目 Rivulariales

胶须藻科 Rivulariaceae

双须藻属 *Dichothrix* Zanardini 1858

原植体丛生，毛笔状或垫状；丝状体游离具二叉式假分枝，分枝基部常有数条藻丝包含在一个公共的鞘内，彼此略相互平行，分枝最顶端仅 1 条藻丝。具鞘，鞘透明、黄色或橙褐色，均匀或分层，层理平行或扩展，藻丝有的从基部到顶部逐渐尖细，有的仅在顶端渐尖细。异形胞单生，或数个连生、基生，少数间生。

常分布于沼泽、湖泊、水坑或溪流的岩石及潮湿土壤表面。

1. 中华双须藻（图版 3: 7-8）

Dichothrix sinensis Jao, 1939; 朱浩然, 2007, p. 59, pl. XXXIX, fig. 3.

丝状体丛生，直立，高达 1.7 mm，伪枝伸长，然后叉开，缠绕。藻鞘厚，分层，顶部逐渐尖细，无色或灰黄褐色。藻丝 1～4 条包在藻鞘内，细胞横壁不收缢。异形胞基生，单一，少数 2～4，半球或近卵形。细胞宽为长的 2～4.5 倍，藻丝中部细胞宽 6～10 μm，顶部细胞宽 3～4 μm。

颤藻目 Oscillatoriales

假鱼腥藻科 Pseudanabaenaceae

假鱼腥藻属 *Pseudanabaena* Lauterborn 1915

原植体为单条藻丝组成的皮壳状或毡状的漂浮群体。藻丝直或弯曲，无鞘，横壁处常收缢。顶端细胞无增厚的外壁，细胞柱状，长大于宽。

分布于湖泊、河流、池塘、沟渠等水体中。

1. 湖生假鱼腥藻（图版 4: 1）

Pseudanabaena limnetica (Lemmermann) Komárek, 1974；朱浩然, 2007, p. 116, pl. LXXVII, fig. 5.
Oscillatoria limnetica Lemmermann, 1900, p. 310.

藻丝单独，直或弯曲，常与其他藻类混生。细胞横壁有时不明显，细胞连接处有或无收缢，宽 1.5～2.0 μm，长为宽的 3 倍。

颤藻科 Oscillatoriaceae

颤藻属 *Oscillatoria* Vaucher ex Gomont 1892

原植体为单条藻丝或由许多藻丝组成皮壳状和块状的漂浮群体，无鞘，或很少具极薄的鞘。藻丝不分枝，直或扭曲，能颤动，横壁处收缢或不收缢，顶端细胞多样，末端增厚或具帽状体。细胞短柱形或盘状。原生质体均匀或具颗粒。以藻殖段繁殖。

分布于池塘、湖泊、河流等水体中。

1. 颗粒颤藻（图版 4: 2）

Oscillatoria granulata Gardner, 1927；朱浩然, 2007, p. 114, pl. LXXVI, fig. 6；李尧英等, 1992, p. 74, pl. VIII, fig. 1.

藻丝单条，长而弯曲，横壁不收缢，两侧具大颗粒，顶端不尖细。顶端细胞钝圆，不具帽状结构，不增厚。细胞长 4.5～6.8 μm，宽 7～8.5 μm。

2. 盐生颤藻（图版 4: 3）

Oscillatoria subamoena Jao, 1947；朱浩然, 2007, p. 124, pl. LXXVIII, fig. 9.

藻丝直，末端渐细且弯曲，横壁处不收缢。末端细胞宽圆锥形或近球形，外壁增厚，具帽状体。原生质体具假空胞。细胞长 2.5～4.5 μm，宽 4.5～6.3 μm。

3. 巨颤藻（图版 **4: 4**）

Oscillatoria princeps Vaucher ex Gomont, 1892; 朱浩然, 2007, p. 120, pl. LXXIX, fig. 2.

藻丝多数直，横壁处不收缢，鲜绿色或暗绿色，细胞横壁不具颗粒。藻丝宽 27～28 µm；细胞长为宽的 0.09～0.25 倍，长 4.5～7 µm。

念珠藻目 Nostocales

念珠藻科 Nostocaceae

长孢藻属 *Dolichospermum* (Ralfs ex Bornet et Flahault) Wacklin, Hoffmann et Komárek 2009

原植体为单一丝状体或不定形胶质块或柔软膜状。藻丝等宽或末端尖细，直或不规则螺旋状弯曲。细胞圆球形、桶形。异形胞常间生。孢子 1 个或几个成串，紧靠异形胞或位于异形胞之间。

广泛分布于各种水体中。

1. 螺旋长孢藻（图版 **4: 5**）

Dolichospermum spiroides (Klebahn) Wacklin, Hoffmann et Komárek, 2009; 张毅鸽等, 2020, p. 1079, fig. 1e-1f.

Anabaena spiroides Klebahn, 1895, p. 25.

藻丝单条，自由漂浮，规则地螺旋弯曲，带有厚而不明显的胶鞘。细胞扁球形，长略小于宽。异形胞球形。细胞长 3～4 µm，宽 5～6 µm；异形胞直径 6.5～7.5 µm。

念珠藻属 *Nostoc* Vaucher 1803

原植体胶状或革状，幼时球形至长圆形，成熟后为球形叶状、丝状、泡状等各种形状，中空或实心，漂浮或着生；丝状体在群体四周排列紧密而颜色较深，丝状体螺旋状弯曲或缠绕；鞘有时明显或常相互融合；藻丝念珠状，宽度相等。细胞扁球形、桶形、腰鼓形、圆柱形。异形胞间生，幼时顶生。孢子球形或长圆形，在异形胞之间成串产生。

分布于各种水体中，有的种类可生长在潮湿的地表或干旱草地。

1. 普通念珠藻（图版 **4: 6-7**）

Nostoc commune Vauch, 1803; 朱浩然, 2007, p. 169, pl. C, fig. 5; 李尧英等, 1992, p. 95.

幼时球形，成熟后扩展呈皱褶片状，有时不规则裂开，宽可达数厘米，蓝绿色、橄榄绿色或褐黄色。丝状体弯曲或缠绕；群体胶被仅在四周明显而厚，黄褐色，常分层，内部的分层不明显，无色透明。细胞短桶形或近球形，多数长小于宽或长略大于宽。异形胞近球形。细胞直径 8～12 µm，异形胞直径约为 20 µm。

节球藻属 *Nodularia* Mertens 1822

原植体单一，丝状体多数直，少数弯曲；鞘无色且薄，紧贴于藻丝，有时不明显。细胞短，盘状。异形胞间生，有规则地隔一段细胞具一个异形胞。孢子位于 2 个异形胞之间，一个或几个一串，外壁光滑。

分布于静水水体。

1. 泡沫节球藻（图版 4: 8）

Nodularia spumigena Mertens, 1822；朱浩然, 2007, p. 178, pl. CIX, fig. 4；李尧英等, 1992, p. 93, pl. XIII, fig. 5.

丝状体单一，直或螺旋弯曲。鞘薄或厚，无色。细胞短，盘状。异形胞比营养细胞宽。细胞长 2～4 μm，宽 8～10 μm；异形胞长 10～12 μm，宽 4～5 μm。

金藻门 Chrysophyta

金藻为单细胞、群体或分枝丝状体。有些种类营养细胞前端具鞭毛，终生能运动，鞭毛 1 条或 2 条。具 2 条鞭毛时，一条长，伸向前方，为茸鞭型；另一条较短，弯向后方，为尾鞭型。

大部分金藻无细胞壁，原生质体裸露，细胞可变形，具周质，有的原生质体分泌纤维素构成囊壳，或分泌果胶质的膜，其表面镶有硅质的小鳞片。少数金藻形成由纤维素和果胶质组成的细胞壁。具 2 个大型片状色素体；含叶绿素 a 和叶绿素 c，胡萝卜素、叶黄素含量较高，色素体呈黄绿色、橙黄色、金棕色等。同化产物为金藻昆布糖（金藻淀粉）或油。

单细胞运动型金藻常以细胞纵裂的方式繁殖。群体运动型金藻常断裂成 2 个或 2 个以上的片段，每个片段发育成一个新个体。许多种类可以形成孢囊（cyst）度过不良环境，在适宜的条件下萌发。金藻的有性生殖为同配生殖，仅在少数属中发现。

金藻多生活在淡水中，在海水中少见。喜生于透明度高，温度低，有机质含量少，偏酸性的水体中。

世界已报道的金藻约有 200 属 1200 余种，多生于冷清的沼泽水体中。本书收录金藻 7 属 10 种 1 变种。

金藻纲 Chrysophyceae

色金藻目 Chromulinales

色金藻科 Chromulinaceae

黄团藻属 *Uroglena* Ehrenberg 1834

植物体为球形或椭球形，具群体胶被，细胞沿胶被的边缘呈辐射状排列，细胞后端胶柄连或不相连于从群体中心伸出的胶质丝上。细胞球形、卵形或椭球形，前端具 2 条不等长鞭毛；具 1～3 个伸缩泡；色素体 1～3 个，周生，片状；眼点 1 个；细胞核 1 个。

多分布于湖泊和池塘等淡水水体中。

1. 旋转黄团藻（图版 5: 1）

Uroglena volvox Ehrenberg, 1838; 胡鸿钧和魏印心, 2006, p. 240, pl. VI-6, figs. 3-5.

群体球形。细胞沿胶被的边缘呈辐射状排列，后端胶柄附于从群体中心呈辐射状伸出的胶质丝上。细胞倒卵形，前端具 2 条不等长鞭毛；色素体 1 个，周生，片状。群体直径 73～124 μm；细胞长 10～12 μm，宽 4～9 μm。

锥囊藻科 Dinobryaceae

锥囊藻属 *Dinobryon* Ehrenberg 1834

植物体为树状或丛状群体。细胞具圆锥形囊壳，前端圆形或喇叭状开口，后端呈锥形，囊壳透明或黄褐色。细胞多数呈卵形，前端具 2 条不等长鞭毛；1 个眼点；1～2 个片状色素体，周生。

多分布于湖泊和池塘等淡水或微含盐的水体中。

1. 密集锥囊藻（图版 5: 2-3）

Dinobryon sertularia Ehrenberg, 1834; 胡鸿钧和魏印心, 2006, p. 243, pl. VI-1, fig. 14; 李尧英等, 1992, p. 396, pl. LXXX, fig. 1.

群体细胞密集排列呈丛状。囊壳钟形，宽而粗短，前端开口处略呈喇叭状，中上部略收缢，后端渐尖呈锥状，略不对称。囊壳长 25～32 μm，宽 7～9 μm。

2. 密集锥囊藻环纹变种（图版 5: 4-8）

Dinobryon sertularia var. ***annulatum*** Shi et Wei emend Pang et al., 2019, p. 52, figs. 13-18; 李尧英等, 1992, p. 396, pl. LXXXIX, fig. 2.

本变种与原变种的区别为：囊壳因富含铁而呈黄褐色，囊壳表面具环纹；孢囊球形、椭球形或倒卵形，领倒锥形；囊壳长 15～25 μm，宽 7～8 μm，孢囊直径约 12 μm。

附钟藻属 *Epipyxis* Ehrenberg 1838

植物体为单细胞。细胞外具囊壳，囊壳纺锤形、圆锥形、长卵形或钟形，无色透明或黄褐色。原生质体椭圆形、纺锤形或卵形，前端具 2 条不等长鞭毛。

多分布于湖泊、池塘、沼泽等淡水水体中，附着于丝状藻类等基质上。

1. 椭圆附钟藻（图版 6: 1-2）

Epipyxis utriculus Ehrenberg, 1838; 胡鸿钧和魏印心, 2006, p. 246, pl. VI-6, fig. 6; 李尧英等, 1992, p. 397.

囊壳纺锤形，光镜下可见鳞片状前端略窄，开口平截，后端渐尖细着生于丝状藻类上。囊壳长 11～22 μm，宽 7～9 μm。

2. 畸形附钟藻（图版 6: 3-4）

Epipyxis deformans Averinzev, 1901; Pang et al., 2019, p. 50, fig. 19.

囊壳圆柱形，开口漏斗形，具生长环。细胞纺锤形，前端具 2 条鞭毛，后端具短柄着生于囊壳底部。囊壳长 19～30 μm，宽 5～7 μm。

3. 管状附钟藻（图版 6: 5）

Epipyxis tubulosa (Mack) Hilliard et Asmund, 1963; Starmach, 1985, p. 261, fig. 525.

囊壳管状，直或略弯曲，基部钝圆。细胞纺锤形，前端具 2 条鞭毛；色素体 1 个，带状。囊壳长 20～50 μm，宽 5～7 μm。

4. 泥炭藓附钟藻（图版 6: 6）

Epipyxis sphagnicola Hilliard et Asmund, 1963; Starmach, 1985, p. 258, fig. 523.

群体大，仅前端的囊壳内具原生质体。囊壳长管状，弯曲，基部钝圆。细胞纺锤形，前端具 2 条鞭毛；色素体 1 个，片状。群体长，囊壳长 32～39 μm，宽 5～7 μm。

蛰居金藻目 Hibberdiales

金柄藻科 Stylococcaceae

金钟藻属 *Chrysopyxis* Stein 1878

植物体为单细胞。囊壳卵形、长圆形或瓶形，上部为颈状或短的突起，顶端伸出细丝状伪足，基部具 2 个尖头状的环形突起环绕于丝状藻类基质上。原生质体充满或不充满囊壳；色素体 1～2 个，片状，周生。

分布在湖泊、池塘、沼泽等水体中，附着在丝状绿藻或其他藻上。

1. 垂直金钟藻（图版 7: 6）

Chrysopyxis ascendens Wislouch, 1914; Starmach, 1985, p. 403, fig. 849.

囊壳倒卵形，前端具 1 短颈，基部延伸呈环状绕于丝状藻表面。囊壳长 8～12 μm，宽 6～8 μm。

金瓶藻属 *Lagynion* Pascher 1912

植物体为单细胞，附着于丝状藻类等基质上。囊壳球形、瓶形、哑铃形，上部或为狭长颈状，顶端具开口，底部平，透明或呈褐色。原生质体前端具长线形伪足，从囊壳开口伸出；色素体 1 个或 2 个，无眼点。

多分布于湖泊、池塘、沼泽等淡水水体中，附着于丝状绿藻或其他藻体上。

1. 细弱金瓶藻（图版 7: 5）

Lagynion delicatulum Skuja, 1964; Starmach, 1985, p. 398, fig. 830.

囊壳褐色，近三角形，上部狭长呈圆柱形颈状，底部平。囊壳长 7～8 μm，宽 12～13 μm。

黄群藻纲 Synurophyceae

黄群藻目 Synurales

黄群藻科 Synuraceae

黄群藻属 *Synura* Ehrenberg 1834

植物体为群体，自由运动，球形或椭圆形，细胞互相连接呈放射状排列，无群体胶被。细胞呈长卵形或梨形，表质外具有许多覆瓦状排列的硅质鳞片，前端具 2 条略不等长的鞭毛。原生质体具数个伸缩泡；细胞后端 2 个片状色素体，黄褐色，周生，位于细胞两侧，无眼点。种类的鉴定主要根据鳞片的亚显微结构特征和分子生物学的数据。

分布于水坑、池塘、湖泊和沼泽等水体中。

1. 彼得森黄群藻（图版 7: 1-4）

Synura petersenii Korshikov, 1929; Kristianse et Preisig, 2007, p. 116, fig. 80.

群体球形，直径 36～45 μm。细胞梨形，尾长；色素体 2 个，片状。孢囊球形，光滑，无领。细胞长 11～18 μm，宽 10～11 μm；孢囊直径 13～16 μm。

囊壳藻纲 Bicosoecophyceae

囊壳藻目 Bicosoecales

似树胞藻科 Pseudodendromonadaceae

似树胞藻属 *Pseudodendromonas* Bourrelly 1953

植物体为细胞的柄连续分枝形成的伞状群体，最上端分叉柄的顶端具一个细胞，群体基部着生于基质上。细胞小而扁，近三角形，前端具 2 条鞭毛，不具叶绿体。固定标本中，仅观察到细胞柄的伞状结构，细胞均脱落。

分布于池塘、沼泽中。

1. 似树胞藻（图版 7: 7）

Pseudodendromonas vlkii (Vlk) Bourrelly, 1953; 魏印心, 2018, p. 150, pl. II, fig. 1.

特征同属。

黄藻门 Xanthophyta

　　黄藻为单细胞、群体或丝状体，或多核管状体。大多数种类营养体不具鞭毛，繁殖时产生双鞭毛的孢子或配子。针胞藻类营养体具 2 条不等长的鞭毛。

　　黄藻的细胞壁常由 2 个半片套合而成，化学成分主要是纤维素与果胶质。细胞核小，多数类群为单核，管状体为多核。色素体 1 个至多数，盘状、片状或带状；含叶绿素 a 和叶绿素 c。同化作用产物为油和白糖素。

　　黄藻多以无性生殖方式繁殖，产生游动孢子、似亲孢子或不动孢子，游动孢子具 2 条不等鞭毛。有性生殖见于丝状或管状类群中。

　　黄藻以淡水生活为主，一般在贫营养、温度较低的水中生长旺盛，有的种类生活在潮湿的土表，极少数生活于海水中。

　　世界已报道的黄藻有 100 余属 600 余种，大多数生活于沼泽小水体中，真正浮游种类并不多。本书收录黄藻 2 属 8 种 1 变种。

黄藻纲 Xanthophyceae

杂球藻目 Mischococcales

黄管藻科 Ophiocytiaceae

黄管藻属 *Ophiocytium* Nägeli 1849

植物体单细胞，浮游或着生。细胞长圆柱形，长为宽的数倍。着生种类细胞较直，基部具短柄着生在他物上。浮游种类细胞弯曲或不规则螺旋形卷曲，两端圆形或有时略膨大，一端或两端具刺，或两端都不具刺。细胞壁由不相等的 2 节片套合组成。幼植物体单核，成熟后多核。色素体 1 个至多数，周生，盘状、片状或带状。

常分布于池塘、沼泽等小水体中，浮游或底部附着。

1. 小型黄管藻（图版 **8: 1-2**）

Ophiocytium parvulum (Petry) Braun, 1855; 王全喜, 2007, p. 27, fig. 25; 李尧英等, 1992, p. 403, pl. LXXXI, fig. 8.

细胞管状，略弯曲或螺旋状卷曲，两端圆形，不具刺。色素体多个，片状。细胞长 53～64 μm，宽 5～10 μm，长为宽的 6～11 倍。

2. 单刺黄管藻（图版 **8: 3-5**）

Ophiocytium lagerheimii Lemmermann, 1899; 王全喜, 2007, p. 29, fig. 28; 李尧英等, 1992, p. 403, pl. LXXXII, fig. 3.

细胞管状，直或卷曲，一端具一细尖的长刺。色素体多个，片状。细胞长 25～72 μm，宽 4～5 μm，刺长 6～22 μm。

3. 匙形黄管藻（图版 **8: 6-7**）

Ophiocytium cochleare (Eichwald) Braun, 1855; 王全喜, 2007, p. 31, fig. 30; 李尧英等, 1992, p. 403, pl. LXXXII, fig. 1.

细胞管状，直或弯曲，一端具短粗的刺，另一端膨大呈广圆形。色素体多个，片状。细胞长 50～56 μm，宽 8～9 μm，刺长 2～5 μm。

4. 罕见黄管藻小型变种（图版 **8: 8-9**）

Ophiocytium maius* var. *minor Li et Wang, 2003; 王全喜, 2007, p. 32, fig. 33.

细胞管状，直或略弯曲，一端具一短柄，短柄基部有一球形固着器。细胞长 51～

130 μm，宽 4～11 μm，柄长 3～5 μm。

5. 荒漠黄管藻（图版 8: 10-11）

Ophiocytium desertum Printz, 1913; 王全喜, 2007, p. 33, fig. 34; 李尧英等, 1992, p. 403, pl. LXXXI, fig. 7.

细胞管状，直或略弯曲，一端具一短柄，短柄基部有一球形固着器。细胞长 40～110 μm，宽 5～10 μm，柄长 3～6 μm。

黄丝藻目 Tribonematales

黄丝藻科 Tribonemataceae

黄丝藻属 *Tribonema* Derbès et Solier 1851

植物体为不分枝的丝状体。细胞圆柱形或两侧略膨大的腰鼓形，长为宽的数倍，细胞壁由"H"形的 2 节片套合组成。色素体 1 个至多数，周生，盘状、片状、带状，无蛋白核，具单核。

生长在池塘、沟渠等小水体中，常见于冬春季。

1. 螺带黄丝藻（图版 8: 12）

Tribonema spirotaenia Ettl, 1956; 王全喜, 2007, p. 46, fig. 48.

丝状体纤细，长直。细胞圆柱形，横隔处略收缢或几乎不收缢。色素体 1 个，带状或片状卷曲。细胞长 26～35 μm，宽 4～5 μm。

2. 厚壁黄丝藻（图版 8: 13-14）

Tribonema pachydermum Jao, 1964; 王全喜, 2007, p. 46, fig. 47.

细胞壁厚，横隔明显收缢，并在收缢部分的内侧略增厚。色素体多为 1 个，叶状，形态不规则。细胞长 50～72 μm，宽 7～11 μm。

3. 近缘黄丝藻（图版 8: 15）

Tribonema affine (Kützing) West, 1904; 王全喜, 2007, p. 51, fig. 52; 李尧英等, 1992, p. 404, pl. LXXXII, fig. 8.

细胞长圆柱形，细胞壁薄。色素体 1～6 个，带状或不规则盘状，周生。细胞长 18～32 μm，宽 3～4 μm。

4. 小型黄丝藻（图版 8: 16）

Tribonema minus (Klebs) Hazen, 1902; 王全喜, 2007, p. 53, fig. 55; 李尧英等, 1992, p. 404, pl. LXXXII, fig. 7.

细胞圆柱形、桶形，细胞壁薄。色素体 2～4 个，盘状或圆盘状，周生。细胞长 20～25 μm，宽 3～4 μm。

甲藻门 Dinophyta

甲藻绝大多数是单细胞，具 2 条不等长的鞭毛；极少数为丝状体，其游动细胞仅在生殖时具鞭毛。

甲藻细胞裸露或具细胞壁，细胞壁薄或厚而硬，富含纤维素。纵裂甲藻由左右 2 个半片组成；无纵沟和横沟；2 条鞭毛顶生，一条茸鞭型，一条尾鞭型。横裂甲藻细胞壁由多个板片嵌合而成，板片的形态构造和组合是分类的依据，具背腹之分；多具一横沟和一纵沟；2 条鞭毛侧生，从横沟与纵沟交叉处的鞭毛孔伸出，一条在横沟中，茸鞭型，为横鞭毛，另一条沿纵沟向后方伸出，尾鞭型，为纵鞭毛。

甲藻细胞核很大，分裂间期染色体呈浓缩螺旋状，不消失；核分裂时，核膜与核仁也不消失。绝大多数甲藻具有多个盘状色素体，能够进行光合作用，极少数种类无色。甲藻的叶绿素成分是叶绿素 a 和叶绿素 c，辅助色素有 β-胡萝卜素和几种叶黄素，其中最重要的是多甲藻素。由于甲藻光合色素中黄色色素含量较高，使得色素体呈黄绿色、橙色、褐色。同化产物是淀粉和油。

甲藻以细胞分裂为主要繁殖方式，少数产生游动孢子、不动孢子或厚壁休眠孢子，极少数具有同配的有性生殖。

甲藻以海产为主，但在淡水环境中也广泛分布，常在一些湖泊、池塘中形成优势种。

世界已报道的甲藻约有 130 属 1000 余种，但种的鉴定困难，记录的有照片的属种并不多。本书收录甲藻 2 属 2 种。

甲藻纲 Dinophyceae

多甲藻目 Peridiniales

裸甲藻科 Gymnodiniaceae

薄甲藻属 *Glenodinium* (Ehrenberg) Stein 1883

植物体为单细胞，球形、卵形、圆锥形，横断面椭圆形或肾形。上壳和下壳等大或不等大，横沟环状或略呈螺旋状环绕，纵沟明显，位于腹面。细胞壁薄，整块或由大小不等的多角形板片组成，板片平滑或具点纹、线纹、乳头状突起，上壳的顶板、沟前板和前间插板的数目按种类而异，下壳板片数目恒定。鞭毛 2 条，从横沟和纵沟相交处的鞭毛孔分别伸出，横鞭毛环绕在横沟内，纵鞭毛从纵沟向后伸出。色素体多数，圆盘状、卵形，呈金黄色、黄绿色、褐色，少数种类无色素体；具或不具眼点；具 1 个典型间核型的细胞核。

多数为淡水种类。

1. 薄甲藻属未定种（图版 **9: 1-2**）

Glenodinium **sp.**

特征同属。

多甲藻科 Peridiniaceae

多甲藻属 *Peridinium* Ehrenberg 1830

植物体为单细胞，球形、椭圆形、卵形，罕为多角形，横断面常呈肾形；横沟显著，多数环状，也有右旋或左旋的，纵沟略伸向上壳。细胞壁厚，具平滑或具花纹的板片，其间具板间带，具或不具顶孔，顶板 4 块，前间插板为 0～3 块，沟前板 7 块，沟后板 5 块，底板 2 块。鞭毛 2 条，从横沟和纵沟相交处各自的鞭毛孔伸出，横鞭毛环绕在横沟内，纵鞭毛从纵沟向后伸出。色素体多数，周生，颗粒状、圆盘状，呈黄色、褐色，部分种类具蛋白核；具或不具眼点；细胞核大，位于细胞中部。

大多数为海产种类；淡水种类生长在池塘、湖泊及沼泽中。

1. 腰带多甲藻（图版 **9: 3-6**）

Peridinium cinctum (Müller) Ehrenberg, 1883; 李尧英等, 1992, p. 393, pl. LXXIX, figs. 9-16.

细胞球形到长卵形，背腹明显或略扁平，无顶孔；上壳略大于下壳，上壳半球形；

横沟明显左旋，纵沟明显伸入上壳，向下不扩大或略扩大，直达下壳末端；上壳板片不对称，具 7 块沟前板、1 块菱形板、2 块腹部顶板、2 块中间顶板、2 块背部顶板，右侧的大于左侧的，拱顶板片三角形至五角形，底板不等大。色素体褐色。细胞长 50～53 μm，宽 50～53 μm。

裸藻门 Euglenophyta

　　裸藻绝大多数为单细胞，只有极少数是由多个细胞聚合成的不定群体，体形多样，有纺锤形、卵形、圆柱形、椭圆形等。细胞表面具线纹，细胞形态和表质线纹的走向是裸藻分类的重要依据。裸藻具 2 条不等长鞭毛，一条为游动鞭毛，另一条为拖曳鞭毛，弯向后方，起平衡作用。大多数裸藻具红色眼点，具有对光产生反应的作用，是绿色裸藻中特有的结构——光感受器。

　　裸藻属于真核生物，藻细胞无细胞壁，在长期的演化过程中，表质特化的程度不一。有些表质软的种类形状易变，可产生"裸藻状蠕动"；表质半硬化的种类，形态能略为改变，但不产生"裸藻状蠕动"；而表质完全硬化的种类则形态固定，无法产生"裸藻状蠕动"。大多数裸藻具色素体，色素体的有无、色素体的形状、色素体中蛋白核的有无及形状是裸藻分类的重要依据。有些绿色裸藻的细胞外具囊壳，囊壳的形状及纹饰可作为此类裸藻的分类依据。某些无色裸藻具有复杂的杆形细胞器——杆状器，是用来摄食的，因此也被称作摄食器。裸藻的同化产物主要为副淀粉，在细胞内聚合成各种形状的颗粒——副淀粉粒。副淀粉粒有杆形、环形、圆盘形、球形、椭圆形等，副淀粉粒的大小及形状也是鉴定裸藻种类的一个重要特征。

　　裸藻分布广泛，常见于淡水水体中，几乎各种小水体都有，包括水库、湖泊、池塘、小积水等，在长江下游地区分布广泛。裸藻也存在于海洋、土壤和有些动物的直肠系膜中。裸藻的营养方式决定了大多数裸藻喜生于有机质较为丰富的环境中，甚至在有机污染的环境中也有它们的身影，有的裸藻特别耐有机污染，因此对有机污染有一定的指示作用。

　　裸藻的分类近年来变化较大，特别是绿色裸藻类，依据分子生物学数据，许多常见的类群分类地位也发生了变化。Algae Base 共记录淡水绿色裸藻 15 属 950 余种。本书收录裸藻 5 属 18 种 6 变种。

裸藻纲 Euglenophyceae

裸藻目 Euglenales

裸藻科 Euglenaceae

裸藻属 *Euglena* Ehrenberg 1830

细胞形态易变，大多数表质柔软，具"裸藻状蠕动"，运动时多呈圆柱形或纺锤形，细胞外具螺旋形线纹。色素体 1 个至数个，呈球形、星形、瓣裂状或片状，蛋白核有或无。具小颗粒状副淀粉粒，呈椭圆形、短杆形或卵形等。

广泛分布在池塘、湖泊、沟渠等水体中，喜生于含氮量高的小水体中，特别是在一些养鱼池中，可以形成优势种。

1. 棕色裸藻（图版 10: 1-2）

Euglena fusca Lemmermann, 1910; 施之新, 1999, p. 82, pl. XXVII, fig. 1; 李尧英等, 1992, p. 147, pl. LXX, fig. 5.

细胞扁平带状，表质半硬化，有时呈扭转状，前端圆形，后端收缢呈尖尾状，侧边近于平行，表质棕褐色，具自左向右螺旋排列的三角形颗粒。色素体圆盘形，多数，无蛋白核。具 2 个大的环形副淀粉粒，分别位于核的前后两端。细胞长 87～105 μm，宽 9～15 μm。

2. 刺鱼状裸藻（图版 10: 3）

Euglena gasterosteus Skuja, 1948; 施之新, 1999, p. 83, pl. XXVI, figs. 6-7.

细胞纺锤形，表质半硬化，前端较窄，斜截状或钝圆状，后端逐渐变尖呈尾刺状。色素体圆盘形，多数，无蛋白核。副淀粉粒大，环形或砖形，位于核的前后两端。细胞长 84～92 μm，宽 12～18 μm。

3. 阿洛格裸藻（图版 10: 4）

Euglena allorgei Deflandre, 1924; 施之新, 1999, p. 87-88, pl. XXVIII, figs. 10-11.

细胞长纺锤形，表质半硬化，后端逐渐变尖呈尾刺状。色素体小，圆盘形，无蛋白核。具 2 个大的杆状副淀粉粒，位于核的前后两端。细胞长 70～85 μm，宽 9～16 μm。

柄裸藻属 *Colacium* Ehrenberg 1838

细胞纺锤形、卵圆形或椭圆形，表质具线纹。细胞外被胶质包被，前端具胶质柄或胶垫，向下可附着在浮游动物（甲科动物、轮虫等）的体表上，单个或多个连成群体，常从宿主体表脱落并伸出一条鞭毛而形成单个游动细胞。色素体呈圆盘形，有或无蛋白核。

常分布于富营养化的小水体中，附着在浮游动物体表。

1. 树状柄裸藻（图版 10: 5-6）

Colacium arbuscula Stein, 1878; 施之新, 1999, p. 92, pl. XXXI, figs. 15-16; 李尧英等, 1992, p. 176.

细胞椭圆形或椭圆状圆柱形，前端宽圆，后端窄呈尖圆形。具长胶柄，呈树状群体。色素体圆盘形，多数，无蛋白核。副淀粉粒小，呈椭圆形。细胞长 12~40 μm，宽 8~15 μm。

囊裸藻属 *Trachelomonas* Ehrenberg 1834

细胞外具囊壳，囊壳呈球形、卵圆形、椭圆形或长圆形，因含铁和锰而呈棕色。囊壳顶端具孔，运动鞭毛从孔内伸出。囊壳外具纹饰，如点状突起、刺、疣、脊等。囊壳内细胞特征与裸藻属相似。

广泛分布于池塘、沼泽、湖泊等水体中，喜生于池塘、沼泽等含铁和锰等金属离子的小水体中。

1. 旋转囊裸藻（图版 11: 1）

Trachelomonas volvocina Ehrenberg, 1835; 施之新, 1999, p. 98-99, pl. XXXII, figs. 1-2, pl. LXXIX, fig. 1, pl. LXXX, fig. 1; 李尧英等, 1992, p. 164.

囊壳球形，表面光滑。少数鞭毛孔具短领，有环状加厚圈。囊壳直径 11~23 μm。

2. 旋转囊裸藻浮游变种（图版 11: 2）

Trachelomonas volvocina* var. *planktonica Playfair, 1921; Huber-Pestalozzi, 1955, p. 252, pl. LVI, fig. 354.

本变种与原变种的区别为：鞭毛孔具圆柱形领，部分伸出囊壳外，部分向内延伸；囊壳长 28~29 μm，宽 22~23 μm。

3. 矩圆囊裸藻（图版 11: 3）

Trachelomonas oblonga Lemmermann, 1900; 施之新, 1999, p. 110, pl. XXXIV, figs. 12-15; 李尧英等, 1992, p. 168.

囊壳矩圆形或椭圆形，褐色或黄褐色，表面光滑。鞭毛孔有或无环形加厚圈，有的具低领。囊壳长 17~24 μm，宽 12~21 μm。

4. 极美囊裸藻椭圆变种（图版 11: 4）

Trachelomonas pulcherrima* var. *ovalis Playfair, 1915; 施之新, 1999, p. 125, pl. XXXVIII, fig. 3; 李尧英等, 1992, p. 169, pl. LXXIV, fig. 18.

囊壳椭圆形，两端较中间窄，表面光滑无刺。鞭毛孔有或无短领，有时具环状加厚圈。囊壳长 17～19 μm，宽 14～15 μm。

5. 圆柱囊裸藻（图版 11: 5-6）

Trachelomonas cylindrica Ehrenberg, 1838; 施之新, 1999, p. 126, pl. XXXVIII, fig. 5; 李尧英等, 1992, p. 168.

囊壳圆柱形，浅黄色至深褐色，表面光滑无刺。鞭毛孔具领，领口平齐。囊壳长 18～27 μm，宽 10～16 μm。领高 1～2 μm，宽 2～4 μm。

6. 马恩吉囊裸藻环纹变种（图版 11: 7）

Trachelomonas manginii* var. *annulata Shi, 1998; 施之新, 1999, p. 113, pl. XXXVI, fig. 12.

囊壳矩圆形，淡黄色，表面光滑无刺。鞭毛孔具圆柱形直领，领具环纹。囊壳长 24～26 μm，宽 15～17 μm。领高 2～3 μm，宽 4～5 μm。

7. 相似囊裸藻（图版 11: 8）

Trachelomonas similis Stokes, 1890; 施之新, 1999, p. 120-121, pl. XXXVII, fig. 1, pl. LXXXV, fig. 8.

囊壳椭圆形，黄褐色，表面具点纹。鞭毛孔具倾斜的领，领口具不规则齿刻。囊壳长 29～30 μm，宽 21～22 μm。领高 4～5 μm，宽 3～4 μm。

8. 六角囊裸藻（图版 11: 9）

Trachelomonas hexangulata Swirenko, 1914; 施之新, 1999, p. 129, pl. XXXVIII, fig. 19.

囊壳六边形，两端尖，黄褐色，表面光滑。鞭毛孔具直领，领口平齐。囊壳长 28～29 μm，宽 14～15 μm。领高 3～4 μm，宽 3～4 μm。

9. 葱头囊裸藻（图版 11: 10）

Trachelomonas allia Drezepolski, 1925; 施之新, 1999, p. 139-140, pl. XL, fig. 12, pl. LXXXIII, fig. 3, pl. LXXXIV, fig. 3, pl. LXXXVI, fig. 6; 李尧英等, 1992, p. 172.

囊壳圆柱状椭圆形，两端宽圆，两侧平行，黄褐色或深红色，表面具短锥刺，密集分布。鞭毛孔无领及环状加厚圈。囊壳长 28～34 μm，宽 17～20 μm。

10. 密刺囊裸藻（图版 11: 11）

Trachelomonas sydneyensis Playfair, 1915; 施之新, 1999, p. 138, pl. XL, figs. 6-7, pl. LXXXIII, fig. 2, pl. LXXXIV, fig. 2, pl. LXXXVI, fig. 4; 李尧英等, 1992, p. 173.

囊壳椭圆形或倒卵形，淡黄色或透明，表面具密集的细锥刺。鞭毛孔具宽的低领，呈扩展状，领口具齿刻。囊壳长 19～22 μm，宽 13～15 μm。领高 2～3 μm，宽 5～7 μm。

11. 具棒囊裸藻（图版 11: 12）

Trachelomonas bacillifera Playfair, 1926; 施之新, 1999, p. 142-143, pl. XL, fig. 15; 李尧英等, 1992, p. 174.

囊壳椭圆形或近球形，两端宽圆，暗褐色，表面具棒刺。鞭毛孔无领。囊壳长 22～30 μm，宽 20～26 μm。

12. 具棒囊裸藻具领变种（图版 11: 13）

Trachelomonas bacillifera* var. *collifera Huber-Pestalozzi, 1955; 施之新, 1999, p. 143, pl. XL, fig. 16; 李尧英等, 1992, p. 174, pl. LXXXIV, fig. 4.

本变种与原变种的区别为：鞭毛孔具领，领口有时呈齿刻状；囊壳长 28～30 μm，宽 20～26 μm；领高 0.5～1 μm，宽 5～8 μm。

13. 棘刺囊裸藻（图版 11: 14）

Trachelomonas hispida (Perty) Stein emend Deflandre, 1926; 施之新, 1999, p. 135, pl. XXXIX, fig. 16, pl. LXXXI, fig. 9, pl. LXXXII, fig. 9; 李尧英等, 1992, p. 172.

囊壳椭圆形，黄褐色或红褐色，表面具锥形刺或乳突，密集或稀疏。鞭毛孔有或无加厚圈。囊壳长 32～34 μm，宽 22～24 μm。

14. 棘刺囊裸藻齿领变种（图版 11: 15）

Trachelomonas hispida* var. *crenulatocollis (Maskell) Lemmermann, 1913; 施之新, 1999, p. 136, pl. XXXIX, fig. 19; 李尧英等, 1992, p. 173.

本变种与原变种的区别为：鞭毛孔具领，领口开展或直向，具齿刻；囊壳长 20～21 μm，宽 30～31 μm。

15. 棘刺囊裸藻具冠变种（图版 11: 16）

Trachelomonas hispida* var. *coronata Lemmermann, 1913; 施之新, 1999, p. 135-136, pl. XXXIX, fig. 18, pl. LXXXIII, fig. 1, pl. LXXXIV, fig. 1; 李尧英等, 1992, p. 173.

本变种与原变种的区别为：鞭毛孔具一圈锥形尖刺；囊壳长 18～32 μm，宽 15～22 μm。

鳞孔藻属 *Lepocinclis* Perty 1849

细胞呈卵形、球形、纺锤形或椭圆形，表质具线纹、肋纹、凸纹或颗粒，成纵向或螺旋形排列，坚硬，形态固定，不具"裸藻状蠕动"。具多数小的盘状色素体，无蛋白核。副淀粉粒 2 个，呈大的环形。

分布于池塘、沟渠等缓流的小水体中，在含氮量较高的鱼池中常见。

1. 卵形鳞孔藻（图版 12: 1）

Lepocinclis ovum (Ehrenberg) Lemmermann, 1901; 施之新, 1999, p. 185, pl. LII, figs. 8-9; 李尧英等, 1992, p. 151.

细胞椭圆形，两端宽圆，后端逐渐变尖呈短尾刺状或乳头状短尾突。副淀粉粒大，2 个，环形，有时伴有一些小的杆形副淀粉粒。细胞长 28～29 μm，宽 20～21 μm，尾刺长约 3 μm。

扁裸藻属 *Phacus* Dujardin 1841

细胞扁平，呈叶状，有时呈扭曲状，表质坚硬，不具"裸藻状蠕动"，表面具螺旋状线纹或纵向线纹。色素体呈小的盘状，数个，无蛋白核。副淀粉粒 1～2 个，呈大的盘形、环形或假环形。

扁裸藻的种类较多，广泛分布在池塘、沼泽、湖泊、沟渠、河流中，喜生于富营养的鱼池及小池塘中。

1. 梨形扁裸藻（图版 12: 2）

Phacus pyrum (Ehrenberg) Stein, 1878; 施之新, 1999, p. 194-195, pl. LV, figs. 4-9; 李尧英等, 1992, p. 156, pl. LXXII, figs. 1-2.

细胞梨形，表面具 7～9 条自左上至右下的螺旋肋纹，前端宽圆，中央略微或明显凹入，后端逐渐变尖呈长尖尾刺状。副淀粉粒 2 个，介壳形。细胞长 36～37 μm，宽 14～18 μm，尾刺长 9～10 μm。

2. 短刺扁裸藻（图版 12: 3-4）

Phacus brachykentron Pochmann, 1942; 施之新, 1999, p. 213-214, pl. LXI, figs. 8-12; 李尧英等, 1992, p. 158, pl. LXXII, figs. 21-22.

细胞矩圆状宽卵圆形，前端略窄，后端宽圆逐渐变尖呈短尾突状，表面具纵向线纹。具 1 个较大的圆盘形副淀粉粒和多个椭圆形小颗粒。细胞长 37～38 μm，宽 14～18 μm，尾刺长 10～11 μm。

3. 曼奇恩扁裸藻（图版 12: 5-7）

Phacus manginii Lefèvre, 1933; 施之新, 1999, p. 226-227, pl. LXVIII, figs. 1-5.

细胞卵圆形，前端宽圆，顶端具明显的顶沟，延伸至中后部，顶端中央略凹入，后端由宽圆逐渐变尖呈直向或略弯的锥形尖尾刺状，表面具纵向线纹。副淀粉粒 2 个，等大或一大一小，球形或环形。细胞长 37～42 μm，宽 19～24 μm，尾刺长 8～10 μm。

4. 圆形扁裸藻（图版 12: 8-9）

Phacus orbicularis Huebner, 1886; 施之新, 1999, p. 230, pl. LXX, figs. 6-8; 李尧英等, 1992, p. 161.

细胞近圆形，两端宽圆，顶端中央略凹，后端逐渐变尖呈弯向一侧的尖尾刺状，表面具纵向线纹。具 2 个大的扁球形副淀粉粒。细胞长 49～52 μm，宽 36～38 μm，尾刺长 8～9 μm。

绿藻门 Chlorophyta

绿藻门的植物体是多种多样的，有单细胞、群体、丝状体和薄壁组织体。少数种类的营养细胞前端具鞭毛，多数种类的营养细胞不能运动，但在繁殖时形成具鞭毛的孢子或配子，能够运动。鞭毛通常 2 条或 4 条，顶生，等长，尾鞭型。

绿藻细胞壁的主要成分是纤维素和果胶质，色素体的形状变化很大，所含的色素与高等植物相同，有叶绿素 a、叶绿素 b、β-胡萝卜素及叶黄素。色素体上通常具 1 个至数个蛋白核，同化产物淀粉多贮于蛋白核周围成为淀粉鞘，细胞核 1 个至多数。

绿藻的繁殖方式多样，有营养繁殖、无性生殖和有性生殖。营养繁殖有细胞分裂、藻丝断裂、形成胶群体等；无性生殖可产生游动孢子、不动孢子、似亲孢子等；有性生殖除同配生殖、异配生殖和卵式生殖外，还可以接合生殖，即通过产生没有鞭毛的配子相结合生殖。

绿藻是最常见的藻类之一，以淡水种类为主，约为 90%，海水种类约为 10%。淡水种类广布于湖泊、池塘、沼泽、河流等水体中，浮游或固着生活，在潮湿的土壤、墙壁、树干上也常有分布，甚至在冰雪中也能找到。海水种类多分布在海洋沿岸的海水中，固着在岩石上。

绿藻的分类学研究近年来发展很快，在纲、目级别上也有很大变化，随着分子生物学的引入，出现了许多新观点，本书仍采用《中国淡水藻志》的分类系统和种属概念。

世界已报道的绿藻约有 450 属 8000 余种。本书收录绿藻 38 属 98 种 21 变种 1 变型。

绿藻纲 Chlorophyceae

团藻目 Volvocales

团藻科 Volvocaceae

实球藻属 *Pandorina* Bory de Saint-Vincent 1826

植物体群体，球形，由 4 个、8 个、16 个、32 个细胞组成，具胶被。群体细胞彼此紧贴，无空隙，或仅在群体的中心有小的空间。细胞球形、倒卵形、楔形，前端中央具 2 条等长的鞭毛；色素体多数为杯状，少数为块状、长线状，具 1 个或数个蛋白核，1 个眼点。

多分布于浅水湖泊和鱼池中。

1. 实球藻（图版 13: 1-2）

Pandorina morum (Müller) Bory de Saint-Vincent, 1826; 胡鸿钧和魏印心, 2006, p. 573, pl. XIV-15, fig. 7; 李尧英等, 1992, p. 256.

群体胶被缘边狭，群体细胞互相紧贴在群体胶被中央。细胞倒卵形或楔形，前端钝圆，后端渐狭，前端中央具 2 条等长的约为体长 1 倍的鞭毛。色素体杯状，具 1 个蛋白核。群体球形，直径 38～42 μm，细胞长 12～15 μm，宽 9～11 μm。

绿球藻目 Chlorococcales

小桩藻科 Characiaceae

小桩藻属 *Characium* Braun 1849

植物体单细胞，附生。细胞纺锤形、椭圆形、长圆形、卵形、长卵形、圆柱形或近球形，顶端钝圆或尖锐，或者延伸成圆锥形或刺状突起，下端细胞壁延长成柄，柄的基部常膨大为盘形或小球形的固着器。色素体 1 个，周生，片状，蛋白核 1 个，细胞较老时，色素体、蛋白核的数目亦随之增加。

分布于各种类型水体中，着生于丝状藻类、水生高等植物、甲壳动物等基质上。

1. 长形小桩藻（图版 13: 3）

Characium elongatum (Jao) Jao et Liang, 1996; 毕列爵和胡征宇, 2004, p. 20, pl. VII, fig. 1.

细胞狭长披针形，直或略弯曲，两端略尖细，顶端细胞壁增厚，下端细胞壁延长成短柄，末端膨大成球形。色素体浅绿色，常分散，具 1 个蛋白核。细胞直径 5～6 μm，长为 45～50 μm。

2. 长柄小桩藻小型变种（图版 13: 4）

Characium longipes* var. *minor Jao et Hu, 2004; 毕列爵和胡征宇, 2004, p. 20, pl. VII, fig. 5.

细胞纺锤形，左右对称，两端尖细，柄的末端扩大成盘状。细胞直径 6～7 μm，长（连柄）28～29 μm。

3. 布氏小桩藻（图版 13: 5）

Characium brunnthalerii Printz, 1915; 毕列爵和胡征宇, 2004, p. 22, pl. VII, figs. 11-13.

细胞直，卵形或近柱状卵形，顶端钝，下端圆形，柄短，末端扩大为无色小型盘状或略膨大的球状基部。细胞长 19～20 μm，宽 12～13 μm，柄长约 2.2 μm。

4. 喙状小桩藻（图版 13: 6-7）

Characium rostractum Reinsch, 1876; 毕列爵和胡征宇, 2004, p. 21, pl. VII, fig. 7.

细胞纺锤形，顶部弯曲或强烈弯曲成镰刀状，顶端尖锐，下部渐尖细，具长柄，柄的末端扩大成盘状。色素体片状，几乎充满整个细胞。细胞长（连柄）25～27 μm，宽 4～5 μm，柄长 5～12 μm。

小球藻科 Chlorellaceae

四角藻属 *Tetraedron* Kützing 1845

植物体单细胞。细胞扁平，常为角锥形，具 3 个、4 个或 5 个角，角分叉或不分叉，角延长成突起或无，角或突起顶端的细胞壁常形成棘刺。细胞具 1 个或多个盘状或多角形片状的色素体，各具 1 个蛋白核或无。

多分布于各种静水水体中。

1. 细小四角藻（图版 13: 8）

Tetraedron minimum (Braun) Hansgirg, 1888; 毕列爵和胡征宇, 2004, p. 49, pl. XIV, figs. 9-10; 李尧英等, 1992, p. 265.

细胞具 4 角突，镜面观为整齐或略不整齐四边形。角突较圆或略尖，顶端无刺，边缘内凹。细胞直径 4.5～9 μm。

单针藻属 *Monoraphidium* Komárková-Legnerová 1969

植物体多为单细胞，无共同胶被。细胞为或长或短的纺锤形，直或明显或轻微弯曲成为弓状、近圆环状、"S"形或螺旋形等，两端多渐尖细或较宽圆。色素体片状，周生，多充满整个细胞，不具或罕具 1 个蛋白核。细胞的形状、弯曲式样、大小及长宽比，种间变异很大。

分布于各种水体中。

1. 不规则单针藻（图版 **13: 9-10**）

Monoraphidium irregulare (Smith) Komárková-Legnerová, 1969; 毕列爵和胡征宇, 2004, p. 65, pl. XIX, fig. 1.

　　细胞长纺锤形，有不规则地多次弯曲或 1～2 圈螺旋状弯曲，两端渐狭，各具 1 细长尖端，朝同一方向或不同方向弯曲。色素体 1 个，片状，周生，不具蛋白核。细胞两顶端距离 14～23 μm，宽 1～1.5 μm。

2. 格里佛单针藻（图版 **13: 11-12**）

Monoraphidium griffithii (Berkeley) Komárková-Legnerová, 1969; 毕列爵和胡征宇, 2004, p. 64, pl. XVIII, figs. 5-6.

　　细胞狭长纺锤形，直或轻微弯曲，两端直而渐尖。色素体 1 个，周生，片状，无蛋白核。细胞长 32～65 μm，宽 2～4 μm。

纤维藻属 *Ankistrodesmus* Corda 1838

　　植物体为单细胞或由 2 个、4 个、8 个、16 个或更多细胞聚集成群，浮游。细胞大多细长，针形、月形或狭纺锤形，直或弯曲，自中部向两端渐细，末端常为尖形，罕为钝圆。每个细胞具 1 个周生的片状色素体，占细胞的绝大部分，有时分散成数块，有或无蛋白核。

　　分布极广，在各种类型的水体中都能生长繁殖，在较肥沃的小水体中更为常见。

1. 镰形纤维藻（图版 **14: 1-2**）

Ankistrodesmus falcatus (Corda) Ralfs, 1848; 毕列爵和胡征宇, 2004, p. 72, pl. XX, fig. 6; 李尧英等, 1992, p. 267.

　　植物体偶单细胞，多由 4 个、8 个、16 个或更多的细胞聚集在一起，常在细胞背面中部略凸处相连，并以其长轴互相平行整体成为束状。体外无或极罕有共同胶被。细胞纤细，长纺锤形，两端渐尖细，有时略弯曲。色素体 1 个，片状，具 1 个蛋白核。细胞长 30～65 μm，宽约 1.5 μm。

2. 镰形纤维藻放射变种（图版 **14: 3**）

Ankistrodesmus falcatus* var. *radiatus (Chodat) Lemmermann, 1908. 毕列爵和胡征宇, 2004, p. 74, pl. XX, fig. 8; 李尧英等, 1992, p. 268.

　　本变种与原变种的区别为：细胞常聚积成辐射状群丛；细胞直或弯曲，末端尖细；色素体 1 个，无蛋白核；细胞长 35～70 μm，宽 1.5～3 μm。

3. 伯纳德氏纤维藻（图版 **14: 4**）

Ankistrodesmus bernardii Komarek, 1983; 毕列爵和胡征宇, 2004, p. 75, pl. XX, fig. 12.

植物体由 4 个、8 个、16 个或 32 个细胞聚集而成。细胞细长，纺锤形，两端尖细，常 "S" 状弯曲，并在细胞中部以螺旋式互相缠绕聚集成束。色素体 1 个，片状，无蛋白核。细胞长 35～45 μm，宽 1～2 μm。

4. 纺锤纤维藻（图版 14: 5）

Ankistrodesmus fusiformis Corda, 1838; 毕列爵和胡征宇, 2004, p. 76, pl. XXI, fig. 1.

植物体常由 4 个、8 个、16 个或 32 个细胞聚于一起，在细胞中部交叉，略呈十字状或放射状。细胞针状纺锤形，直或略弯曲，两端渐尖。色素体 1 个，片状，无蛋白核。细胞长 30～52 μm，宽 1～1.5 μm。

并联藻属 *Quadrigula* Printz 1916

植物体由单个或由 2 个、4 个、8 个或更多的细胞聚集在一个共同的透明胶被内，常 2 个或 4 个或更多为一组，以其长轴互相平行排列，上下两端平齐，或不平齐，或相互错列，略与共同胶被的长轴相平行。细胞多为纺锤形、新月形、柱状长圆形或长椭圆形等，两端略尖细。色素体 1 个，片状，周生，不具或具 1～2 个蛋白核。

分布于池塘、湖泊等水体中。

1. 湖生并联藻（图版 14: 6）

Quadrigula lacustris (Chodat) Smith, 1920; 毕列爵和胡征宇, 2004, p. 87, pl. XXII, fig. 13.

植物体由 4 个、8 个、16 个或更多的细胞聚集在一个透明的两端较尖的纺锤形胶被中。细胞纺锤形，直或略有弯曲，两端较尖。色素体 1 个，片状，周生，具 1 个蛋白核。细胞长 12～15 μm，宽 2～3 μm。

卵囊藻科 Oocystaceae

卵囊藻属 *Oocystis* Nägeli 1855

植物体单细胞或群体，群体常由 2 个、4 个、8 个或 16 个细胞组成，包被于膨大的部分胶化的母细胞壁内。细胞椭圆形长圆形、柱状长圆形，两端钝圆或略尖，常在细胞两端有短而粗的圆锥形增厚。色素体多为 1～5 个，周生，片状到不规则盘状的，各具 1 个蛋白核或无。

分布于各种淡水水体中，小水体和浅水湖泊中常见。

1. 颗粒卵囊藻（图版 14: 7）

Oocystis granulata Hortobágyi, 1962; 毕列爵和胡征宇, 2004, p. 100, pl. XXVII, fig. 1.

细胞椭圆形，端圆，外被厚而具颗粒的胶被。色素体 1～3 个，片状，周生，具或不具蛋白核。细胞长 6～10 μm，宽 5～9 μm；母细胞壁直径 23～31 μm。

2. 小形卵囊藻（图版 14: 8）

Oocystis parva West et West, 1898; 毕列爵和胡征宇, 2004, p. 105, pl. XXVIII, fig. 3; 李尧英等, 1992, p. 269, pl. XXVII, figs. 16-17.

群体 8 个细胞，宽 35～45 μm。细胞宽或窄椭圆形，两端钝尖，细胞壁不具圆锥状加厚（或极罕具有）。色素体 1～2（～3）个，盘状，周生，各具 1 个蛋白核。细胞长 13～21 μm，宽 8～10 μm。

3. 水生卵囊藻（图版 14: 9）

Oocystis submarina Lagerheim, 1886; 毕列爵和胡征宇, 2004, p. 101, pl. XXVII, figs. 3-5; 李尧英等, 1992, p. 269, pl. XXVII, figs. 10-11.

细胞长椭圆形，细胞壁两端有短圆锥状的增厚。色素体 1～2 个，各具 1 个蛋白核。细胞长 30～31 μm，宽 15～16 μm。

4. 湖南卵囊藻（图版 14: 10）

Oocystis hunanensis Jao, 1940; 毕列爵和胡征宇, 2004, p. 104, pl. XXVII, fig. 12.

细胞宽椭圆形，两端宽圆，细胞壁较厚，不具加厚部分。色素体多数，常 12～16 个，周生，各具 1 个蛋白核。细胞长 15～20 μm，宽 13～15 μm；母细胞壁直径 42～48 μm。

5. 细小卵囊藻（图版 14: 11）

Oocystis pusilla Hansgirg, 1890; 毕列爵和胡征宇, 2004, p. 106, pl. XXVIII, fig. 6.

细胞椭圆形，细胞壁两端不加厚。色素体 2 个，片状，周生，无蛋白核。细胞长 18～19 μm，宽 10～11 μm。

肾形藻属 *Nephrocytium* Nägeli 1849

植物体常由 2 个、4 个、8 个或 16 个细胞组成的群体，群体细胞在母细胞壁膨大胶化的胶被中，常螺旋状排列，浮游。细胞肾形、长椭圆形、卵形、新月形或柱状长圆形，略弯曲或弯曲。具 1 个蛋白核和多数淀粉颗粒。

分布于浅水湖泊和小型水体中。

1. 新月肾形藻（图版 14: 12）

Nephrocytium lunatum West, 1892; 胡鸿钧和魏印心, 2006, p. 632, pl. XIV-23, figs. 16-17; 李尧英等, 1992, p. 271.

细胞新月形，两端渐细。色素体 1 个，片状，具 1 个蛋白核。细胞长 16～18 μm，宽 8～10 μm。

皮襟藻科 Hormotilaceae

掌网藻属 *Palmadictyon* Kützing 1845

植物体为分枝或不分枝的树状或网状群体，分枝部分近圆柱形，由较结实的胶质构成。细胞多球形，常单个或 2～4 个成为一组，单列或多列或不规则地存在于胶质分枝的各处。色素体 1 个或多个，具或不具蛋白核。

分布于湖泊、池塘等水体中。

1. 变形掌网藻（图版 15: 1-2）

Palmodictyon varium (Nägeli) Lemmermann, 1915; Komárek and Fott, 1983, p. 444, pl. 134, fig. 1.

植物体为管囊状不分枝或分枝的胶质群体，胶被厚且无色。细胞球形，单个、2 个或 4 个为一组，彼此分离。细胞直径约为 5 μm。

葡萄藻科 Botryococcaceae

葡萄藻属 *Botryococcus* Kützing 1849

植物体为无一定形态的原始定形群体，浮游，具共同胶被。群体细胞以群体包被的胶质丝相连，彼此贴靠，并辐射状单层排列在不规则分叶的半透明的群体胶被内周边。细胞椭圆形、卵形或楔形。每个细胞具 1 个杯状或叶状的黄绿色的色素体和 1 个裸露的蛋白核。同化产物为淀粉和油。

广泛分布的浮游种类，在水体中大量生长繁殖时形成水华。

1. 葡萄藻（图版 15: 3-5）

Botryococcus braunii Kützing, 1849; 毕列爵和胡征宇, 2004, p. 113, pl. XXIX, fig. 7; 李尧英等, 1992, p. 272.

群体由母细胞壁残余部分形成的粗糙而不规则且长短各异的绳索状胶质部分连接而成。细胞侧面观卵形或宽卵形，顶面观圆形，略辐射状排列在集结体表面，细胞埋藏在上述胶质部分中。色素体单个，片状。细胞多为黄绿色。群体宽 35～80 μm，长 39～175 μm；细胞宽 3～5 μm，长 6～10 μm。

网球藻科 Dictyosphaeraceae

网球藻属 *Dictyosphaerium* Nägeli 1849

植物体为原始定形群体，浮游。细胞常 4 个或有时 2 个一组，彼此分离并排列在母细胞壁胶化存留的十字形或双叉状分枝的胶质丝的顶端。细胞球形、椭圆形、卵形或肾形，每个细胞具 1 个杯状色素体和 1 个蛋白核。

分布于各种静水水体中，浮游。

1. 美丽网球藻（图版 **15: 6**）

Dictyosphaerium pulchellum Wood, 1872; 毕列爵和胡征宇, 2004, p. 118, pl. XXX, fig. 4; 李尧英等, 1992, p. 272.

细胞球形，与重复二分叉的胶质柄末端相连，常 4 个细胞一组。色素体 1 个，杯状，具 1 个蛋白核。细胞直径 3～5 μm。

水网藻科 Hydrodictyaceae

聚盘星藻属 *Soropediastrum* Wille 1924

植物体浮游，由 8 个或 16 个细胞组成球形或卵形的真性集结体。细胞梯形或近卵状梯形，细胞间以其基部相连接。色素体 1 个，杯状，无蛋白核。

分布于水库、水坑、湖泊等水体中。

1. 圆形聚盘星藻（图版 **16: 1**）

Soropediastrum rotundatum Wille, 1924; 刘国祥和胡征宇, 2012, p. 3, pl. I, figs. 4-6.

集结体由 8 个或 16 个细胞组成。细胞球形至梯形，角宽圆，侧边外宽内窄，正面观圆形；两细胞在窄的基部处相连接，无任何突起。细胞直径 13～20 μm。

盘星藻属 *Pediastrum* Meyen 1829

植物体由 2～128 个细胞排列成一层厚的盘状或星状真性定形群体，浮游。群体完整无孔或具穿孔，群体边缘细胞常与群体内部细胞形状不同，边缘细胞常具 1 个、2 个或 4 个突起，有时突起上具胶质毛丛，内部细胞多角形，无突起。细胞壁平滑无花纹或具颗粒或微细网纹。幼细胞的色素体周生，圆盘状，具 1 个蛋白核，随细胞成长色素体分散，具多个蛋白核。

广泛生活于湖泊、池塘、稻田、水坑、沟渠之中。亦发现于很多化石中，渤海油层中发现有现代种。

1. 短棘盘星藻（图版 **16: 2-3**）

Pediastrum boryanum (Turpin) Meneghini, 1840; 刘国祥和胡征宇, 2012, p. 9, pl. IV, fig. 7; 李尧英等, 1992, p. 276.

集结体无穿孔。细胞五边至多边形，细胞壁具颗粒。外层细胞具 2 个前端钝圆的短角突，两角突间具较深的缺刻。集结体直径 45～60 μm；外层细胞长 9～11 μm（其中角突长 2～3 μm），宽 8～11 μm；内层细胞长 5～10 μm，宽 5～10 μm。

2. 短棘盘星藻长角变种（图版 **16: 4-6**）

Pediastrum boryanum var. ***longicorne*** Reinsch, 1867; 刘国祥和胡征宇, 2012, p. 10, pl. V, fig. 3; 李尧英等, 1992, p. 277, pl. XXVIII, fig. 6.

本变种与原变种的区别为：外层细胞具 2 个延伸的长角突，角突顶端常膨大成小球状；细胞长 9～13 μm，宽 7.5～11 μm，突起长 6～8.5 μm。

3. 短棘盘星藻穿孔变种（图版 17: 1-2）

Pediastrum boryanum var. perforatum (Raciborski) Nitardy, 1914; 刘国祥和胡征宇, 2012, p. 11, pl. V, fig. 4.

本变种与原变种的区别为：集结体偶具细胞间隙；外层细胞具 2 个短而粗的角突，角突顶端平截，内层细胞多变形，细胞壁具颗粒；细胞长 8～13 μm，宽 15～17 μm，突起长 4～6 μm。

4. 二角盘星藻（图版 17: 3）

Pediastrum duplex Meyen, 1829; 刘国祥和胡征宇, 2012, p. 12, pl. VI, fig. 4; 李尧英等, 1992, p. 275.

集结体具小的穿孔。外层细胞近四方形，具 2 个顶端钝圆或平截的角突；内层细胞近四方形或多边形，细胞壁光滑，各边均内凹。集结体直径 56～82 μm，外层细胞长 9～12 μm（其中角突长约 3 μm），宽 6～11 μm；内层细胞长 7～9 μm，宽 7～10 μm。

5. 二角盘星藻冠状变种（图版 17: 4）

Pediastrum duplex var. coronatum Raciborski, 1889; 刘国祥和胡征宇, 2012, p. 12, pl. VI, fig. 6.

本变种与原变种的区别为：外层细胞向外伸出 2 个角突，边缘有粗齿；细胞壁具不规则网纹，网线上具若干颗粒。

6. 钝角盘星藻（图版 17: 5）

Pediastrum obtusum Lucks, 1907; 刘国祥和胡征宇, 2012, p. 16, pl. IX, figs. 3-4.

集结体具微小的细胞间隙。外层细胞具两瓣，每瓣顶端凹入形成 2 个角突，其中中间的一个略大于外侧的一个；内层细胞具缺刻。集结体直径为 23～35 μm，外层细胞直径 10～11 μm，内层细胞直径 8～10 μm。

7. 四角盘星藻（图版 17: 6）

Pediastrum tetras (Ehrenberg) Ralfs, 1844; 刘国祥和胡征宇, 2012, p. 16, pl. IX, fig. 5; 李尧英等, 1992, p. 276.

集结体无穿孔。外层细胞钝齿形，外缘具线形到楔形的深缺刻，被缺刻分裂的 2 个裂瓣在靠近细胞表层的外壁或浅或深地凹入；内层细胞为四边至六边形，具深的线形缺刻。集结体直径为 18～29 μm；外层细胞长 6～10 μm（其中角突长 2～3 μm），宽 6～9 μm；内层细胞长 5～7 μm，宽 4～6 μm。

空星藻科 Coelastruaceae

空星藻属 *Coelastrum* Nägeli 1849

植物体为真性定形群体，由 4 个、8 个、16 个、32 个、64 个或 128 个细胞组成球形到多角形的空球体，群体细胞以或长或短的细胞壁突起互相连接。细胞球形角锥形、多角形，细胞壁平滑或具刺状或管状花纹。幼细胞色素体杯状，具 1 个蛋白核。

分布于各种静水水体中。

1. 小空星藻（图版 18: 1）

Coelastrum microporum Nägeli, 1855; 刘国祥和胡征宇, 2012, p. 20, pl. XI, fig. 1; 李尧英等, 1992, p. 286.

集结体球形或卵形。细胞间以细胞壁相连接，细胞间隙小于细胞直径。细胞球形或近球形，细胞壁平滑，无胶质突起。细胞直径 7～10 μm。

2. 星状空星藻（图版 18: 2）

Coelastrum astroideum Notaris, 1867; 刘国祥和胡征宇, 2012, p. 22, pl. XII, figs. 2-5.

集结体球形，中空，中部孔隙大，镜面观四边或五边形，相邻细胞以基部相互连接。细胞卵形到三角形，细胞壁平滑，常在游离一侧的顶端增厚。色素体单一，片状，周生，具 1 个蛋白核。细胞长 5～13 μm，基部宽 2～5 μm。

3. 立方空星藻（图版 18: 3）

Coelastrum cubicum Nägeli, 1849; 刘国祥和胡征宇, 2012, p. 24, pl. XIV, figs. 2-3.

集结体立方体或球形，镜面观六角形，游离面具 3 个半透明的短突起，细胞间隙呈四角形。细胞直径 8～9 μm。

栅藻科 Scenedesmaceae

十字藻属 *Crucigenia* Morren 1830

植物体由 4 个细胞呈十字形排列，组成真性集结体，浮游；常具不明显的胶被；镜面观方形、长方形或偏菱形，中央具或不具空隙。细胞三角形、梯形、椭圆形或半圆形。每个细胞具 1 个色素体，片状，周生，具 1 个蛋白核。

分布于湖泊、池塘等水体中。

1. 方形十字藻（图版 18: 4-5）

Crucigenia rectangularis (Nägeli) Gay, 1891; 刘国祥和胡征宇, 2012, p.43, pl. XXIII, fig. 4; 李尧英等, 1992, p. 284.

常由单一集结体组成 16 个细胞的复合集结体，集结体长方形或椭圆形，排列较规则，中央空隙呈方形。细胞卵形或长卵形，顶端钝圆，外侧游离壁略外凸，以底部和侧壁与邻近细胞连接。细胞长 5～8 μm，宽 4～7 μm。

栅藻属 *Scenedesmus* Meyen 1829

植物体多由 2 个、4 个或 8 个，罕由 16 个或 32 个细胞组成，细胞依其长轴在一平面上线形或交错地排成 1 列或 2 列。集结体内各细胞同形，或两端的与中间的异形。细胞呈长圆形、卵圆形、椭圆形、圆柱形、纺锤形、新月形或肾形，细胞壁平滑或具刺、齿、瘤、脊等，细胞顶端及侧缘常具长刺或齿状突起或缺口。幼细胞色素体单一，周生，常具 1 个蛋白核，老细胞色素体充满整个细胞。

本属植物种类繁多，分布极广，各种静水水体中，尤以小水塘、沟渠、湖泊、水库等大水体的浅水部分及水草间为多。生长盛期在夏季。

1. 光滑栅藻（图版 18: 6）

Scenedesmus ecornis (Ehrenberg) Chodat, 1926; 刘国祥和胡征宇，2012, p. 53, pl. XXVI, figs. 1-2.

集结体由 2 个、4 个或 8 个细胞组成，直线排成 1 行，细胞排列不交错，以 3/4 细胞长彼此相接。细胞圆柱形到长圆形，两端广圆，胞壁平滑，无刺。细胞长 6～16 μm，宽 2.5～6 μm。

2. 盘状栅藻（图版 18: 7）

Scenedesmus disciformis (Chodat) Fott et Komárek, 1960; 刘国祥和胡征宇，2012, p. 54, pl. XXVI, figs. 3-5.

集结体由 4 个或 8 个细胞组成，细胞以侧壁及两端紧密连接，胞间无空隙。8 个细胞的集结体常排成 2 行，4 个细胞的集结体常平直地排成 1 行或呈四球藻形近菱形排列。细胞肾形到弯曲的长卵形，两端钝圆，胞壁光滑。细胞长 12～15 μm，宽 4～6 μm。

3. 尖锐栅藻（图版 18: 8）

Scenedesmus acutus Meyen, 1829; 刘国祥和胡征宇，2012, p. 59, pl. XXIX, figs. 1-5.

集结体由 4 个或 8 个细胞组成。4 个细胞的集结体多呈直线排成行，8 个细胞的集结体交错排列。细胞纺锤形，直，两侧细胞外侧略平直或向内略弯曲，两端尖。细胞长 12～17 μm，宽 4～6 μm。

4. 尖形栅藻（图版 18: 9）

Scenedesmus acutiformis Schroeder, 1897; 刘国祥和胡征宇，2012, p. 62, pl. XXX, fig. 6; 李尧英等，1992, p. 283, pl. XXIX, fig. 1.

集结体常由 4 个细胞组成。细胞宽纺锤形，纵轴区具 1 条隆起线。细胞长 14～16 μm，宽 6～8 μm。

5. 不等栅藻（图版 18: 10）

Scenedesmus dispar Brebisson, 1856; 刘国祥和胡征宇, 2012, p. 70, pl. XXXIV, figs. 9-10.

集结体由 4～8 个细胞组成，略交错排列成 1 行。细胞长卵形，外侧细胞两端各具 1～2 根短刺，中间细胞钝圆的一端具 1 根刺。细胞长 15～18 μm，宽 5～8 μm。

6. 双尾栅藻（图版 18: 11）

Scenedesmus bicaudatus Dedusenko, 1925; 刘国祥和胡征宇, 2012, p. 76, pl. XXXVII, figs. 1-2.

集结体由 2 个、4 个或 8 个细胞组成，呈直线排成一行。细胞长圆形、长椭圆形，外侧细胞各仅具 1 根长刺，呈对角线状分布。细胞长 11～13 μm，宽 3～4 μm，刺长 4～5 μm。

7. 被甲栅藻（图版 19: 1）

Scenedesmus armatus (Chodat) Chodat, 1913; 刘国祥和胡征宇, 2012, p. 77, pl. XXXVII, fig. 7; 李尧英等, 1992, p. 282, pl. XXVIII, fig. 14.

集结体由 2 个、4 个或 8 个细胞组成，直线排成一行，平齐。细胞卵形至长椭圆形，仅中间细胞具连续或不连续的纵脊，纵脊在细胞两端延伸成小突起，外侧细胞两端各具 1 根长刺。细胞长 12～14 μm，宽 3～4 μm，刺长 8～10 μm。

8. 隆顶栅藻（图版 19: 2）

Scenedesmus protuberans Fritsch et Rich, 1929; 刘国祥和胡征宇, 2012, p. 80, pl. XXXIX, fig. 2.

集结体由 4 个或 8 个细胞组成，直线排列成一行。中间细胞纺锤形，外侧细胞纺锤形，两端狭长延伸，各具 1 根外弯的长刺。细胞长 16～18 μm，宽 4～5 μm，刺长 7.5～8 μm。

9. 多刺栅藻（图版 19: 3）

Scenedesmus spinosus Chodat, 1913; 刘国祥和胡征宇, 2012, p. 81, pl. XXXIX, fig. 6; 李尧英等, 1992, p. 281, pl. XXVIII, fig. 12.

集结体常由 4 个细胞组成，排成一列。细胞长椭圆形或椭圆形，外侧细胞上下两端各具 1 斜生的刺，游离面各具 1～4 根短刺；内侧细胞上下两端无刺成具很短的棘状突起。细胞长 13～14 μm，宽 3～4 μm。

10. 小刺栅藻（图版 19: 4-5）

Scenedesmus microspina Chodat, 1926; 刘国祥和胡征宇, 2012, p. 84, pl. XLI, fig. 5; 李尧英等, 1992, p. 280, pl. XXVIII, fig. 13.

集结体由 4 个细胞组成，排成一列。细胞长圆形，两端广圆。外侧细胞大小相等，两端各具 1 根很短的斜刺；内侧细胞大小不等，两端无刺。细胞长 12～14 μm，宽 4～6 μm。

11. 四尾栅藻（图版 19: 6）

Scenedesmus quadricauda (Turpin) Brébisson, 1835; 刘国祥和胡征宇, 2012, p. 84, pl. XLI, fig. 6; 李尧英
  等, 1992, p. 281.

集结体由 2 个、4 个或 8 个细胞组成，直线排成一行，平齐。细胞长圆形或长圆柱
形，两端宽圆；外侧细胞两端各具 1 根长而粗壮且略弯的刺，中间细胞无刺。细胞长 13～
18 μm，宽 4～7 μm，刺长 5～11 μm。

四胞藻目 Tetrasporales

四胞藻科 Tetrasporaceae

四胞藻属 *Tetraspora* Link 1809

植物体是胶质群体，大型到微型，幼时多半固着，成熟后为自由漂浮，球形、块状、
圆柱形或囊状，或分叶或不分叶。细胞多为球形，常 2 个或 4 个为一组，在胶被内近于
周围排成一层，有时亦分散于胶被内部各处。细胞具一个周生的杯状色素体，有 1 个蛋
白核。细胞前端具 2 个伸缩泡及一对伪纤毛，伪纤毛或全部埋藏于群体胶被内，或是其
前端伸出于胶被之外。

本属的各种类生活于静止或流动的水体中，多出现于早春低温季节。

1. 湖生四胞藻（图版 19: 7）

Tetraspora lacustris Lemmermann, 1898; 刘国祥和胡征宇, 2012, p. 91, pl. XLVII, fig. 3.

群体球形、长圆形，或呈不规则形态。细胞经常每 4 个为一组，分散在群体胶被中。
伪纤毛的长度为细胞直径的 6～8 倍，先端稍突出于群体胶被表面或群体直径 100 μm 以
内，有时亦可达 300 μm；细胞直径 6～8 μm。

丝藻目 Ulothricales

丝藻科 Ulotrichaceae

丝藻属 *Ulothrix* Kützing 1836

植物体为单列细胞组成的不分枝的丝状体。组成藻丝的所有细胞形态相同，以特殊
的基细胞附着在基质上，长成后有的自由漂浮。细胞壁薄或厚，均匀或分层，色素体周
生，带状，环绕细胞周壁一半以上或完全环绕细胞周壁，蛋白核 1 个或数个。

多分布在淡水中或潮湿的土壤或岩石表面，一般喜低温。

1. 相似丝藻（图版 20: 1-5）

Ulothrix aequalis Kützing, 1845; 黎尚豪和毕列爵, 1998, p. 5, pl. I, fig. 12; 李尧英等, 1992, p. 290.

细胞圆柱形，宽 12～30 μm，长为宽的 1～2 倍。细胞壁较厚，常具条纹。色素体片状或略不规则，侧位，围绕周壁 1/2 以上，具 1 个至多个蛋白核。

双胞藻属 *Geminella* Turpin 1928

植物体为单列细胞的丝状体，大多自由漂浮。丝状体具不同厚薄的透明的同质的胶鞘。细胞圆柱形、椭圆形或长圆形，两端钝圆。组成丝状体的细胞很少彼此连接，常为胶质所分隔，或单个细胞分离，或两个靠近的细胞成为一组而以组分隔。色素体侧位，片状，占细胞周壁的一部分或充满整个细胞，具或不具蛋白核。

分布于水池、水沟、水库等水体中。

1. 小双胞藻（图版 20: 6-7）

Geminella minor (Nägeli) Heering, 1914; 黎尚豪和毕列爵, 1998, p. 23, pl. VII, figs. 1-2.

丝状体由一列圆柱状或近方形的细胞组成，常具胶鞘，厚 7～18 μm。细胞彼此连接或有时 2 个细胞成为一组，细胞具较圆的角，宽 5～8 μm，长为宽的 1～4 倍，无明显的横壁收缢。色素体侧位，占细胞周壁面积的一部分，具 1 个或多个蛋白核。

微孢藻科 Microsporaceae

微孢藻属 *Microspora* Thuret 1850

植物体为单列细胞组成的不分枝的丝状体，幼时植物体着生，长成后自由漂浮。细胞圆柱状，镜面观为 "H" 形，壁薄或厚，有时明显分层。色素体周生，为不规则的具穿孔的片状或网状，无蛋白核。

多分布于沼泽、池塘等静水水体中，少数分布于流水环境中。

1. 池生微孢藻（图版 21: 1-2）

Microspora stagnorum (Kützing) Lagerheim, 1887; 黎尚豪和毕列爵, 1998, p. 29, pl. IX, fig. 1; 李尧英等, 1992, p. 296, pl. XXXIII, figs. 4-5.

"H" 片构造在丝状体两端可见。细胞壁薄，横壁不收缢。色素体多为带状，充满或不充满整个细胞，常有数量不一、大小不同的穿孔，使色素体呈不规则的网状。细胞宽 8～10 μm，长为宽的 1.5～4 倍。

2. 不规则微孢藻（图版 21: 3-4）

Microspora irregularis (West et West) Wichmann, 1937; 黎尚豪和毕列爵, 1998, p. 32, pl. X, figs. 5-7.

幼体细胞常为宽大于长的盘状；成熟个体的细胞方形或圆柱形，均为圆角，具厚的细胞壁,厚度可达约 3 μm,壁明显有不规则的层次,表面常胶化而粗糙,"H"片结构有时可见。细胞宽约 10 μm,长为宽的 1～2 倍。

3. 膜微孢藻(图版 21: 5-6)

Microspora membranacea Wang, 1934; 黎尚豪和毕列爵, 1998, p. 32, pl. X, figs. 9, 11.

细胞圆柱形或略胀大,横壁处略收缢。细胞壁厚,明显分层,"H"片结构明显可见。色素体浓密,充满整个细胞。细胞宽 10～13 μm,长为宽的 1～3 倍;壁厚约 2 μm。

胶毛藻目 Chaetophorales

胶毛藻科 Chaetophoraceae

毛枝藻属 *Stigeoclonium* Kützing 1843

植物体是由匍匐枝和直立枝组成的分枝丝状体;主轴与分枝无明显分化,其宽度相差不大,直立枝常形成互生或对生分枝,分枝上的小枝常分散,顶端渐细,形成多细胞的毛。细胞圆柱形、腰鼓形,每个细胞具 1 个周生的带状色素体,具 1 个或数个蛋白核。

本属藻类主要产于淡水,常着生在静水或流水中的石块、树枝、木桩及沉水植物上。

1. 丰满毛枝藻(图版 21: 7-8)

Stigeoclonium farctum Berthold, 1878; 黎尚豪和毕列爵, 1998, p. 54, pl. XX, fig. 3.

植物体匍匐部分假薄壁组织状,单层细胞厚,呈多角形,等径,排列紧密,几乎每个匍匐细胞产生一个直立丝状体。直立部分分枝简单,主轴下部几乎无分枝,上部分枝互生,分枝顶端钝尖,罕见末端细胞具无色多细胞的毛。主轴细胞圆柱形或膨大,宽 6～8 μm,长为宽的 1～2 倍。

小丛藻属 *Microthamnion* Nägeli 1849

植物体多小型,附生,多由分枝繁复而密集的丝状体构成。分枝有多种形式或不规则,有或无明显的主轴,但丝状体的宽度全体一致。除基细胞外,细胞均为圆柱状,长常为宽的数倍,分枝末端细胞直或弯曲,具圆顶。色素体 1 个,侧位,带状,充满整个细胞,无蛋白核。

多分布于静水和流水中,尤其是中性和酸性水中,附生在较大藻类的丝状体上。

1. 小丛藻(图版 21: 9-10)

Microthamnion kuetzingianum Nägeli, 1849; 黎尚豪和毕列爵, 1998, p. 69, pl. XXXIII, figs. 1-2.

特征同属。植物体高 80～115 μm,细胞宽 2～3 μm,长为宽的 2～5 倍。

鞘藻目 Oedogoniales

鞘藻科 Oedogoniaceae

毛鞘藻属 *Bulbochaete* Agardh 1817

植物体单侧分枝，以具有附着器的基细胞附着他物。营养细胞一般向上略扩大，在分枝末端细胞的顶端，常有环状构造的顶冠，多数细胞上端的一侧具 1 条细长的管状的基部膨大为半球形的刺毛。色素体周生，网状，具 1 个至多个蛋白核。

本属藻类多产生于各种静水水体中，着生于其他水生植物或其他物体上，在轮藻的植物体上，尤为常见。

1. 毛鞘藻属未定种（图版 22: 1）

***Bulbochaete* sp.**

特征同属。

鞘藻属 *Oedogonium* Link 1820

植物体为单列细胞组成的不分枝的丝状体，以具有附着器的基细胞附着他物。营养细胞多为柱状，在营养细胞的顶端，常有环状构造的顶冠。顶端细胞先端钝圆，罕为其他形态或延长成毛状。色素体周生，网状，具 1 个至多个蛋白核。

本属藻类广泛分布在稻田、水沟及池塘等各种静水水体中，着生于其他水生植物或其他物体上；有些种类在幼时着生，随后即漂浮水中。在温暖季节生长繁茂。

1. 鞘藻属未定种（图版 22: 2-3）

***Oedogonium* sp.**

特征同属。

双星藻纲 Zygnematophyceae

双星藻目 Zygnematales

双星藻科 Zygnemataceae

双星藻属 *Zygnema* Agardh 1824

植物体为不分枝的丝状体。营养细胞圆柱形，横壁平直。色素体 2 个，星状、球形，轴位于细胞中部，每个色素体中央具 1 个大蛋白核，细胞核位于两色素体之间。

分布广泛，多生长在浅水水体、潮湿的土壤、岩石或泥沼中。

1. 双星藻属未定种（图版 22: 4）

***Zygnema* sp.**

特征同属。

转板藻属 *Mougeotia* Agardh 1824

植物体为不分枝的丝状体。营养细胞圆柱形，横壁平直。色素体单一，罕为 2 个，板状，轴生，具有多数排成一列或散生的蛋白核。细胞核位于细胞中部，色素体的一侧。

本属藻类在世界和我国都分布很广。分布在稻田小水坑沟渠、池塘、沼泽、湖泊、水库的浅水港湾中，很少生长在流速缓慢的溪涧中。

1. 转板藻属未定种（图版 22: 5-7）

***Mougeotia* sp.**

特征同属。

水绵属 *Spirogyra* Link 1820

植物体为不分枝的丝状体，少数种类具假根或附着器。营养细胞圆柱形，细胞横壁有平直、折叠、半折叠、束合 4 种类型。色素体周生，带状，1～16 个，沿细胞壁作螺旋盘绕，每个色素体具一列蛋白核；细胞核位于细胞的中央。

本属植物多生长在各种较浅的静水水体中，产于流水中和湖湿土壤上的极少，广泛分布于世界各地，在西藏海拔 4000 m 的地区也发现过，为普生性的常见藻类。

1. 水绵属未定种（图版 22: 8-9）

***Spirogyra* sp.**

特征同属。

中带鼓藻科 Mesotaeniaceae

梭形鼓藻属 *Netrium* (Nägeli) Itzigsohn et Rothe 1856

植物体单细胞，大型。细胞圆柱形、长圆形或纺锤形，长为宽的 3 倍以上，两端圆形或截圆形，细胞壁平滑。具 2 个或有时 4 个轴生的色素体，每个色素体具 6～12 条辐射状纵脊，缘边具明显的缺刻，常具 1 个棒状的蛋白核，但有时具数个纵列的球形到不规则形的或多数散生的蛋白核；有些种类细胞两端各具 1 个液泡，内含石膏结晶的运动颗粒；细胞核位于两色素体之间细胞的中央。

多分布于水坑、池塘、沼泽中，浮游或附着在水生维管植物上。

1. 指状梭形鼓藻（图版 23: 1）

Netrium digitus (Ehrenberg) Itzigsohn et Rothe, 1856; 魏印心, 2003, p. 29, pl. I, fig. 11.

细胞大，长为宽的 3～4 倍，长椭圆形到纺锤形，从中部到两端逐渐狭窄，两端截圆，细胞壁平滑。细胞具 2 个轴生的色素体，各具 6 条辐射状的纵脊，其缘边具明显的缺刻，蛋白核多数且散生。细胞长约 360 μm，宽约 106 μm，顶部宽约 42 μm。

2. 指状梭形鼓藻内格勒变种（图版 23: 2）

Netrium digitus* var. *naegelii (Brébisson) Krieger, 1937; 魏印心, 2003, p. 30, pl. I, fig. 8.

本变种与原变种的区别为：细胞略狭，长圆形，两端截圆；色素体具 4～6 条辐射状的纵脊，其缘边具明显的缺刻；细胞长约 150 μm，宽约 46 μm，顶部宽 20～21 μm。

鼓藻目 Desmidiales

鼓藻科 Desmidiaceae

新月藻属 *Closterium* Nitzsch ex Ralfs 1848

植物体单细胞，新月形，略弯曲或显著弯曲，少数平直，中部无缢缩，腹缘中间不膨大或膨大，顶部钝圆、平直圆形、喙状或逐渐尖细。细胞壁平滑，具纵向的线纹或纵向的颗粒，无色、黄色或黄褐色，具或不具中间环带。每个半细胞具 1 个轴生色素体，由 1 条或数条纵向脊片组成，具多个蛋白核，中轴一纵列或不规则散生排列，细胞两端各具 1 个液泡，含 1 个或多个运动石膏晶粒。

分布于水坑、池塘、湖泊、沼泽、水库等静水水体中。

1. 锐新月藻（图版 23: 3）

Closterium acerosum Ehrenberg ex Ralfs, 1848; 魏印心, 2003, p. 46, pl. XI, fig. 5; 李尧英等, 1992, p. 333.

细胞大，狭纺锤形，长为宽的 8～16 倍，背缘略弯曲，腹缘近平直或略膨大，向顶部逐渐狭窄，顶部圆锥形，顶端狭、截圆，常略增厚。细胞壁平滑，无色，较老的个体带黄褐色，并具略可见的线纹。每个半细胞具 1 个轴生色素体，脊状，中轴具一纵列蛋白核。细胞长 175～425 μm，宽 16～46 μm。

2. 锐新月藻长形变种（图版 23: 4）

Closterium acerosum* var. *elongatum Brébisson, 1856; 魏印心, 2003, p. 47, pl. XI, fig. 7.

本变种与原变种的区别为：细胞较长，长为宽的 15～33 倍；细胞壁具精致线纹或点纹，无色或黄褐色；细胞长 484～618 μm，宽 38～43 μm，顶部宽 7～9 μm。

3. 锐新月藻小形变种（图版 23: 5）

Closterium acerosum* var. *minus Hantzsch, 1861; 魏印心, 2003, p. 48, pl. XI, fig. 10; 李尧英等, 1992, p. 333, pl. XLII, fig. 10.

本变种与原变种的区别为：细胞较小，长为宽的 1～7 倍，细胞略弯，腹缘近平直；细胞壁平滑，无色；细胞长约 220 μm，宽约 16 μm，顶部宽 5 μm。

4. 针状新月藻（图版 23: 6）

Closterium aciculare West, 1860; 魏印心, 2003, p. 48, pl. VI, fig. 2.

细胞极细长，长为宽的 65～144 倍，细胞长度的一半以上两侧近平行，逐渐向两端狭窄，并向腹侧略弯曲，顶端尖或尖圆；细胞壁平滑，无色。每个色素体具一纵列 6～20 个蛋白核，末端液泡具 1～3 个运动颗粒。细胞长约 1190 μm，宽约 7 μm，顶部宽约 3 μm。

5. 弯弓新月藻（图版 24: 1-2）

Closterium incurvum Brébisson, 1856; 魏印心, 2003, p. 58, pl. III, fig. 10.

细胞小，长为宽的 5～7 倍，明显弯曲，腹缘中部不膨大，从半细胞中部向两端明显尖细，顶端尖；细胞壁平滑，无色。色素体中轴具纵列 1～7 个蛋白核，末端液泡具 1 个到数个运动颗粒。细胞长 60～80 μm，宽 9～10 μm，顶部宽 1～2 μm。

6. 中型新月藻（图版 24: 3）

Closterium intermedium Ralfs, 1848; 魏印心, 2003, p. 59, pl. X, fig. 8; 李尧英等, 1992, p. 330.

细胞中等大小，新月形，长为宽的 6～15 倍，中等程度弯曲，腹缘中部不膨大，有时平直或略凹入，逐渐向两端变狭，顶部平直圆形，角圆；细胞壁灰黄色或淡黄褐色。色素体具 6 条纵脊，中轴具一列 5～8 个蛋白核，末端液泡具 1 个大的或数个小的运动颗粒。细胞长约 156 μm，宽 13 μm，顶部宽约 5 μm。

7. 中型新月藻冬季变种（图版 24: 4）

Closterium intermedium **var.** *hibernicum* West et West, 1894；魏印心，2003, p. 59, pl. X, fig. 9.

本变种与原变种的区别为：细胞更长，细胞中部两侧平行部分较长，长为宽的 14～20 倍；细胞壁线纹有时更明显；细胞长 360～370 μm，宽 30～31 μm，顶部宽 11～12 μm。

8. 滨海新月藻（图版 24: 5）

Closterium littorale Gay, 1884；魏印心，2003, p. 66, pl. VIII, fig. 4；李尧英等，1992, p. 333, pl. XLII, figs. 5-6.

细胞中等大小，长略大于宽的 10 倍，略弯曲，腹缘略凹入，中部较宽距离略膨大，向顶部逐渐狭窄，顶端钝圆；细胞壁平滑，无色。每个半细胞具 1 个色素体，具 8 条纵脊，中轴具一列蛋白核。细胞长 130～160 μm，宽 14～15 μm。

9. 库津新月藻（图版 24: 6-8）

Closterium kuetzingii Brébisson, 1856；魏印心，2003, p. 61, pl. VIII, figs. 9-10；李尧英等，1992, p. 334.

细胞长，纵直，中部纺锤形到披针形，两侧近同等膨大，突然向顶部变狭并延长形成无色的长突起，顶部略向腹缘弯曲，顶端圆形，常略膨大和内壁增厚；细胞壁无色或黄褐色，表面具纵线纹。细胞长 430～543 μm，宽 22～27 μm，顶部宽 3～4.5 μm。

10. 项圈新月藻（图版 25: 1）

Closterium moniliforum (Bory de Saint-Vincent) Ehrenberg, 1838；魏印心，2003, p. 67, pl. IV, fig. 12；李尧英等，1992, p. 331.

细胞中等大小，粗壮，长为宽的 5～8 倍，中等程度弯曲，腹缘中部略膨大，其后均匀地向顶部逐渐变狭，顶端钝圆；细胞壁平滑，无色。色素体约具 6 条纵脊，中轴具一列 6～7 个蛋白核。细胞长 125～140 μm，宽 20～21 μm，顶部宽 3～4 μm。

11. 微小新月藻（图版 25: 2）

Closterium parvulum Nägeli, 1849；魏印心，2003, p. 70, pl. IV, fig. 5；李尧英等，1992, p. 331.

细胞小，新月形，长为宽的 6.5～15 倍，明显弯曲，腹缘中部凹入或直，向顶部逐渐变狭，顶端尖圆；细胞壁平滑，无色或少数呈淡黄褐色。色素体具 5～6 条纵脊，中轴具一列 2～6 个蛋白核。细胞长 110～160 μm，宽 12～16 μm，顶部宽 1～3 μm。

12. 极锐新月藻（图版 25: 3）

Closterium peracerosum Gay, 1884；魏印心，2003, p. 71, pl. VII, figs. 4-5；李尧英等，1992, p. 333, pl. XLII, fig. 7.

细胞中等大小，长为宽的 12～14 倍，略弯曲，腹缘除近两端外均纵直，近顶部逐渐狭窄且略向腹缘弯曲，顶端尖；细胞壁平滑，无色。每个半细胞具 1 个色素体，约具

6 条纵脊，中轴具一列蛋白核。细胞长 185～260 μm，宽 17～22 μm。

13. 侧新月藻（图版 25: 4）

Closterium laterale Nordstedt,1880; Růžička, 1977, p. 188, Taf. 25, figs. 1-2.

细胞大型，长为宽的 6～9 倍，背缘略弯曲，超过细胞一半以上长度的腹缘的中部略凸起，其后向顶部变狭；细胞壁黄褐色，具线纹，细胞中部具 3～5 条中间环带。细胞长 500～550 μm，宽 50～70 μm。

14. 喙状新月藻（图版 25: 5）

Closterium rostratum Ehrenberg, 1831; 魏印心, 2003, p. 76, pl. X, fig. 7; 李尧英等, 1992, p. 334, pl. XLIII, fig. 4.

细胞中等大小，长为宽的 12～18 倍，略弯曲，细胞中部纺锤形至披针形，腹缘比背缘较凸出，顶部略向腹缘弯曲，顶端钝，略膨大；细胞壁具精致纵线纹，黄色。每个半细胞具 1 个色素体，脊状，具 4～5 个蛋白核。细胞长 260～290 μm，宽 20～22 μm，顶部宽 3.5～4.5 μm。

宽带鼓藻属 *Pleurotaenium* Nägeli 1849

植物体为单细胞，大型，长圆柱形，长为宽的数倍，中部略缢缩；半细胞基部通常膨大，侧缘平直或波状，具瘤或小结节，两侧近平行或向顶部逐渐狭窄，顶端截形或截圆形，平滑或具一轮乳头状、齿状小瘤；细胞壁平滑，具细的或粗的点纹、小圆孔纹，有时具颗粒或乳头状突起。色素体多为周生，多数，呈不规则纵长带状，具数个蛋白核，少数种类色素体轴生，长带状，具数个纵列的蛋白核。

分布于池塘、沼泽中，多混杂在其他鼓藻类中。

1. 宽带鼓藻厚变种（图版 25: 6）

Pleurotaenium trabecula var. *crassum* Wittrock, 1872; 魏印心, 2003, p. 95, pl. XIII, fig. 10.

细胞强壮，长为宽的 6～10 倍；基部膨大的上端无或仅具 1 个波纹，顶端平截且略增厚。细胞长 168～408 μm，基部宽 16～32 μm，缢部宽 12～25 μm，顶部宽 9～18 μm。

凹顶鼓藻属 *Euastrum* Ehrenberg ex Ralfs 1848

植物体单细胞，长略大于宽，扁平，缢缝深凹，常呈狭线形，少数向外张开；半细胞常呈截顶角锥形，顶部具 1 个顶叶，顶缘中间具深度不等的凹陷，侧面常具侧叶，侧缘平整、深波形或深度不等的凹陷，由凹陷分成小叶，半细胞的中部或在顶叶及侧叶内具瘤或拱形隆起；细胞壁平滑，具点纹、圆孔纹、颗粒或刺。半细胞具 1～2 个轴生的色素体，具 1 个、2 个或数个散生的蛋白核。

多分布于软水水体中。

1. 不定凹顶鼓藻（图版 29: 1）

Euastrum dubium Nägeli, 1849; 魏印心, 2003, p. 116, pl. XXXV, figs. 13-20.

细胞小，长约为宽的 1.5 倍，缢缝深凹，狭线形，外端略膨大；半细胞正面观近方形，顶叶短，长方形，顶缘宽且平直，中间具 "V" 形的或略张开的浅凹陷，顶角具 1 个小的圆锥形的颗粒，侧叶中间凹陷分成 2 个小叶，下部小叶略大于上部小叶。细胞长 22~25 μm，宽 18~20 μm，缢部宽 7~8 μm，顶部宽 10~11 μm。

2. 特纳凹顶鼓藻西藏变种（图版 29: 2）

Euastrum turnerii var. ***tibeticum*** Wei, 1984; 魏印心, 2003, p. 143, pl. XXXVII, figs. 14-16; 李尧英等, 1992, p. 341, pl. XLV, figs. 4-6.

细胞小，长约为宽的 1.5 倍，缢缝深凹，狭线形，外端略扩大；半细胞缘边内有 10 个具双齿的小瘤，4 个在顶叶内，3 个在各侧叶内。细胞长 47~55 μm，宽 33~36 μm，缢部宽 8~11 μm，顶部宽 12~13 μm。

3. 瘤状凹顶鼓藻变狭变种（图版 29: 3-4）

Euastrum verrucosum var. ***coarctatum*** Delponte, 1873; 魏印心, 2003, p. 144, pl. XXIX, figs. 1-4.

细胞中等大小，缢缝深凹，狭线形，近缢缝一半处张开呈锐角；半细胞正面观具 3 个分叶，顶叶近长方形，顶角圆，顶缘中间略凹入，顶叶和侧叶间的凹陷广张开近直角，侧叶中间微凹入略呈 2 个不明显的小叶，角圆，缢部上端具一个较大的由 3~4 轮同心圆排列的小瘤；细胞壁具颗粒，角上的颗粒最明显。细胞长 95~96 μm，宽 83~86 μm，缢部宽 30~31 μm，顶部宽 30~33 μm。

鼓藻属 *Cosmarium* Corda ex Ralfs 1848

单细胞，侧扁，缢缝常深凹，狭线形；半细胞正面观近圆形、半圆形、椭圆形、卵形、梯形、楔形、长方形、截顶角锥形等；侧面观圆形、卵形；垂直面观椭圆形、长方形；细胞壁平滑，具点纹、圆孔纹、颗粒、微瘤、乳头状突起，半细胞中部有或无拱形隆起；半细胞具 1 个、2 个或 4 个轴生色素体，每个色素体具 1 个或数个蛋白核，少数种类具 6~8 条带状色素体，每条色素体具数个蛋白核。

本属是鼓藻类中的一个大属，种类多，分布广，生长在各种水体中及土壤表层、滴水岩石、冰雪上。

1. 隐晦鼓藻（图版 26: 1-2）

Cosmarium adoxum West et West, 1897; 魏印心, 2013, p. 47, pl. XXII, figs. 17-19; 李尧英等, 1992, p. 360, pl. LIV, figs. 19-21.

细胞小，近八角形，长略大于宽，缢缝深凹且狭，顶端略膨大；半细胞正面观截顶角锥形，顶部宽且平直，侧缘近上部略凹入，近下部略向上扩大，基角斜平；细胞壁平

滑。色素体轴生，具 1 个蛋白核。细胞宽 11～12.5 µm，长 12～13 µm，缢部宽 5 µm，
顶部宽 7～8 µm。

2. 梅尼鼓藻（图版 26: 3）

Cosmarium meneghinii Ralfs, 1848; 魏印心, 2013, p. 113, pl. XVII, figs. 18-20; 李尧英等, 1992, p. 360,
pl. LIV, figs. 27-29.

细胞小，近八角形，长约为宽的 1.5 倍，缢缝深凹，狭线形；半细胞正面观近六角
形，半细胞上部截顶角锥形，侧缘凹入，顶缘宽，略凹入，顶角和侧角圆，半细胞下部
长方形，两侧缘近平行或略凹入；细胞壁平滑。半细胞具 1 个轴生的色素体，中央具 1
个蛋白核。细胞长 13～15 µm，宽 11～13 µm，缢部宽 7～8 µm。

3. 双眼鼓藻（图版 26: 5-6）

Cosmarium bioculatum Ralfs, 1848; 魏印心, 2013, p. 54, pl. XIV, figs. 32-34；李尧英等, 1992, p. 351,
pl. XLIX, figs. 22-23.

细胞小，长约等于或略大于宽，缢缝深凹，从内向外张开呈锐角；半细胞正面观长
圆状椭圆形，顶缘和腹缘平或略凸起；细胞壁平滑或具点纹。半细胞具 1 个轴生的色素
体，具 1 个蛋白核。细胞长 13～21 µm，宽 13～19 µm，缢部宽 6～8 µm。

4. 双眼鼓藻扁变种（图版 26: 4）

Cosmarium bioculatum **var.** ***depressum*** (Schaarschmidt) Schmidle, 1894; 魏印心, 2013, p. 55, pl. XIV, figs.
35-37.

本变种与原变种的区别为：半细胞扁平，细胞长等于或略短于宽，顶部平；细胞长
10～17 µm，宽 9～17 µm，缢部宽 3～7 µm。

5. 凹凸鼓藻近直角变种（图版 26: 7）

Cosmarium impressulum **var.** ***suborthogonum*** (West et West) Taft, 1945; 魏印心, 2013, p. 99, pl. VI, figs.
13-15; 李尧英等, 1992, p. 359, pl. LIII, figs. 26-28.

细胞小，长约为宽的 1.5 倍，缢缝深凹；半细胞近半圆形；顶部狭，中间具 2 个波
纹。细胞长 20～25 µm，宽 14～18 µm，缢部宽 4～6 µm。

6. 波缘鼓藻圆齿变种（图版 26: 8）

Cosmarium undulatum **var.** ***crenulatum*** (Nägeli) Wittrock, 1869; 魏印心, 2013, p. 195, pl. XI, figs. 15-16.

细胞较小，长约为宽的 1.3 倍，缢部较宽，约为细胞直径的一半；半细胞正面观方
形到半圆形，半细胞缘边具 8 个波纹（包括基角）。细胞长 26～30 µm，宽 21～22 µm，
缢部宽 6～7 µm。

7. 扁鼓藻（图版 26: 9-10）

Cosmarium depressum (Nägeli) Lundell, 1871; 魏印心, 2013, p. 78, pl. XIV, figs. 23-25, pl. LXXIII, figs. 5.

细胞小到中等大小，宽略大于长，缢缝深凹，狭线形，向外略张开；半细胞正面观近椭圆形，顶缘略凸起或平直，侧缘圆；半细胞具 1 个轴生的色素体，其中央具 1 个蛋白核。细胞长 24～30 μm，宽 26～28 μm，缢部宽 7～9 μm。

8. 伪弱小鼓藻（图版 26: 11）

Cosmarium pseudoexiguum Raciborski, 1885; 魏印心, 2013, p. 142, pl. XVI, figs. 16-18.

细胞小，长略大于或约等于宽的 2 倍；半细胞正面观近方形，顶部略凸起，少数平直或略凹入，顶角广圆，侧缘略凸起，基角略圆；细胞壁平滑。半细胞具 1 个轴生的色素体，呈辐射纵脊状，其中央具 1 个蛋白核。细胞长约 22 μm，宽约 12 μm，缢部宽约 8 μm。

9. 光滑鼓藻（图版 26: 12）

Cosmarium laeve Rabenhorst, 1868; 魏印心, 2013, p. 104, pl. IX, figs. 7-9; 李尧英等, 1992, p. 349, pl. XLVII, figs. 9-12.

细胞小，长约为宽的 1.5 倍，缢缝深凹，狭线形，顶端略膨大；半细胞正面观半椭圆形，顶缘狭，平直或略凹入，基角圆或略圆；细胞壁有时为稀疏的精致的点纹或点纹到圆孔纹。半细胞具 1 个轴生的色素体，其中央具 1 个蛋白核。细胞长 33 μm，宽 21 μm，缢部宽 9 μm。

10. 颗粒鼓藻（图版 26: 13）

Cosmarium granatum Ralfs, 1848; 魏印心, 2013, p. 91, pl. XXIV, figs. 4-6; 李尧英等, 1992, p. 353, pl. L, figs. 7-8.

细胞小到中等大小，长为宽的 1.5 倍，缢缝深凹，狭线形，顶端略膨大；半细胞正面观截顶的角锥形，顶部狭，平直或略凸起，少数略凹入，顶角钝圆，两侧缘的基部近平行，然后逐渐向顶部辐合，基角圆到近直角。半细胞具 1 个轴生的色素体，其中央具 1 个蛋白核。细胞长 24～30 μm，宽 19～21 μm，缢部宽 7～12 μm。

11. 浅波纹鼓藻矩形变型（图版 26: 14）

Cosmarium repandum f. *sexangulare* Bicudo, 1981; Prescott et al., 1981, p. 278, pl. CCIX, fig. 15.

细胞中等大小，长约为宽的 1.25 倍，缢缝深凹，狭线形，顶端略膨大；半细胞正面观梯形到长圆形，顶缘较窄，顶角广圆，基角钝圆。半细胞具 1 个轴生的色素体，具 2 个蛋白核。细胞长 34～37 μm，宽 31～34 μm，缢部宽 9～11 μm。

12. 方形鼓藻（图版 26: 15-16）

Cosmarium quadratum Ralfs, 1848; 魏印心, 2013, p. 149, pl. XVI, figs. 1-3; 李尧英等, 1992, p. 357, pl. LII, figs. 11-13.

细胞中等大小，长约为宽的 2 倍，缢缝适度深凹，内狭向外张开；半细胞正面观近方形，从基部向顶部略狭，顶缘凸起，顶角广圆，基角圆，侧缘略凹入；细胞壁平滑。半细胞具 1 个轴生色素体，略具不规则纵脊，蛋白核 2 个。细胞长 55～70 μm，宽 33～38 μm，缢部宽 20～26 μm。

13. 斑点鼓藻近斑点变种（图版 27: 1-2）

Cosmarium punctulatum* var. *subpunctulatum (Nordstedt) Börgesen, 1894; 魏印心, 2013, p. 147, pl. LIV, figs. 10-11; 李尧英等, 1992, p. 364, pl. LVII, figs. 6-9.

细胞中等大小，长略大于宽，缢缝深凹，狭线形；半细胞正面观长圆状梯形，顶缘宽，平滑或具颗粒，顶角和基角圆，侧缘略凸起；细胞壁具均匀的垂直或斜向排列的颗粒。半细胞具 1 个轴生色素体，其中央具 1 个蛋白核。细胞长 22～32 μm，宽 17～32 μm，缢部宽 10～12 μm。

14. 波特鼓藻（图版 27: 3-4）

Cosmarium portianum Archer, 1860; 魏印心, 2013, p. 134, pl. XXXVIII, figs. 7-9, pl. LXXII, fig. 5; 李尧英等, 1992, p. 363, pl. LVI, figs. 10-12.

细胞小到中等大小，长约为宽的 1.3 倍，缢缝深凹，顶端圆，向外张开，缢部略伸长；半细胞正面观椭圆形，垂直面观椭圆形；细胞壁约具 10 列垂直和有时斜向排列的颗粒，半细胞缘边具 20～23 个颗粒。半细胞具 1 个轴生的色素体，其中央具 1 个蛋白核。细胞长 22～40 μm，宽 18～30 μm，缢部宽 9～13 μm。

15. 肾形鼓藻（图版 27: 5-6）

Cosmarium reniforme (Ralfs) Archer, 1874; 魏印心, 2013, p. 159, pl. XLIII, figs. 8-9, pl. LXXIV, fig. 4; 李尧英等, 1992, p. 363, pl. LV, fig. 15.

细胞中等大小，长略大于宽，缢缝深凹，狭线形；半细胞正面观肾形，顶角广圆，基角圆；细胞壁具斜向十字形或有时不明显垂直排列的颗粒，半细胞缘边具 30～36 个颗粒。半细胞具 1 个轴生的色素体，具 2 个蛋白核。细胞长 50～52 μm，宽 34～38 μm，缢部宽 15～16 μm。

16. 近前膨胀鼓藻格雷变种（图版 27: 7-8）

Cosmarium subprotumidum* var. *gregorii (Roy et Bissett) West et West, 1900; 魏印心, 2013, p. 178, pl. LIII, figs. 5-6; 李尧英等, 1992, p. 366, pl. LVIII, figs. 7-8.

细胞小到中等大小，长约等于宽，缢缝深凹，狭线形，外端略膨大；半细胞正面观缘边成对颗粒组成的圆齿较明显，颗粒有时呈圆锥形，中部颗粒有时退化，缢部上端具 3 列垂直颗粒，每列 3～4 个。细胞宽 19～26 μm，长 22～30 μm，缢部宽 9～10 μm。

17. 斑纹鼓藻（图版 27: 9-10）

Cosmarium conspersum Ralfs, 1848; 魏印心, 2013, p. 66, pl. XLVIII, figs. 8-10; 李尧英等, 1992, p. 371, pl. LXIII, figs. 6-8.

细胞大型，长为宽的 1.3 倍，缢缝深凹，狭线形，外端略膨大；半细胞正面观近长方形到楔形，顶部比基部略宽，顶缘略凸起，顶角略圆，侧缘直，从顶部向基部逐渐狭窄；细胞壁具颗粒，半细胞缘边约具 30 个颗粒。半细胞具 1 个轴生的色素体，具 2 个蛋白核。细胞长 60～80 μm，宽 51～63 μm，缢部宽 21～22 μm。

18. 华美鼓藻（图版 28: 1）

Cosmarium speciosum Lundell, 1871; 魏印心, 2013, p. 165, pl. XLV, figs. 1-3.

细胞中等大小，长约为宽的 1.5 倍，缢缝中等深度凹入，狭线形，外端略膨大；半细胞正面观近长方形，顶部平截，顶角圆，基角略圆，从基部到顶部逐渐略狭窄；半细胞缘边约具 19 个圆齿（顶缘 4 个，侧缘 7 个）。半细胞具 1 个轴生的色素体，其中央具 1 个蛋白核。细胞长 70～74 μm，宽 44～46 μm，缢部宽 17～19 μm。

19. 美丽鼓藻（图版 28: 2-3）

Cosmarium formosulum Hoff, 1888; 魏印心, 2013, p. 85, pl. LIII, figs. 1-2; 李尧英等, 1992, p. 365, pl. LVIII, figs. 15-16.

细胞中等大小，长为宽的 1.1～1.2 倍，缢缝深凹，狭线形，外端略膨大；半细胞正面观梯形到近半圆形，顶角钝圆，基角圆，顶缘平直，具 4～6 个圆齿，侧缘凸起，侧缘具圆齿，缘内具成对的颗粒，颗粒呈同心圆或放射状排列，半细胞中部具 5～7 纵列颗粒组成一个宽而低的隆起。细胞长 42～50 μm，宽 38～44 μm，缢部宽 10～16 μm，顶部宽 12～17 μm。

20. 葡萄鼓藻（图版 28: 4-5）

Cosmarium botrytis Meneghini ex Ralfs, 1848; 魏印心, 2013, p. 59, pl. LXII, figs. 3-4; 李尧英等, 1992, p. 369, pl. LXI, fig. 4.

细胞中等大小到大型，长为宽的 1.25～1.3 倍，缢缝深凹，狭线形，外端略膨大；半细胞正面观卵状截顶角锥形，顶缘较狭，平直或近平直，顶角和基角圆，侧缘略凸起；细胞壁具均匀的略呈同心圆或斜向十字形排列的颗粒，半细胞缘边 30～36 个。半细胞具 1 个轴生的色素体，具 2 个蛋白核。细胞长 68～75 μm，宽 51～54 μm，缢部宽 15～20 μm。

21. 葡萄鼓藻隆起变种 （图版 28: 7-9）

Cosmarium botrytis* var. *gemmiferum (Brébisson) Nordstedt, 1888; 魏印心, 2013, p. 60, pl. LXII, figs. 5-6; 李尧英等, 1992, p. 369, pl. LXI, figs. 5-6.

本变种与原变种的区别为：半细胞正面观中央具 1 个由颗粒组成的隆起，隆起外圈的一轮颗粒略退化和较小，隆起外侧具一圈小的平滑区；垂直面观两端中间各具一个小的隆起。细胞长 61～74 μm，宽 50～60 μm，缢部宽 17～21 μm。

22. 特平鼓藻 （图版 28: 6）

Cosmarium turpinii Brébisson, 1856; 魏印心, 2013, p. 192, pl. LXIX, figs. 1-3; 李尧英等, 1992, p. 367, pl. LIX, figs. 1-3.

细胞中等大小，长略大于宽，缢缝深凹，狭线形，外端略膨大，有时向外略张开；半细胞正面观截顶的角锥形到梯形，顶缘狭、平直或略微凹入，顶角钝圆，侧缘近顶部略凹入，基角圆；细胞壁具密集的颗粒，半细胞缘边具 36～40 个，缘内约具 4 轮呈同心圆或不规则排列的颗粒，颗粒从缘边向中部逐渐变小。半细胞具 1 个轴生的色素体，具 2 个蛋白核。细胞长 55～66 μm，宽 47～58 μm，缢部宽 12～18 μm，顶部宽 17～20 μm。

23. 特平鼓藻拔翠变种 （图版 28: 10）

Cosmarium turpinii* var. *eximium West et West, 1908; 魏印心, 2013, p. 193, pl. LXIX, fig. 4, pl. LXX, figs. 4-5; 李尧英等, 1992, p. 367, pl. LIX, figs. 7-8.

本变种与原变种的区别为：半细胞正面观顶部较明显凸出，位于顶部下侧缘的缘边呈圆齿状，半细胞中部具一个大的隆起，由中央 3 个大颗粒围绕 2 轮呈同心圆排列的大颗粒组成；细胞长 52～59 μm，宽 43～48 μm，缢部宽 14～16 μm。

角星鼓藻属 *Staurastrum* Meyen ex Ralfs 1848

植物体为单细胞，一般长略大于宽（不包括刺或突起），绝大多数种类辐射对称，少数种类两侧对称及细胞侧扁，多数缢缝深凹，从内向外张开呈锐角；半细胞正面观半圆形、近圆形、椭圆形、圆柱形、近三角形、倒三角形、四角形、梯形、碗形、杯形、楔形等，许多种类半细胞顶角或侧角向水平方向、略向上或向下延长形成长度不等的突起，缘边一般波形，具数轮齿，其顶端平或具 2 个、3 个到多个刺；垂直面观多数三角形到五角形，少数圆形、椭圆形、六角形或多到十二角形；细胞壁平滑，具点纹、圆孔纹、颗粒以及各种类型的刺和瘤。每个半细胞具 1 个轴生的色素体，其中央具 1 个蛋白核，大的细胞每个半细胞具数个蛋白核，少数种类半细胞的色素体周生，具数个蛋白核。

多分布于贫营养或中营养、偏酸性的水体中。

1. 阿维角星鼓藻 （图版 29: 5-6）

Staurastrum avicula Ralfs, 1848; 魏印心, 2014, p. 46, pl. XXI, figs. 7-8; 李尧英等, 1992, p. 377, pl. LXV, figs. 13-16.

细胞小，长略大于宽，缢缝深凹，从顶角向外短距离呈线形，其后向外张开呈锐角；

半细胞正面观近椭圆形或近倒三角形，顶缘略凸起，顶角具 1 对呈纵向排列的小刺，侧缘常明显凸起，有时近直向；垂直面观三角形，侧缘直或略凹入，角钝，角顶具 2 个纵向排列的小刺；细胞壁具粗糙小颗粒，围绕角呈同心圆排列。细胞长 30～31 μm，宽 31～33 μm，宽（不包括刺）28～30 μm，缢部宽 12～13 μm。

2. 不等角星鼓藻（图版 29: 9-10）

Staurastrum dispar Brébisson, 1856；魏印心, 2014, p. 61, pl. XVII, figs. 8-9.

细胞小到中等大小，长约等于宽，缢缝深凹，顶端钝圆，向外张开呈锐角；半细胞正面观椭圆形到纺锤形，背缘和腹缘凸起，侧角尖圆；垂直面观三角形或四角形，缘边平直或略凹入，角尖圆，有时略伸出一个半细胞与另一个半细胞在缢部扭转一定的角度而交错排列；细胞壁具小颗粒，围绕侧角呈垂直向或同心圆排列。细胞长 24～26 μm，宽 26～28 μm，缢部宽 5～8 μm。

3. 被棘角星鼓藻（图版 30: 1-2）

Staurastrum erasum Brébisson, 1856；魏印心, 2014, p. 64, pl. XXII, figs. 3-4；李尧英等, 1992, p. 376, pl. LXV, figs. 1-2.

细胞小，长约等于宽，缢缝深凹，从内向外张开呈锐角；半细胞正面观近椭圆形，腹缘比背缘较凸起，背缘近平直；垂直面观三角形，侧缘凹入，顶部中央平滑；细胞壁具稠密的短刺，围绕角呈同心圆排列。细胞长 34～36 μm，宽（不包括刺）33～38 μm，缢部宽 14 μm，刺长约 3 μm。

4. 颗粒角星鼓藻（图版 30: 3-4）

Staurastrum punctulatum Brébisson, 1846；魏印心, 2014, p. 100, pl. XVIII, figs. 7-8；李尧英等, 1992, p. 375, pl. LXIV, figs. 11-12.

细胞小，长略大于宽，缢缝深凹，从内向外张开呈锐角；半细胞正面观椭圆形，顶缘和腹缘凸起；垂直面观三角形，侧缘中间略凹入，角略尖圆形；细胞壁具均匀颗粒，围绕角呈同心圆排列，上下两个半细胞交错排列。细胞长 28～33 μm，宽 26～34 μm，缢部宽 10～13 μm。

5. 叉形角星鼓藻（图版 30: 5）

Staurastrum furcigerum (Ralfs) Archer, 1861；魏印心, 2014, p. 67, pl. LVI, figs. 7-8.

细胞中等大小到大型，长略大于宽（不包括突起），缢缝深凹，顶端尖，向外张开呈锐角；半细胞正面观椭圆形，顶角斜向上伸长形成 1 个附属短突起，具数横轮呈同心圆排列的小齿，末端具 2～3 个刺，侧角略膨大，然后水平向伸长形成 1 个强壮的短突起，与顶角的附属短突起相似或略长，具数横轮呈同心圆排列的小齿，末端具 2～3 个刺。细胞长约 123 μm，宽约 114 μm，缢部宽约 33 μm。

6. 具粒角星鼓藻 （图版 30: 6-7）

Staurastrum granulosum Ralfs, 1848; 魏印心, 2014, p. 70 pl. XVIII, figs. 16-17; 李尧英等, 1992, p. 375, pl. LXV, figs. 11-12.

细胞小，长略大于宽或有时略长，缢缝深凹，向外张开呈近直角；半细胞正面观多少呈倒半圆形，顶缘凸起，侧角近圆形，角顶具 1 个乳头状突起（或小刺）；垂直面观三角形，侧缘中间凹入，角尖圆，角顶具 1 个乳头状突起；细胞壁具小颗粒，围绕角呈同心圆排列，顶部散生或退化。细胞宽 33～39 μm，长 32～37 μm，缢部宽 16～18 μm。

7. 纤细角星鼓藻极瘦变种 （图版 30: 8-9）

Staurastrum gracile var. *teunissima* Boldt, 1885; 魏印心, 2014, p. 70, pl. XXXII, figs. 3-4.

细胞小到中等大小，较扁，缢缝中等深度凹入，向外张开呈锐角；半细胞正面观近纺锤形，顶部近平直或略凸起，顶角延长形成极纤细的长突起；垂直面观三角形或四角形，侧缘内具 3 个小颗粒。细胞长 26～30 μm，宽 46～48 μm，缢部宽 9～10 μm。

8. 薄刺角星鼓藻 （图版 31: 1-3）

Staurastrum leptacanthum Nordstedt, 1869; 魏印心, 2014, p. 79, pl. LIV, figs. 1-2.

细胞大型，长约等于宽（包括突起），缢缝宽，呈 "V" 形凹陷，顶端钝圆，向外张开呈锐角；半细胞正面观近圆形到六角形，顶部平直或略凸起，4 个顶角各斜向上伸长形成 1 个平滑而细长的附属突起，末端具 3 叉的刺，6 个侧角各水平向伸长形成 1 个与顶角形状相似的平滑而细长的突起，末端具 3 叉的刺；垂直面观六角形，6 个侧角各伸长形成 1 个平滑而细长的突起，末端具 3 叉的刺。细胞长（不包括突起）60～69 μm，长（包括突起）110～117 μm，宽（不包括突起）44～48 μm，宽（包括突起）120～122 μm，缢部宽 30～33 μm，突起长 30～34 μm。

9. 光角星鼓藻 （图版 31: 4-5）

Staurastrum muticum Ralfs, 1848; 魏印心, 2014, p. 90, pl. XV, figs. 7-8; 李尧英等, 1992, p. 369, pl. LXI, fig. 4.

细胞小到中等大小，长略大于或等于宽，缢缝深凹，向外张开呈锐角；半细胞正面观通常椭圆形、半圆形、肾形，顶缘比腹缘较凸；垂直面观三角形或四角形，侧缘凹入，角广圆；细胞壁平滑。细胞长 31～32 μm，宽 31～32 μm，缢部宽 15～16 μm。

10. 漂流角星鼓藻 （图版 31: 6-7）

Staurastrum pelagicum West et West, 1902; Prescott et al., 1982, p. 274, pl. 374, fig. 11.

细胞小到中等大小，长略大于或等于宽，缢缝深凹，外端向外张开呈锐角；半细胞正面观椭圆形，顶缘凸起，顶角向上延伸形成 2 个粗大的长刺；垂直面观三角形，侧缘直，缘内具同心圆排列的小刺，角略延长形成突起。细胞长 30～33 μm，宽（含刺）46～

50 μm，缢部宽 10～13 μm。

11. 西博角星鼓藻（图版 31: 8-9）

Staurastrum sebaldi Reinsch, 1867；魏印心, 2014, p. 108, pl. XLV, figs. 1-2；李尧英等, 1992, p. 380, pl. LXVII, figs. 5-6.

细胞大，长约为宽的 1.5 倍（不包括突起），缢缝中等深度凹入，内尖，向外广张开；半细胞正面观杯形，顶部凸起，两侧各具一列大的单一或 2～4 齿的刺，顶角略向下延长形成粗壮的圆柱形的短突起，具数轮小齿，末端具 3～4 个刺；垂直面观三角形，侧缘直，缘边具一列单一的刺，缘内具一列单一或 2～4 齿的刺，角略延长形成具齿短突起。细胞宽 84 μm，长 60 μm，缢部宽 20 μm。

12. 西博角星鼓藻伸长变种（图版 31: 10-11）

Staurastrum sebaldi var. ***productum*** West et West, 1905；魏印心, 2014, p. 109 pl. XLV, figs. 3-4.

本变种与原变种的区别为：半细胞正面观顶缘略凸起，但在中间区域近平直，顶角延长形成长突起；垂直面观三角形，侧缘直，缘内具一列 6 个微凹的瘤；细胞长 47 μm，宽 83 μm，缢部宽 20 μm。

叉星鼓藻属 *Staurodesmus* Teiling 1948

植物体为单细胞，一般长略大于宽（不包括刺或突起），绝大多数种类辐射对称，少数种类两侧对称及细胞侧扁，多数种类缢缝深凹，从内向外张开呈锐角、直角、钝角，有的种类缢部伸长呈短圆柱形；半细胞正面观半圆形、近圆形、椭圆形、圆柱形、倒三角形、三角形、四角形、梯形、碗形、杯形、楔形、纺锤形等，半细胞顶角或侧角尖圆、广圆、圆形，并向水平向、略向上或略向下形成乳突、刺或小尖头，有的角细胞壁增厚；垂直面观多数三角形至五角形，少数近圆形、椭圆形，角顶具乳突、刺或小尖头，有的角细胞壁增厚；细胞壁平滑或具穿孔纹；半细胞一般具 1 个轴生的色素体，具 1 个到数个蛋白核，少数种类色素体周生，具数个蛋白核。

多分布于贫营养、偏酸性水体中。

1. 钩刺叉星鼓藻（图版 32: 1-2）

Staurodesmus curvirostris (Turner) Teiling, 1967；魏印心, 2014, p. 133, pl. XIV, figs. 15-18.

细胞中等大小，长约等于宽（不包括刺），缢缝深凹，向外广张开；半细胞正面观宽楔形或倒三角形，顶缘宽平直，在中间略凹入，顶角角顶具一个斜向上或斜向下弯的长的钩状刺，腹缘凸起；垂直面观三角形，侧缘略凹入，顶角膨大，具 1 个钩状长刺；细胞壁平滑。细胞长 22～23 μm，宽（不包括刺）28～30 μm，宽（包括刺）39～44 μm，缢部宽 8～9 μm。

2. 伸长叉星鼓藻（图版 32: 3）

Staurodesmus extensus (Borge) Teiling, 1948; 魏印心, 2014, p. 137, pl. XIV, figs. 12-14.

细胞小到中等大小，长约等于宽（不包括刺），缢缝深凹，向外广张开近半圆形，缢部伸长呈近圆柱形；半细胞正面观近楔形，顶部宽直或略凹入，顶角较尖，具 1 个斜向上伸出的直长刺，侧缘略凸起，基角钝圆。细胞长（不包括刺）20～21 μm，宽（不包括刺）18～19 μm，缢部宽 7～8 μm，刺长 6～8 μm

3. 伸展叉星鼓藻（图版 32: 4-6）

Staurodesmus patens (Nordstedt) Croasdale, 1957; 魏印心, 2014, p. 142, pl. XI, figs. 11-12.

细胞小，长约等于宽，缢缝深凹，向外张开呈锐角；半细胞正面观杯形，顶缘略凸起，腹缘明显凸起，顶角具 1 条斜向上的短刺，刺直或弯；垂直面观三角形，少数四角形，侧缘略凹入。细胞长 21～30 μm，宽 25～29 μm，缢部宽 6～8 μm。

多棘鼓藻属 *Xanthidium* Ralfs 1848

植物体为单细胞，多数种类细胞中等大小，长常略大于宽，大多数种类两侧对称及细胞侧扁，少数呈三角形的种类为辐射对称，缢缝深凹或中等深度凹入，狭线形或向外张开；半细胞正面观椭圆形、梯形、六角形或多角形等，顶缘常平直，顶隅或侧角（或顶角或侧角内）具单个或成对的强壮粗刺，每个半细胞通常具 4 个或多于 4 个单一或叉状的短刺或长刺，刺的形状和位置作为重要的鉴定特征；半细胞侧面观近圆形或多角形；垂直面观椭圆形，两端中间常增厚，少数三角形；细胞壁平滑，具点纹或圆孔纹；半细胞具轴生或周生的色素体，每个色素体具 1 个或数个蛋白核。

广泛分布，多生长在贫营养、偏酸性的淡水水体中，在稻田、水坑、池塘、湖泊、水库、沼泽中浮游、偶然性浮游或附着于基质上。

1. 对称多棘鼓藻（图版 29: 7-8）

Xanthidium antilopaeum Kützing, 1849; 魏印心, 2014, p. 15, pl. II, figs. 1-2.

细胞中等大小，长约等于宽（不包括刺），缢缝深凹；半细胞正面观近椭圆形到六角形，顶缘平直，顶角略圆，角顶具一对斜向上伸出的直或略弯的长刺，侧角略圆，具 1 对直或略弯的略斜向上的长刺，腹缘斜向侧角，基角略圆；细胞壁具点纹。细胞长（不包括刺）51～58 μm，宽（不包括刺）46～58 μm，缢部宽 15～18 μm，刺长 15～20 μm。

泰林鼓藻属 *Teilingia* Bourrelly 1964

植物体为不分枝的丝状体，直或略缠绕，具或不具胶被。细胞小，椭圆形或方角形，侧扁，缢缝深凹或中等深度凹入，狭线形或从内向外张开；半细胞正面观椭圆形、近长方形或长圆形，顶部具 4 个小颗粒或小圆瘤与相邻半细胞顶部的 4 个小颗粒或小圆瘤互相连接形成丝状体，侧缘圆、凹入或平截，侧缘或缘内具颗粒或刺；半细胞侧面观近圆形；垂直面观椭圆形；细胞壁平滑或具小颗粒。每个半细胞具 1 个轴生的色素体，其中央具 1 个蛋白核。

1. 颗粒泰林鼓藻（图版 **32: 9-10**）

Teilingia granulata (Roy et Bissett) Bourrelly, 1964; 魏印心, 2014, p. 153, pl. LX, figs. 8-9, pl. LXVI, fig. 4.

细胞小，长约等于宽，缢缝深凹，从圆的顶部向外宽张开；半细胞正面观椭圆形、长圆形，顶缘平圆形，侧缘广圆，通常具 3 个小颗粒，顶部具 4 个颗粒，与相邻半细胞的顶部互相连接形成丝状体。细胞长 8～12 μm，宽 10～13 μm，缢部宽 4～6 μm。

顶接鼓藻属 *Spondylosium* Brébisson ex Kützing 1849

植物体为不分枝的丝状体，藻丝长，有时缠绕，常具胶被，有时以基部短的胶质垫附着在基质上；细胞小或中等大小，侧扁，有的辐射对称，缢缝深凹，狭线形或从顶端向外张开；半细胞正面观椭圆形、长方形或三角形，顶缘平直，略凸起或略凹入，每个半细胞的顶部与相邻半细胞的顶部互相连接形成不分枝的丝状体；半细胞侧面观圆形或近三角形；垂直面观椭圆形、三角形或四角形；细胞壁平滑或具点纹。每个半细胞具 1 个轴生色素体，具 1 个或数个蛋白核。

1. 平顶顶接鼓藻（图版 **32: 7-8**）

Spondylosium planum (Wolle) West et West, 1912; 魏印心, 2014, p. 149, pl. LIX, figs. 4-5.

细胞中等大小，宽约为长的 1.2 倍，缢缝深凹，顶端钝圆且向外张开；半细胞正面观长圆形，顶缘宽且平直，侧缘广圆，每个半细胞的顶部与相邻半细胞的顶部互相连接形成不分枝的丝状体；半细胞侧面观近圆形；细胞壁平滑。细胞长 9～11 μm，宽 9～10 μm，缢部宽 3～6 μm。

圆丝鼓藻属 *Hyalotheca* Ralfs 1848

植物体为不分枝的丝状体，藻丝有时缠绕，具较厚的胶被。细胞圆柱形或圆盘形，长略大于或略短于宽，缢缝很浅；半细胞正面观梯形、近方形或长方形，侧缘平直或略凸出，顶缘宽且平直，相邻半细胞的顶部彼此相连形成藻丝；细胞壁平滑，具点纹或颗粒。每个半细胞具 1 个轴生色素体，具数条辐射状脊，垂直面观星状，中央具 1 个蛋白核。

广泛分布于各种水体中。

1. 裂开圆丝鼓藻（图版 **32: 11-12**）

Hyalotheca dissiliens Ralfs, 1848; 魏印心, 2014, p. 156, pl. LXI, figs. 1-3; 李尧英等, 1992, p. 384, pl. LXVI, fig. 11.

藻丝常具胶被，其厚度约等于藻丝宽度；细胞中等大小，圆柱形，宽约为长的 1.2 倍，缢缝极浅，细胞宽度仅略大于缢部，半细胞侧缘略凸起，顶缘宽且平直；每个半细胞具 1 个轴生的色素体，具数条辐射状的纵脊，具 1 个中央的蛋白核。细胞宽 16～30 μm，长 16～20 μm。

硅藻门 Bacillariophyta

硅藻为单细胞，可连接成各种形态的群体和丝状体。细胞壁由 2 个套合的半片组成，大的半片为上壳，小的为下壳；成分为硅质、果胶质，无纤维素。细胞壁的形态、结构、纹饰等都是分类的依据。

硅藻色素体 1 个至多数，小盘状或片状；含叶绿素 a 和叶绿素 c，辅助色素有 β-胡萝卜素、叶黄素类，叶黄素包括墨角藻黄素、硅藻黄素、硅甲黄素，因此硅藻呈橙黄色、黄橙色。同化产物是金藻淀粉和油。

硅藻营养细胞没有游动细胞，仅精子具鞭毛。

硅藻的繁殖以细胞分裂为主，细胞分裂时，原母细胞壁的 2 个半片分别保留在 2 个子细胞上，子细胞新分泌形成一个下壳。由于新分泌的半片始终是作为子细胞的下壳，老的半片作为上壳，结果造成一个子细胞的体积和母细胞等大，另一个则比母细胞略小。随着细胞分裂的次数增加，后代细胞越来越小，当缩小到一定程度时，会以产生复大孢子的方式恢复其大小。硅藻的有性生殖常与复大孢子有联系，有的种类可产生具鞭毛的精子。

硅藻分布非常广泛，淡水、海水、半咸水中均有分布，浮游或附着在基质上，在冷泉或温泉中、土壤、岩石、墙壁、树干等表面也大量分布。

本书收录硅藻 79 属 348 种 22 变种 3 变型。

中心纲 Centricae

直链藻目 Melosirales

直链藻科 Melosiraceae

直链藻属 *Melosira* Agardh 1824

壳体圆柱形，常通过壳面彼此连接形成链状群体。壳体带面观方形或长方形。壳面圆形，平或凸起，结构十分简单，在光镜下看不到纹饰。在电镜下观察，壳缘及壳面中部具密集的硅质小刺。

多分布于河流水体。

1. 变异直链藻（图版 **33: 1**）

Melosira varians Agardh, 1872; 齐雨藻, 1995, p. 34, fig. 41, pl. II, figs. 8-9.

壳体圆柱形，以壳盘边缘小刺连接成链状群体。壳面圆形。直径 12 μm，高 28 μm。

沟链藻科 Aulacoseiraceae

沟链藻属 *Aulacoseira* Thwaites 1848

壳体通过壳针彼此连接成链状群体。壳体常见带面观。壳面观圆形，平或凸起，点纹贯穿壳面或仅出现在壳缘。壳缘具 1 至多数的壳针，壳针渐尖嵌入相邻壳面的凹槽中，或呈匙形同相对细胞的壳针互相交叉相连。壳套面长，具直或弯曲排列的点纹。壳套面边缘具一圈窄的无纹区，称为颈（collum），颈的内部具一圈向内凸起的硅质增厚，称为颈环（ringleiste），颈环内侧常具小的唇形突。

多分布于河流水体。

1. 模糊沟链藻（图版 **33: 2-9; 12-14**）

Aulacoseira ambigua (Grunow) Simonsen, 1979; 齐雨藻, 1995, p. 5, fig. 1, pl. II, figs. 1-2.
Melosira ambigua (Grunow) Müller, 1903, p. 332.

壳体圆柱形，以壳盘边缘小刺连接成紧密的链状群体。直径 2.9～5.3 μm，高 3.5～5.5 μm。壳套发达，环沟平滑并向内深入呈"U"形的宽槽。孔纹螺旋排列，14～26 条/10 μm。

2. 颗粒沟链藻极狭变种（图版 **33: 10-11**）

Aulacoseira granulata var. *angustissima* (Müller) Simonsen, 1979; 齐雨藻, 1995, p. 15, fig. 14.

Melosira granulata var. *angustissima* Müller, 1899, p. 315.

壳体圆柱形，以壳盘边缘小刺连接成紧密的链状群体。直径 4.7 μm，高 10～11 μm。点纹纵向排列，9～13 条/10 μm。

海链藻目 Thalassiosirales

冠盘藻科 Stephanodiscaceae

小环藻属 *Cyclotella* (Kützing) Brébisson 1838

壳体圆盘形或鼓形。壳面中央平或波曲。壳面中部及壳缘具不同类型的纹饰，壳面中部多不具纹饰，壳缘具成束状排列的肋纹。壳缘具一圈支持突，仅具一个唇形突，通常位于壳缘肋纹上。

多分布于河流、湖泊等水体。

1. 科梅小环藻（图版 34: 1-8, 11-12）

Cyclotella comensis Grunow, 1882；朱蕙忠和陈嘉佑，2000, p. 286, pl. 3, fig. 10.

壳体鼓形。壳面圆形，直径 5～8 μm，中央波曲，具辐射状排列的线纹，12～20 条/10 μm。

2. 微小小环藻（图版 34: 9-10, 13-14）

Cyclotella minuscula (Jurilj) Cvetkoska, 2014；Cvetkoska et al., 2014, p. 329, figs. 65-75.

壳体鼓形。壳面圆形，直径 3～4 μm，具辐射状排列的线纹，25～30 条/10 μm。

3. 眼斑小环藻（图版 35: 1-5, 10-11）

Cyclotella ocellata Pantocsek, 1901；朱蕙忠和陈嘉佑，2000, p. 287, pl. 4, fig. 5.

细胞单生。壳体鼓形。壳面直径 4～8 μm，具辐射状排列的线纹，12～18 条/10 μm。

碟星藻属 *Discostella* Houk et Klee 2004

细胞常形成较短的链状群体。壳体圆盘状。壳面圆形至椭圆形，具两种明显不同的纹饰；中部具星状的硅质脊；壳缘具肋纹，点纹在光镜下不可见。边缘支持突位于两肋纹之间，且具两个无规则排列的围孔。支持突在外壳面开口通常增厚或是短管状。唇形突一个，位于壳套面两肋纹之间。

多分布于河流、湖泊及湿地等水体。

1. 具星碟星藻（图版 35: 6-9, 12-13）

Discostella stelligera (Cleve et Grunow) Houk et Klee, 2004, p. 208, figs. 22-99.
Cyclotella stelligera (Cleve et Grunow) Van Heurck, 1882；齐雨藻，1995, p. 61, fig. 78, pl. IV, fig. 6, pl. V, fig. 1.

细胞单生。壳体圆盘形，直径 5～10 μm。壳面圆形，呈同心波曲，边缘区较窄，12～16 条/10 μm。

琳达藻属 *Lindavia* (Schütt) DeToni et Forti 1900

细胞单生。壳体圆盘状或鼓状。壳面圆形至卵形，平坦或凹凸不平，壳面具两种不同类型的纹饰。壳缘处具长或短的线纹，内壳面的肋纹将这些线纹分成室状区域或长室孔。壳面中部平或具同心波曲，具或不具点纹和支持突。唇形突位于壳面一个缩短的线纹的底部，壳缘的支持突上有 2～3 个卫星孔。

多分布于河流、湿地、瀑布等水体。

1. 近缘琳达藻（图版 36: 1-3, 8）

Lindavia affinis (Grunow) Nakov, Guillory, Julius, Theriot et Alverson, 2015; 王全喜和邓贵平, 2017, p. 97, fig. 6.

Cyclotella affinis (Grunow) Houk, Klee et Tanaka, 2010, p. 33.

壳面圆盘形，中央区同心波曲，具大的网孔，直径 13～19 μm。线纹辐射状排列，24～29 条/10 μm。

2. 省略琳达藻（图版 37: 1-7）

Lindavia praetermissa (Lund) Nakov, Guillory, Julius, Theriot et Alverson, 2015; 王全喜和邓贵平, 2017, p. 99, fig. 9.

Cyclotella praetermissa Lund, 1951, p. 93, figs. 1A-1H, 2A-2L.

壳面圆盘形，边缘具短的环状线纹，直径 12.5～16 μm。线纹辐射状排列，15～20 条/10 μm。

冠盘藻属 *Stephanodiscus* Ehrenberg 1845

壳体圆盘状。壳面圆形、卵形或近菱形。线纹束状排列，被外壳面略隆起的肋纹分隔开来。壳缘具壳针，部分或全部与边缘支持突对向排列。内壳面观，点纹由隆起的圆顶状筛板覆盖，壳套面具点纹，具 1～2 个唇形突。多数种类具中央支持突。

多分布于湖泊、瀑布等水体。

1. 小冠盘藻（图版 36: 4-7, 9）

Stephanodiscus minutulus (Kützing) Cleve et Möller, 1882, p. 300.

Cyclotella minutula Kützing, 1844, p. 50, pl. 2, fig. 3.

壳面圆盘形，边缘具环状线纹，直径 5～6 μm。线纹辐射状排列，18～20 条/10 μm。

羽纹纲 Pennatae

脆杆藻目 Fragilariales

脆杆藻科 Fragilariaceae

脆杆藻属 *Fragilaria* Lyngbye 1819

细胞常通过壳针彼此连接成带状群体。壳体带面观矩形至披针形。壳面线形披针形至椭圆形披针形，两侧对称，中部略有膨大，两侧逐渐变窄，两端呈钝圆形或小头状，具窄的胸骨。线纹由小的圆形的单列点纹组成。壳面末端具边缘眼孔（顶孔区），多位于壳套面。壳面末端具一个唇形突。

多分布于河流、湖泊、湿地及瀑布等水体。

1. 钝脆杆藻（图版 38: 1-3, 12）

Fragilaria capucina Desmazières, 1830; Krammer et Lange-Bertalot, 1991a, p. 446, pl. 108, figs. 1-8.

壳面长线形，近两端逐渐略狭窄，末端略膨大，呈小头状；长 30～40 μm，宽 3 μm。横线纹平行状排列，14～17 条/10 μm。

2. 克罗顿脆杆藻（图版 38: 4-5）

Fragilaria crotonensis Kitton, 1869; 朱蕙忠和陈嘉佑, 2000, p. 289, pl. 6, fig. 1.

壳面长线形，中间略膨大，近两端逐渐略狭窄，末端呈小头状；长 31～43 μm，宽 2 μm。横线纹平行状排列，18～21 条/10 μm。

3. 石南脆杆藻（图版 38: 6-7, 13）

Fragilaria heatherae Kahlert et Kelly, 2019, p. 961, fig. 4.

壳面线形披针形，近两端逐渐略狭窄，末端呈头状，中部一侧具无纹区；长 38～40.5 μm，宽 2.5～3 μm。横线纹平行状排列，16～18 条/10 μm。

4. 中狭脆杆藻（图版 38: 8-11, 14-15）

Fragilaria mesolepta Rabenhorst, 1861; 朱蕙忠和陈嘉佑, 2000, p. 288, pl. 5, fig. 19.
Fragilaria capucina var. ***mesolepta*** (Rabenhorst) Rabenhorst, 1864, p. 118.

壳面线形披针形，中部缢缩明显，近两端逐渐略狭窄，末端呈头状，中部一侧具无纹区；长 34～47 μm，宽 2～3 μm。横线纹平行状排列，15～20 条/10 μm。

5. 近爆裂脆杆藻 （图版 39: 1-5, 12-13）

Fragilaria pararumpens Lange-Bertalot, Hofmann et Werum, 2011, p. 269, pl. 8, figs. 4-10.

　　壳面线形，中部微膨大，近两端逐渐略狭窄，末端近头状，中央区无纹饰；长 42～59 μm，宽 1.4～2.6 μm。横线纹平行状排列，17～19 条/10 μm。

6. 篦形脆杆藻 （图版 39: 6-11, 14）

Fragilaria pectinalis (Müller) Lyngbye, 1819, p. 185.
Conferva pectinalis Müller, 1788, p. 91, figs. 4-7.

　　壳面线形披针形，末端呈头状，中部一侧具无纹区；长 11～15 μm，宽 2.8～3.6 μm。线纹近平行状交错排列，13～16 条/10 μm。

7. 短线脆杆藻二凸变种 （图版 40: 1-9, 12）

Fragilaria brevistriata* var. *bigibba Jao, 1964, p. 182, pl. 1, figs. 13-15.

　　壳面线形披针形，中部缢缩明显，中央区无纹饰；长 12.8～16.5 μm，宽 2.0～3.7 μm。线纹近平行状排列，16～18 条/10 μm。

8. 平片脆杆藻截形变种 （图版 40: 10-11, 13）

Fragilaria tabulata* var. *truncata (Greville) Lange-Bertalot, 1980; 朱蕙忠和陈嘉佑, 2000, p. 289, pl. 6, fig. 17.
Echinella fasciculata var. *truncata* Greville, 1823, pl. 16, fig. 4.
Fragilaria vaucheriae var. *truncata* (Greville) Stoermer et Yang, 2005, p. 1701.

　　壳面线形披针形，中央区无纹饰；长 26.5～32 μm，宽 3.1～3.7 μm。线纹近平行状排列，14～15 条/10 μm。

9. 柔弱脆杆藻 （图版 40: 14-17）

Fragilaria tenera (Smith) Lange-Bertalot, 1980; 朱蕙忠和陈嘉佑, 2000, p. 290, pl. 7, fig. 16.
Synedra tenera Smith, 1856, p. 98.

　　壳面线形披针形，末端呈头状，中部一侧具无纹区；长 49.6～66.5 μm，宽 1.8～2.8 μm。线纹近平行状交错排列，18～20 条/10 μm。

10. 沃切里脆杆藻 （图版 41: 1-13, 10）

Fragilaria vaucheriae (Kützing) Petersen, 1938; 朱蕙忠和陈嘉佑, 2000, p. 289, pl. 6, fig. 14.
Exilaria vaucheriae Kützing, 1833, p. 32, fig. 38.

　　壳面线形披针形，末端呈头状，中部一侧具无纹区；长 19～26.8 μm，宽 2.9～4.2 μm。线纹近平行状交错排列，14～18 条/10 μm。

11. 沃切里脆杆藻椭圆变种（图版 41: 4-9, 11-12）

Fragilaria vaucheriae* var. *elliptica Manguin, 1961, p. 270, pl. 1, fig. 10.

本变种与原变种的区别为：壳面线形披针形，中部一侧具无纹区；长 6.8～11.8 μm，宽 3.2～4.6 μm；线纹微辐射状排列，16～18 条/10 μm。

蛾眉藻属 *Hannaea* Patrick 1966

壳体带面观矩形。壳面线形或弓形，末端头状。壳面腹缘中部具轻微膨大的假节，假节处无线纹或假线纹，内壳面略凹，边缘增厚。末端具 1～2 个唇形突。

多分布在河流、湿地、瀑布等水体。

1. 弧形蛾眉藻（图版 42: 1-5, 7, 9）

Hannaea arcus (Ehrenberg) Patrick, 1966; 朱蕙忠和陈嘉佑, 2000, p. 288, pl. 5, fig. 4.
Ceratoneis arcus (Ehrenberg) Kützing, 1844, p. 104, pl. 6, fig. 10.
Navicula arcus Ehrenberg, 1836, p. 243.

壳面具背腹之分，腹缘一侧呈波浪形，背侧呈光滑的弓形，中部微凸出，末端呈头状；长 44～76.5 μm，宽 4.4～5.3 μm。横线纹近平形状排列，17～18 条/10 μm。

2. 弧形蛾眉藻两尖变种（图版 42: 6）

Hannaea arcus* var. *amphioxys (Rabenhorst) Patrick, 1966; 朱蕙忠和陈嘉佑, 2000, p. 288, pl. 5, fig. 5.
Ceratoneis arcus var. *amphioxys* (Rabenhorst) Brun, 1880, p. 52.

壳面具背腹之分，腹缘一侧呈波浪形，背侧呈光滑的弓形，中部微凸出，末端呈头状；长 27.8 μm，宽 6.2 μm。横线纹近平形状排列，17 条/10 μm。

3. 线形蛾眉藻（图版 42: 8, 10）

Hannaea linearis (Holmboe) Álvarez-Blanco et Blanco, 2013; 朱蕙忠和陈嘉佑, 2000, p. 288, pl. 5, fig. 7.
Ceratoneis arcus f. *linearis* Holmboe, 1899, p. 31.

壳面具背腹之分，腹缘一侧呈波浪形，背侧呈光滑的弓形，中部微凸出，末端呈头状；长 68.2～95.7 μm，宽 4.8 μm。横线纹近平形状排列，16～17 条/10 μm。

平格藻属 *Tabularia* Williams et Round 1986

细胞单生或通过壳面一端附生于基质上形成放射状或簇状群体。壳体带面观矩形。壳面线形披针形，胸骨较宽。外壳面观，线纹由单列长圆形点纹组成，点纹具筛板覆盖。壳面具一个唇形突。边缘眼孔（顶孔区）位于壳套面。

多分布在湿地水体中。

1. 簇生平格藻（图版 45: 7）

Tabularia fasciculata (Agardh) Williams et Round, 1986, p. 326, figs. 46-52.

Diatoma fasciculata Agardh, 1812, p. 35.

壳面线形披针形到披针形，末端略微凸出，中轴区较宽，无中央区，长 35.7 μm，宽 4.3 μm。横线纹近平形状排列，14 条/10 μm。

肘形藻属 *Ulnaria* (Kützing) Compère 2001

细胞单生或形成短链状群体或附生于一处形成放射状或簇状群体。壳体带面观矩形。壳面线形或披针形（长度可达 500 μm 以上），沿横轴和纵轴均对称。中央胸骨窄且直。线纹由单列点纹组成，少数种类具双列点纹。中央区明显，有时具幽灵线纹。壳面两末端壳套处具边缘眼斑状的顶孔区。每个壳面具 2 个唇形突，分别位于两末端。在部分种类中，壳面末端顶孔区两侧各具一个壳针。

多分布在湖泊、河流、瀑布等水体。

1. 尖肘形藻（图版 43: 1-5）

Ulnaria acus (Kützing) Aboal, 2003, p. 102.
Synedra acus Kützing, 1844, p. 68; 朱蕙忠和陈嘉佑, 2000, p. 289, pl. 6, fig. 23.

壳面线形披针形，中部宽，自中部向两端逐渐变狭窄，末端圆形或近头状；长 89.3～125.6 μm，宽 3.3～4.2 μm。线纹横向排列，14～16 条/10 μm。

2. 头状肘形藻（图版 43: 6-8）

Ulnaria capitata (Ehrenberg) Compère, 2001, p. 100.
Synedra capitata Ehrenberg, 1836; 朱蕙忠和陈嘉佑, 2000, p. 290, pl. 7, fig. 4.

壳面呈线形，末端膨大呈三角头状；长 254.6 μm，宽 7.8 μm。线纹平形状排列，10～11 条/10 μm。

3. 丹尼卡肘形藻（图版 44: 1-2）

Ulnaria danica (Kützing) Compère et Bukhtiyarova, 2006, p. 281.
Synedra danica Kützing, 1844, p. 66, pl. 14, fig. 13.

壳面线形披针形，中部宽，自中部向两端逐渐变狭窄，末端头状；长 162.6～206.6 μm，宽 4.5～6.3 μm。线纹横向排列，9～10 条/10 μm。

4. 肘状肘形藻（图版 44: 3-7）

Ulnaria ulna (Nitzsch) Compère, 2001, p. 100; 王全喜和邓贵平, 2017, p. 115, fig. 37.
Bacillaria ulna Nitzsch, 1817, p. 99, pl. V, figs. 1-10.

壳面长线形披针形，近两端明显收缩，末端呈头状；长 91.4～148.7 μm，宽 3.7～5.1 μm。线纹近平行状排列，10～12 条/10 μm。

5. 披针肘形藻（图版 45: 1-6, 8-9）

Ulnaria lanceolata (Kützing) Compère, 2001, p. 100.
Synedra lanceolata Kützing, 1844, p. 66, pl. 30, fig. 31.

　　壳面线形，在中部微缢缩，末端延伸呈头状；长 54.7～76.7 μm，宽 4.7～6.3 μm。线纹近平行状排列，12～13 条/10 μm。

十字脆杆藻科 Staurosiraceae

假十字脆杆藻属 *Pseudostaurosira* Williams et Round 1988

　　细胞常形成链状群体。壳体带面观矩形。壳面线形、椭圆形或线形披针形，末端圆形、喙状或头状。横线纹由单列点纹组成，点纹多大而椭圆形或小而圆形。每条线纹有少于 4 个点纹。胸骨较宽而明显。不具唇形突。壳面两末端具顶孔区。壳缘具分枝状的壳针。壳环具多条环带，环带不断变小，壳套合部多宽于其他环带。

　　多分布在河流水体。

1. 短纹假十字脆杆藻（图版 46: 1-3, 8）

Pseudostaurosira brevistriata (Grunow) Williams et Round, 1988, p. 276, figs. 28-31.
Fragilaria brevistriata Grunow, 1885; 朱蕙忠和陈嘉佑, 2000, p. 288, pl. 5, fig. 10.

　　壳面线形披针形，朝两端逐渐变窄，末端呈喙状；长 16.5～21.3 μm，宽 3.8～4.2 μm。横线纹较短，在壳面中部形成披针形的无纹区，线纹在中部平行状排列，末端微辐射状排列，15～16 条/10 μm。

2. 寄生假十字脆杆藻（图版 46: 4）

Pseudostaurosira parasitica (Smith) Morales, 2003, p. 287.
Odontidium parasiticum Smith, 1856, p. 19, pl. LX, fig. 375.

　　壳面线形披针形，末端亚喙状；长 18 μm，宽 4.8 μm。中轴区宽披针形。横线纹较短，在中部近平行状排列，末端微辐射状排列，19 条/10 μm。

3. 近缢缩假十字脆杆藻（图版 46: 7, 10）

Pseudostaurosira subconstricta (Grunow) Kulikovskiy et Genkal, 2011, p. 366.
Fragilaria parasitica var. *subconstricta* Grunow, 1881, pl. XLV, fig. 29.

　　壳面线形披针形，中部明显缢缩，末端延伸呈小头状；长 14.7～18.5 μm，宽 3.0～3.8 μm。中轴区线形披针形。横线纹较短，在中部近平行状排列，末端微辐射状排列，19 条/10 μm。

网孔藻属 *Punctastriata* Williams et Round 1988

　　细胞彼此连接成链状群体。壳体较小，带面观矩形。壳面线形披针形，中部多膨大。

线纹由多列小圆形点纹组成，近似网格状。壳面同壳缘接合处具壳针，壳针多位于两线纹之间的肋间纹上，壳针形态多样。壳面两端或仅一端具顶孔区。

多分布在河流、瀑布等水体。

1. 圆盘状网孔藻（图版 47: 1-6, 9）

Punctastriata discoidea Flower, 2005, p. 65, figs. 4-6.

壳面线形椭圆形，末端呈圆形；长 6.6～10.7 μm，宽 3.4～5 μm。线纹从中部到两侧逐渐变宽，由 1～2 列增加到 4 列，线纹在中轴区两侧交叉排列，10 条/10 μm。

2. 相似网孔藻（图版 47: 7-8）

Punctastriata mimetica Morales, 2005, p. 128, figs. 59-73, 115-120.

壳面十字形，中部膨大，末端延伸呈喙状；长 9.5～10.3 μm，宽 4.5～4.7 μm。线纹微辐射状排列，9～11 条/10 μm。

十字脆杆藻属 *Staurosira* Ehrenberg 1843

细胞常通过壳针彼此相连，形成链状群体。壳体带面观矩形。壳面椭圆形或十字形。线纹窄，由小而圆的点纹组成。壳面两端均具顶孔区，大小和结构各不相同，常退化。壳缘具从线纹末端延伸出来的壳针。不具唇形突。壳环具少数环带，环带逐渐变小，壳套合部宽于其他环带。

多分布在河流、瀑布等水体。

1. 双节十字脆杆藻（图版 48: 1-2, 9）

Staurosira binodis (Ehrenberg) Lange-Bertalot, 2011, p. 260, pl. 10, figs. 41-57.
Fragilaria binodis Ehrenberg, 1854, p. 12, pl. II, V, fig. 26, pl. XI, fig. 15.

壳面中部膨大，末端呈喙状或亚头状；长 14.3～17.6 μm，宽 2～2.7 μm。线纹近平行状排列，14～15 条/10 μm。

2. 连结十字脆杆藻（图版 48: 3-5, 10）

Staurosira construens Ehrenberg, 1843; Krammer et Lange-Bertalot, 1991a, p. 494, pl. 132, figs. 1-5.

壳面十字形，在中部膨大，末端呈喙状或亚头状；长 16.6～17.6 μm，宽 2.7 μm。横线纹辐射状排列，14～15 条/10 μm。

3. 不定十字脆杆藻（图版 48: 6-8）

Staurosira incerta Morales, 2006, p. 137, figs. 1-24.

壳面十字形，在中部膨大，末端呈亚头状；长 8.6～12.7 μm，宽 5.1～7 μm。线纹近平行状排列，14～15 条/10 μm。

4. 拟连结十字脆杆藻（图版 46: 5-6, 9）

Staurosira pseudoconstruens (Marciniak) Lange-Bertalot, 2000, p. 587.
Fragilaria pseudoconstruens Marciniak, 1982, p. 163, pl. 1, figs. 1-2, pl. 2, fig. 4.

　　壳面线形椭圆形，在中部膨大，末端呈喙状；长 8.3～10.9 μm，宽 4.2～5.2 μm。线纹微辐射状排列，17～18 条/10 μm。

窄十字脆杆藻属 *Staurosirella* Williams et Round 1988

　　细胞常通过边缘刺连成短链状或 "Z" 形群体。壳体带面观矩形。壳面椭圆形、线形或十字形，沿横轴对称或不对称，沿纵轴对称。线纹在光镜下看较宽，由单列、纵向短线形的点纹组成。壳面两端均具顶孔区或一端不具顶孔区。无唇形突。

　　多分布在湖泊、河流、湿地、瀑布等水体。

1. 马特窄十字脆杆藻（图版 49: 1-4, 11）

Staurosirella martyi (Héribaud) Morales et Manoylov, 2006, p. 354.
Opephora martyi Héribaud, 1902, p. 43, pl. 8, fig. 20.

　　壳面线形椭圆形，末端呈圆形；长 7.6～8.9 μm，宽 2.6～3.4 μm。线纹单列，在中轴区两侧交叉排列，10～12 条/10 μm。

2. 羽状窄十字脆杆藻（图版 49: 5-10, 12）

Staurosirella pinnata (Ehrenberg) Williams et Round, 1988, p. 274.
Fragilaria pinnata Ehrenberg, 1843; 朱蕙忠和陈嘉佑, 2000, p. 289, pl. 6, figs. 8-9.

　　壳面线形椭圆形，末端呈圆形；长 8.5～19.6 μm，宽 3.4～4.6 μm。线纹较宽，单列，在中部近平行，末端微辐射状排列，在中轴区两侧交叉排列，10～12 条/10 μm。

3. 微小窄十字脆杆藻（图版 50: 1, 11）

Staurosirella minuta Morales et Edlund, 2003, p. 226, figs. 3-12, 33-38.

　　壳面线形披针形，末端呈圆形；长 9～12 μm，宽 2.8～3.4 μm。线纹较宽，单列，在中轴区两侧交叉微辐射状排列，12 条/10 μm。

4. 卵形窄十字脆杆藻（图版 50: 2-10, 12-13）

Staurosirella ovata Morales, 2006; Morales et Manoylov, 2006, p. 357, figs. 44-56, 108-113.

　　壳面宽圆形，具顶孔区，末端呈圆形；长 3.4～6.6 μm，宽 2.8～3.8 μm。线纹较宽，单列，在中轴区两侧交叉呈辐射状排列，9～10 条/10 μm。

平板藻科 Tabellariaceae

等片藻属 *Diatoma* Bory de Saint-Vincent 1824

　　细胞通过末端顶孔区分泌的黏质彼此连接成 "Z" 形群体。壳体带面观矩形。壳面线形、椭圆形、椭圆披针形、披针形，有的种类两端略膨大，沿纵轴、横轴均对称；具线纹及增厚的横肋纹，线纹由单列点纹组成。内壳面观横肋纹凸起，从胸骨处延伸到壳套部。唇形突 1 个，位于近壳面末端。壳套面的顶端通过一个重叠的内部隆起相互连接。靠近顶孔区处有散生的壳针。环带不具隔膜。

多分布在河流、瀑布等水体。

1. 延长等片藻（图版 51: 1-3）

Diatoma elongata (Lyngbye) Agardh, 1824; 朱蕙忠和陈嘉佑, 2000, p. 287, pl. 4, fig. 17.
Diatoma tenuis var. ***elongata*** Lyngbye, 1819, p. 179, pl. 61, figs. E1, E2.

壳面长线形，末端膨大呈头状；长 63～69 μm，宽 2.3～3.1 μm。横肋纹 9～11 条/10 μm，横线纹在光镜下不明显。

2. 念珠状等片藻（图版 51: 4-8, 14-15）

Diatoma moniliformis (Kützing) Williams, 2012; 王全喜和邓贵平, 2017, p. 102, fig. 13.
Diatoma tenuis var. ***moniliformis*** Kützing, 1834, p. 580.

壳面线形披针形，逐渐向两端狭窄，末端呈小头状；长 11.8～22.5 μm，宽 2.2～3.3 μm。横肋纹 8～10 条/10 μm，横线纹 35 条/10 μm。

3. 纤细等片藻（图版 51: 9-13, 16）

Diatoma tenuis Agardh, 1812; 王全喜和邓贵平, 2017, p. 103, fig. 14.

壳面线形到线形披针形，末端圆或略微膨大；长 29～42.4 μm，宽 1.8～3.0 μm。壳面一端的末端 1 条肋纹上具 1 个唇形突。具横线纹和横肋纹，横肋纹有 10～12 条/10 μm，横线纹有 26 条/10 μm。

4. 普通等片藻（图版 51: 17-18）

Diatoma vulgaris Bory de Saint-Vincent, 1824; 朱蕙忠和陈嘉佑, 2000, p. 287, pl. 4, fig. 22.

壳面椭圆披针形，中部略凸出，逐渐向两端狭窄，顶端喙状，壳面一端具 1 个唇形突；长 12.6～13.3 μm，宽 3.6～4.5 μm。横肋纹 7 条/10 μm，横线纹 45 条/10 μm。

等杆藻属 *Distrionella* Williams 1990

壳面线形，末端头状。横线纹排列略不均等，靠近壳面末端较稀疏略不规则，点纹单列，小圆形。壳面具横肋纹。中央胸骨不明显。壳面两端均具顶孔区。每个壳面具一个唇形突，通常位于壳面末端线纹的中央。

多分布于湖泊、河流、瀑布等水体。

1. 吉尔曼等杆藻（图版 52: 1-5, 10）

Distrionella germainii (Reichardt et Lange-Bertalot) Morales, Bahls et Cody, 2005, p. 132.

Fragilaria germainii Reichardt et Lange-Bertalot, 1990, p. 204, pl. 1, figs. 1-13.

壳面线形，末端头状；长 28.6～58.5 μm，宽 1.4～2.9 μm。横肋纹 10～12 条/10 μm，线纹较细，22 条/10 μm。

2. 隐形等杆藻（图版 52: 6-7, 11-12）

Distrionella incognita (Reichardt) Williams, 1990, p. 176.
Fragilaria incognita Reichardt, 1988, p. 237, figs. 1-10.

壳面线形，末端头状；长 33～50.2 μm，宽 2.2～2.5 μm。横肋纹 10～12 条/10 μm，线纹较细，24 条/10 μm。

粗肋藻属 *Odontidium* Kützing 1844

细胞通过末端顶孔区分泌的黏质彼此连接成"Z"形群体。壳体带面结构复杂。壳面沿纵轴、横轴均对称；具线纹及增厚的横肋纹，线纹由单列点纹组成。内壳面观，横肋纹凸起，从胸骨处延伸到壳套部。唇形突 1 个，位于近壳面末端。

多分布于河流、湿地、瀑布等水体。

1. 中型粗肋藻（图版 52: 8-9）

Odontidium mesodon (Kützing) Kützing, 1849, p. 12.
Fragilaria mesodon Ehrenberg, 1839, p. 57, pl. II, Gruppe 1, fig. 9.
Diatoma mesodon (Ehrenberg) Kützing, 1844, p. 47, pl. 17, fig. XIII; 王全喜和邓贵平, 2017, p. 101, fig. 12.

壳面卵形，逐渐向两端狭窄；长 14～18.6 μm，宽 6.9～7.5 μm。横肋纹 4 条/10 μm，横线纹在光镜下不明显。

扇形藻属 *Meridion* Agardh 1824

细胞通过黏质将壳面彼此相连形成扇形或螺旋形群体。壳体带面观楔形。壳面棒形或倒卵形，沿横轴不对称，具横线纹、横肋纹和窄的胸骨。壳面较宽的末端具一个唇形突。横线纹较细弱，点纹小圆形，在光镜下较难观察到。

多分布于湖泊、河流、瀑布等水体。

1. 环状扇形藻（图版 53: 1-2, 10）

Meridion circulare (Greville) Agardh, 1831; 朱蕙忠和陈嘉佑, 2000, p. 288, pl. 5, fig. 1.
Echinella circularis Greville, 1822, p. 213, pl. VIII, fig. II.

壳面棒形，上端较明显的宽，呈广圆形，下端较窄，壳面上端近缘处具 1 个唇形突；长 25.6～33.6 μm，宽 3～4.2 μm。假壳缝狭窄，两侧具横线纹和肋纹，横肋纹 4 条/10 μm，横线纹 15 条/10 μm。

平板藻属 *Tabellaria* Ehrenberg ex Kützing 1844

细胞通过顶孔区分泌黏质垫形成长"Z"形群体，附生于基质上。壳体带面观矩形。壳面长圆形，末端头状，中部膨大。唇形突位于壳面中部一侧。壳面和壳套连接处常具短圆锥形的壳针，顶孔区也具壳针。合部具完全或不完全的隔膜。合部的类型和数量曾用作区分种类的依据。

多分布在湖泊、河流、湿地等水体。

1. 窗格平板藻（图版 53: 3-5, 11）

Tabellaria fenestrata (Lyngbye) Kützing, 1844, p. 127, pl. 17, fig. 22, pl. 18, fig. 2; 朱蕙忠和陈嘉佑, 2000, p. 287, pl. 4, fig. 12.
Diatoma fenestrata Lyngbye, 1819, p. 180, pl. 61, fig. E3.

壳面线形，中央膨大，末端头状；长 38.5～59 μm，宽 5.2～6.1 μm。横线纹 14～17 条/10 μm。

2. 绒毛平板藻（图版 53: 6-9, 12-13）

Tabellaria flocculosa (Roth) Kützing, 1844, p. 127, pl. 17, fig. 21; 朱蕙忠和陈嘉佑, 2000, p. 287, pl. 4, figs. 13-15.
Conferva flocculosa Roth, 1797, p. 192, pl. 4, fig. 4, pl. 5, fig. 6.

壳面线形，中央膨大，末端头状；长 18.2～21.7 μm，宽 4.6～7.2 μm。横线纹 18～20 条/10 μm。

短缝藻目 Eunotiales

短缝藻科 Eunotiaceae

短缝藻属 *Eunotia* Ehrenberg 1837

细胞常单生，自由生活或通过黏质柄附生，或形成带状群体。壳体带面观矩形或箱形。壳面月形或弓形，沿纵轴不对称，沿横轴对称。壳面背缘隆起、平滑或具波曲，腹缘直或凹。壳缝位于壳面末端壳套处。壳缝端隙轻微或强烈弯曲，位于壳面末端。壳缝从极节斜向腹侧边缘，不具中央节。具一个唇形突，位于壳面末端。

多分布于湖泊、河流、湿地等水体。

1. 弧形短缝藻（图版 54: 1-9, 11-12）

Eunotia arcus Ehrenberg, 1837; 朱蕙忠和陈嘉佑, 2000, p. 291, pl. 8, fig. 4.

壳面弓形，背缘外凸呈拱形；中部平直，腹缘明显凹入；两端明显缢缩并向背缘弯曲，末端头状；长 14.6～24 μm，宽 2.3～4 μm。横线纹平行状排列，近末端呈放射状排列，16～18 条/10 μm。

2. 二齿短缝藻（图版 54: 10）

Eunotia bidens Ehrenberg, 1843；朱蕙忠和陈嘉佑, 2000, p. 291, pl. 8, fig. 8.

壳面弓形，背缘外凸呈拱形；中部平直，腹缘明显凹入；两端明显缢缩并向背缘弯曲，末端头状；长 20.4 μm，宽 9 μm。横线纹平行状排列，近末端呈放射状排列，13 条/10 μm。

3. 双月短缝藻（图版 54: 13-14）

Eunotia bilunaris (Ehrenberg) Schaarschmidt, 1880；朱蕙忠和陈嘉佑, 2000, p. 291, pl. 8, fig. 8.
Synedra bilunaris Ehrenberg, 1832, p. 87

壳面弓形，背缘外凸呈拱形；中部平直，腹缘明显凹入；两端明显缢缩并向背缘弯曲，末端头状；长 47.3～50.6 μm，宽 3.1～4 μm。横线纹平行状排列，近末端呈放射状排列，18～19 条/10 μm。

4. 细长短缝藻（图版 54: 15）

Eunotia groenlandica Nörpel-Schempp et Lange-Bertalot, 1996, p. 51, pl. 17, figs. 25-27.
Eunotia fallax var. *gracillima* Krasske, 1929；朱蕙忠和陈嘉佑, 2000, p. 291, pl. 8, fig. 14.

壳面弓形，背缘外凸呈拱形；中部平直，腹缘明显凹入；两端明显缢缩并向背缘弯曲，末端头状；长 63.5 μm，宽 3.7 μm。横线纹平行状排列，近末端呈放射状排列，16 条/10 μm。

5. 冰刺短缝藻（图版 55: 1）

Eunotia glacialispinosa Lange-Bertalot et Cantonati, 2010; Cantonati and Lange-Bertalot, 2010, p. 269, figs. 68-71, 73-85.

壳面弓形，末端明显膨大，壳面背侧呈光滑的弓形，腹侧向内凹入；长 114 μm，宽 6.3 μm。壳缝很短，横线纹较粗，近平行状排列，11 条/10 μm。

6. 丝状短缝藻（图版 55: 2）

Eunotia filiformis Luo, You et Wang, 2019; Luo et al., 2019, p. 135, figs. 19-27.

壳面细长，轻微弯曲，背腹侧平行，末端不明显或轻微膨大呈宽圆形；长 78 μm，宽 2.9 μm。横线纹平行状排列，近末端呈放射状排列，16 条/10 μm。

7. 月形短缝藻（图版 55: 3-5, 7）

Eunotia lunaris (Ehrenberg) Grunow, 1877；朱蕙忠和陈嘉佑, 2000, p. 291, pl. 8, fig. 19.
Synedra lunaris Ehrenberg, 1832, p. 87.

壳面弓形，末端明显膨大，壳面背侧呈光滑的弓形，腹侧向内凹入；长 21.5～24.1 μm，宽 1.6～2.5 μm。壳缝很短，横线纹较粗，近平行状排列，11 条/10 μm。

8. 较小短缝藻（图版 55: 6）

Eunotia minor (Kützing) Grunow, 1881, pl. 33, figs. 20-21.
Himantidium minus Kützing, 1844, p. 39, pl. 16, fig. 10.

壳面弓形，末端膨大，壳面背侧呈波曲状，腹侧向内凹入；长 22 μm，宽 3.5 μm。壳缝很短，横线纹平行状排列，近末端呈放射状排列，14 条/10 μm。

9. 尼曼尼娜短缝藻（图版 55: 8-13）

Eunotia nymanniana Grunow, 1881, pl. 34, fig. 8.

壳面弓形，末端明显膨大，壳面背侧呈光滑的弓形，腹侧向内凹入；长 21.2～36.9 μm，宽 1.8～3.2 μm。壳缝很短，横线纹平行状排列，近末端呈放射状排列，18～20 条/10 μm。

10. 莫氏端缝藻（图版 56: 1-8）

Eunotia monnieri Lange-Bertalot et Tagliaventi, 2011, p. 161, pl. 25, figs. 1-12.

壳面弓形，末端明显膨大，壳面背侧呈光滑的弓形，腹侧向内凹入；长 30～60 μm，宽 1.4～2.9 μm。壳缝很短，横线纹平行状排列，近末端呈放射状排列，17～20 条/10 μm。

11. 柔弱短缝藻（图版 56: 9-11）

Eunotia tenella (Grunow) Hustedt, 1913, pl. 287, figs. 20-25.

壳面弓形，末端明显膨大呈喙状，壳面背侧呈弓形，腹侧向内凹入；长 16～19 μm，宽 1.8～3.5 μm。壳缝很短，横线纹平行状排列，近末端呈放射状排列，16～18 条/10 μm。

12. 乳头状短缝藻（图版 57: 1-4, 7）

Eunotia papilio (Ehrenberg) Grunow, 1868; 朱蕙忠和陈嘉佑, 2000, p. 292, pl. 9, fig. 6.
Himantidium papilio Ehrenberg, 1843, p. 417, pl. 2/1, fig. 2.

壳面背侧双峰状，腹侧向内凹入；长 20.4～40 μm，宽 9.6～12.2 μm。壳缝很短，横线纹较粗，呈放射状排列，9～10 条/10 μm。

13. 超级帕卢多萨短缝藻（图版 57: 5-6, 8）

Eunotia superpaludosa Lange-Bertalot, 2011, p. 231, pl. 147, figs. 48-58, pl. 148, figs. 1-23, pl. 149, figs. 1-7.

壳面弓形，末端明显膨大呈喙状，壳面背侧呈弓形，腹侧向内凹入；长 34.4～50.6 μm，宽 5～5.4 μm。壳缝很短，横线纹平行状排列，近末端呈放射状排列，14～16 条/10 μm。

曲壳藻目 Achnanthales

曲丝藻科 Achnanthidiaceae

曲丝藻属 *Achnanthidium* Kützing 1844

壳面沿横轴弯曲，具壳缝面凹，无壳缝面凸。壳面通常比较小，窄，长圆形至线形披针形，具头状或喙状的末端。一个壳面有壳缝，另一个壳面无壳缝，具壳缝面一端分泌胶质柄附着于基质上。远缝端形态变化多样，直或弯曲。线纹由单列点纹组成，点纹长圆形或圆形。壳套面具一列窄的点纹，同壳面点纹区分开来。

多分布在湖泊、河流、瀑布等水体。

1. 高尔夫曲丝藻（图版 **58: 1-6, 13-15**）

Achnanthidium caledonicum (Lange-Bertalot) Lange-Bertalot, 1999; Wojtal et al., 2011, p. 221, figs. 78-95.
Achnanthes caledonica Lange-Bertalot, 1994, p. 95.

壳面线形披针形，末端延长呈头状；长 13～20 μm，宽 2～2.7 μm。壳缝直，中轴区狭小。线纹单列，呈辐射状排列，17～22 条/10 μm。

2. 纤细曲丝藻（图版 **58: 7-12, 16-18**）

Achnanthidium gracillimum (Meister) Lange-Bertalot, 2004, p. 430.
Microneis gracillima Meister, 1912, p. 234, pl. XII, figs. 21- 22.
Achnanthes minutissima var. *gracillima* (Meister) Lange-Bertalot, 1989; Krammer and Lange-Bertalot, 2004, p. 314, pl. 33, figs. 1-12.

壳面线形披针形，末端延长呈喙状或亚头状，有壳缝面凹，无壳缝面凸；长 16.6～27.3 μm，宽 2.4～3.6 μm。壳缝直，中轴区狭小，无中央区。线纹单列，呈辐射状排列，18～20 条/10 μm。

3. 极小曲丝藻（图版 **59: 1-6, 15-17**）

Achnanthidium minutissimum (Kützing) Czarnecki, 1994; 王全喜和邓贵平, 2017, p. 120, fig. 44.
Achnanthes minutissima Kützing, 1833, p. 578, fig. 54.

壳面线形披针形，末端延长呈亚头状，有壳缝面凹，无壳缝面凸；长 11.4～14.5 μm，宽 2.2～3 μm。壳缝直，中轴区狭小。线纹单列，呈辐射状排列，32～34 条/10 μm。

4. 庇里牛斯曲丝藻（图版 **59: 7-14, 18-20**）

Achnanthidium pyrenaicum (Hustedt) Kobayasi, 1997, p. 148, figs. 1-18.
Achnanthes pyrenaica Hustedt, 1939, p. 554, pl. 25, figs. 5-10.

壳面呈披针形，末端延长呈亚头状，有壳缝面凹，无壳缝面凸；长 14～20.4 μm，宽 3.3～3.9 μm。壳缝直，中轴区狭小。线纹单列，呈辐射状排列，22 条/10 μm。

真卵形藻属 *Eucocconeis* Cleve et Meister 1912

壳体异面，具壳缝面凹，无壳缝面凸。部分种类的壳体沿纵轴扭曲。壳面线形椭圆形至披针形，末端圆形或略延长呈喙状，中央区明显扩大。具壳缝面，远缝端弯向壳面两相反方向，形成近"S"形壳缝。无壳缝面，胸骨也呈"S"形。两壳面线纹均由单列点纹组成，点纹小圆形。

多分布在湖泊、河流、湿地、瀑布等水体。

1. 弯曲真卵形藻（图版 60: 1-6, 12）

Eucocconeis flexella (Kützing) Meister, 1912, p. 95; 王全喜和邓贵平, 2017, p. 123, fig. 47.
Cymbella flexella Kützing, 1844, p. 80, pl. 4, fig. XIV, pl. 6, fig. VIII.

壳面椭圆形到椭圆披针形，略"S"形扭曲，末端宽钝圆形；长 22～34.2 μm，宽 10.4～14.5 μm。有壳缝一面中央区圆形，壳缝"S"形，横线纹呈放射状斜向中央区；无壳缝面中央区较宽，呈横矩形或近圆形，横线纹在中部近平行状排列，两端呈放射状，21～23 条/10 μm。

2. 平滑真卵形藻（图版 60: 7-11, 13-14）

Eucocconeis laevis (Østrup) Lange-Bertalot, 1999; 王全喜和邓贵平, 2017, p. 124, fig. 48.
Achnanthes laevis Østrup, 1910, p. 130, pl. III, fig. 80.

壳面椭圆披针形，略"S"形扭曲，末端宽钝圆形；长 12.5～19.3 μm，宽 5.7～7.2 μm。有壳缝一面具一个不对称的中央区，壳缝直或微"S"形；无壳缝面中轴区窄线形或微"S"形，中央区大且通常不对称。上下壳面的中部线纹呈辐射状排列，向两端辐射程度较小，到两端线纹呈近平行状排列，30～32 条/10 μm。

格莱维藻属 *Gliwiczia* Kulikovskiy, Lange-Bertalot et Witkowski 2013

壳体异面。具壳缝面，壳缝直，远缝端略弯向壳面两相反方向。两壳面中部都具横贯壳面的中部带，中央区内壳面一侧都具一个帽状隆起，在光镜下观察，类似一个马蹄形结构。两壳面均具单列点纹组成的线纹，具壳缝面线纹密度略高。

分布在湖泊水体。

1. 卡氏格莱维藻（图 61 : 1-3）

Gliwiczia calcar (Cleve) Kulikovskiy, Lange-Bertalot et Witkowski, 2013, p. 10.
Achnanthes calcar Cleve, 1891, p. 51, pl. III, fig. 8.

壳面椭圆形，在中部略微收缩；长 10.6～11.1 μm，宽 8.9～9.3 μm。有壳缝面中轴区窄，呈线形；无壳缝面中轴区窄，呈菱形。两壳面中部都具横贯壳面的中部带，中央区内壳面一侧都具一个帽状隆起。横线纹 26～28 条/10 μm。

平面藻属 *Planothidium* Round et Bukhtiyarova 1996

壳体异面，较平或沿横轴略弯曲。壳面椭圆形至披针形，末端圆形，喙状或头状。具壳缝面，近缝端直，远缝端弯向壳面同侧。无壳缝面，中央区两侧不对称，一侧具无纹区，部分种类无纹区内壳面具硅质增厚，部分种类无纹区内壳面被隆起的帽状结构覆盖。两壳面线纹均放射状排列，由多列点纹组成。

多分布在湖泊、河流、湿地、瀑布等水体。

1. 相反平面藻（图版 61: 4-5, 12-13）

Planothidium biporomum (Hohn et Hellerman) Lange-Bertalot, 1999, p. 275.
Achnanthes biporoma Hohn et Hellerman, 1963, p. 273, pl. 2, figs. 5-6.

壳面披针形，末端头状；长 13.4～17 μm，宽 4.2～4.5 μm。有壳缝面中轴区线形，中央区横向矩形至椭圆形；无壳缝面中轴区线形披针形，中央区不对称，一侧具硅质加厚的马蹄形结构。线纹多列，呈辐射状排列，14～18 条/10 μm。

2. 椭圆平面藻（图版 61: 6-9, 14-15）

Planothidium ellipticum (Cleve) Edlund, 2001, p. 88.
Achnanthes lanceolata var. *elliptica* Cleve, 1891, p. 51, pl. 3, figs. 10-11; 朱蕙忠和陈嘉佑, 2000, p. 329, pl. 46, figs. 31-32.

壳面椭圆披针形，末端宽圆形；长 6.2～8.2 μm，宽 2.8～4.2 μm。有壳缝面中轴区线形，中央区横向矩形至椭圆形；无壳缝面中轴区线形披针形，中央区不对称，一侧具硅质加厚的马蹄形结构。线纹多列，呈辐射状排列，12～15 条/10 μm。

3. 维克平面藻（图版 61: 10-11, 16-17）

Planothidium victorii Novis, Braidwood et Kilroy, 2012, p. 22, figs. 26-41, 161.

壳面椭圆披针形，末端宽圆形；8.1～11.5 μm，宽 3.7～4.1 μm。有壳缝面中轴区线形，中央区横向矩形至椭圆形；无壳缝面中轴区线形披针形，中央区不对称，一侧具硅质加厚的马蹄形结构。线纹多列，呈辐射状排列，15 条/10 μm。

片状藻属 *Platessa* Lange-Bertalot 2004

壳体异面。壳面平，多椭圆形至椭圆形披针形，不具延长的末端。具壳缝面，壳缝直，近缝端略膨大，远缝端直；线纹由单列或双列点纹组成。无壳缝面，线纹由双列点纹组成。

多分布在河流、湿地、瀑布等水体。

1. 披针片状藻（图版 62: 1-8, 12-15）

Platessa lanceolata You, Zhao, Wang, Yu, Kociolek, Pang et Wang, 2021, p. 257, figs. 76-97, p. 268, figs. 98-99, p. 269, figs. 100-101.

　　壳面披针形，末端宽圆形，长 10.8～15.9 μm，宽 4.1～5.8 μm。具壳缝面壳缝直，中轴区窄线形，中央区横矩形，线纹中部近平行状排列，向两端逐渐变成辐射状排列；无壳缝面中轴区窄线形，无中央区或在壳面中部线纹间距微变宽，线纹呈辐射状排列，12～14 条/10 μm。

2. 齐格勒片状藻（图版 62: 9-11, 16-17）

Platessa ziegleri (Lange-Bertalot) Lange-Bertalot, 2004; 于潘等, 2017, p. 333, figs. 27-41.
Achnanthes ziegleri Lange-Bertalot, 1993, p. 8, pl. 35, figs. 4-7.

　　壳面椭圆形披针形，末端呈头状或亚头状；长 8.1～11 μm，宽 4.5～5.4 μm。具壳缝面壳缝直，中轴区窄线形，中央区横矩形，线纹中部近平行状排列，向两端逐渐变成辐射状排列；无壳缝面中轴区窄线形，无中央区或在壳面中部线纹间距微变宽，线纹中部近平行状排列，两端呈辐射状排列，19～20 条/10 μm。

沙生藻属 *Psammothidium* Bukhtiyarova et Round 1996

　　壳体异面。具壳缝面凸，不具壳缝面凹。壳面小，椭圆形或线形椭圆形。具壳缝面壳缝直，近缝端略膨大，远缝端直或弯向壳面两相反方向。两壳面线纹排列方式相近，多由单列点纹组成。

　　分布在湖泊、河流、湿地等水体。

1. 喜酸沙生藻（图版 63: 1-8, 13-15）

Psammothidium acidoclinatum (Lange-Bertalot) Lange-Bertalot, 1999, p. 279.
Achnanthes acidoclinata Lange-Bertalot, 1996, p. 22, pl. 21, figs. 22-24c, pl. 113, figs. 1-7.

　　壳面椭圆披针形到线形椭圆形；长 7～11.7 μm，宽 3.7～5.3 μm。具壳缝面中轴区线形，中央区横向椭圆形，壳缝直；无壳缝面中轴区菱形披针形，中央区与中轴区相似。线纹单列，25～30 条/10 μm。

2. 达奥内沙生藻（图版 63: 9-12, 16-18）

Psammothidium daonense (Lange-Bertalot) Lange-Bertalot, 1999, p. 280.
Achnanthes daonensis Lange-Bertalot, 1989, p. 43, pl. 19, figs. 27-32, pl. 25, figs. 1-6, pl. 95, figs. 1-13.

　　壳面椭圆形到线形椭圆形；长 8.6～11.4 μm，宽 4.5～5.9 μm。具壳缝面中轴区线形，中央区椭圆形、矩形或菱形，壳缝直；无壳缝面中轴区呈较大的菱形，中央区与中轴区相似。线纹单列，25～30 条/10 μm。

3. 淡黄沙生藻（图版 64: 1-4, 11-12）

Psammothidium helveticum (Hustedt) Bukhtiyarova et Round, 1996, p. 8, figs. 20-25.
Achnanthes austriaca var. *helvetica* Hustedt, 1933, p. 385, pl. 11, fig. 831g-831k.

　　壳面线形椭圆形，长 13.8～21.9 μm，宽 5.6～7.9 μm。具壳缝面中轴区线形，中央区领结形，壳缝在末端弯向相对的两侧；无壳缝面中轴区线形，中央区圆形、六角形或菱形。线纹单列，24～26 条/10 μm。

4. 苏格兰沙生藻（图版 64: 5-8, 13-14）

Psammothidium scoticum (Flower et Jones) Bukhtiyarova et Round, 1996, p. 22, figs. 76-77.
Achnanthes scotica Flower et Jones, 1989, p. 228, figs. 1-7, 42-53.

壳面线形椭圆形；长 10.5～14.4 μm，宽 4.8～6.3 μm。具壳缝面中轴区线形椭圆形，中央区呈领结形，壳缝直；无壳缝面中轴区菱形。线纹单列，24～30 条/10 μm。

5. 腹面沙生藻（图版 64: 9-10）

Psammothidium ventralis (Krasske) Bukhtiyarova et Round, 1996; Krammer and Lange-Bertalot, 2004, p. 296, pl. 24, figs. 8-22.
Navicula ventralis Krasske, 1923, p. 248, fig. 13.

壳面线形披针形；长 10.4 μm，宽 4.4 μm。具壳缝面中轴区线形到线形椭圆形，中央区横向椭圆形至矩形，壳缝直；无壳缝面中轴区菱形。线纹单列，呈辐射状排列，25 条/10 μm。

罗西藻属 *Rossithidium* Round et Bukhtiyarova 1996

壳体异面。壳面线形至线形披针形，末端圆形。具壳缝面可能具有小的中央区。壳缝直，近缝端末端略膨大，远缝端直。胸骨在两壳面都呈窄线形。两壳面线纹均平行状排列，由单列或双列的圆形及长圆形点纹组成。

多分布在湖泊、河流、湿地、瀑布等水体。

1. 彼德森罗西藻（图版 65: 1-9, 14-17）

Rossithidium petersenii (Hustedt) Round et Bukhtiyarova, 1996; 王全喜和邓贵平, 2017, p. 127, fig. 52.
Achnanthes petersenii Hustedt, 1937, p. 179, figs. 10-14.

壳面线形或线形椭圆形，末端呈圆形；长 11.6～21 μm，宽 3.7～4.5 μm。具壳缝面中轴区窄线形，中央区呈横向矩形或椭圆形；无壳缝面中轴区窄线形，无明显中央区。两壳面线纹均呈微辐射状，32～36 条/10 μm。

2. 微小罗西藻（图版 65: 10-13）

Rossithidium pusillum (Grunow) Round et Bukhtiyarova, 1996, p. 351.
Achnanthes pusilla Grunow, 1880; Krammer and Lange-Bertalot, 2004, p. 322, pl. 37, figs. 9-18.

壳面线形或线形椭圆形，末端呈圆形；长 12.5～13.3 μm，宽 2.9～3.2 μm。具壳缝面中轴区窄，中央区呈圆形或不规则形状；无壳缝面中轴区窄，无明显中央区。两壳面线纹均呈微辐射状，20～24 条/10 μm。

斯卡藻属 *Skabitschewskia* Kulikovskiy et Lange-Bertalot 2015

壳面椭圆披针形到披针形，末端从圆形到头状。有壳缝面具单排线纹，无壳缝面具双排线纹。具壳缝面几乎是平的或者微凹，无壳缝面凸。壳体带面观线形或略微弯曲。

分布在湖泊、河流等水体。

1. 厄氏斯卡藻（图版 66: 1-3）

Skabitschewskia oestrupii (Cleve) Kulikovskiy et Lange-Bertalot, 2015, p. 85.
Achnanthes lanceolata var. *oestrupii* Cleve, 1922, p. 53, pl. 1, fig. 1.

壳面椭圆形至椭圆披针形，壳面边缘圆形，末端细尖；长 12～15.7 μm，宽 7.5～8.2 μm。具壳缝面中轴区线形，中央区蝴蝶结形，壳缝直，远缝端直，线纹单列，明显辐射状；无壳缝面中轴区变化较大，从窄披针形到宽披针形，双排线纹，一侧具硅质加厚的马蹄形结构。具壳缝面线纹 20～24 条/10 μm，无壳缝面线纹 14～18 条/10 μm。

2. 佩拉加斯卡藻（图版 66: 4-7, 12）

Skabitschewskia peragalloi (Brun et Héribaud) Kulikovskiy et Lange-Bertalot, 2015, p. 85.
Achnanthes peragalloi Brun et Héribaud, 1893; Krammer and Lange-Bertalot, 2004, p. 344, pl. 48, figs. 1-14.

壳面椭圆披针形，末端近头状或喙状；长 13.5～14.8 μm，宽 5.9～6.1 μm。具壳缝面中轴区窄线形，中央区蝴蝶结形，壳缝直，远缝端直，线纹单列，明显辐射状；无壳缝面中轴区变化较大，从窄披针形到宽披针形，双排线纹，一侧具硅质加厚的马蹄形结构。具壳缝面线纹 24～28 条/10 μm，无壳缝面线纹 16～22 条/10 μm。

卵形藻科 Cocconeidaceae

卵形藻属 *Cocconeis* Ehrenberg 1837

壳体异面，一个壳面具壳缝，一个壳面不具壳缝。壳面椭圆形或近圆形，末端圆形或略尖形。具壳缝面，靠近壳缘处具无纹区域，壳套部明显。壳缝位于壳面中央，近缝端直。线纹由单列点纹组成，点纹多小圆形。无壳缝面胸骨位于壳面中央，线纹由单列点纹组成，点纹多呈短裂缝状。

分布在各种水体中。

1. 扁圆卵形藻（图版 66: 8-11, 13-15）

Cocconeis placentula Ehrenberg, 1838, p. 194; 王全喜和邓贵平, 2017, p. 129, fig. 54.

壳面卵圆形；长 16.9～32.5 μm，宽 9.4～15.7 μm。具壳缝面中轴区窄，中央区小，呈卵形，壳缝线形，由明显的点纹组成的横线纹略呈放射状斜向中央区，15～20 条/10 μm；无壳缝面中轴区狭窄，线纹由点纹组成，18～22 条/10 μm。

异极藻科 Gomphonemataceae

双楔藻属 *Didymosphenia* Schmidt 1899

壳体带面观楔形。壳面大而粗壮。壳面沿横轴不对称，沿纵轴也不对称；两末端均呈头状。具隔膜及假隔膜。中轴区较明显，常呈线形，中央区一侧具 1 个至多个孤点。壳面底端具较大的顶孔区，两侧壳缘具隆起的硅质脊。

分布在河流、瀑布等水体。

1. 双生双楔藻（图版 67: 1-2）

Didymosphenia geminata (Lyngbye) Schmidt, 1899; 王全喜和邓贵平, 2017, p. 152, fig. 95.
Echinella geminata Lyngbye, 1819, p. 219.

壳面两端明显不对称，两侧略不对称，棒状，中部膨大，末端略呈头状；长 102～132 μm，宽 31.6～35.5 μm。中轴区狭窄，中央区略膨大，中央区腹侧具 2～4 个单独的点纹。横线纹呈放射状排列，8～11 条/10 μm。

异纹藻属 *Gomphonella* Rabenhorst 1853

壳面异极，两端不对称，两侧对称。近缝端及远缝端直。中轴区较窄，呈线形；中央区略呈圆形，无孤点。壳面底端具顶孔区。具隔膜和假隔膜。线纹由 2 列至多列小圆形点纹组成。

分布在河流、瀑布等水体。

1. 橄榄绿异纹藻（图版 68: 1-2, 5-6）

Gomphonella olivacea (Hornemann) Rabenhorst, 1853, p. 61, pl. IX, fig. 1.
Ulva olivacea Hornemann, 1810, fasc. 24, pl. MCCCCXXIX.

壳面呈棒形，上下结构不对称，中央区呈蝴蝶结形，具 4 个孤点；长 13.5～16.3 μm，宽 3.9～4.7 μm。壳缝直，呈线形，中轴区窄线形。横线纹呈辐射状排列，13～15 条/10 μm。

2. 类橄榄绿异纹藻（图版 68: 3-4, 7）

Gomphonella olivaceoides (Hustedt) Carter, 1981, p. 566, pl. 9, figs. 49-51, pl. 24, fig. 21.
Gomphonema olivaceoides Hustedt, 1950, p. 397.

壳面呈棒形，上下结构不对称，中央区呈蝴蝶结形，具 4 个孤点；长 15.7～25.3 μm，宽 4.1～5.2 μm。壳缝直，呈线形，中轴区窄线形。横线纹呈辐射状排列，12～14 条/10 μm。

异极藻属 *Gomphonema* Agardh 1824

细胞单生或形成黏质柄。部分种类能够形成星状群体或黏质团。壳面异极，略呈棒形，两端不对称，两侧对称。多数种类中央区具 1 个孤点。不具纵线。壳面底端具顶孔区。具假隔膜。线纹多由 1～2 列点纹组成。

多分布在河流、湖泊、湿地等水体。

1. 尖细异极藻（图版 69: 1-3, 7）

Gomphonema acuminatum Ehrenberg, 1832; 朱蕙忠和陈嘉佑, 2000, p. 324, pl. 41, fig. 5.

壳面呈楔状棒形，上下不对称，上端膨大呈头状，顶端尖楔状凸出，中部膨大，下面狭长，长 40.2～52.4 μm，宽 7.2～8.5 μm。中轴区两侧对称，具中央节和极节。横线纹在中部和两端明显地呈放射状排列，其他部位几近平行状排列，9～11 条/10 μm。

2. 尖细异极藻伯恩托克斯变种（图版 69: 4-6, 8-9）

Gomphonema acuminatum* var. *pantocsekii Cleve, 1932; 施之新, 2004, p. 112, figs. 3-4.

本变种与原变种的区别为：顶端圆弧形但中间呈丘瘤状隆起；长 27.1～35.6 μm，宽 5.9～7.4 μm；横线纹在中部和两端明显地呈放射状排列，其他部位几近平行状排列，8～10 条/10 μm。

3. 窄异极藻中型变种（图版 70: 1-3, 11）

Gomphonema angustatum* var. *intermedium Grunow, 1880; 施之新, 2004, p. 127, figs. 5-7.

壳面披针形，自中部向两侧略或渐变狭窄，上下几乎对称；长 10.7～12.4 μm，宽 3.1～3.8 μm。中央区向一侧扩大，呈横矩形，两侧各具一短线纹，一侧具 1 个孤点。线纹放射状排列，有时在两端几近平行状排列，12～16 条/10 μm。

4. 长耳异极藻（图版 70: 4-8, 12）

Gomphonema auritum Braun ex Kützing, 1849, p. 68.
Gomphonema gracile var. *auritum* (Braun ex Kützing) Van Heurck, 1885; 施之新, 2004, p. 131, figs. 6-7.

壳面狭披针状菱形，上下几乎对称，端部尖圆形或狭圆形；长 13～24 μm，宽 3.5～4.8 μm。中轴区窄，线形；中央区小，横矩形或近圆形，两侧各具一短线纹，一侧的线端有 1 个孤点。线纹放射状排列，10～15 条/10 μm。

5. 波海密异极藻（图版 70: 9-10）

Gomphonema bohemicum Reichelt et Fricke, 1902; 朱蕙忠和陈嘉佑, 2000, p. 325, pl. 42, fig. 1.

壳面线形披针形，端部尖圆形或狭圆形；长 18.4～19.3 μm，宽 3.6～4.3 μm。中轴区窄，线形；中央区小，中部一侧具长线纹，一侧具短线纹，孤点位于长线纹的一侧。线纹放射状排列，10～13 条/10 μm。

6. 布列毕松异极藻（图版 71: 1-2, 7）

Gomphonema brebissonii Kützing, 1849, p. 66.

Gomphonema acuminatum var. *brebissonii* (Kützing) Grunow, 1880; 施之新, 2004, p. 111, figs. 5-7.

　　壳面楔状棒形，双收缩部较浅，有时下部收缢很不明显，上端几乎与中部等宽或略宽，末端呈楔状宽圆形；长 21.3～28.8 μm，宽 4.3～5.6 μm。线纹微辐射状排列，10～13 条/10 μm。

7. 头端异极藻（图版 **71: 3-4, 8**）

Gomphonema capitatum Ehrenberg, 1838, p. 217, pl. 18, fig. 2.

Gomphonema constrictum var. *capitatum* (Ehrenberg) Grunow, 1880; 施之新, 2004, p. 114, fig. 4.

　　壳面楔状棒形，上端具轻度凹入的收缩部，上端常略窄于中部，末端宽圆形；长 23.3～34.7 μm，宽 7.9～10.6 μm。线纹微辐射状排列，13～15 条/10 μm。

8. 卡罗来纳异极藻（图版 **71: 5**）

Gomphonema carolinense Hagelstein, 1939, p. 360, pl. 5, fig. 6; 施之新, 2004, p. 123, fig. 1.

　　壳面较宽，近椭圆形或椭圆状棒形，向两端缓慢地渐狭，在端部和基部强烈地收缢并凸出呈头状；长 16.8 μm，宽 5.3 μm。中轴区窄，线形。中央区横矩形，两侧各具一短线纹，一侧具 1 个孤点。线纹放射状排列，13 条/10 μm。

9. 缢缩异极藻（图版 **71: 6**）

Gomphonema constrictum Ehrenberg, 1844; 施之新, 2004, p. 114, figs. 1-2.

　　壳面楔状棒形，中部最宽呈圆弧形膨大；中部与上端之间具一深凹的收缢部，上端较宽但窄于中部，顶端广圆形或平弧形，中部向下端逐渐变狭，端基狭圆形；长 25.5 μm，宽 8.2 μm。中轴区窄，线形；中央区不规则形，两侧各具数条长短不等的线纹，一侧具 1 个孤点。线纹放射状排列，12 条/10 μm。

10. 纤细异极藻（图版 **72: 1-5**）

Gomphonema gracile Ehrenberg, 1838, p. 217, pl. 18, fig. 3; 施之新, 2004, p. 132, figs. 1-5.

　　壳面狭，线形披针形或菱形披针形，上下几乎对称，两侧从中部向两端几乎呈斜直线，且向两端逐渐变尖细，末端尖圆形或狭圆形；长 28.6～35.8 μm，宽 3.6～4.8 μm。中轴区窄，线形；中央区小，横矩形或近圆形，两侧各具一短线纹，一侧的线端有 1 个孤点。线纹放射状排列，9～11 条/10 μm。

11. 纤细异极藻缠结状变种（图版 **72: 6-10, 15**）

Gomphonema gracile var. *intricatiforme* Mayer, 1928; 施之新, 2004, p. 132, figs. 6-7.

　　本变种与原变种的区别为：壳面棒状狭披针形，中部明显的膨大，顶端和基部略呈宽圆形；长 25.6～27.4 μm，宽 3.6～5 μm；线纹放射状排列，12～14 条/10 μm。

12. 赫布里底群岛异极藻（图版 72: 11-12）

Gomphonema hebridense Gregory, 1854, p. 99, pl. 4, fig. 19.

壳面线形披针形，中部明显的膨大，顶端和基部略呈宽圆形；长 52.4～52.6 μm，宽 7.2～7.8 μm。线纹稀疏，放射状排列，7～9 条/10 μm。

13. 拉格赫姆异极藻（图版 72: 13-14）

Gomphonema lagerheimii Cleve, 1895, p. 22, pl. 1, fig. 15; 施之新, 2004, p. 119, figs. 1-2.

壳面狭长呈线形，上下略不对称，中部最宽，略凸出膨大，上下部各具 2 个轻度的缢缩处，末端呈喙状或楔形；长 40.5～40.8 μm，宽 4～5.4 μm。中轴区窄，线形；中央区横矩形，两侧各具一短线纹，一侧短线纹的端部具 1 个孤点。线纹放射状或近平行状排列，但在中部和两端呈平行状排列，10～11 条/10 μm。

14. 长头异极藻（图版 73: 1-3, 7）

Gomphonema longiceps Ehrenberg, 1854; 施之新, 2004, p. 117, figs. 5-7.

壳面几近线形或线状棒形，略上下不对称，中间最宽且呈圆弧形膨大，中间与两端之间各具一波状收缢；上端略窄于中部或与中部等宽，顶端呈宽圆形；下端一般窄于上端，有时几乎与上端等宽，端末狭圆形；长 36.3～39.4 μm，宽 5.4～6.3 μm。中轴区窄，线形；中央区一般较小，呈圆形或菱形，两侧各具一至数条规则排列的短线纹，一侧具 1 个孤点。线纹放射状排列，12～14 条/10 μm。

15. 微小异极藻（图版 73: 4-6, 8）

Gomphonema pusillum (Grunow) Kulikovskiy et Kociolek, 2015, p. 270.
Gomphonema acuminatum var. *pusillum* Grunow, 1880; 施之新, 2004, p. 113, figs. 3-4.

壳体一般较小。壳面线状棒形，上端略宽于中部，顶端钝尖呈楔状穿弧形，顶中间略凸起或无；长 26.3～37.2 μm，宽 3.8～5.9 μm。线纹微放射状排列，9～12 条/10 μm。

16. 长贝尔塔异极藻（图版 74: 1-3, 8）

Gomphonema lange-bertalotii Reichardt, 1997, p. 64, figs. 34-38.

壳面线形披针形，上端窄于中部，顶端呈宽圆形；下端窄于上端，端末狭圆形；长 28～36.4 μm，宽 4.6～6 μm。中轴区窄，线形；中央区一般较小，呈圆形或菱形，中部仅一侧具 1 条规则排列的短线纹，一侧具 1 个孤点。线纹放射状排列，8～12 条/10 μm。

17. 微披针形异极藻（图版 74: 4, 9）

Gomphonema microlanceolatum You et Kociolek, 2015; You et al., 2015, p. 9, figs. 77-88, p. 10, figs. 89-96.

壳面披针形棒形，上端窄于中部，顶端呈宽圆形；下端窄于上端，端末狭圆形；长 34.4～36.5 μm，宽 5～5.6 μm。中轴区窄，线形；中央区一般较小，呈圆形或菱形，两侧各具 1 至数条规则排列的短线纹，一侧具 1 个孤点。线纹放射状排列，9～12 条/ 10 μm。

18. 小足异极藻（图版 74: 5-7, 10）

Gomphonema micropus Kützing, 1844, p. 84, pl. 8, fig. 12; 王全喜和邓贵平, 2017, p. 157, fig. 102.

壳面披针形，两端上下不对称，两侧对称，末端延长呈喙状；长 24～29.6 μm，宽 6.2～7.2 μm。壳缝直，呈线形。中央区明显不对称，具孤点。线纹由点纹组成，呈辐射状排列，8～12 条/10 μm。

19. 小异极藻（图版 75: 1-3, 8）

Gomphonema parvulis (Lange-Bertalot et Reichardt) Lange-Bertalot et Reichardt, 1996, p. 71, pl. 64, figs. 9-12, pl. 118, fig. 2.
Gomphonema parvulum var. ***parvulius*** Lange-Bertalot et Reichardt, 1993, p. 70.

壳面披针形，上端窄于中部，顶端呈宽圆形；下端窄于上端，端末狭圆形；长 18.6～22.9 μm，宽 4.6～5.7 μm。中轴区窄，线形，两侧各具 1 至数条规则排列的短线纹，一侧具 1 个孤点。线纹放射状排列，12～14 条/10 μm。

20. 假中间异极藻（图版 75: 4-6）

Gomphonema pseudointermedium Reichardt, 2008, p. 108, figs. 12-25.

壳面披针形棒形，上端窄于中部，顶端呈宽圆形；下端窄于上端，端末狭圆形；长 27.3～36.9 μm，宽 6.3～8.4 μm。中轴区窄，线形；中央区一般较小，呈圆形或菱形，两侧各具 1 至数条规则排列的短线纹，一侧具 1 个孤点。线纹放射状排列，8～10 条/ 10 μm。

21. 小型异极藻极细变种（图版 75: 7）

Gomphonema parvulum var. ***exilissimum*** Grunow, 1880; 施之新, 2004, p. 124, figs. 5-6.

壳面狭披针形，上端的喙状凸起明显，下端呈狭圆形，有时也或多或少地呈头状或喙状；长 20.8 μm，宽 4.7 μm。中轴区窄，线形；中央区一般较小，呈圆形或菱形，两侧各具 1 至数条规则排列的短线纹，一侧具 1 个孤点。线纹较密，辐射状排列，13～14 条/10 μm。

22. 矮小异极藻（图版 75: 9）

Gomphonema pygmaeoides You et Kociolek, 2015; You et al., 2015, p. 2-3, figs. 1-22.

壳面披针形棒形，上端窄于中部，顶端呈宽圆形；下端窄于上端，端末狭圆形；长 21.6 μm，宽 3.4 μm。中轴区窄，线形披针形；中央区一般较小，呈圆形或菱形，两侧各具 1 至数条规则排列的短线纹，一侧具 1 个孤点。线纹放射状排列，14 条/10 μm。

23. 变形异极藻（图版 76: 1-6, 10）

Gomphonema variscohercynicum Lange-Bertalot et Reichardt, 1999, p. 37, pl. 41, figs. 1-4.

壳面线形披针形，上端窄于中部，顶端呈宽圆形；下端略窄于上端，端末狭圆形；长 20.2～26.7 μm，宽 3.3～4.5 μm。中轴区窄，线形披针形；中央区一般较小，呈圆形或菱形，两侧各具 1 至数条规则排列的短线纹，一侧具 1 个孤点。线纹放射状排列，12～13 条/10 μm。

中华异极藻属 *Gomphosinica* Kociolek, You, Wang et Liu 2015

细胞单生。壳面呈棒状或棍状，壳面上下不对称。壳体带面观楔形。壳缝直，上端呈宽圆形或头状，下端呈喙状，末端裂纹向同一方向弯曲。中轴区窄线形，具顶孔区；中央区具 1 个孤点，线纹多列。

分布于湖泊、河流、湿地、瀑布等水体。

1. 赫迪中华异极藻（图版 76: 7-9, 11-12）

Gomphosinica hedinii (Hustedt) Kociolek, You, Wang et Liu, 2015, p. 184.
Gomphonema hedinii Hustedt, 1922, p. 138, pl. 9, figs. 34-35.

壳面披针形棒形，上下异极，两端分别缢缩为头状；长 23.1～25.1 μm，宽 4.7～5.5 μm。壳缝直，中轴区呈窄线形，具顶孔区，中央区具 1 个孤点。线纹由双排孔纹组成，在壳面中部呈辐射状排列，末端近平行状排列，12～16 条/10 μm。

2. 湖生中华异极藻（图版 77: 1-12）

Gomphosinica lacustris Kociolek, You et Wang, 2015; Kociolek et al., 2015, p. 182, figs. 32-46.

壳面椭圆棒形，上下异极，顶端呈喙状或钝圆形，末端圆形。两端分别缢缩为头状；长 18.4～29 μm，宽 4.8～6.5 μm。壳缝直，中轴区呈窄线形，具顶孔区，中央区具 1 个孤点。线纹由双排孔纹组成，在壳面中部呈辐射状排列，末端近平行状排列，12～15 条/10 μm。

双眉藻科 Amphoraceae

双眉藻属 *Amphora* Ehrenberg et Kützing 1844

壳体楔形，背侧壳套面较腹侧深或高。壳面两侧不对称，新月形、镰刀形或近弓形，末端钝圆形或两端延长呈头状。壳缝位于壳面腹缘，具壳缝脊（raphe ledge），壳缝直或弯曲或略呈"S"形。腹缘常具无纹的中央区，无孤点。中轴区明显偏于腹侧，具中央节和极节。线纹由单列点纹组成，点纹多长圆形，背缘线纹常被无纹区隔断，腹缘线纹很短。

多分布在河流、湖泊、湿地等水体。

1. 结合双眉藻（图版 78: 1-4, 11）

Amphora copulata (Kützing) Schoeman et Archibald, 1986, p. 429, figs. 11-13, 30-34.

　　壳面半披针形至半椭圆形，背缘平滑凸起，腹缘凹入；长 29～42 μm，宽 6.7～11 μm。壳缝的近缝端和远缝端都向背侧弯曲。背腹侧均有明显的空白区，线纹在背腹侧中部间断，呈辐射状排列，14～17 条/10 μm。

2. 卵圆双眉藻（图版 78: 5-7, 12）

Amphora ovalis (Kützing) Kützing, 1844, p. 107, pl. 5, figs. 35, 39; 王全喜和邓贵平, 2017, p. 130, fig. 56.
Frustulia ovalis Kützing, 1833, p. 539, pl. 13, fig. 5.

　　壳面新月形，背缘凸出，腹缘凹入，末端钝圆形；长 22.7～42 μm，宽 5.7～9 μm。中轴区狭窄，中央区仅在腹侧明显。壳缝略呈波状，由点纹组成的横线纹在腹侧中部间断，在背侧呈放射状排列，11～13 条/10 μm。

3. 虱形双眉藻（图版 78: 8-10）

Amphora pediculus (Kützing) Grunow, 1875; 王全喜和邓贵平, 2017, p. 130, fig. 55.

　　壳面半椭圆形，两端呈圆形，背侧边缘拱形，腹侧边缘直或略凹；长 15～20 μm，宽 4.2～4.3 μm。壳缝直，近缝端直，远缝端向腹侧弯曲；背侧和腹部均有明显的中央空白区，均延伸至壳面边缘。背侧线纹在中间平行，两端略呈辐射状，18～20 条/10 μm。

海双眉藻属 *Halamphora* (Cleve) Levkov 2009

　　壳体楔形，背侧壳套面较腹侧长。壳面两端对称，两侧不对称，近弓形。壳缝位于壳面腹侧，近缝端外壳面末端弯向背缘（偶见近缝端末端直）。具壳缝脊，在双眉藻属 *Amphora* 中，壳缝背腹两侧都有，但在海双眉藻属 *Halamphora* 中，仅背侧有。线纹由单列点纹组成。

　　多分布在河流、湖泊、湿地等水体。

1. 布拉海双眉藻（图版 79: 1-6）

Halamphora bullatoides (Hohn et Hellerman) Levkov, 2009, p. 176, pl. 87, figs. 23-36.
Amphora bullatoides Hohn et Hellerman, 1963, p. 278, pl. 2, fig. 13.

　　壳面半月形，具明显的背腹之分，细胞背缘呈三峰形，末端延伸呈头状；长 17～26 μm，宽 3.1～6.4 μm。远缝端向背侧弯曲，近缝端均弯向背侧方向，轴区窄线形。横线纹近平行状排列，28 条/10 μm。

2. 灰海生双眉藻（图版 79: 7-8）

Halamphora sabiniana (Reimer) Levkov, 2009; 王全喜和邓贵平, 2017, p. 131, fig. 57.
Amphora sabiniana Reimer, 1975, p. 79, pl. 14, fig. 8.

　　壳面具明显的背腹之分，细胞边缘呈三峰形，末端延伸呈头状；长 20.4～22.4 μm，宽 3.1～4.3 μm。远缝端向背侧弯曲，近缝端均弯向背侧方向，轴区窄线形，中部变宽。横线纹近平行状排列，21 条/10 μm。

3. 寡盐海双眉藻（图版 79: 9-15）

Halamphora oligotraphenta (Lange-Bertalot) Levkov, 2009, p. 213, pl. 107, figs. 13-30, 38-39, pl. 234, figs. 5-6.
Amphora oligotraphenta Lange-Bertalot, 1996, p. 28, pl. 96, figs. 21-22.

壳面半披针形，背侧边缘平滑凸起，腹侧边缘微凹，腹侧边缘在靠近中央部分时常略微肿胀，末端伸长且呈头状；长 21.4～30.4 μm，宽 3.3～5.8 μm。壳缝出现在腹侧边缘附近，直并且在靠近中央区域时微向背侧弯曲。背侧线纹呈放射状，腹侧线纹是连续的，但在光镜下通常难以观察到，28～32 条/10 μm。

桥弯藻科 Cymbellaceae

桥弯藻属 *Cymbella* Agardh 1830

细胞附生生长，常被包裹在黏质中或产生黏质柄附着于基质上。壳面沿纵轴略不对称或明显不对称，沿横轴对称，有明显的背腹之分。壳缝位于壳面中心或偏离中心。远缝端弯向背缘，两末端都具顶孔区。部分种类中央区具孤点，孤点均位于中央区腹侧。线纹多由单列点纹组成，常呈放射状排列。

多分布在河流、湖泊、湿地、瀑布等水体。

1. 近缘桥弯藻（图版 80: 1-5, 12）

Cymbella affinis Kützing, 1844, p. 80, pl. 6, fig. 15；施之新，2013, pl. 35, fig. 5, pl. 42, figs. 19-20.

壳面具明显的背腹之分，呈披针形，背缘明显地呈弓形弯曲，腹缘适度地呈弓形弯曲，少数近于平直或波状；长 22.9～28.3 μm，宽 6～7 μm。中轴区窄，线状披针形；中央区明显，呈椭圆形或圆形，常明显地向背侧扩展，约占壳面宽度的 1/3；在腹侧中央线纹的端部具 2～4 个（常为 2 个）孤点。线纹放射状排列，11～14 条/10 μm。

2. 高山桥弯藻（图版 80: 6-8）

Cymbella alpestris Krammer, 2002, p. 52, pl. 33, figs. 1-13, pl. 34, figs. 1-7.

壳面具明显的背腹之分，呈披针形，背缘明显地呈弓形弯曲；腹缘适度地呈弓形弯曲，在中部略膨大；长 39.4～44.8 μm，宽 10.4 μm。中轴区窄，线状披针形；中央区椭圆形，常明显地向背侧扩展，约占壳面宽度的 1/2；在腹侧中央线纹的端部具 4～6 个孤点。线纹放射状排列，8～12 条/10 μm。

3. 亚洲桥弯藻（图版 80: 9-11）

Cymbella asiatica Metzeltin, Lange-Bertalot et Li, 2009, p. 25, pl. 118, figs. 1-3, pl. 119, figs. 1-4, pl. 121, fig. 7.

壳面具明显的背腹之分，呈披针形，背缘明显地呈弓形弯曲；腹缘适度地呈弓形弯曲，少数近于平直或波状；长 53～62.5 μm，宽 10.6～12.1 μm。中轴区窄，线状披针形；中央区椭圆形或圆形，常明显地向背侧扩展，约占壳面宽度的 1/4，没有孤点。线纹放射状排列，6～8 条/10 μm。

4. 北极桥弯藻（图版 **81: 1-2**）

Cymbella arctica (Lagerstedt) Schmidt, 1875, pl. 10, fig. 12; 施之新, 2013, pl. 39, figs. 1-2.
Cymbella variabilis var. *arctica* Lagerstedt, 1873, p. 44, pl. 2, fig. 21.

壳面具明显的背腹之分，呈弦月形，末端截圆形；长 67.3～101.7 μm，宽 17～23.4 μm。壳缝几乎中位（有时略偏腹侧），壳缝末端裂缝弯向背侧。中轴区窄，弯状线形；中央区圆形，具 2～5 个孤点。线纹放射状排列，9～11 条/10 μm。

5. 粗糙桥弯藻（图版 **82: 1-3**）

Cymbella aspera (Ehrenberg) Cleve, 1894; 施之新, 2013, p. 125, pl. 35, fig. 7, pl. 42, fig. 10.
Cocconema asperum Ehrenberg, 1840, p. 206.

壳面具明显的背腹之分，呈披针形，末端宽圆形；长 134.6～181.4 μm，宽 30.8～34.6 μm。壳缝几乎中位（有时略偏腹侧），壳缝末端裂缝弯向背侧。中轴区适度地宽，占壳面宽度的 1/4～1/3；中央区椭圆形，具 5 个孤点。线纹放射状排列，9～11 条/10 μm。

6. 箱形桥弯藻（图版 **83: 1-4**）

Cymbella cistula (Ehrenberg) Kirchner, 1878; 朱蕙忠和陈嘉佑, 2000, p. 320, pl. 37, figs. 14-15.
Bacillaria cistula Ehrenberg, 1828, pl. II, fig. 10.

壳面具明显的背腹之分，呈披针形，末端钝圆形；长 56～78.8 μm，宽 18～20.2 μm。壳缝几乎中位（有时略偏腹侧），壳缝末端裂缝弯向背侧。中轴区窄，约占壳面宽度的 1/3；中央区椭圆形，具 3～4 个孤点。线纹放射状排列，8～11 条/10 μm。

7. 斯勒桥弯藻（图版 **84: 1-8, 12**）

Cymbella cosleyi Bahls, 2013, p. 10, figs. 13-20.

壳面具明显的背腹之分，呈披针形，末端近头状或圆形；长 24.3～28.4 μm，宽 6.1～7.2 μm。壳缝几乎中位（有时略偏腹侧），壳缝末端裂缝弯向背侧。中轴区窄；中央区小而不对称，背侧圆形，腹侧平坦，具 2 个孤点。线纹放射状排列，10～12 条/10 μm。

8. 汉茨桥弯藻（图版 **84: 9-11**）

Cymbella hantzschiana Krammer, 2002, p. 47, pl. 27, figs. 8-14, pl. 28, figs. 1-19, pl. 29, figs. 1-12, pl. 30,
　　figs. 9-14; 施之新, 2013, p. 106, pl. 29, fig. 8.

壳面具明显的背腹之分，呈披针形，末端圆形或狭圆形；长 32.7～40 μm，宽 8.2～9.6 μm。壳缝略偏于腹侧，壳缝末端裂缝弯向背侧。中轴区窄，线形或线形披针形；中央区不明显或仅比中轴区略宽大，无孤点。线纹放射状排列，9～12 条/10 μm。

9. 新箱形桥弯藻（图版 85: 1-5）

Cymbella neocistula Krammer, 2002, p. 94, 169, pl. 85, figs. 1-4, pl. 86, figs. 1-7, pl. 87, figs. 1-9, pl. 88, figs. 1-8, pl. 89, figs. 1-7, pl. 90, figs. 1-8, pl. 91, figs. 1-6, pl. 92, figs. 1-3, pl. 93, figs. 1-5; 施之新, 2013, p. 130, pl. 37, figs. 1-4, pl. 42, figs. 2-5.

壳面具明显的背腹之分，呈披针形，末端圆形；长 65.6～91.7 μm，宽 15.4～21.6 μm。壳缝几乎中位（有时略偏腹侧），壳缝末端裂缝弯向背侧。中轴区窄，线形；中央区近圆形，占壳面宽度的 1/3～1/2，具 2～5 个（常为 3 个）孤点。线纹放射状排列，8～12 条/10 μm。

10. 新箱形桥弯藻月形变种（图版 86: 1-3）

Cymbella neocistula* var. *lunata Krammer, 2002, p. 95, 169, pl. 89, figs. 1-7; 施之新, 2013, p. 131, pl. 37, fig. 9, pl. 43, fig. 10.

壳面具明显的背腹之分，呈新月形，末端圆形；长 82.9～120 μm，宽 13.1～20.2 μm。壳缝几乎中位（有时略偏腹侧），壳缝末端裂缝弯向背侧。中轴区窄，线形；中央区近圆形，占壳面宽度的 1/3～1/2，具 2～4 个孤点。线纹放射状排列，9～12 条/10 μm。

11. 新细角桥弯藻（图版 87: 1-4, 6-7）

Cymbella neoleptoceros Krammer, 2002, p. 134, 173, pl. 156, figs. 1-8, pl. 157, figs. 1-19; 王全喜和邓贵平, 2017, p. 135, fig. 65.

壳面具明显的背腹之分，呈新月形，末端圆形；长 21.8～37.4 μm，宽 7.9～11.6 μm。壳缝几乎中位（有时略偏腹侧），壳缝末端裂缝弯向背侧。中轴区窄，线形；中央区近圆形，占壳面宽度的 1/3～1/2，具 2～4 个孤点。线纹放射状排列，9～12 条/10 μm。

12. 微细桥弯藻（图版 87: 5）

Cymbella parva (Smith) Kirchner, 1878; 施之新, 2013, p. 112, pl. 31, figs. 2-3.
Cocconema parvum Smith, 1853, p. 76, pl. XXIII, fig. 222, pl. XXIV, fig. 222.

壳面具明显的背腹之分，呈菱形披针形，末端狭圆或尖圆形；长 36.3 μm，宽 7.4 μm。壳缝略偏于腹侧，壳缝末端裂缝弯向背侧。中轴区适度地变宽；中央区不明显，无孤点。线纹放射状排列，10～12 条/10 μm。

13. 极新月桥弯藻（图版 88: 1-3）

Cymbella percymbiformis Krammer, 2002, p. 75, 167, pl. 56, figs. 1-7, pl. 57, figs. 1-9.

壳面具明显的背腹之分，呈披针形，末端尖圆形；长 58.3～60.6 μm，宽 12.7～13.5 μm。壳缝几乎中位（有时略偏腹侧），壳缝末端裂缝弯向背侧。中轴区窄；中央区椭圆形，具 1～2 个孤点。线纹放射状排列，9～12 条/10 μm。

14. 西蒙森桥弯藻（图版 **88: 4**）

Cymbella simonsenii Krammer, 1985, p. 33, pl. 7, figs. 1-9.

壳面具明显的背腹之分，呈披针形，末端尖圆形；长 73.1 μm，宽 15.4 μm。壳缝几乎中位（有时略偏腹侧），壳缝末端裂缝弯向背侧。中轴区窄；中央区椭圆形，具 2 个孤点。线纹放射状排列，9～10 条/10 μm。

15. 斯库台娜桥弯藻（图版 **88: 5-8**）

Cymbella scutariana Krammer, 2002, p. 63, 165, pl. 45, figs. 1-5.

壳面具明显的背腹之分，呈披针形，末端尖圆形，腹侧中部略膨大；长 43.6～67 μm，宽 11.7～16.3 μm。壳缝几乎中位（有时略偏腹侧），壳缝末端裂缝弯向背侧。中轴区窄；中央区椭圆形，具 1～3 个孤点。线纹放射状排列，9～10 条/10 μm。

16. 热带桥弯藻（图版 **89: 1-2**）

Cymbella tropica Krammer, 2002, p. 61, 164, pl. 44, figs. 1-10, pl. 49, figs. 12-13; 施之新, 2013, p. 113, pl. 32, fig. 1.

壳面具明显的背腹之分，呈宽披针形，末端亚喙状；长 17.9～32.7 μm，宽 5.8～9.4 μm。壳缝偏腹侧，壳缝末端裂缝弯向背侧。中轴区窄；中央区椭圆形，具 1 个孤点。线纹放射状排列，11～12 条/10 μm。

17. 图尔桥弯藻（图版 **89: 3-5**）

Cymbella tuulensis Metzeltin, Lange-Bertalot et Soninkhishig, 2009, p. 27, pl. 121, figs. 1-6, pl. 122, figs. 1-3.

壳面具明显的背腹之分，呈宽披针形，末端宽圆形；长 82～95.7 μm，宽 18.2～21 μm。壳缝偏腹侧，壳缝末端裂缝弯向背侧。中轴区窄；中央区椭圆形，具 5～6 个孤点。线纹放射状排列，7～8 条/10 μm。

18. 普通桥弯藻（图版 **90: 1-5, 8**）

Cymbella vulgata Krammer, 2002, p. 55, 163, pl. 32, figs. 7-13, pl. 36, figs. 1-14, pl. 37, figs. 16-21, pl. 38, figs. 1-18, pl. 39, figs. 1-7; 施之新, 2013, p. 122, pl. 33, fig. 7.

壳面具明显的背腹之分，呈半披针形，末端圆至狭圆形；长 23.8～29 μm，宽 5.2～7.7 μm。壳缝偏腹侧，壳缝末端裂缝弯向背侧。中轴区窄，略弯状，线形；中央区不明显，具 0～4 个孤点（常为 1 个）。线纹放射状排列，11～14 条/10 μm。

19. 韦斯拉桥弯藻（图版 **90: 6-7**）

Cymbella weslawskii Krammer, 2002, p. 49, 162, pl. 27, figs. 1-7; 王全喜和邓贵平, 2017, p. 141, fig. 75.

壳面具明显的背腹之分，呈披针形，末端狭圆形；长 31.7～34 μm，宽 7.3～8.1 μm。

壳缝偏腹侧，壳缝末端裂缝弯向背侧。中轴区窄线形；中央区椭圆形，无孤点。线纹放射状排列，9～11 条/10 μm。

弯肋藻属 *Cymbopleura* (Krammer) Krammer 1999

多数种类单生（不具黏质管或柄）。壳面沿纵轴略不对称，沿横轴对称，末端形态多样。壳面宽椭圆形、椭圆披针形、披针形或线形。壳缝多位于壳面近中部，远缝端弯向背缘，近缝端末端弯向腹缘。中央区无孤点或拟孔。壳面末端不具顶孔区。线纹多由单列点纹组成。

多分布在河流、湖泊、湿地、瀑布等水体。

1. 尖形弯肋藻（图版 91: 1-4）

Cymbopleura apiculata Krammer, 2003, p. 12, 152, pl. 7, figs. 8-10, pl. 9, figs. 1-6, pl. 10, figs. 1-4, pl. 11, figs. 1-3b; 施之新, 2013, p. 83, pl. 22, fig. 1.

壳面略具背腹之分（有时几乎没有），呈椭圆形或椭圆状披针形，末端尖；长 60.6～67.1 μm，宽 23～25.9 μm。壳缝几乎中位（略偏腹侧），远缝端渐细呈线形，端缝弯向背侧。中轴区适度窄，向中央区略渐变宽，呈线状披针形；中央区明显，占壳面宽度的 1/3～1/2，略不对称，呈菱形或横椭圆状菱形。线纹放射状排列，9～11 条/ 10 μm。

2. 急尖弯肋藻（图版 92: 1-3）

Cymbopleura cuspidata (Kützing) Krammer, 2003, p. 8, pl. 1, figs. 1-12, pl. 2, figs. 1-11, pl. 6, figs. 5-8; 施之新, 2013, p. 85, pl. 21, fig. 7, pl. 41, figs. 13-14.
Cymbella cuspidata Kützing, 1844, p. 79, pl. 3, fig. 40.

壳面略有或几乎没有背腹之分，近椭圆形或椭圆状披针形，末端头喙状；长 37.9～38.8 μm，宽 13.2～14 μm。壳缝几乎中位（略偏腹侧），近缝端线形并向腹侧略翻转，远缝端呈"逗号"状弯向背侧。中轴区较窄，线形或线形披针形，向中央区略渐变宽；中央区呈菱形或菱形圆形，占壳面宽度的 1/3，不对称。线纹放射状排列，9～11 条/10 μm。

3. 不等弯肋藻（图版 92: 4）

Cymbopleura inaequalis (Ehrenberg) Krammer, 2003, p. 25, pl. 29, figs. 1-9, pl. 32, figs. 1a, 2-8, pl. 33, figs. 1, 2, pl. 34, figs. 1-3; 施之新, 2013, p. 88, pl. 24, fig. 1, pl. 41, fig. 10.
Navicula inaequalis Ehrenberg, 1836, p. 221.

壳面略微有背腹之分，呈菱形披针形，末端亚喙状；长 101 μm，宽 27.5 μm。壳缝几乎中位（略偏腹侧），近缝端端部膨大呈鳞茎状的珠孔；远缝端端缝弯向背侧。中轴区略宽，约占壳面宽度的 1/5，呈线形披针形；中央区近圆形或椭圆形，占壳面宽度的 1/4～1/3，不对称。线纹放射状排列，7～9 条/10 μm。

4. 线形弯肋藻（图版 93: 1-4, 13-14）

Cymbopleura linearis (Foged) Krammer, 2003, p. 58, pl. 80, figs. 1-11, pl. 89, figs. 1-11; 施之新, 2013, p. 91, pl. 24, fig. 7.
Cymbella naviculiformis var. *linearis* Foged, 1981, p. 73.

壳面几乎没有或略具背腹之分，呈线形，末端圆形；长 30.5～34.5 μm，宽 6.5～7.6 μm。壳缝几乎中位，近缝端端部略膨大而呈中央孔；远缝端端缝呈"逗号"状弯向背侧。中轴区略窄或适度地宽，线形或线形披针形；中央区菱形或菱形圆形，占壳面宽度的 3/5～4/5。线纹放射状排列，14～16 条/10 μm。

5. 蒙古弯肋藻（图版 93: 5-7, 12）

Cymbopleura mongolica Metzeltin, Lange-Bertalot et Soninkhishig, 2009, p. 30, pl. 144, figs. 1-7.

壳面几乎没有或略具背腹之分，呈线形椭圆形，末端头状或喙状；长 32.7～38.4 μm，宽 9.2～9.6 μm。壳缝几乎中位，远缝端端缝弯向背侧。中轴区略窄或适度地宽，线形披针形；中央区椭圆形。线纹放射状排列，16～22 条/10 μm。

6. 蒙提科拉弯肋藻（图版 93: 8-11）

Cymbopleura monticula (Hustedt) Krammer, 2003, p. 71, pl. 93, fig. 19a-19b.
Cymbella monticola Hustedt, 1949, p. 46, pl. 1, figs. 45-46.

壳面略微有背腹之分，呈线形披针形，末端头状或喙状；长 21～26 μm，宽 6.8～8.2 μm。壳缝几乎中位（略偏腹侧），远缝端端缝呈"逗号"状弯向背侧。中轴区略窄或适度地宽，线形或线形披针形；中央区椭圆形。线纹放射状排列，9～11 条/10 μm。

7. 纳代科弯肋藻（图版 94: 1-4, 8）

Cymbopleura nadejdae Metzeltin, Lange-Bertalot et Soninkhishig, 2009, p. 31, pl. 146, figs. 1-11.

壳面略具背腹之分，呈线形披针形，末端头状或喙状；长 31.2～38.8 μm，宽 5.7～8.2 μm。壳缝几乎中位（略偏腹侧），远缝端端缝呈"逗号"状弯向背侧。中轴区略窄或适度地宽，线形披针形；中央区椭圆形。线纹放射状排列，16～20 条/10 μm。

8. 矩圆弯肋藻（图版 94: 5-7, 10）

Cymbopleura oblongata Krammer, 2003, p. 103, 163, pl. 121, fig. 6, pl. 122, figs. 2-4; 施之新, 2013, p. 99, pl. 27, fig. 2.

壳面几乎没有或略微有背腹之分，呈丝状矩圆形，末端宽圆形；长 30～32.8 μm，宽 5.3～7.0 μm。壳缝几乎中位（略偏腹侧），近缝端端部略膨大呈珠状，且略向腹侧偏转，远缝端裂缝弯向背侧。中轴区略窄，线形；中央区近圆形，约占壳面宽度的 2/3。线纹放射状排列，10～12 条/10 μm。

9. 延伸弯肋藻（图版 94: 9, 11）

Cymbopleura perprocera Krammer, 2003, p. 44, 156, pl. 62, figs. 2-3, pl. 63, figs. 1-4.

壳面略微有背腹之分，呈线形披针形，末端喙状或头状；长 30.6～81.4 μm，宽 9.5～20 μm。壳缝几乎中位（略偏腹侧），近缝端端部略膨大呈珠状，且略向腹侧偏转，远缝端裂缝弯向背侧。中轴区较宽，线形；中央区椭圆形，约占壳面宽度的 1/2。线纹放射状排列，10～14 条/10 μm。

内丝藻属 *Encyonema* Kützing 1833

细胞单生，自由生活，形成黏质壳或形成黏质的管状群体。壳面沿纵轴不对称，沿横轴对称，具明显的背腹之分，背缘强烈弯曲，腹缘近乎平直，壳面近弓形。壳缝直，靠近壳面腹缘，远缝端弯向壳面腹缘。中央区孤点缺失或出现在中央区背缘一侧。两末端均不具顶孔区。线纹由单列点纹组成。

多分布在河流、湖泊、瀑布等水体。

1. 短头内丝藻（图版 95: 1-5, 20）

Encyonema brevicapitatum Krammer, 1997, p. 100, 170, pl. 34, figs. 1-7, pl. 27, figs. 1-9, 17; 王全喜和邓贵平, 2017, p. 147, fig. 87.

壳面具明显的背腹之分，背侧呈弓形弯曲，腹缘略凸出，末端呈小头状；长 12.8～29 μm，宽 4～7.3 μm。壳缝几乎中位，呈线形。中轴区窄线形，中央区不明显。线纹放射状排列，10～14 条/10 μm。

2. 簇生内丝藻（图版 95: 6-7）

Encyonema cespitosum Kützing, 1849, p. 61; 施之新, 2013, p. 68, pl. 18, figs. 1-2, 4-6, pl. 40, figs. 13-14.

壳面具明显的背腹之分，半椭圆形或披针状椭圆形；背侧呈弓形弯曲，腹缘略呈弓形弯曲（但近端处略凹入，中部略弧形凸起），末端宽圆形；长 25.4～27.8 μm，宽 9.2～9.6 μm。壳缝略偏腹位，近缝端端部膨大并弯向背侧，远缝端呈"逗号"状弯向腹侧。中轴区线形，略偏腹位；中央区较小，常呈近圆形。线纹在中部呈放射状排列，随后转为平行状排列，两端呈汇聚状，9～10 条/10 μm。

3. 长贝尔塔内丝藻（图版 95: 8-10, 21）

Encyonema lange-bertalotii Krammer, 1997, p. 96, pl. 5, figs. 1-6, pl. 6, figs. 1-4, pl. 23, figs. 1-2, pl. 27, figs. 10-16, pl. 29, fig. 14; 王全喜和邓贵平, 2017, p. 147, fig. 88.

壳面具明显的背腹之分，背侧呈弓形弯曲，腹缘略凸出，末端呈喙状；长 17.6～25.4 μm，宽 5.4～8 μm。壳缝略偏腹位，呈线形。中轴区窄线形，中央区不明显。线纹放射状排列，12～14 条/10 μm。

4. 隐内丝藻（图版 95: 11-14, 22）

Encyonema latens (Krasske) Mann, 1990；王全喜和邓贵平, 2017, p. 146, fig. 86.
Cymbella latens Krasske, 1937, p. 43.

壳面半椭圆形，具明显的背腹之分，背侧明显地呈弓形弯曲，腹缘略呈弓形弯曲，末端延长至喙状；长 13.2～21.6 μm，宽 3.6～6.4 μm。壳缝略偏腹位，呈线形。中轴区窄线形，中央区不明显。线纹放射状排列，12～14 条/10 μm。

5. 半月形内丝藻北方变种（图版 95: 15-17）

Encyonema lunatum **var.** ***boreale*** Krammer, 1997, p. 151, 179, pl. 93, figs. 3-6.

壳面窄，呈半月形，具明显的背腹之分，背侧明显地呈弓形弯曲，腹缘略呈弓形弯曲，末端延长至喙状；长 32.8～38.4 μm，宽 3.8～5 μm。壳缝略偏腹位，呈线形。中轴区窄线形，中央区不明显。线纹放射状排列，7～9 条/10 μm。

6. 三角型内丝藻（图版 95: 18-19）

Encyonema trianguliforme Krammer, 1997, p. 133, 176, pl. 73, figs. 1-5, pl. 74, figs. 1-8.

壳面具明显的背腹之分，背侧明显地呈弓形弯曲，腹缘略呈弓形弯曲（但近端处略凹入，中部略弧形凸起），末端延长至喙状；长 32.6～33.6 μm，宽 9.6 μm。壳缝略偏腹位，呈线形。中轴区窄线形，中央区不明显。线纹放射状排列，9～11 条/10 μm。

7. 微小内丝藻（图版 96: 1-9, 18）

Encyonema minutum (Hilse) Mann, 1990, p. 667. 施之新, 2013, p. 61, pl. 16, figs. 1-2.
Cymbella minuta Hilse, 1862, fig. 1261.

壳面具明显的背腹之分，背侧明显地呈弓形弯曲，腹缘略呈弓形弯曲（但近端处略凹入，中部略弧形凸起），末端延长至喙状；长 11.2～14.3 μm，宽 3～4.4 μm。壳缝略偏腹位，呈线形。中轴区窄线形，中央区不明显。线纹放射状排列，12～16 条/10 μm。

8. 极长贝尔塔内丝藻（图版 96: 10-11, 19）

Encyonema perlangebertalotii Kulikovskiy et Metzeltin, 2012, p. 97, pl. 4, figs. 21-34, pl. 35, fig. 4.

壳面具明显的背腹之分，背侧明显地呈弓形弯曲，腹缘略呈弓形弯曲（但近端处略凹入，中部略弧形凸起），末端延长至喙状；长 10.3～15.2 μm，宽 4.1～6.4 μm。壳缝略偏腹位，呈线形。中轴区窄线形，中央区不明显。线纹放射状排列，14～18 条/10 μm。

9. 西里西亚内丝藻（图版 96: 12-17, 20）

Encyonema silesiacum (Bleisch) Mann, 1990；王全喜和邓贵平, 2017, p. 148, fig. 89.
Cymbella silesiaca Bleisch, 1864, fig. 1802.

壳面具明显的背腹之分，背侧明显地呈弓形弯曲，腹缘近乎平直，末端头状；长

30.2～39.7 μm，宽 7.6～10.8 μm。壳缝略偏腹位，呈线形。中轴区窄线形，中央区不明显。线纹放射状排列，10～14 条/10 μm。

拟内丝藻属 *Encyonopsis* Krammer 1997

壳面沿横轴对称或略微不对称；沿纵轴略微不对称，两端头状或喙状。壳缝直或略波曲，位于壳面中部，远缝端弯向壳面腹缘。中央区不具孤点。线纹由单列点纹组成，点纹圆形或长椭圆形。

多分布在河流、湖泊、湿地、瀑布等水体。

1. 杂型拟内丝藻（图版 97: 1-4, 25）

Encyonopsis descriptiformis Bahls, 2013, p. 18, figs. 118-121; 王全喜和邓贵平，2017, p. 149, fig. 91.

壳面微具背腹之分，末端延伸呈头状；长 22.7～39 μm，宽 4.5～7.8 μm。壳缝微偏向背侧一边，末端裂纹钩状，弯向同一侧。中轴区窄线形，中央区不明显。线纹近平形状排列，18～22 条/10 μm。

2. 法国拟内丝藻（图版 97: 5-10, 26）

Encyonopsis falaisensis (Grunow) Krammer, 1997, p. 116, pl. 161, figs. 1, 3-7, pl. 162, figs. 8-24, 27; 王全喜和邓贵平，2017, p. 150, fig. 92.
Navicula falaisensis Grunow, 1880, pl. 14.

壳面披针形，微具背腹之分，末端延伸呈头状；长 19.4～32.9 μm，宽 4.3～5.9 μm。壳缝微偏向背侧一边，末端裂纹钩状，弯向同一侧。中轴区窄线形，中央区椭圆形。线纹近平形状排列，22～27 条/10 μm。

3. 克拉姆拟内丝藻（图版 97: 11-14, 27）

Encyonopsis krammeri Reichardt, 1997, p. 61, figs. 1-20; 施之新，2013, pl. 13, fig. 2.

壳面披针形，微具背腹之分，末端亚头喙状凸出；长 11.6～16.3 μm，宽 2.4～3.5 μm。壳缝几乎中位，近缝端弯向背侧，远缝端弯向腹侧。中轴区线形或线形披针形，中央区不明显。线纹近平形状排列，22～27 条/10 μm。

4. 湖生拟内丝藻（图版 97: 15-24, 28）

Encyonopsis lacusalpini Bahls, 2013, p. 22, figs. 64-69.

壳面披针形，微具背腹之分，末端头状凸出；长 12～16.7 μm，宽 2.2～3.3 μm。壳缝几乎中位，近缝端弯向背侧，远缝端弯向腹侧。中轴区线形或线形披针形，中央区不明显。线纹近平形状排列，20～28 条/10 μm。

5. 小头拟内丝藻 （图版 98: 1-7, 22）

Encyonopsis microcephala (Grunow) Krammer, 1997, p. 91, pl. 143, figs. 1, 4, 5, 8-26, pl. 146, figs. 1-5, pl. 147, figs. 1-3, pl. 148, figs. 4, 7, pl. 149, figs. 1-8, pl. 150, fig. 22, pl. 203, figs. 13-18; 施之新, 2013, pl. 13, fig. 8.

Cymbella microcephala Grunow 1885, p. 63.

　　壳面线状椭圆形或线状披针形，几乎没有或略微具背腹之分，末端呈头状；长 33.1～38.1 μm，宽 6.3～6.8 μm。壳缝几乎中位，近缝端弯向背侧，远缝端弯向腹侧。中轴区窄，中央区不明显。线纹放射状排列，端部呈汇聚状排列，20～24 条/10 μm。

6. 亚隐头拟内丝藻 （图版 98: 8-10, 23）

Encyonopsis subcryptocephala (Krasske) Krammer, 1997, p. 112, pl. 160, figs. 1-5; 施之新, 2013, pl. 13, fig. 1.

Cymbella subcryptocephala Krasske, 1948, p. 436.

　　壳面椭圆状披针形，几乎没有背腹之分，末端呈头状或亚头喙状；长 13.9～27.3 μm，宽 2.7～5.1 μm。壳缝几乎中位，近缝端弯向背侧，远缝端弯向腹侧。中轴区窄，中央区不明显。线纹放射状排列，端部呈汇聚状排列，16～18 条/10 μm。

瑞氏藻属 *Reimeria* Kociolek et Stoermer 1987

　　壳面线形至线形披针形，沿横轴对称，沿纵轴不对称；背腹分明，背缘略呈弓形，腹缘直或略凹，腹缘中央区一侧明显膨大。中轴区窄，中央区向腹缘不对称膨大。孤点位于两近缝端之间略偏向腹缘。壳面腹缘两末端具顶孔区。远缝端弯向腹缘。线纹由双列点纹组成，点纹小圆形。

　　分布在河流、湖泊、湿地、瀑布等水体。

1. 头端瑞氏藻 （图版 98: 11-14）

Reimeria capitata (Cleve) Levkov et Ector, 2010, p. 481, figs. 21-24.

Cymbella sinuata var. *capitata* Cleve, 1932, p. 108.

　　壳面线形或线形披针形，具背腹之分，背缘呈弓形，腹侧中部凸出形成中央区；长 18.4～21.4 μm，宽 3.7～6.7 μm。壳缝末端裂纹均向腹侧方向弯曲。线纹双列，呈辐射状排列，10～14 条/10 μm。

2. 波状瑞氏藻 （图版 98: 15-21, 24-25）

Reimeria sinuata (Gregory) Kociolek et Stoermer, 1987; 施之新, 2013, p. 102, pl. 29, figs. 1-2, pl. 41, figs. 16-17.

　　壳面线形或线形披针形，具背腹之分，背缘呈弓形，腹侧中部凸出形成中央区；长 12～16.5 μm，宽 3.2～4.2 μm。壳缝末端裂纹均向腹侧方向弯曲。线纹双列，呈辐射状排列，10～14 条/10 μm。

舟形藻目 Naviculales

舟形藻科 Naviculaceae

拉菲亚藻属 *Adlafia* Moser Lange-Bertalot et Metzeltin 1998

细胞多单生，个体较小。壳面长通常小于 25 μm，线形至线形披针形，末端喙状或头状。壳缝末端向两侧弯曲。线纹由单列点纹组成，呈放射状排列，点纹外壳面具膜覆盖。

分布在湖泊、河流、瀑布等水体。

1. 小型拉菲亚藻（图版 99: 1, 6-7）

Adlafia minuscula (Grunow) Lange-Bertalot, 1999；李家英和齐雨藻, 2018, pl. I, fig. 3.
Navicula minuscula Grunow, 1880, pl. XIV.

壳面窄椭圆形、菱形椭圆形至椭圆披针形，末端略延长，呈钝圆形；长 9.4～12.6 μm，宽 3.1～4.3 μm。壳缝在近缝端略膨大，远缝端弯曲。中轴区窄，呈线形；无中央区。壳面线纹在光镜下不可见，35～40 条/10 μm。

暗额藻属 *Aneumastus* Mann et Stickle 1990

壳面椭圆披针形或线状披针形，末端喙状或头状。轴区窄，中央区扩大形成大的横向不规则区或近圆形区。壳套面窄。壳面边缘和壳面中部点纹类型不同，壳面中部线纹由单列点纹组成，边缘线纹由 1～2 列点纹组成。点纹结构较为复杂。

分布在河流、湖泊等水体。

1. 具细尖暗额藻（图版 99: 2-5）

Aneumastus apiculatus (Østrup) Lange-Bertalot, 1999；李家英和齐雨藻, 2018, pl. XXIII, fig. 2.
Navicula lacustris var. *apiculata* Østrup, 1910, p. 88.

壳面椭圆披针形，末端延长，呈狭喙状；长 39.4～40.6 μm，宽 12.2～13.6 μm。轴区窄，线形，中央区扩大呈宽矩形。壳缝丝状，略微波曲状，近缝端直。横线纹在中部微辐射状排列，向末端明显辐射，近极端几近平行状排列，16～17 条/10 μm。

2. 吐丝状暗额藻（图版 100: 1-2）

Aneumastus tusculus (Ehrenberg) Mann et Stickle, 1990；李家英和齐雨藻, 2018, pl. XXIV, figs. 7-9.
Navicula tuscula Ehrenberg, 1840, p. 215.

壳面椭圆形至椭圆披针形，末端呈喙状或头状；长 44～50.8 μm，宽 16.4～16.8 μm。轴区窄，中央区横向扩大呈近蝴蝶形。壳缝微波形，近缝端直。横线纹辐射状排列，被不规则的纵向透线切断，11～13 条/10 μm。

异菱藻属 *Anomoeoneis* Pfitzer 1871

细胞单生，舟状。壳面平坦，类菱形、椭圆形、披针形或椭圆形披针形，末端宽圆或近头状。远缝端弯曲且明显。中轴区宽，靠近壳缝处具一列点纹围绕胸骨。中央区对称（琴状）或不对称，部分种类中央区一侧延伸至壳缘。线纹由单列点纹组成，点纹排列不规则，在光镜下可清晰地观察到。

分布在湖泊、湿地等水体。

1. 中肋异菱藻（图版 100: 3-4）

Anomoeoneis costata (Kützing) Hustedt, 1959, p. 744, fig. 1111；李家英和齐雨藻, 2010, pl. XXIII, fig. 1.
Navicula costata Kützing, 1844, p. 93, pl. 3.

壳面椭圆形至椭圆披针形，末端钝圆不延长；长 52.2～59.4 μm，宽 19.6～21.9 μm。中轴区宽，向壳面末端斜向逐渐变细，近中心区微变窄。中央区大，不均匀地横向扩大，其一侧扩大直达壳缘。壳缝较宽，线形，远端缝向同一方向弯曲。横线纹略微辐射状排列，近末端呈平行或微聚集状排列，12～16 条/10 μm。

短纹藻属 *Brachysira* Kützing 1836

细胞常单生，或在较窄的末端处分泌黏质柄营附生生活。壳面线形至线形披针形，末端圆形或延长。壳面沿纵轴对称，部分种类沿横轴不对称。壳缝直，中轴区窄。部分种类在壳缝两侧具隆起硅质脊。线纹由单列点纹组成，点纹多长圆形，不规则排列，光镜下观察点纹纵向波曲。部分种类在壳缘和壳面连接处具明显隆起的硅质脊，在光镜下可观察到。

分布在河流、瀑布等水体。

1. 小头短纹藻（图版 101: 1-9）

Brachysira microcephala (Grunow) Compère, 1986；王全喜和邓贵平, 2017, p. 164, fig. 113.
Navicula microcephala Grunow, 1868. p. 19.

壳面披针形到菱形披针形，两端延长呈头状；长 17.8～21.2 μm，宽 3.7～5.3 μm。壳缝直，位于两条肋纹之间。中轴区窄；中央区较小，呈不对称圆形。线纹在纵向呈波浪状，在两端近平行状排列，30～35 条/10 μm。

美壁藻属 *Caloneis* Cleve 1894

细胞单生。壳面线形、线形披针形、提琴形、狭披针形到椭圆形，中部两侧常膨大。壳面沿纵轴和横轴都对称；具中轴板，覆盖部分线纹，形成在光镜下可观察到的纵线，在一些较小的个体中，纵线可能不十分明显。部分种类中央区具半月形或不规则的凹陷。线纹由长室孔组成，长室孔常被 1～2 条纵线切断，每个长室孔中具有多列点纹。

分布在湖泊、河流、湿地、瀑布等水体。

1. 镰形美壁藻（图版 102: 1-3, 7）

Caloneis falcifera Lange-Bertalot, Genkal et Vekhov, 2004; 王全喜和邓贵平, 2017, p. 165, fig. 115.

壳面线形，中部略凸出；长 23.3～35.2 μm，宽 5.4～7.0 μm。中轴区狭长；中央区呈矩形，中央区两侧各有一月形增厚，具圆形的中央节和极节。壳缝直，呈线形。壳缝两侧的横线纹互相平行，中部略呈放射状排列，20～22 条/10 μm。

2. 短角美壁藻（图版 102: 4-6, 8）

Caloneis silicula (Ehrenberg) Cleve,1894; 李家英和齐雨藻, 2010, pl. IX, fig. 4, pl. XXXIV, fig. 7.
Navicula silicula Ehrenberg, 1843, p. 419.

壳面线形至线形披针形，在中部和靠近末端略凸出，末端宽圆形；长 46～61 μm，宽 9.8～11.6 μm。中轴区呈披针形，中央区略微扩大呈近圆形。壳缝直，有规则的侧斜中央孔。横线纹在中部平行状排列，向两端呈辐射状排列，19～21 条/10 μm。

3. 小美壁藻（图版 103: 1）

Caloneis tenuis (Gregory) Krammer, 1985, p. 17.
Pinnularia tenuis Gregory, 1854, p. 97, pl. 5.

壳面线形，中部略凸出；长 23.8 μm，宽 3.8 μm。中轴区呈披针形，中央区略微扩大呈近圆形。壳缝直，线形。横线纹在中部平行状排列，向两端呈辐射状排列，20 条/10 μm。

4. 波曲美壁藻（图版 103: 2-5）

Caloneis undosa Krammer, 1987; 王全喜和邓贵平, 2017, p. 167, fig. 118.

壳面线形，中部微膨胀，末端膨大呈宽圆形；长 26.2～33.8 μm，宽 4～4.4 μm。中轴区窄线形，中央区横矩形，微不对称。壳缝直，线形。横线纹近平行状排列，20～21 条/10 μm。

洞穴形藻属 *Cavinula* Mann et Stickle 1990

细胞单个，舟状。壳面线形披针形、椭圆形或近圆形，末端圆形或有时呈轻微喙状。壳缝直，近缝端外壳面观略膨大，内壳面观直。线纹放射状排列，远缝端直或弯向壳面两相反方向。部分种类在远缝端一侧具 1 个近圆形的大孔。线纹多放射状排列，由单列圆形的点纹组成，点纹内壳面具膜覆盖。

分布在河流、湖泊、湿地、瀑布等水体。

1. 戴维西亚洞穴形藻（图版 103: 6-11）

Cavinula davisiae Bahls, 2013, p. 15, figs. 43-51.

壳面椭圆披针形，末端宽圆形；长 16.4～18.2 μm，宽 6.8～7.6 μm。中轴区窄，线形；中央区圆形而大，约为壳面宽度的 1/2。壳缝直，近缝端明显膨大，远缝端向相反方向弯曲。线纹放射状，28～30 条/10 μm。

2. 伪楯形洞穴形藻（图版 104: 1-6, 10-11）

Cavinula pseudoscutiformis (Hustedt) Mann et Stickle, 1990; 李家英和齐雨藻, 2018, pl. I, fig. 9.
Navicula pseudoscutiformis Hustedt, 1930, p. 291.

壳面宽椭圆形或几近圆形，末端宽圆形；长 5.9～8.6 μm，宽 5.5～7.8 μm。中轴区近菱形披针形，没有明显的中央区。壳缝直线形，近缝端无明显扩大，远缝端直。横线纹在中部辐射，向两端非常强烈的辐射状排列，20～25 条/10 μm。

3. 楯形洞穴形藻（图版 104: 7-9, 12）

Cavinula scutiformis (Grunow) Mann et Stickle, 1990, p. 665.
Navicula scutiformis Grunow, 1881, pl. 70, fig. 62.

壳面宽椭圆形或几近圆形，末端宽圆形；长 21.8～22.5 μm，宽 17.7～18.2 μm。中轴区近菱形披针形，中央区椭圆形。壳缝直线形，近缝端无明显扩大，远缝端略弯向同一侧。横线纹辐射状排列，18～25 条/10 μm。

格形藻属 *Craticula* Grunow 1867

细胞单个，舟状。壳面舟形、披针形，具窄的喙状或头状末端。中轴区窄，中央区微膨大。壳缝直线形，近缝端直或轻微弯曲，远缝端裂缝钩状，末端接近壳缘。线纹平行或近平行，由单列点纹组成，点纹小，排列较紧密，在光镜下观察线纹近似网格形排列。

多分布在湖泊、湿地等水体。

1. 模糊格形藻（图版 105: 1, 3）

Craticula ambigua (Ehrenberg) Mann, 1990; 李家英和齐雨藻, 2018, pl. II, fig. 3, pl. XXVII, figs. 1-6.
Navicula ambigua Ehrenberg, 1843, p. 417.

壳面菱形披针形，近末端延长略收缩，末端喙状至近头状；长 49.4～66.4 μm，宽 14.3～19 μm。中轴区呈很窄的线形，中央区略扩大形成不规则的长方形。壳缝直线形，近缝端略向侧弯斜，中央孔不膨大，远缝端分叉近钩状。横线纹近平行状排列，13～17 条/10 μm。

2. 急尖格形藻（图版 105: 2, 4）

Craticula cuspidata (Kützing) Mann, 1990; 李家英和齐雨藻, 2018, pl. II, figs. 4-5, pl. XXVII, figs. 7-11.
Frustulia cuspidata Kützing, 1834, p. 549.

壳面菱形披针形或舟形，末端渐变细呈尖形或钝圆形；长 72.3～88.3 μm，宽 18.4～21 μm。中轴区明显呈线形，中央区不扩大。壳缝直线形，近缝端直或微弯，远缝端向同一方向呈弯钩状。横线纹纤细，平行状排列，14～16 条/10 μm。

3. 富曼蒂格形藻（图版 106: 1, 6）

Craticula fumantii Lange-Bertalot, Cavacini, Tagliaventi et Alfinito, 2003, p. 33, pl. 8, figs. 1-8, pl. 9, figs. 1-10.

壳面菱形披针形，末端喙状至近头状；长 81.5～93.7 μm，宽 18.8～22.5 μm。中轴区明显呈线形，中央区略扩大形成不规则的长方形。壳缝直线形，近缝端直或微弯，远缝端向同一方向呈弯钩状。横线纹平行状排列，15～16 条/10 μm。

4. 极小格形藻（图版 106: 2）

Craticula minusculoides (Hustedt) Lange-Bertalot, 2001, p. 115.
Navicula minusculoides Hustedt, 1942a, p. 68, fig. 5.

壳面披针形，末端近头状；长 27.6 μm，宽 7.5 μm。中轴区明显呈线形，中央区略扩大形成不规则的长方形。壳缝直线形。横线纹平行状排列，20 条/10 μm。

交互对生藻属 *Decussata* (Patrick) Lange-Bertalot 2000

壳面宽圆形，末端喙状或鸭嘴状至较短的楔状钝形。中轴区窄，中轴区向中央区渐宽，形成一个椭圆形的中央区。壳缝简单，直，近缝端偏斜，中央孔膨大呈滴状，远缝端在两极弯向同一方向。线纹由单列点纹组成，点纹圆形，在壳面中部斜向排列，在壳缘部分横列出现，使线纹在光镜下看起来呈交叉状排列，靠近壳缘处线纹略放射状排列。

分布在湿地水体。

1. 胎座交互对生藻（图版 106: 3）

Decussata placenta (Ehrenberg) Lange-Bertalot et Metzeltin, 2000；李家英和齐雨藻，2018, pl. III, fig. 7.
Navicula placenta Ehrenberg, 1854, pl. 33, fig. 23.

壳面宽椭圆形，末端突然延长呈窄喙状至近头状；长 29.6 μm，宽 14.3 μm。中轴区窄，线形；中心区小，扩大呈宽椭圆形或近圆形。壳缝直，丝状，中央近缝端间距大，很微弱弯斜，中央孔膨大近圆形，远缝端较短，微弯向一侧。壳面线纹由小孔纹组成，孔纹排列非常特殊，以三线交叉形成网纹或窝孔纹，20 条/10 μm。

双壁藻属 *Diploneis* (Ehrenberg) Cleve 1894

壳面椭圆形至长椭圆形或近菱形椭圆形，末端圆形或钝圆形。壳缝两侧具发育良好的增厚的纵向硅质管。硅质管上具单个的孔或长圆形的点孔。线纹由 1～2 列点纹组成，点纹较大，结构较复杂。

分布在湖泊、河流、湿地等水体。

1. 灰岩双壁藻（图版 106: 4）

Diploneis calcicolafrequens Lange-Bertalot et Fuhrmann, 2020, p. 26, pl. 27, fig. 2, pls. 28-29.

壳面长椭圆形，壳面边缘多少强烈地凸出，末端钝圆形；长 24.1 μm，宽 10.4 μm。

中央区较小。横肋纹辐射状排列，14 条/10 μm。

2. 椭圆双壁藻（图版 106: 5）

Diploneis elliptica (Kützing) Cleve, 1894; 李家英和齐雨藻, 2010, pl. XV, fig. 7, pl. XXXVI, figs. 3-5.
Navicula elliptica Kützing, 1844, p. 98, pl. 30, fig. 55.

壳面长椭圆形至菱形椭圆形，壳面边缘多少强烈地凸出，末端钝圆形；长 40.4 μm，宽 13.5 μm。中央节中等大，圆形方形。横肋纹较粗壮，辐射状排列，13 条/10 μm。

3. 彼得森双壁藻（图版 107: 1-4, 8）

Diploneis petersenii Hustedt, 1937, p. 676, fig. 1068f-1068h.

壳面长椭圆形至菱形椭圆形，末端钝圆形；长 13.2～21.7 μm，宽 5.4～11.1 μm。中轴区披针形；中央节中等大，圆形方形。横肋纹较粗壮，辐射状排列，14～21 条/10 μm。

4. 伪卵圆双壁藻（图版 107: 5）

Diploneis pseudoovalis Hustedt, 1930; 李家英和齐雨藻, 2010, pl. XVI, fig. 3.

壳面线状椭圆形，末端宽圆形；长 23.6 μm，宽 10.6 μm。中央节中等大，极远端稍延长，在外侧呈略圆的四角形。中轴区披针形，横肋纹较粗壮，微辐射状排列，16 条/10 μm。

管状藻属 *Fistulifera* Lange-Bertalot 1997

细胞很小（通常小于 8 μm），并具有许多环带，最多可达 14 个或更多。壳面线形到椭圆形。中央胸骨明显。在光镜下看不到线纹。

分布在湖泊水体。

1. 薄壳管状藻（图版 107: 9）

Fistulifera pelliculosa (Kützing) Lange-Bertalot, 1997, p. 73, figs. 28-31.
Synedra minutissima var. *pelliculosa* Kützing, 1849, p. 40.

壳面线形至椭圆形，末端钝圆形；长 7.1 μm，宽 3.6 μm。中轴区窄，线形。壳缝直。在光镜下看不到线纹，电镜下线纹辐射状排列，50 条/10 μm。

肋缝藻属 *Frustulia* Rabenhorst 1853

细胞单生或在黏质的管中营群体生活。壳面披针形、菱形舟形或长菱形，末端钝圆。沿壳缝两侧各有一个隆起的平行硅质肋条，壳缝位于两肋之间。壳面末端，两肋纹共同形成近舌状结构。线纹由单列很小的点纹组成，沿纵向和横向成列平行或近辐射状排列。

分布在河流、湿地等水体。

1. 亚洲肋缝藻（图版 109: 1-2）

Frustulia asiatica (Skvortzov) Metzeltin, Lange-Bertalot et Soninkhishig, 2009, p. 258, pl. 63, figs. 23-29.
Frustulia vulgaris var. *asiatica* Skvortzov, 1928, p. 42.

壳面线形披针形，末端略微收缩；长 41.7～41.9 μm，宽 5.8～6.5 μm。中轴区窄线形，中央区扩大呈卵圆形。线纹较密，微辐射状排列，30～32 条/10 μm。

2. 横断肋缝藻（图版 109: 3）

Frustulia hengduanensis Luo et Wang, 2022, p. 195, figs. 1-24.

壳面椭圆状披针形或菱形，边缘稍波状，末端窄圆形且适度延长；长 50.5 μm，宽 13.5 μm。纵肋纹略波曲。中央区无线纹，呈哑铃状透明带。线纹细密，36～40 条/10 μm。

3. 萨克森肋缝藻（图版 109: 4, 6）

Frustulia saxonica Rabenhorst, 1853, p. 50, pl. VII, fig. 1.

壳面椭圆状披针形或菱形，边缘稍波状，末端略收缩，窄圆形；长 51.3～56.7 μm，宽 12.4～12.5 μm。纵肋纹略波曲。中轴区和中央区窄。线纹细密，30～32 条/10 μm。

4. 普通肋缝藻（图版 109: 5）

Frustulia vulgaris (Thwaites) De Toni, 1891; 李家英和齐雨藻, 2010, pl. IV, fig. 6, pl. XXVII, fig. 7.
Schizonema vulgare Thwaites, 1848, p. 170.

壳面披针形至线状披针形，末端呈宽而钝的圆形；长 45 μm，宽 7.7 μm。中轴区窄，中央节呈圆形。壳缝略偏斜，近末端彼此距离较远。横线纹在壳面中部微辐射状排列，在近末端微聚集状排列，30 条/10 μm。

盖斯勒藻属 *Geissleria* Lange-Bertalot et Metzeltin 1996

壳面椭圆形、线椭圆形、椭圆披针形，末端钝圆至宽圆或呈头状。中轴区窄，线形；中央区扩大呈圆形、椭圆形或矩形。壳缝直，近缝端末端直或不明显弯曲，远缝端弯曲。在壳面两端靠近极节处，具多个明显不同的纵向点纹。中央区具 1 个孤点。线纹由点纹组成。

分布在湖泊、河流、湿地、瀑布等水体。

1. 卡氏盖斯勒藻（图版 107: 6-7, 10）

Geissleria cummerowii (Kalbe) Lange-Bertalot, 2001, p. 122.
Navicula cummerowii Kalbe, 1973, p. 116, pl. 19, figs. 268-269.

壳面线形椭圆形，末端宽圆形；长 14.6～20 μm，宽 4.5～7.4 μm。中轴区窄，几近线形；中央区横向扩大呈蝴蝶结形。壳缝丝状，直。横线纹辐射状排列，14～20 条/10 μm。

2. 蒙古盖斯勒藻（图版 108: 1-3, 7）

Geissleria mongolica Metzeltin, Lange-Bertalot et Soninkhishig, 2009, p. 256, pl. 62, figs. 14-17.

　　壳面线形椭圆形，末端延长呈喙状；长 14.4～16.8 μm，宽 5.4～6.2 μm。中轴区窄，几近线形；中央区横向扩大。壳缝丝状，直。横线纹微辐射状排列，18～25 条/10 μm。

3. 舍恩菲尔德盖斯勒藻（图版 108: 4-6）

Geissleria schoenfeldii (Hustedt) Lange-Bertalot et Metzeltin, 1996, p. 67, pl. 123, figs. 5-6, pl. 124, figs. 1-4; 李家英和齐雨藻, 2018, pl. III, fig. 9, pl. IV, fig. 9, pl. XXIV, figs. 10-11.
Navicula schoenfeldii Hustedt, 1925, p. 43.

　　壳面宽椭圆形至线状椭圆形，末端不延长或不显著延长，宽至平圆形；长 10.8～14.7 μm，宽 6.4～7.7 μm。中轴区窄，几近线形；中央区横向扩大，围绕中央两侧边缘出现不规则长短间排的线纹。壳缝丝状，直。横线纹明显辐射状排列，15～16 条/10 μm。

布纹藻属 *Gyrosigma* Hassall 1845

　　壳面沿纵轴和横轴都不对称。壳面弯曲呈"S"形，常呈线形和披针形，末端渐尖或钝圆形。中轴区窄；中央区圆形至椭圆形。壳缝"S"形，外壳面近缝端末端弯向两相反方向。线纹由单列点纹组成，点纹排成纵列，平行于中轴区。

　　分布在湖泊、湿地等水体。

1. 尖布纹藻（图版 108: 8-9）

Gyrosigma acuminatum (Kützing) Rabenhorst, 1853, p. 47, pl. 5, fig. 5a; 李家英和齐雨藻, 2010, pl. V, fig. 1, pl. XXVIII, fig. 1.
Frustulia acuminata Kützing, 1833, p. 555.

　　壳面狭"S"形，壳面从中部向两端逐渐变狭，末端钝圆形；长 115.4～116.3 μm，宽 12.6 μm。壳缝在中线上，弯曲度同壳面，中央节椭圆形。壳面线纹由点纹组成，19 条/10 μm。

蹄形藻属 *Hippodonta* Lange-Bertalot, Witkowski et Metzeltin 1996

　　壳面椭圆形、披针形、线形，末端头状。壳缝直，近缝端末端膨大，远缝端直或略弯曲。壳面末端具一个条带状的无纹区，在内壳面可见一条明显的硅质增厚（polar bar）。壳面硅质化程度较重。光镜下观察线纹较宽，电镜下观察线纹由两列点纹或是一列纵向短裂缝状的点纹组成。

　　分布在河流水体。

1. 头端蹄形藻（图版 110: 1）

Hippodonta capitata (Ehrenberg) Lange-Bertalot, Metzeltin et Witkowski, 1996; 李家英和齐雨藻, 2018, pl. IV, figs. 11-12, pl. XXVIII, figs. 4-6.
Navicula capitata Ehrenberg, 1838, p. 185.

　　壳面椭圆披针形，末端延长近头状至头状；长 23.4 μm，宽 6.6 μm。中轴区窄；中央区略有扩大，远端区有明显的无纹透明区。壳缝直，丝状，近缝端和远缝端不偏斜。壳面横线纹明显较宽，在中部辐射，向末端聚集排列，10 条/10 μm。

喜湿藻属 *Humidophila* (Lange-Bertalot et Werum) Lowe, Kociolek, Johansen, Van de Vijver, Lange-Bertalot et Kopalová 2014

细胞小，通常小于 20 μm，常连成链状群体。壳面线形、线形椭圆形至椭圆形，末端宽圆或具延长的末端。壳面与壳套面之间常具一个硅质的隆起。壳缝简单，直，近缝端末端简单，水滴形或锚形，不弯曲；远缝端直。部分个体或种类的壳缝可能被新积累的硅质覆盖。线纹由一列横向的长圆形、椭圆形至卵圆形的点纹组成，内壳面观，点纹被具小孔的膜覆盖。壳套面具一列长圆形的点纹，同壳面点纹相对齐。

分布在湖泊、河流、湿地等水体。

1. 弓形喜湿藻（图版 110: 2-4, 8, 10）

Humidophila arcuatoides (Lange-Bertalot) Lowe, Kociolek, Johansen, Van de Vijver, Lange-Bertalot et Kopalová, 2014, p. 357.
Diadesmis arcuatoides Lange-Bertalot, 2004, p. 134.

细胞小。壳面线形披针形，中部明显凸起，末端钝圆形；长 9.1～15.8 μm，宽 3.3～4.8 μm。中轴区线形披针形，中央区膨大呈卵圆形。壳缝直。横线纹在光镜下不明显，在电镜下可见，40～45 条/10 μm。

2. 密枝喜湿藻（图版 110: 5-6, 9, 11）

Humidophila implicata (Gerd Moser, Lange-Bertalot et Metzeltin) Lowe, Kociolek, Johansen, Van de Vijver, Lange-Bertalot et Kopalová, 2014, p. 358.
Diadesmis implicata Gerd Moser, Lange-Bertalot et Metzeltin, 1998, p. 145.

细胞小。壳面线形披针形，中部明显凸起，末端钝圆形；长 7.4～9.8 μm，宽 3.1～4.1 μm。中轴区线形披针形，中央区膨大呈卵圆形。壳缝直。横线纹在光镜下不明显，在电镜下可见，40 条/10 μm。

3. 爬虫形喜湿藻（图版 110: 7）

Humidophila sceppacuerciae Kopalová, 2015; Kopalová et al., 2015, p. 121, figs. 2-26.

细胞小。壳面线形，末端明显膨大呈钝圆形；长 11.6 μm，宽 2.7 μm。中轴区宽，线形，中央区膨大呈卵圆形。壳缝直。横线纹在光镜下不明显。

小林藻属 *Kobayasiella* Lange-Bertalot 1999

壳面线形至线形披针形，末端膨大呈头状或喙状。中轴区窄。壳缝直，近缝端略膨大，远缝端完全位于壳面末端，强烈弯曲。线纹在壳面放射状排列，靠近末端处突然会聚，形成"<"状纹饰，在光镜下较难观察到。线纹由单列点纹组成，点纹长圆形，每条线纹具 1～2 个点纹。

分布在湖泊水体。

1. 极细小林藻（图版 112: 5）

Kobayasiella subtilissima (Cleve) Lange-Bertalot, 1999, p. 268.
Navicula subtilissima Cleve, 1891, p. 37, pl. II, fig. 15.

壳面线形披针形，末端头状；长 14.2 μm，宽 3.3 μm。中轴区窄，线形；中央区小，椭圆形。线纹放射状，在末端附近汇聚，24 条/10 μm。

泥栖藻属 *Luticola* Mann 1990

壳面线形、披针形至线形椭圆形，末端尖圆、钝圆至头状。中轴区窄，中央区横向扩大呈矩形。壳缝直，近缝端两末端略弯向壳面同侧，远缝端钩状或直。中央区较大且具 1 个孤立孔纹。线纹由单列点纹组成，点纹较大在光镜下可观察到，点纹多长圆形。

多分布在河流、湿地等水体。

1. 钝泥栖藻（图版 111: 1, 9）

Luticola mutica (Kützing) Mann, 1990; 李家英和齐雨藻, 2018, pl. VI, figs. 2-6, pl. XXVIII, figs. 12-18.
Navicula mutica Kützing, 1844, p. 93.

壳面菱形椭圆形至宽椭圆形或菱形披针形，末端宽至钝状楔圆形；长 14.2～30 μm，宽 5～10.8 μm。中轴区窄，有时在中央区扩大形成不达边缘的矩形，其中一侧有一个清晰的独立孔（点）纹。壳缝线形（丝状），直，近缝端不呈钩状，向一侧微弯。横线纹辐射状排列，由明显的小孔（点）纹组成，15～17 条/10 μm。

2. 类雪生泥栖藻（图版 111: 2-3）

Luticola nivaloides (Bock) Li et Qi, 2018, pl. VI, fig. 14.
Navicula nivaloides Bock, 1962, p. 236.

壳面线形至线形椭圆形，两侧边缘各有 3 个波曲，末端宽喙状；长 13～16 μm，宽 6.8～7.8 μm。中轴区窄线披针形，中央区一侧具 1 个孤点。横线纹辐射状排列，由明显的小孔（点）纹组成，17～20 条/10 μm。

3. 奥尔萨克泥栖藻（图版 111: 4-5）

Luticola olegsakharovii Zidarova, Levkov et Van de Vijver, 2014, p. 164, figs. 50-64.

壳面线形至线形椭圆形，两侧边缘各有 3 个波曲，末端亚头状；长 22.4～22.8 μm，宽 8.4～8.8 μm。中轴区窄，披针形；中央区蝴蝶结形，一侧具 1 个明显的孤立孔纹。横线纹辐射状排列，由明显的小孔（点）纹组成，15～17 条/10 μm。

4. 可赞赏泥栖藻（图版 111: 6）

Luticola plausibilis (Hustedt) Mann, 1990, p. 671.
Navicula plausibilis Hustedt, 1966, p. 558, 602.

壳面宽椭圆形，末端宽圆形；长 32.2 μm，宽 12.8 μm。中轴区窄，有时在中央区扩大形成不达边缘的矩形，其中一侧有 1 个清晰的独立孔（点）纹。壳缝线形（丝状），直。横线纹辐射状排列，由明显的小孔（点）纹组成，19 条/10 μm。

5. 偏凸泥栖藻（图版 111: 7-8）

Luticola ventricosa (Kützing) Mann, 1990; 李家英和齐雨藻, 2018, pl. XXII, fig. 10, pl. XXX, figs. 1-3.
Stauroneis ventricosa Kützing, 1844, p. 105.

壳面披针形，末端喙头状；长 16.8～17.8 μm，宽 4.8～6.6 μm。中轴区线形，有时在中央区扩大形成不达边缘的矩形，其中一侧有 1 个清晰的独立孔（点）纹。横线纹辐射状排列，由明显的小孔（点）纹组成，19 条/10 μm。

马雅美藻属 *Mayamaea* Lange-Bertalot 1997

壳体较小。壳面椭圆形，末端宽圆形。中央胸骨较粗壮，比壳面其他部分更能抵抗酸的处理。壳缝丝状，近缝端偏向一侧弯斜，远缝端向同一侧偏斜呈钩状。线纹较细弱，在光镜下通常只能观察到明显的胸骨，而观察不到线纹。线纹由单列点纹组成，放射状排列。

分布在河流、湿地、瀑布等水体。

1. 细柱马雅美藻（图版 112: 1, 12）

Mayamaea atomus (Kützing) Lange-Bertalot, 1997, p. 72; 李家英和齐雨藻, 2018, pl. VII, figs. 4-5.
Amphora atomus Kützing, 1844, p. 108.

壳面椭圆形至宽椭圆形，末端宽圆形；长 7.1～8.3 μm，宽 3.5～4.5 μm。中轴区与胸骨并合，中心区小或规则扩大或缺乏。壳缝丝状，分叉多，少有拱形，包围在或多或少强壮的壳缝骨中，有凸出的（显著的）中央节和端节。横线纹强烈辐射状排列，25 条/10 μm。

2. 小钩马雅美藻（图版 112: 2, 13）

Mayamaea fossalis (Krasske) Lange-Bertalot, 1997, p. 72; 李家英和齐雨藻, 2018, pl. VII, fig. 9.
Navicula fossalis Krasske, 1929, p. 354.

壳面椭圆形，末端宽圆形；长 8.8～12 μm，宽 3.7～4 μm。中轴区窄，线形至线形披针形；中心区明显扩大呈横向近矩形。壳缝丝状，略弓形。横线纹强烈辐射状排列，21～23 条/10 μm。

3. 联合马雅美藻（图版 112: 3-4）

Mayamaea asellus Lange-Bertalot, 1997, p. 72; 李家英和齐雨藻, 2018, pl. VII, fig. 3.

壳面椭圆形，末端楔形钝圆或宽圆形；长 7.3～7.7 μm，宽 2.9～3.3 μm。中轴区中等窄至宽，中央区较宽明显扩大呈横向近矩形。壳缝丝状，轻微弓形。横线纹强烈辐射状排列，22～26 条/10 μm。

微肋藻属 *Microcostatus* Johansen et Sray 1998

壳体较小。壳面线形披针形或近椭圆形，末端圆形或延长呈头状。中轴区在中央胸骨两侧具凹陷，凹陷内也有横向的肋纹（微肋），同中央区形成在光镜下看起来近似琴形的结构。壳缝直，远缝端弯向壳面同侧。内壳面观，壳面平，中轴区宽。线纹由单列点纹组成，在光镜下很难观察到。

分布在河流、湖泊、湿地、瀑布等水体。

1. 诺曼尼微肋藻（图版 112: 6）

Microcostatus naumannii (Hustedt) Lange-Bertalot, 1999, p. 291.
Navicula naumannii Hustedt, 1942b, p. 115.

壳面线形披针形，末端近头状；长 13.8 μm，宽 3.9 μm。中轴区窄，披针形；中央区扩大呈椭圆形。线纹短，辐射状排列，22 条/10 μm。

2. 维鲁米微肋藻（图版 112: 7-8, 14）

Microcostatus werumii Metzeltin, Lange-Bertalot et Soninkhishig, 2009, p. 59, pl. 46, figs. 1-16.

壳面披针形，末端钝圆形；长 8.8～14.7 μm，宽 4.4～5.9 μm。中轴区窄，披针形；中央区扩大呈椭圆形。线纹短，光镜下不可见，电镜下观察到呈辐射状排列，25 条/10 μm。

缪氏藻属 *Muelleria* (Frenguelli) Frenguelli 1945

细胞单独生活。壳面线形、披针形，壳面分成两个均等的部分，末端钝圆形。壳缝直线形，近缝端呈钩状并弯向相同一侧，远缝端叉状。轴区具有明显的与壳缝平行的纵向硅质增厚。电镜下观察，硅质增厚是由于内壳面硅质凸起，呈中空管状。壳面横线纹单列，在中央区呈放射状，靠近壳缝的点纹明显增大。

分布在湿地水体。

1. 近膨胀缪氏藻（图版 112: 9-11, 15）

Muelleria pseudogibbula Liu et Wang, 2018, p. 557, fig. 1a-1h.

壳面线形至椭圆形，壳面稍微凸起；长 20.8～31.7 μm，宽 5.4～8.6 μm。中央区窄，椭圆形，中央结呈长矩形。壳缝线形；壳缝的近缝端呈钩状，同时弯向壳面的同一侧，延伸至靠近线纹的区域；远缝端呈叉状弯向壳套面。线纹放射状，19～23 条/10 μm。

舟形藻属 *Navicula* Bory de Saint-Vincent 1822

壳面形态多样,沿纵轴、横轴均对称,末端钝圆、近头状或喙状。中轴区窄,呈线形或披针形。壳缝形态多样,中央胸骨较发达,多两侧发育不均等,一侧较发达。具或不具假隔膜。线纹多由单列点纹组成,点纹多纵向短裂缝状。

分布在河流、湖泊、湿地、瀑布等水体。

1. 双头舟形藻(图版 113: 1, 6)

Navicula amphiceropsis Lange-Bertalot et Rumrich, 2000, p. 153, pl. 42, figs. 1-12.

壳面线形披针形,末端头状或喙状;长 49.4~56.8 μm,宽 9.1~11.2 μm。中轴区窄,线形;中央区椭圆形。横线纹辐射状排列,到两端平行或微收敛,10~12 条/10 μm。

2. 窄舟形藻(图版 113: 2-3, 7)

Navicula angusta Grunow, 1860; 李家英和齐雨藻, 2018, pl. XVIII, fig. 7.

壳面线形,末端楔形或略喙状,钝至宽圆形;长 39~49.6 μm,宽 7.1~8.5 μm。中轴区窄,线形;中央区总在一侧变宽,形成很明显不对称的圆形。壳缝侧斜。横线纹辐射状排列,到末端聚集状排列,12~15 条/10 μm。

3. 清晰舟形藻(图版 113: 4-5)

Navicula chiarae Lange-Bertalot et Genkal, 1999, p. 63, pl. 11, figs. 12-15, pl. 18, figs. 1-2.

壳面线形披针形,末端头状;长 34.1~35.8 μm,宽 7.2 μm。中轴区窄,线形;中央区总窄。壳缝略倾斜。横线纹辐射状排列,到末端聚集状排列,14~16 条/10 μm。

4. 隐头舟形藻(图版 114: 1-3, 12)

Navicula cryptocephala Kützing, 1844, p. 95, pl. 3, figs. 20, 26; 李家英和齐雨藻, 2018, pl. XII, figs. 15-16, pl. XL, figs. 7-15, pl. XLVI, fig. 10.

壳面披针形或窄披针形,末端渐窄或微喙状;长 24.4~26 μm,宽 4.8~5.9 μm。中轴区窄,中央区圆形至横向椭圆形。壳缝丝状,近缝端略偏斜。横线纹辐射状排列,到末端微聚集排列,14~18 条/10 μm。

5. 隐柔弱舟形藻(图版 114: 4-5, 13)

Navicula cryptotenella Lange-Bertalot, 1985; 李家英和齐雨藻, 2018, pl. XIV, fig. 4.

壳面披针形至菱形披针形,末端尖圆形;长 18.3~47.3 μm,宽 5.4~13.3 μm。中轴区窄,近线形;中央区略微扩大呈椭圆形。壳缝丝状,近缝端略粗,中央孔微膨大,不弯斜,远缝端细而弯斜。横线纹辐射状排列,到末端微聚集排列,13~18 条/10 μm。

6. 似隐头状舟形藻 （图版 114: 6-7）

Navicula cryptotenelloides Lange-Bertalot, 1993; 李家英和齐雨藻, 2018, pl. XIX, fig. 2, pl. XLVIII, fig. 18.

壳面披针形，末端明显延长呈喙状；长 14.4～16.3 μm，宽 3.7～3.8 μm。中轴区窄，中央区扩大呈不对称的圆形。壳缝丝状，近缝端直，不偏斜，中央孔明显。横线纹辐射状排列，到末端聚集状排列，15～16 条/10 μm。

7. 艾瑞菲格舟形藻 （图版 114: 8-9）

Navicula erifuga Lange-Bertalot, 1985, p. 69, pl. 17, figs. 10-12.

壳面披针形，末端尖圆形；长 14.4～16.3 μm，宽 3.7～3.8 μm。中轴区窄，线形；中央区扩大呈不对称的蝴蝶结形。壳缝丝状。横线纹辐射状排列，到末端聚集状排列，12～14 条/10 μm。

8. 细长舟形藻 （图版 114: 10-11）

Navicula exilis Kützing, 1844, p. 95, pl. 4, fig. 6; 李家英和齐雨藻, 2018, pl. XIX, fig. 2, pl. XIX, fig. 6.

壳面披针形，末端短楔形，尖形至钝圆形；长 32.9～34.6 μm，宽 8.1 μm。中轴区窄，中央区扩大呈横椭圆形至矩形并明显不对称。壳缝丝状。横线纹辐射状排列，到末端聚集状排列，12～14 条/10 μm。

9. 群生舟形藻 （图版 115: 1）

Navicula gregaria Donkin, 1861; 李家英和齐雨藻, 2018, pl. XIII, figs. 21-22.

壳面披针形至椭圆披针形，末端喙状至头状；长 19.2 μm，宽 3.9 μm。中轴区窄，近线形；中央区小，仅比中轴区稍扩大。壳缝直，细丝状，近缝端和远缝端无偏斜。横线纹在中部辐射状排列，到末端微聚集排列，20 条/10 μm。

10. 雷氏舟形藻 （图版 115: 2）

Navicula leistikowii Lange-Bertalot, 1993; 王全喜和邓贵平, 2017, p. 177, fig. 136.

壳面披针形，末端延伸呈喙状；长 21.6 μm，宽 5.8 μm。中轴区线形；中央区很小呈圆形。横线纹在中部辐射状排列，到末端微聚集排列，15 条/10 μm。

11. 披针形舟形藻 （图版 115: 3-4）

Navicula lanceolata Ehrenberg, 1838, p. 185, pl. XIII, fig XXI; 李家英和齐雨藻, 2018, pl. X, figs. 16-18, pl. XLII, figs. 3-6.

壳面披针形，末端呈不尖的圆形；长 72.4～74.6 μm，宽 12～12.6 μm。中轴区窄线形；中央区相对较大，呈略不规则的圆形。壳缝枝形丝状。横线纹中部辐射状排列，到末端微聚集排列，10～13 条/10 μm。

12. 荔波舟形藻 （图版 115: 5-7）

Navicula libonensis Schoeman, 1970, p. 342, pl. 3, figs. 36-37.

壳面线形披针形，末端钝圆形；长 33.4 μm，宽 6 μm。中轴区窄线形；中央区小，呈椭圆形。壳缝丝状。横线纹中部辐射状排列，到末端微聚集排列，13～14 条/10 μm。

13. 假披针形舟形藻 （图版 116: 1-2, 6）

Navicula pseudolanceolata Lange-Bertalot, 1980, p. 32, pl. 2, figs. 1, 3.

壳面披针形，末端喙状或头状；长 35.7～43.9 μm，宽 6.8～8.6 μm。中轴区窄线形；中央区相对较大，呈椭圆形。壳缝丝状。横线纹中部辐射状排列，到末端微聚集排列，12～16 条/10 μm。

14. 放射舟形藻 （图版 116: 3-5）

Navicula radiosa Kützing, 1844, p. 91, pl. 4, fig. 23; 李家英和齐雨藻, 2018, pl. XVI, figs. 1-3, pl. XLIV, figs. 1-13, pl. XLV, figs. 1-10.

壳面线披针形或狭长披针形，末端尖圆形；长 72.2～88.8 μm，宽 9.8～10.8 μm。中轴区窄，中央区大小可变。壳缝直线形，近缝端偏斜，中央孔略明显膨大。横线纹中部辐射状排列，到末端微聚集排列，9～12 条/10 μm。

15. 莱茵哈尔德舟形藻 （图版 117: 1-2）

Navicula reinhardtii (Grunow) Grunow, 1880; 李家英和齐雨藻, 2018, pl. XVI, figs. 6-7, pl. XLIII, figs. 14-15.

壳面长椭圆形或椭圆披针形，在中部有点膨大，末端宽钝圆形；长 43～43.6 μm，宽 14.4～14.6 μm。中轴区窄，中央区横向扩大。壳缝直线形，近缝端偏斜，中央孔膨大呈圆形，远缝端明显弯钩状。横线纹粗，在壳面中部条纹呈弯曲状，向末端横向排列，8～10 条/10 μm。

16. 喙头舟形藻 （图版 117: 3, 8）

Navicula rhynchocephala Kützing, 1844, p. 152, pl. 30, fig. 35; 李家英和齐雨藻, 2018, pl. XLVI, fig. 1, pl. XLVII, figs. 10-13.

壳面是可变的，从相当窄的披针形到宽披针形，末端喙状至近头状；长 39～41.4 μm，宽 8.8～9.5 μm。中轴区窄，中央区稍微扩大呈椭圆形至几近横矩形。壳缝略倾斜，近缝端中央孔明显膨大。横线纹辐射状排列，逐渐变成平行至末端呈聚集状排列，10～14 条/10 μm。

17. 西比舟形藻 （图版 117: 4）

Navicula seibigiana Lange-Bertalot, 1993, p. 137, pl. 44, figs. 6-15.

壳面披针形，末端宽圆形；长 25.6 μm，宽 4.4 μm。中轴区窄，线形；中央区小。

壳缝丝状，近缝端末端膨大。横线纹在壳面中部呈辐射状，而后平行到末端呈聚集状，12 条/10 μm。

18. 平凡舟形藻（图版 117: 5-6）

Navicula trivialis Lange-Bertalot, 1980, p. 31, pl. 1, figs. 5-9, pl. 9, figs. 1-2.

壳面披针形，末端喙状；长 29～31.2 μm，宽 8～8.6 μm。中轴区窄，线形；中央区呈椭圆形，略不对称。壳缝丝状。横线纹在壳面中部呈辐射状，而后平行到末端呈聚集状，10～12 条/10 μm。

19. 绘制舟形藻（图版 117: 7, 9）

Navicula tsetsegmaae Metzeltin, Lange-Bertalot et Soninkhishig, 2009, p. 61, pl. 40, figs. 1-8.

壳面披针形，末端头状；长 27～29.8 μm，宽 6.5～7 μm。中轴区窄，中央区横向扩大呈椭圆形。壳缝丝状。横线纹在壳面中部条纹呈弯曲状，向末端呈聚集状，13～18 条/ 10 μm。

20. 石莼舟形藻（图版 136: 3）

Navicula ulvacea (Berkeley) Cleve, 1894; 朱蕙忠和陈嘉佑, 2000, p. 312, pl. 29, fig. 5.
Dickieia ulvacea Berkeley ex Kützing, 1844, p. 119.

壳面线形，末端圆形；长 20 μm，宽 5 μm。壳缝微波曲，线形。中轴区窄，线形；中央区小，近圆形。横线纹呈辐射状排列，24 条/10 μm。

长篦形藻属 *Neidiomorpha* Lange-Bertalot et Cantonati 2010

壳面线形披针形，末端延长呈头状或喙状，部分种类壳面中部缢缩，末端变窄，钝圆形或喙状。中轴区线形，中央区扩大呈椭圆形、长方形或方形。壳缝简单，近缝端末端直，略膨大，两端隙弯向壳面同侧。壳面两侧具纵向的条带状区域，具很小的点纹，是光镜下可见的"纵线"。线纹由单列点纹组成，点纹内壳面具膜覆盖。

分布在河流、湖泊等水体。

1. 双结长篦形藻（图版 118: 1-2）

Neidiomorpha binodis (Ehrenberg) Cantonati, Lange-Bertalot et Angeli, 2010; 李家英和齐雨藻, 2018, pl. XXXI, figs. 1-10.
Navicula binodis Ehrenberg, 1840, p. 212.

壳面线状椭圆形或椭圆披针形，中部边缘几乎不明显缢缩，末端延长变窄或钝圆喙状；长 22.5～23.3 μm，宽 4.4 μm。中轴区窄，线形；中央区扩大呈小的横椭圆形。壳缝直，丝状；近缝端直，略膨大；远缝端窄，线形，不分叉，向相同一侧偏斜。横线纹辐射状排列，24～28 条/10 μm。

细篦藻属 *Neidiopsis* Lange-Bertalot et Metzeltin 1999

壳面线形、线形披针形至线形椭圆形，末端圆形或延长呈头状。壳缝简单且直，近缝端末端简单或略向一侧弯曲，端隙弯曲。壳面两侧具纵向的无纹区，形成"纵线"。线纹多由单列点纹组成，部分种类靠近中轴区处的点纹呈双列。

分布在湿地水体。

1. 标志细篦藻（图版 118: 3-4）

Neidiopsis vekhovii Lange-Bertalot et Genkal, 2001, p. 132, 230, pl. 101, fig. 22, pl. 102, figs. 1-8.

壳面线形披针形，末端喙状；长 30.2～32.3 μm，宽 4～4.4 μm。中轴区窄，两端向中部逐渐变宽形成一个菱形或不规则的中央区。壳缝直，近缝端壳缝裂缝微膨大并弯向一侧，远缝端壳缝弯向壳套。横线纹微辐射状排列，22～24 条/10 μm。

长篦藻属 *Neidium* Pfitzer 1871

细胞单生。壳面线形、披针形至椭圆形，末端头状、喙状、圆形或尖头状。线纹单排。中轴区线形；中央区椭圆形、矩形或圆形。壳面靠近壳缘处具 1 条或多条纵线。

分布在河流、湖泊、湿地等水体。

1. 细纹长篦藻（图版 118: 5）

Neidium affine (Ehrenberg) Pfitzer, 1871; 李家英和齐雨藻, 2010, pl. X, fig. 10.
Navicula affinis Ehrenberg, 1843, p. 417.

壳面线形椭圆形，末端钝圆喙状；长 54.6 μm，宽 13.5 μm。壳缝线形。中轴区窄线形，中央区横向椭圆形。线纹呈辐射状排列，19 条/10 μm。壳面边缘各有一条纵线纹。

2. 狭窄长篦藻（图版 118: 6）

Neidium angustatum Liu, Wang et Kociolek, 2017, p. 11, figs. 69-74, 80-84.

壳面线形椭圆形，末端亚头状；长 35.4 μm，宽 6 μm。壳缝线形。中轴区窄线形，中央区横向椭圆形。线纹呈微辐射状排列，29 条/10 μm。壳面边缘各有一条纵线纹。

3. 杆状长篦藻（图版 118: 7-8）

Neidium bacillum Liu, Wang et Kociolek, 2017, p. 21, figs. 208-215, 221-225.

壳面线形，末端钝圆形；长 44.2～50.2 μm，宽 8.5～10 μm。壳缝线形。中轴区窄线形披针形，中央区横向椭圆形。线纹呈辐射状排列，23～24 条/10 μm。壳面边缘各有一条纵线纹。

4. 拱形长篦藻（图版 119: 1, 5）

Neidium convexum Liu, Wang et Kociolek, 2017, p. 14, figs. 120-122, 128-130, 138-142.

壳面线形椭圆形，末端钝圆形；长 68.8～82.8 μm，宽 21.4～24.2 μm。壳缝线形。

中轴区窄线形披针形，中央区横向椭圆形。线纹呈微辐射状排列，17～18 条/10 μm。壳面边缘各有一条纵线纹。

5. 柯蒂长篦藻（图版 119: 2-3）

Neidium curtihamatum Lange-Bertalot, Cavacini, Tagliaventi et Alfinito, 2003, p. 88, pl. 77, figs. 1-11.

壳面线形椭圆形，末端头状；长 25.2～26.6 μm，宽 5.4～6 μm。壳缝线形。中轴区线形；中央区小，圆形。线纹呈微辐射状排列，30～31 条/10 μm。

6. 楔形长篦藻（图版 119: 4）

Neidium cuneatiforme Levkov, 2007, p. 106, pl. 114, figs. 1-9.

壳面线形椭圆形，末端近喙状；长 30.9 μm，宽 9.9 μm。壳缝线形。中轴区线形，中央区椭圆形。线纹呈微辐射状排列，20 条/10 μm。壳面边缘各有一条纵线纹。

7. 双头长篦藻（图版 120: 1, 3）

Neidium dicephalum Liu, Wang et Kociolek, 2017, p. 23, figs. 226-231, 242-246.

壳面线形椭圆形，末端头状；长 36.9～45.3 μm，宽 10.4～12.7 μm。壳缝线形。中轴区线形，中央区横矩形。线纹呈微辐射状排列，17～18 条/10 μm。壳面边缘各有一条纵线纹。

8. 显点长篦藻（图版 120: 2, 4）

Neidium distinctepunctatum Hustedt, 1922, p. 242, pl. III, fig. 2; 李家英和齐雨藻, 2010, pl. XI, fig. 6.

壳面椭圆披针形，末端钝圆形；长 44.5～47.8 μm，宽 13.3～15 μm。壳缝线形。中轴区线形；中央区小，圆形。线纹呈微辐射状排列，11～12 条/10 μm。壳面边缘各有一条纵线纹。

9. 彩虹长篦藻（图版 121: 1）

Neidium iridis (Ehrenberg) Cleve, 1894; 李家英和齐雨藻, 2010, pl. XII, fig. 5, pl. XXXV, figs. 4-5.
Navicula iridis Ehrenberg, 1843, p. 418, pl. IV, fig. 2.

壳面线形椭圆形，末端钝圆形；长 69 μm，宽 13.5 μm。壳缝线形。中轴区线形，中央区椭圆形。线纹呈微辐射状排列，21 条/10 μm。壳面边缘各有一条纵线纹。

10. 彩虹长篦藻平行变种（图版 121: 2, 5）

Neidium iridis var. *paralelum* Krieger, 1929; 李家英和齐雨藻, 2010, pl. XIII, fig. 2.

本变种与原变种的区别为：壳面长 31.2～61.7 μm，宽 7.2～9.4 μm；线纹 22～25 条/10 μm。

11. 肯特长篦藻（图版 121: 3-4）

Neidium khentiiense Metzeltin, Lange-Bertalot et Soninkhishig, 2009, p. 70, pl. 100, figs. 1-6.

壳面线形椭圆形，末端圆形；长 46.3～52.3 μm，宽 10.4～13.6 μm。壳缝线形。中轴区线形，中央区椭圆形。线纹呈微辐射状排列，21～23 条/10 μm。壳面边缘各有一条纵线纹。

12. 科兹洛夫长篦藻（图版 122: 1）

Neidium kozlowi Mereschkovsky, 1906; 李家英和齐雨藻, 2010, pl. XIII, fig. 4.

壳面线形椭圆形，末端近喙状；长 56 μm，宽 13.5 μm。壳缝线形。中轴区线形，中央区斜向矩形。线纹呈微辐射状排列，14 条/10 μm。壳面边缘各有一条纵线纹。

13. 科兹洛夫长篦藻埃氏变种较大变型（图版 122: 2）

Neidium kozlowi var. *elpativskyi* f. *majorius* Zhu et Chen, 1995; 李家英和齐雨藻, 2010, pl. XIII, fig. 5.

本变种与原变种的区别为：壳面末端近头状；长 51.8 μm，宽 16 μm；线纹呈微辐射状排列，13 条/10 μm。

14. 科兹洛夫长念珠形变种（图版 122: 3）

Neidium kozlowi var. *moniliforme* Cleve, 1955; 李家英和齐雨藻, 2010, pl. XIV, fig. 1.

本变种与原变种的区别为：壳面末端楔圆形；长 35.5 μm，宽 10.4 μm；中央区不规则椭圆形；线纹呈微辐射状排列，16 条/10 μm；壳面边缘各有一条纵线纹。

15. 短喙长篦藻（图版 122: 4）

Neidium rostratum Liu, Wang et Kociolek, 2017, p. 13, figs. 92-97, 103-107.

壳面线形椭圆形，末端宽圆形；长 26.5 μm，宽 8.8 μm。壳缝线形。中轴区线形，中央区椭圆形。线纹呈微辐射状排列，28 条/10 μm。壳面边缘各有一条纵线纹。

16. 小喙长篦藻（图版 122: 5）

Neidium rostellatum Liu, Wang et Kociolek, 2017, p. 25, figs. 253-258, 264-268.

壳面线形椭圆形，末端近圆形；长 26.7 μm，宽 8.1 μm。壳缝线形。中轴区线形，中央区斜向矩形。线纹呈辐射状排列，17 条/10 μm。壳面边缘各有一条纵线纹。

17. 近长圆长篦藻（图版 122: 6）

Neidium suboblongum Liu, Wang et Kociolek, 2017, p. 10, figs. 45-52, 58-62.

壳面线形椭圆形，末端亚头状；长 28.8 μm，宽 6.3 μm。壳缝线形。中轴区线形，中央区矩形。线纹呈微辐射状排列，27 条/10 μm。壳面边缘各有一条纵线纹。

18. 花湖长篦藻（图版 122: 7）

Neidium lacusflorum Liu, Wang et Kociolek, 2017, p. 18, figs. 163-166, 173-177.

壳面线形椭圆形，末端逐渐变尖，呈钝圆形；长 88.6 μm，宽 21.4 μm。壳缝线形。中轴区线形，中央区椭圆形。线纹呈辐射状排列，18 条/10 μm。壳面边缘各有 2 列至多条纵线纹。

羽纹藻属 *Pinnularia* Ehrenberg 1843

细胞单生或连接成带状群体。壳面线形、椭圆形至披针形，末端圆形、头状或喙状。线纹长室状。中央区向一侧或两侧膨大。线纹由多列点纹组成。

分布在湖泊、湿地等水体。

1. 澳洲微辐节羽纹藻（图版 123: 1）

Pinnularia australomicrostauron Zidarova, Kopalová et Van de Vijver, 2012, p. 22, figs. 135-159.

壳面线形，末端头状；长 47 μm，宽 8.8 μm。中轴区线形披针形；中央区菱形，延伸到壳面边缘。线纹在中部呈辐射状排列，向末端汇聚，11 条/10 μm。

2. 北方羽纹藻（图版 123: 7-8）

Pinnularia borealis Ehrenberg, 1843; 李家英和齐雨藻, 2014, pl. VII, figs. 3-5, pl. XXVI, fig. 17, pl. XXVIII, figs. 8-11.

壳面线形，末端截圆形；长 30.4～30.6 μm，宽 7.2～7.6 μm。中轴区线形披针形；中央区不明显。线纹在中部呈微辐射状排列，向末端汇聚，6～7 条/10 μm。

3. 北方羽纹藻岛变种（图版 123: 5）

Pinnularia borealis var. *islandica* Krammer, 2000, p. 25, pl. 6, fig. 5, pl. 7, figs. 1-5.

本变种与原变种的区别为：壳面末端圆形；长 40.6 μm，宽 8.4 μm；中轴区线形在中部变宽；线纹 6 条/10 μm。

4. 北方羽纹藻近头端变型（图版 123: 2-3）

Pinnularia borealis f. *subcapitata* Petersen, 1928; 朱蕙忠和陈嘉佑, 2000, p. 313, pl. 30, fig. 8.

本变种与原变种的区别为：壳面长 27.6～30.6 μm，宽 7～8 μm；中轴区线形；中央区近横矩形，不延伸到壳面边缘。

5. 二体羽纹藻（图版 123: 4）

Pinnularia biclavata Cleve, 1922; 李家英和齐雨藻, 2014, pl. XVII, fig. 3.

壳面棒形，末端楔状圆形；长 94.4 μm，宽 13.8 μm。中轴区披针形；中央区椭圆形。线纹在中部呈辐射状排列，向末端汇聚，11 条/10 μm。

6. 双戟羽纹藻（图版 123: 6）

Pinnularia bihastata (Mann) Mills, 1934; 李家英和齐雨藻, 2014, pl. XIV, fig. 1.

壳面线形，末端圆头状；长 125.2 μm，宽 13.4 μm。中轴区线形；中央区菱形，不延伸到壳面边缘。线纹在中部呈辐射状排列，向末端汇聚，8 条/10 μm。

7. 布列毕松羽纹藻（图版 124: 1, 5, 7）

Pinnularia brebissonii (Kützing) Rabenhorst, 1864; 李家英和齐雨藻, 2014, pl. VII, fig. 8, pl. XXVII, fig. 10.
Navicula brebissonii Kützing, 1844, p. 93.

壳面线形，末端近头状；长 28.8～34.2 μm，宽 7.8～9.2 μm。中轴区线形；中央区菱形，延伸到壳面边缘。线纹在中部呈辐射状排列，向末端汇聚，11～12 条/10 μm。

8. 锥状羽纹藻（图版 124: 2）

Pinnularia conica Gandhi, 1957, p. 847, figs. 9-10.

壳面线形，两侧边缘微波曲，末端近头状；长 36.1 μm，宽 7.8 μm。中轴区线形；中央区菱形，一侧延伸到壳面边缘。线纹在中部呈辐射状排列，向末端汇聚，13 条/10 μm。

9. 棒形羽纹藻（图版 124: 3-4）

Pinnularia clavata Liu, Kociolek et Wang, 2018, p. 25, pl. 47, figs. 1-11.

壳面线形，末端圆形；长 56.3～56.9 μm，宽 7.2～9.4 μm。中轴区窄线形，在末端呈渐尖披针形；中央区菱形，延伸到壳面边缘。线纹在中部呈辐射状排列，向末端汇聚，11～12 条/10 μm。

10. 歧纹羽纹藻（图版 124: 6）

Pinnularia divergens Smith, 1853; 李家英和齐雨藻, 2014, pl. III, fig. 6.

壳面线形，末端近头状；长 45.5 μm，宽 10.4 μm。中轴区线形披针形；中央区菱形，不延伸到壳面边缘。线纹在中部呈辐射状排列，向末端汇聚，11 条/10 μm。

11. 极岐羽纹藻（图版 125: 1-2, 7）

Pinnularia divergentissima (Grunow) Cleve, 1895; 李家英和齐雨藻, 2014, pl. IV, figs. 2-3.
Navicula divergentissima Grunow, 1880; Van Heurck, 1880, pl. 6.

壳面线形披针形，末端头状；长 33.6～39.2 μm，宽 7.2～7.5 μm。中轴区线形；中央区横矩形，延伸到壳面边缘。线纹在中部呈强烈辐射状排列，向末端汇聚，10～11 条/10 μm。

12. 极岐羽纹藻胡斯特变种（图版 125: 3-4, 8）

Pinnularia divergentissima* var. *hustedtiana Ross, 1947; 李家英和齐雨藻, 2014, pl. IV, fig. 4.

本变种与原变种的区别为：壳面长 18.5～24 μm，宽 3.3～4.3 μm；线纹 13～14 条/10 μm。

13. 多洛玛羽纹藻（图版 125: 5）

Pinnularia doloma Hohn et Hellerman, 1963, p. 323, pl. 4, fig. 2.

壳面线形，末端圆形；长 37.7 μm，宽 6.9 μm。中轴区线形；中央区横矩形，延伸到壳面边缘。线纹在中部呈辐射状排列，向末端汇聚，9 条/10 μm。

14. 喜盐羽纹藻（图版 125: 6）

Pinnularia halophila Krammer, 1992; 李家英和齐雨藻, 2014, pl. XXXII, figs. 7-9.

壳面线形椭圆形，末端宽圆形；长 52.1 μm，宽 12.9 μm。中轴区线形；中央区近圆形。线纹在中部呈辐射状排列，向末端汇聚，11 条/10 μm。

15. 隐名羽纹藻（图版 126: 1-2）

Pinnularia incognita Krasske, 1939, p. 397, pl. 12, fig. 26.

壳面线形，末端圆形；长 19.8～20 μm，宽 5.2～5.4 μm。中轴区线形；中央区横矩形，延伸到壳面边缘。线纹在中部呈辐射状排列，向末端汇聚，10～12 条/10 μm。

16. 荣格羽纹藻（图版 126: 3）

Pinnularia jungii Krammer, 2000, p. 47, 212, pl. 58, figs. 18-21.

壳面线形椭圆形，末端近喙状；长 26.4 μm，宽 6.8 μm。中轴区线形；中央区横矩形，延伸到壳面边缘。线纹在中部呈辐射状排列，向末端汇聚，12 条/10 μm。

17. 中狭羽纹藻（图版 126: 4-5, 7）

Pinnularia mesolepta (Ehrenberg) Smith, 1853; 李家英和齐雨藻, 2014, pl. XXVI, figs. 14-15.

壳面线形，两侧边缘三波曲状，末端头状；长 27.7～37.2 μm，宽 9～9.2 μm。中轴区线形；中央区横矩形，延伸到壳面边缘。线纹在中部呈辐射状排列，向末端汇聚，8～9 条/10 μm。

18. 微辐节羽纹藻（图版 126: 6）

Pinnularia microstauron (Ehrenberg) Cleve, 1891; 李家英和齐雨藻, 2014, pl. V, figs. 9-10, pl. XXVII, figs. 3-6, pl. XXVIII, fig. 14.

Stauroptera microstauron Ehrenberg, 1843, pl. 1, fig. 1, pl. 4, fig. 2.

壳面线形，两侧边缘微凹入，末端圆形；长 57 μm，宽 17.4 μm。中轴区线形披针形；中央区横矩形，延伸到壳面边缘。线纹在中部呈辐射状排列，向末端微汇聚，9 条/10 μm。

19. 新巨大羽纹藻（图版 127: 1-2, 5）

Pinnularia neomajor Krammer, 1992, p. 150, 174, pl. 6, figs. 1-4, pl. 62, figs. 1-5, pl. 63, fig. 1.

壳面线形，两侧边缘微三波曲状，末端圆形；长 93～161.6 μm，宽 13.8～26.5 μm。中轴区线形；中央区不明显。线纹在中部呈近平行状排列，向末端汇聚，7～8 条/10 μm。

20. 具节羽纹藻喙状变种（图版 127: 3）

Pinnularia nodosa **var.** ***robusta*** (Foged) Krammer, 2000, p. 57, pl. 26, figs. 13-15.
Pinnularia mesolepta var. *robusta* Foged, 1981, p. 152.

壳面线形，两侧边缘微三波曲状，末端头状；长 58.4 μm，宽 6.4 μm。中轴区线形；中央区横矩形，延伸到壳面边缘。线纹呈辐射状排列，10 条/10 μm。

21. 极细羽纹藻（图版 127: 4）

Pinnularia perspicua Krammer, 2000, p. 141, 229, pl. 120, figs. 1-5.

壳面线形，末端圆形；长 67.6 μm，宽 11.8 μm。中轴区线形；中央区菱形，不延伸到壳面边缘。线纹在中部呈辐射状排列，向末端汇聚，8 条/10 μm。

22. 沟状羽纹藻（图版 128: 1）

Pinnularia pisciculus Ehrenberg, 1843, p. 421, pl. 2/1, fig. 3.

壳面线形椭圆形，末端近头状；长 30.5 μm，宽 6.2 μm。中轴区线形披针形；中央区横矩形，延伸到壳面边缘。线纹在中部呈辐射状排列，向末端汇聚，11 条/10 μm。

23. 小十字羽纹藻长变种（图版 128: 6）

Pinnularia stauroptera **var.** ***longa*** (Cleve) Cleve, 1955; 李家英和齐雨藻, 2014, pl. XI, figs. 7-9.
Pinnularia legumen var. *longa* Cleve, 1915, p. 27.

壳面线形，末端喙状圆形；长 61.3 μm，宽 8.9 μm。中轴区线形披针形；中央区菱形，延伸到壳面边缘。线纹在中部呈辐射状排列，向末端汇聚，7 条/10 μm。

24. 小十字羽纹藻直变种（图版 128: 2）

Pinnularia stauroptera **var.** ***recta*** Skvortzov, 1929; 李家英和齐雨藻, 2014, pl. XI, fig. 11.

壳面线形，末端宽圆形；长 27.3 μm，宽 6 μm。中轴区线形披针形；中央区横矩形，延伸到壳面边缘。线纹在中部呈辐射状排列，向末端汇聚，8 条/10 μm。

25. 钝尾羽纹藻（图版 128: 3）

Pinnularia septentrionalis Krammer, 2000, p. 103, pl. 82, figs. 1-6, pl. 83, fig. 7.

壳面线形，两侧边缘三波曲状，末端圆形；长 53.2 μm，宽 10.5 μm。中轴区线形披针形；中央区菱形，延伸到壳面边缘。线纹在中部呈辐射状排列，向末端汇聚，7 条/10 μm。

26. 施氏羽纹藻（图版 128: 4-5）

Pinnularia schoenfelderi Krammer, 1992, p. 70, 175, pl. 15, figs. 1-13.

壳面线形，末端圆形；长 24.8～25.8 μm，宽 5.5～6 μm。中轴区线形披针形；中央区菱形，延伸到壳面边缘。线纹在中部呈辐射状排列，向末端汇聚，9～10 条/10 μm。

27. 近弯羽纹藻（图版 128: 7-8）

Pinnularia subgibba Krammer, 1992；李家英和齐雨藻, 2014, pl. XXXI, figs. 1-2.

壳面线形，末端圆形；长 39～53.5 μm，宽 6.6～9.6 μm。中轴区线形披针形；中央区大，近菱形，延伸到壳面边缘。线纹在中部呈辐射状排列，向末端汇聚，8～14 条/10 μm。

28. 波纹羽纹藻（图版 129: 1）

Pinnularia undulata Gregory, 1854, p. 97, pl. IV, fig. 10；李家英和齐雨藻, 2014, pl. I, fig. 9.

壳面线形，两侧边缘三波曲状，末端宽头状；长 51.4 μm，宽 9.4 μm。壳缝直，线形。中轴区窄，线形；中央区大，横矩形，延伸到壳面边缘。线纹在中部呈辐射状排列，向末端汇聚，10 条/10 μm。

29. 卷边羽纹藻（图版 129: 2-6）

Pinnularia viridis (Nitzsch) Ehrenberg, 1843；李家英和齐雨藻, 2014, pl. XXII, figs. 3-4, pl. XXXIII, fig. 9, pl. XXXIV, figs. 1-2.
Bacillaria viridis Nitzsch, 1817, p. 97.

壳面线形，两侧边缘平行或轻微凸出，末端窄圆形；长 50～92.2 μm，宽 9.2～16.2 μm。中轴区窄线形，在末端呈渐尖披针形；中央区不明显。线纹在中部呈辐射状排列，向末端微汇聚，7～9 条/10 μm。

盘状藻属 *Placoneis* Mereschkowsky 1903

细胞单生。壳面线形、椭圆形至披针形，末端喙状或头状。线纹单排。壳缝直或微波曲。中轴区窄，部分种类中央区具 1～2 个孤点。

分布在湖泊、湿地等水体。

1. 两球盘状藻（图版 130: 1-2, 7-8）

Placoneis amphibola (Cleve) Cox, 2003；李家英和齐雨藻, 2018, pl. VIII, fig. 2, pl. XLV, fig. 12.

Navicula amphibola Cleve, 1891, p. 33.

壳面椭圆形，末端喙状；长 33.7～53 μm，宽 16.2～23 μm。壳缝微波曲，远端缝向同一方向弯曲，近缝端呈水滴状。中轴区线形；中央区蝴蝶结形。横线纹呈辐射状排列，7～8 条/10 μm。

2. 极温和盘状藻（图版 130: 5-6）

Placoneis clementioides (Hustedt) Cox, 1988, p. 155, figs. 13-16, 39, 41, 43, 44.

壳面线形椭圆形，末端头状；长 19.8～21.8 μm，宽 8 μm。壳缝直。中轴区窄，线形；中央区小，不规则形。横线纹呈辐射状排列，13～15 条/10 μm。

3. 温和盘状藻线形变种（图版 130: 3-4）

Placoneis clementis* var. *linearis (Brander ex Hustedt) Li et Qi, 2018; 李家英和齐雨藻, 2018, pl. VIII, fig. 3, pl. XXII, fig. 11.
Navicula clementis var. *linearis* Brander ex Hustedt, 1953, pl. 403, fig. 43.

壳面线形椭圆形，末端喙头状；长 19.6～20.4 μm，宽 7.8～8.4 μm。壳缝直。中轴区窄，线形；中央区小，蝴蝶结形，在中央区一侧具 2 个孤点。横线纹呈辐射状排列，12～14 条/10 μm。

4. 三角形盘状藻（图版 131: 1-2, 6-7）

Placoneis deltoides (Hustedt) Mann, 1990, p. 674.
Navicula deltoides Hustedt, 1966, p. 689; 朱蕙忠和陈嘉佑, 2000, p. 305, pl. 22, fig. 11.

壳面椭圆形，末端近喙状；长 23.4～31.9 μm，宽 15.2～17.2 μm。壳缝直，远端缝向同一方向弯曲。中轴区窄，线形；中央区蝴蝶结形。横线纹呈辐射状排列，6～7 条/10 μm。

5. 埃尔金盘状藻（图版 131: 3-5）

Placoneis elginensis (Gregory) Cox, 1988; 李家英和齐雨藻, 2018, pl. VIII, fig. 6.
Pinnularia elginensis Gregory, 1856, p. 9.

壳面线形椭圆形，末端头状；长 19.6～21.6 μm，宽 6.6～7.7 μm。壳缝直，远端缝向同一方向弯曲。中轴区窄，线形；中央区近圆形。横线纹呈辐射状排列，11～14 条/10 μm。

6. 椭圆盘状藻（图版 132: 1-2）

Placoneis elliptica (Hustedt) Ohtsuka, 2002, fig. 211.
Navicula exigua var. *elliptica* Hustedt, 1927, p. 244.

壳面线形椭圆形，末端头状；长 21.2～22.7 μm，宽 7.6 μm。壳缝直。中轴区窄，线形；中央区圆形。横线纹呈辐射状排列，12～13 条/10 μm。

7. 平截盘状藻（图版 132: 3）

Placoneis explanata (Hustedt) Mamaya, 2000; 李家英和齐雨藻, 2018, pl. XXX, figs. 15-17, pl. XXXIII, fig. 1.
Navicula explanata Hustedt, 1948, p. 202, 207.

壳面长圆形，末端头状；长 32.2 μm，宽 12.5 μm。壳缝直。中轴区窄，线形；中央区小，近圆形。横线纹呈辐射状排列，9 条/10 μm。

假曲解藻属 *Pseudofallacia* Liu et Kociolek 2012

壳面椭圆形、线形至披针形，末端圆形或头状。线纹单排，中轴区两侧具琴形的无纹区，中央区常膨大。

分布在河流、湖泊、湿地、瀑布等水体。

1. 柔嫩假曲解藻（图版 132: 4-5, 8）

Pseudofallacia tenera (Hustedt) Liu, Kociolek et Wang, 2012, p. 625.
Navicula tenera Hustedt, 1936, pl. 405.

壳面椭圆形，末端圆形；12.2～14.5 μm，宽 4.9～5.9 μm。壳缝线形。中轴区窄，线形，两侧具琴形的无纹区；中央区小，近圆形。横线纹呈辐射状排列，22～23 条/10 μm。

鞍型藻属 *Sellaphora* Mereschkowsky 1902

细胞单生。壳面线形、椭圆形或披针形，末端圆形或头状。线纹单排或双排；壳缝直或微波曲，壳缝两侧具纵向的无纹区。

分布在河流、湖泊、湿地、瀑布等水体。

1. 布莱克福德鞍型藻（图版 132: 6-7, 9）

Sellaphora blackfordensis Mann et Droop, 2004, p. 476, figs. 4g-4i, 19, 33-37.

壳面线形，末端宽圆形；长 29.8～38.8 μm，宽 7.2～9.4 μm。壳缝线形，微波曲，远端缝向同一方向弯曲。中轴区窄，线形；中央区蝴蝶结形，但不延伸到壳面边缘。横线纹呈辐射状排列，17～22 条/10 μm。

2. 坎西尔鞍型藻（图版 133: 1-2, 7）

Sellaphora khangalis Metzeltin et Lange-Bertalot, 2009, p. 91, pl. 251, figs. 6-9.

壳面线形，末端圆形；长 28～36.6 μm，宽 7.2～8.2 μm。壳缝线形，微波曲，远端缝向同一方向弯曲。中轴区窄，线形；中央区横矩形，但不延伸到壳面边缘。横线纹呈辐射状排列，15～17 条/10 μm。

3. 克来斯鞍型藻（图版 133: 3-4, 8）

Sellaphora kretschmeri Metzeltin, Lange-Bertalot et Soninkhishig, 2009; 李家英和齐雨藻, 2018, pl. XXXVII, fig. 15.

　　壳面线形，末端宽圆形；长 36.6～40.4 μm，宽 7.3～8.6 μm。壳缝线形，波曲，远端缝向同一方向弯曲。中轴区窄，线形；中央区近菱形。横线纹呈辐射状排列，20～21 条/10 μm。

4. 库斯伯鞍型藻（图版 133: 5-6, 9）

Sellaphora kusberi Metzeltin, Lange-Bertalot et Soninkhishig, 2009; 李家英和齐雨藻, 2018, pl. XXXVII, figs. 4-8.

　　壳面线形，末端亚头状；长 27～40.4 μm，宽 5.7～8.6 μm。壳缝线形，微波曲。中轴区窄，线形；中央区蝴蝶结形，但不延伸到壳面边缘。横线纹在中部呈辐射状排列，末端近平行状排列，18～21 条/10 μm。

5. 蒙古鞍型藻（图版 134: 1, 8）

Sellaphora mongolocollegarum Metzeltin et Lange-Bertalot, 2009; 李家英和齐雨藻, 2018, pl. XXXVII, figs. 12-14.

　　壳面椭圆形，末端宽圆形；长 33.3～34.8 μm，宽 9.8～10 μm。壳缝直，线形，有一条明显的纵肋包围壳缝，端缝两侧各有一条节条纹。中轴区窄，线形；中央区小，椭圆形。横线纹呈辐射状排列，在中部稀疏，21 条/10 μm，向两端密集，27～29 条/10 μm。

6. 变化鞍型藻（图版 134: 2）

Sellaphora mutatoides Lange-Bertalot et Metzeltin, 2002, p. 64, pl. 31, figs. 23-24, pl. 34, fig. 13.

　　壳面椭圆形，末端头状；长 21.5 μm，宽 6.9 μm。壳缝较直，线形，远端缝向同一方向弯曲。中轴区窄，线形；中央区横矩形，但不延伸到壳面边缘。横线纹呈辐射状排列，23 条/10 μm。

7. 近瞳孔鞍型藻（图版 134: 3, 9）

Sellaphora parapupula Lange-Bertalot, 1996; Lange-Bertalot et al., 2017, p. 712, pl. 42, figs. 21-23.

　　壳面线形，末端圆形；长 22.9～25.7 μm，宽 6.5～7.6 μm。壳缝较直，线形，远端缝向同一方向弯曲。中轴区窄，线形；中央区蝴蝶结形，但不延伸到壳面边缘。横线纹呈辐射状排列，18～19 条/10 μm。

8. 全光滑鞍型藻（图版 134: 4-5）

Sellaphora perlaevissima Metzeltin, Lange-Bertalot et Soninkhishig, 2009; 李家英和齐雨藻, 2018, pl. XXXVIII, fig. 10.

　　壳面线形，末端圆形；长 23～24 μm，宽 4.8 μm。壳缝较直，线形。中轴区窄，线形；中央区横矩形，但不延伸到壳面边缘。横线纹呈辐射状排列，23～24 条/10 μm。

9. 亚头状鞍型藻（图版 134: 6-7, 10）

Sellaphora perobesa Metzeltin, Lange-Bertalot et Soninkhishig, 2009, p. 98, pl. 61, figs. 1-7.

　　壳面椭圆形，末端圆形；长 20.6～24.2 μm，宽 6.9～7.3 μm。壳缝较直，线形，远端缝向同一方向弯曲。中轴区窄，线形；中央区蝴蝶形，但不延伸到壳面边缘。横线纹呈辐射状排列，20～25 条/10 μm。

10. 瞳孔鞍型藻（图版 135: 1, 9）

Sellaphora pupula (Kützing) Mereschkovsky, 1902; 李家英和齐雨藻, 2018, pl, IX, figs. 13-16, pl. XXXVIII, fig. 7.
Navicula pupula Kützing, 1844, p. 93.

　　壳面线形，末端圆形；长 23.9～25.3 μm，宽 5.9～7.1 μm。壳缝较直，线形，远端缝向同一方向弯曲。中轴区窄，线形；中央区蝴蝶形，但不延伸到壳面边缘。横线纹呈辐射状排列，22～24 条/10 μm。

11. 瞳孔鞍型藻头端变型（图版 135: 2, 10）

Sellaphora pupula **f.** ***capitata*** (Skvortzov et Meyer) Poulin, 1995, p. 87.
Navicula pupula var. *capitata* Skvortzov et Meyer, 1928, p. 15.

　　本变种与原变种的区别为：壳面末端头状；长 19.6～20.6 μm，宽 4.3～4.7 μm；横线纹 26～29 条/10 μm。

　　分布：河流。

12. 伪瞳孔鞍型藻（图版 135: 3）

Sellaphora pseudopupula (Krasske) Lange-Bertalot, 1996; 李家英和齐雨藻, 2018, pl. IX, fig. 17.
Navicula pseudopupula Krasske, 1923, p. 197, fig. 4.

　　壳面线形，末端钝圆形；长 24.3 μm，宽 4.7 μm。壳缝直，线形。中轴区窄，线形；中央区横矩形，向两侧延伸到壳面边缘。横线纹呈辐射状排列，23 条/10 μm。

13. 施罗西鞍型藻（图版 135: 4）

Sellaphora schrothiana Metzeltin, Lange-Bertalot et Soninkhishig, 2009; 李家英和齐雨藻, 2018, pl, XXXVIII, figs. 8-9.

　　壳面线形，末端宽圆形；长 26.9 μm，宽 5.9 μm。壳缝线形，略弯曲。中轴区窄，线形；中央区蝴蝶形，但不延伸到壳面边缘。横线纹呈辐射状排列，末端近平行状排列，24 条/10 μm。

14. 辐节型鞍型藻（图版 135: 5-6, 11）

Sellaphora stauroneioides (Lange-Bertalot) Veselá et Johansen, 2009, p. 461.
Naviculadicta stauroneioides Lange-Bertalot, 1996, p. 89.

　　壳面线形椭圆形，末端头状；长 15.9～19.2 μm，宽 4～4.5 μm。壳缝直，线形，远端缝向同一方向弯曲。中轴区窄，线形；中央区蝴蝶结形。横线纹呈辐射状排列，向两端汇聚，40～42 条/10 μm。

15. 三齿鞍型藻（图版 135: 7）

Sellaphora tridentula (Krasske) Wetzel, 2015, p. 227.
Navicula tridentula Krasske, 1923; 朱蕙忠和陈嘉佑, 2000, p. 312, pl. 29, fig. 3.

　　壳面线形，呈三波曲状，末端头状；长 16.1 μm，宽 3.1 μm。壳缝直，线形。中轴区窄，线形；中央区小。横线纹呈辐射状排列，38 条/10 μm。

16. 近蛹形鞍型藻（图版 135: 8）

Sellaphora subnympharum (Hustedt ex Simonsen) Wetzel, Ector, Van de Vijver, Compère et Mann, 2015, p. 228.
Navicula subnympharum Hustedt ex Simonsen, 1987; 朱蕙忠和陈嘉佑, 2000, p. 311, pl. 28, fig. 16.

　　壳面线形，末端头状；长 20.2 μm，宽 3.5 μm。壳缝直，线形。中轴区窄，线形；中央区横矩形。横线纹呈辐射状排列，26 条/10 μm。

17. 凸腹鞍型藻（图版 136: 1-2）

Sellaphora ventraloides (Hustedt) Falasco et Ector, 2009, p. 251.
Navicula ventraloides Hustedt, 1945, p. 916.

　　壳面线形，中部略微凸起，末端宽头状；长 10～13.3 μm，宽 3.4～4 μm。壳缝直，线形。中轴区窄，线形；中央区呈不对称的蝴蝶结形。横线纹呈辐射状排列，22～26 条/10 μm。

辐节藻属 *Stauroneis* Ehrenberg 1843

　　细胞单生，少数连接成带状群体。壳面椭圆形、披针形或舟形，末端头状、喙状或钝圆形。线纹单排；壳缝直，中轴区窄，中央区增厚，向两侧延伸至壳缘或近壳缘。

　　分布在湖泊、湿地等水体。

1. 双头辐节藻（图版 136: 4）

Stauroneis anceps Ehrenberg, 1843; 李家英和齐雨藻, 2010, pl, XVIII, fig. 3, pl. XXXX, fig. 1.

　　壳面椭圆披针形，末端头状。壳缝直，远缝端向同一方向弯曲；长 50 μm，宽 11.7 μm。中轴区宽，线形；中央区横矩形，向壳缘变宽并延伸到壳面边缘。横线纹呈辐射状排列，15 条/10 μm。

2. 尖辐节藻（图版 136: 5）

Stauroneis acuta Smith, 1853; 李家英和齐雨藻, 2010, pl, XVII, fig. 8, pl. XXXVII, fig. 12.

　　壳面菱形披针形，中部明显凸出，末端宽圆形；长 121 μm，宽 19.8 μm。壳缝直，两端壳缝的中部最宽。中轴区宽，线形；中央区横矩形，向壳缘变宽并延伸到壳面边缘。横线纹呈强辐射状排列，13 条/10 μm。

3. 圆辐节藻（图版 136: 6）

Stauroneis circumborealis Lange-Bertalot et Krammer, 1999, p. 90, pl. 34.

　　壳面椭圆披针形，末端近头状；长 82.3 μm，宽 18.8 μm。壳缝直，远端缝弯向同一方向。中轴区宽，线形；中央区横矩形，边缘有短线纹。横线纹呈辐射状排列，在中部 16 条/10 μm，在末端有 20 条/10 μm。

4. 细长辐节藻（图版 137: 1, 5）

Stauroneis gracilis Ehrenberg, 1843; 李家英和齐雨藻, 2010, pl, XIX, fig. 7, pl. XXXIX, fig. 3.

　　壳面椭圆披针形，末端喙头状；长 47.9～48.6 μm，宽 8.8～10.3 μm。壳缝直，远端缝弯向同一方向。中轴区宽，线形；中央区横矩形，延伸到壳面边缘。横线纹呈辐射状排列，在中部 20～24 条/10 μm，在末端 29～32 条/10 μm。

5. 格氏辐节藻（图版 137: 2）

Stauroneis gremmenii Van de Vijver et Lange-Bertalot, 2004, p. 39, pl. 15, figs. 1-5, pl. 16, figs. 1-2.

　　壳面线形椭圆形，末端近头状；长 78.8 μm，宽 16 μm。壳缝直。中轴区宽，线形；中央区横矩形，延伸到壳面边缘。横线纹呈辐射状排列，在中部 10 条/10 μm，在末端 18 条/10 μm。

6. 内弯辐节藻（图版 137: 3-4, 6）

Stauroneis incurvata Rochoux d'Aubert, 1920; 李家英和齐雨藻, 2010, pl, XX, fig. 1.

　　壳面线形，末端宽头状；长 25.2～36.5 μm，宽 7.3～10.2 μm。壳缝直。中轴区窄，线形；中央区横矩形，向外缘微加宽并延伸到壳面边缘。横线纹呈辐射状排列，在中部 14～17 条/10 μm，在末端有 21～24 条/10 μm。

7. 繁杂辐节藻（图版 138: 1, 6）

Stauroneis intricans Van de Vijver et Lange-Bertalot, 2004, p. 43, pl. 64, figs. 1-26, pl. 65, figs. 1-3, pl. 66, figs. 1-10.

　　壳面线形椭圆形，末端头状；长 36.2～51.5 μm，宽 8.2～10.2 μm。壳缝直。中轴区窄，线形；中央区横矩形，延伸到壳面边缘。横线纹呈辐射状排列，22～26 条/10 μm。

8. 库特内辐节藻（图版 138: 2）

Stauroneis kootenai Bahls, 2010, p. 97, p. 97, fig. 1.

　　壳面椭圆披针形，末端头状；长 36.5 μm，宽 9.6 μm。壳缝直。中轴区窄，线形；中央区横矩形，延伸到壳面边缘。横线纹呈辐射状排列，21 条/10 μm。

9. 新透明辐节藻（图版 138: 3）

Stauroneis neohyalina Lange-Bertalot et Krammer, 1996, p. 104, pl. 35, figs. 7-10.

　　壳面菱形披针形，末端喙状；长 52.3 μm，宽 8.6 μm。壳缝直。中轴区窄，线形；中央区横矩形，延伸到壳面边缘。横线纹呈辐射状排列，24 条/10 μm。

10. 紫心辐节藻（图版 139: 1-2, 5）

Stauroneis phoenicenteron (Nitzsch) Ehrenberg, 1843; 李家英和齐雨藻, 2010, pl, XXI, fig. 3, pl. XXXIX, fig. 1.

Bacillaria phoenicenteron Nitzsch, 1817, p. 92, pl. 4, figs. 1-22.

　　壳面披针形，两端延长呈钝圆形，末端近头状；长 70.5～84.2 μm，宽 14.2～16.8 μm。壳缝直。中轴区窄，线形；中央区横矩形，延伸到壳面边缘。横线纹呈辐射状排列，12～14 条/10 μm。

11. 施密斯辐节藻缺刻变种（图版 139: 3-4）

Stauroneis smithii var. *incisa* Pantocsek, 1901; 李家英和齐雨藻, 2010, pl, XXI, fig. 3, pl. XXII, fig. 2.

　　壳面椭圆披针形，末端喙状；长 29～33 μm，宽 6 μm。壳缝直。中轴区线形披针形；中央区横矩形，延伸到壳面边缘。横线纹呈辐射状排列，22～24 条/10 μm。

12. 西藏辐节藻（图版 138: 4-5, 7）

Stauroneis tibetica Mereschkowsky, 1906; 王全喜和邓贵平, 2017, p. 188, fig. 156.

　　壳面披针形，末端近喙状；长 21.4～22 μm，宽 5.7～5.9 μm。壳缝直。中轴区窄，线形；中央区横矩形，延伸到壳面边缘。横线纹呈微辐射状排列，24～26 条/10 μm。

杆状藻目 Bacillariales

菱形藻科 Nitzschiaceae

细齿藻属 *Denticula* Kützing 1844

　　细胞单生或以壳面连接成短链状群体。壳面线形至披针形，末端钝圆形或呈喙状。线纹单排或双排，壳缝位于壳面略偏离中部，两壳面壳缝呈菱形对称，具龙骨突。色素体 2 个。

分布在湖泊、河流、湿地等水体。

1. 华美细齿藻（图版 140: 1-11, 21）

Denticula elegans Kützing, 1844, p. 44; 王全喜, 2018, pl. LXI, figs. 20-26.

壳面线形披针形，末端钝圆；长 17.1～20.8 μm，宽 2.7～4.1 μm。龙骨突明显，与横肋纹相连，基本延伸至整个壳面，5～6 条/10 μm；横线纹有 24～25 条/10 μm。

2. 库津细齿藻（图版 140: 12-20）

Denticula kuetzingii Grunow, 1862; 王全喜, 2018, pl. LXI, figs. 15-17, pl. LXIII, figs. 1-28, pl. LXIV, figs. 1-5.

壳面线形披针形或椭圆形，末端圆形或楔形；长 17.1～37.4 μm，宽 3.9～5.7 μm。龙骨突明显，与横肋纹相连，基本延伸至整个壳面，5～8 条/10 μm；横线纹由粗糙的点纹组成，16～18 条/10 μm。

菱板藻属 *Hantzschia* Grunow 1877

细胞单生。壳面具背腹之分，腹侧凹入、直或微凸出，背侧弧形凸出，末端呈喙状或小头状。线纹单排或双排，壳缝位于腹侧，两壳面壳缝位于同侧，具龙骨突。

分布在湿地水体。

1. 丰富菱板藻（图版 141: 1, 7）

Hantzschia abundans Lange-Bertalot, 1993; 王全喜, 2018, pl. XXXVI, figs. 5-10, pl. XXXVII, figs. 4-6.

壳面具背腹之分，腹侧凹入，背侧略凸出，两端逐渐狭窄，末端呈小头状；长 51～68.6 μm，宽 9～10.6 μm。龙骨突 6～7 个/10 μm，横线纹 19～20 条/10 μm。

2. 两尖菱板藻（图版 141: 2-6, 8）

Hantzschia amphioxys (Ehrenberg) Grunow, 1880; 王全喜, 2018, pl. XXXIV, figs. 1-12.
Eunotia amphioxys Ehrenberg, 1843, p. 413.

壳面具背腹之分，腹侧凹入，背侧略凸出，两端逐渐狭窄，末端呈喙状；长 30.4～56.7 μm，宽 5.1～8.1 μm。龙骨突 6～8 个/10 μm，横线纹 19～28 条/10 μm。

3. 巴克豪森菱板藻（图版 142: 1-3）

Hantzschia barckhausenii Lange-Bertalot et Metzeltin, 1996, p. 75, pl. 66, figs. 16-18, pl. 67, figs. 1-2; 王全喜, 2018, pl. XXXIX, figs. 1-6.

壳面具背腹之分，腹侧凹入，背侧弧形凸出，两端逐渐变窄呈长喙形，末端头状；长 156.5～215 μm，宽 10.3～13.3 μm。龙骨突 7～8 个/10 μm，中间两个距离增大；横线纹 15～19 条/10 μm。

4. 密集菱板藻（图版 143: 1-2, 5）

Hantzschia compacta (Hustedt) Lange-Bertalot, 1999; 王全喜, 2018, pl. XXXVI, figs. 1-4.
Hantzschia amphioxys var. *compacta* Hustedt, 1922, p. 145.

壳面具明显的背腹之分，腹侧凹入，背侧弧形，末端略呈头状；长 63.9～72.2 μm，宽 8.5～10 μm。龙骨突 6～7 个/10 μm，中间两个距离明显增大；横线纹 16～19 条/10 μm。

5. 活跃菱板藻（图版 143: 3-4, 6）

Hantzschia vivacior Lange-Bertalot, 1993; 王全喜, 2018, pl. XXXVIII, figs. 4-7, pl. XLIV, figs. 1-7, pl. XLV, figs. 1-4.

壳面具明显的背腹之分，腹侧凹入，背侧弧形凸出，壳面向两端渐窄呈锥形，末端近头状；长 60～77.7 μm，宽 6.7～9 μm。龙骨突 6～7 个/10 μm，中间两个距离增大；横线纹有 15～17 条/10 μm。

6. 长命菱板藻（图版 144: 1, 7）

Hantzschia vivax (Smith) Grunow, 1877; 王全喜, 2018, pl. XXXVIII, figs. 1-3.
Nitzschia vivax Smith, 1853, p. 41.

壳面腹侧边缘平直，背侧弧形凸出，中部平直或略凹入，末端呈小头状；长 91.4～95.5 μm，宽 9.2～9.6 μm。龙骨突位于腹侧边缘，7～10 个/10 μm；横线纹 19～20 条/10 μm。

7. 伊犁菱板藻（图版 144: 2-6）

Hantzschia yili You et Kociolek, 2015; You et al., 2015, p. 6, pls. 5-6; 王全喜, 2018, pl. XLIX, figs. 1-9, pl. L, figs. 1-5.

壳面具明显的背腹之分，腹缘直或略凹入，背缘凸出，末端呈小头状，直，不弯向任何一侧；长 44～67.8 μm，宽 5.7～7.5 μm。龙骨突 7～8 个/10 μm，中间两个龙骨突间距明显增大，横线纹 18～20 条/10 μm。

菱形藻属 *Nitzschia* Hassall 1845

细胞单生，或连接成链状、星状群体，或生活在胶质管中。壳面直或略"S"形，呈线性、披针形或椭圆形。线纹单列；壳缝位于略隆起的龙骨上，通常位于壳面一侧的壳缘处，壳缝关于壳面呈镜面对称或对角线对称，中缝端有或无；具形状多样的龙骨突。

分布在河流、湖泊、湿地、瀑布等水体。

1. 针形菱形藻（图版 145: 1-3, 9）

Nitzschia acicularis (Kützing) Smith, 1853; 王全喜, 2018, pl. XXXIII, figs. 4-6.
Synedra acicularis Kützing, 1844, p. 63.

壳体轻微硅质化。壳面纺锤形，末端急剧变窄，延长呈喙状；长 46.4～63 μm，宽 2.1～3.4 μm。龙骨突 17～20 个/10 μm；横线纹极细，在光镜下很难分辨。

2. 喜酸菱形藻（图版 145: 4-6, 10）

Nitzschia acidoclinata Lange-Bertalot, 1976, p. 277, 278, pl. 7, figs. 19-21, pl. 10, figs. 1-2.

壳面线形，末端近头状，长 21.8～43 μm，宽 1.6～3.3 μm。龙骨突 11～12 个/10 μm，线纹 32～34 条/10 μm。

3. 尖端菱形藻（图版 145: 7-8）

Nitzschia acula (Kützing) Hantzsch, 1861；王全喜，2018, pl. IV, fig. 9.
Synedra acula Kützing, 1844, p. 65.

壳面线形，两端逐渐变窄，末端尖，呈小头状；长 68～70 μm，宽 2.8～3.6 μm。龙骨突 13～14 个/10 μm；线纹紧密，在光镜下不易看清。

4. 高山菱形藻（图版 146: 1-7, 21）

Nitzschia alpina Hustedt, 1943；王全喜，2018, pl. XXV, figs. 17-23.

壳体短小。壳面线形披针形，末端近头状，长 12～22.4 μm，宽 2.2～4.1 μm。龙骨突宽，8～12 个/10 μm，中间两个距离不增大；线纹密集，23～25 条/10 μm。

5. 两栖菱形藻（图版 146: 8-12, 22）

Nitzschia amphibia Grunow, 1862；王全喜，2018, pl. XXVIII, figs. 1-10.

壳体较小。壳面椭圆形、披针形至线形披针形；长 12～25 μm，宽 3.2～5 μm。龙骨突稍窄，8～9 个/10 μm；横线纹粗糙，16～20 条/10 μm。

6. 阿奇菱形藻（图版 146: 13）

Nitzschia archibaldii Lange-Bertalot, 1980, p. 44, pl. 1, figs. 14-18, pl. 7, figs. 115-121.

壳面线形披针形，向两端楔形变窄，末端圆头状；长 27.2 μm，宽 2.8 μm。龙骨突 15 个/10 μm；线纹紧密，在光镜下不易看清。

7. 小头端菱形藻（图版 146: 14-17, 23）

Nitzschia capitellata Hustedt, 1930；王全喜，2018, pl. XXIX, figs. 12-17.

壳面线形至线形披针形，两侧中部略凹入，向两端楔形变窄，末端圆头状；长 35～39.1 μm，宽 4.6～5 μm。龙骨突 10～13 个/10 μm；线纹紧密，在光镜下不易看清。

8. 小头端菱形藻细喙变种（图版 146: 18-20, 24）

Nitzschia capitellata var. *tenuirostris* (Grunow) Bukhtiyarova, 1995, p. 422.
Nitzschia palea var. *tenuirostris* Grunow, 1881, pl. 69.

本变种与原变种的区别为：壳面末端小头状；长 25～40 μm，宽 2.6～3.2 μm；龙骨突 13～15 个/10 μm，中间两个距离不增大。

9. 多变菱形藻（图版 147: 1-5）

Nitzschia commutata Grunow, 1880；王全喜, 2018, pl. XV, figs. 3-4, pl. XVI, figs. 1-9.

壳面线形，中部微缢缩，末端呈头状；长 38.6～77 μm，宽 4.8～5.2 μm。龙骨突 8～10 个/10 μm，横线纹 19～21 条/10 μm。

10. 迪尔菱形藻（图版 147: 6-10, 18）

Nitzschia dealpina Lange-Bertalot et Hofmann, 1993, p. 146, pl. 114, figs. 8-13, pl. 115, figs. 1-4.

壳面线形椭圆形，末端尖圆；长 7.8～12.8 μm，宽 2.2～3.8 μm。龙骨突 12～13 个/10 μm，横线纹 27～28 条/10 μm。

11. 定日菱形藻（图版 147: 11-17, 19）

Nitzschia dingrica Jao et Lee, 1974；朱蕙忠和陈嘉佑, 2000, p. 335, pl. 52, fig. 3.

壳面线形，中部微缢缩，末端近头状；长 15.4～28.2 μm，宽 3.2～4.2 μm。龙骨突 8～10 个/10 μm，横线纹 21～22 条/10 μm。

12. 多样菱形藻（图版 148: 1-4）

Nitzschia diversa Hustedt, 1959, p. 436, figs. 14-17；王全喜, 2018, pl. XXVII, figs. 15-25.

壳面线形，向两端楔形变窄，末端小头状；长 44.5～60.2 μm，宽 3.3～4 μm。龙骨突 11～12 个/10 μm，中间两个距离不增大；横线纹 24～27 条/10 μm，在光镜下不易看清。

13. 纤细菱形藻（图版 148: 5-9）

Nitzschia exilis Sovereign, 1958, p. 131, pl. 4, fig. 78.

壳面线形披针形，末端小头状；长 31～52.6 μm，宽 2.8～4.1 μm。龙骨突 13～15 个/10 μm；线纹紧密，在光镜下不易看清。

14. 额雷菱形藻（图版 148: 10）

Nitzschia eglei Lange-Bertalot, 1987；王全喜, 2018, pl. V, figs. 1-9.

壳面线形披针形，末端小头状；长 112.9 μm，宽 8.6 μm。龙骨突 11 个/10 μm，线纹 18 条/10 μm。

15. 华丽菱形藻（图版 149: 1）

Nitzschia elegantula Grunow, 1881；王全喜, 2018, pl. XXV, figs. 29-42.

壳体常较小。壳面末端延长呈头状；长 17.8 μm，宽 3.7 μm。龙骨突 10 个/10 μm，线纹有 27 条/10 μm。

16. 费拉扎菱形藻（图版 149: 26）

Nitzschia ferrazae Cholnoky, 1968, p. 255, fig. 18.

壳面线形披针形，末端延长呈亚头状；长 45.3 μm，宽 3.1 μm。龙骨突清晰，12 个/10 μm；线纹紧密，在光镜下不易看清。

17. 泉生菱形藻（图版 149: 2-10, 29）

Nitzschia fonticola (Grunow) Grunow, 1881；王全喜, 2018, pl. XXVIII, figs. 11-20.

壳面明显披针形，末端尖圆；长 13～40 μm，宽 2.5～4 μm。龙骨突点状，不延伸，中间两个距离增大，10～14 个/10 μm；横线纹密集，23～28 条/10 μm。

18. 溪生菱形藻（图版 149: 11）

Nitzschia fonticoloides Sovereign, 1958, p. 130, pl. 4, figs. 58-62.

壳面线形披针形，末端逐渐变窄呈喙状；长 19.8 μm，宽 3.3 μm。龙骨突 12 个/10 μm，线纹 28 条/10 μm。

19. 化石菱形藻（图版 149: 12）

Nitzschia fossilis (Grunow) Grunow, 1881；王全喜, 2018, pl. XXIX, fig. 27.
Nitzschia amphibia var. *fossilis* Grunow, 1880, p. 98.

壳面披针形至线形，末端逐渐变窄呈尖圆形；长 31.2 μm，宽 2.4 μm。龙骨突 11 个/10 μm，线纹 29 条/10 μm。

20. 小片菱形藻（图版 149: 13-20, 30）

Nitzschia frustulum (Kützing) Grunow, 1880；王全喜, 2018, pl. XXV, figs. 48-54.
Synedra frustulum Kützing, 1844, p. 63, pl. 30, fig. 77.

壳面披针形至线形披针形，末端尖圆；长 13.5～34.1 μm，宽 2～2.6 μm。龙骨突 10～12 个/10 μm，线纹 25～30 条/10 μm。

21. 平庸菱形藻（图版 149: 21-25, 31）

Nitzschia inconspicua Grunow, 1862；王全喜, 2018, pl. XXV, figs. 46-47.

壳体小。壳面线形椭圆形，末端钝圆；长 9.8～16.7 μm，宽 2.2～3.1 μm。龙骨突 10～13 个/10 μm；线纹紧密，在光镜下不易看清。

22. 吉塞拉菱形藻（图版 149: 27-28）

Nitzschia gisela Lange-Bertalot, 1987；王全喜, 2018, pl. XXV, figs. 46-47.

壳面线形披针形，末端延长呈长喙状；长 52～55 μm，宽 4.5～4.9 μm。龙骨突 8～10 个/10 μm，线纹 18～20 条/10 μm。

23. 细长菱形藻（图版 150: 1-4, 14）

Nitzschia gracilis Hantzsch, 1860；王全喜, 2018, pl. XXIX, figs. 1-11.

壳面窄线形披针形，末端延长呈长喙状；长 48.8～52 μm，宽 3～3.6 μm。龙骨突清晰，12～13 个/10 μm；线纹紧密，在光镜下不易看清。

24. 汉茨菱形藻（图版 150: 5-6）

Nitzschia hantzschiana Rabenhorst, 1860；朱蕙忠和陈嘉佑, 2000, p. 335, pl. 52, fig. 17.

壳面线形，末端呈近头状；长 13.6 μm，宽 2.4～2.8 μm。龙骨突 12～14 个/10 μm，线纹 28 条/10 μm。

25. 中型菱形藻（图版 150: 7-9, 15）

Nitzschia intermedia Hantzsch ex Cleve et Grunow, 1880；王全喜, 2018, pl. XXXI, figs. 1-5.

壳面线形，末端呈喙状；长 30.3～57.8 μm，宽 3～4 μm。龙骨突 11～13 个/10 μm，线纹 23～28 条/10 μm。

26. 稻皮菱形藻（图版 150: 10）

Nitzschia paleacea (Grunow) Grunow, 1881；朱蕙忠和陈嘉佑, 2000, p. 336, pl. 53, fig. 15.
Nitzschia subtilis var. *paleacea* Grunow, 1880, p. 95.

壳面窄线形披针形，向两端渐窄，末端呈喙状；长 58.8 μm，宽 1.6 μm。龙骨突 18 个/10 μm；线纹紧密，在光镜下不易看清。

27. 线形菱形藻（图版 150: 11）

Nitzschia linearis Smith, 1853；王全喜, 2018, pl. XIX, figs. 1-8.

壳面线形披针形，末端楔形渐小，呈圆头；长 64.8 μm，宽 4 μm。龙骨突窄肋状，13 个/10 μm；线纹紧密，在光镜下不易看清。

28. 谷皮菱形藻（图版 150: 12-13, 17）

Nitzschia palea (Kützing) Smith, 1856；王全喜, 2018, pl. XXVII, figs. 1-11.
Synedra palea Kützing, 1844, p. 63.

壳面线形披针形，向两端楔形减小，末端尖或圆头；长 38.4～55.2 μm，宽 4.2～5 μm。龙骨突清晰，11～12 个/10 μm；线纹紧密，在光镜下不易看清。

29. 小头菱形藻（图版 150: 16）

Nitzschia microcephala Grunow, 1880；王全喜, 2018, pl. XXVI, figs. 13-14, pl. XXVIII, figs. 21-26.

壳面常较小，线形披针形，末端头端或短喙状；长 11.3 μm，宽 2.2 μm。龙骨突

10 个/10 μm；线纹密集，在光镜下不易看清。

盘杆藻属 *Tryblionella* Simth 1853

细胞单生。壳面椭圆形、线形或提琴形，末端钝圆或尖形；表面波状。线纹单排至多排。壳缝位于龙骨上，具龙骨突。

多分布在河流、湖泊、湿地、瀑布等水体。

1. 渐窄盘杆藻（图版 151: 1）

Tryblionella angustata Smith, 1853；王全喜, 2018, pl. LII, figs. 1-10.

壳面线形至线形披针形，两侧中部平直或微凹入，向两端渐窄，末端钝圆形；长 132 μm，宽 8 μm。龙骨突不明显，密度和横线纹相同，13 个（条）/10 μm。

2. 狭窄盘杆藻（图版 151: 2-7, 11）

Tryblionella angustatula (Lange-Bertalot) Cantonati et Lange-Bertalot, 2017；王全喜, 2018, pl. LIII, figs. 1-6.
Nitzschia angustatula Lange-Bertalot, 1987, p. 6.

壳面线形至线形披针形，向两端呈喙状延伸，末端尖圆形；长 30.4～50.6 μm，宽 5.7～6.8 μm。龙骨突不明显，密度和横线纹相同，15～17 个（条）/10 μm。

3. 细尖盘杆藻（图版 151: 8, 12）

Tryblionella apiculata Gregory, 1857；王全喜, 2018, pl. LIV, figs. 1-14.

壳面线形，两侧中部微凹入，向两端渐窄，末端喙状；长 56～71 μm，宽 6.4 μm。壳面中部具一条纵向线形的褶曲，呈透明状。龙骨突与横肋纹密度相同，15～17 个（条）/10 μm，横线纹在光镜下看不清楚。

4. 细弱盘杆藻（图版 151: 9）

Tryblionella debilis Arnott ex O'Meara, 1873; Lange-Bertalot et al., 2017, p. 836, pl. 104, figs. 12-17.

壳面线形椭圆形，向两端变窄，末端宽圆形；长 21.4 μm，宽 8.6 μm。龙骨突 8 个/10 μm，横线纹在光镜下看不清楚。

5. 维多利亚盘杆藻（图版 151: 10, 13）

Tryblionella victoriae Grunow, 1862；王全喜, 2018, pl. LVI, figs. 3-6.

壳面宽线形椭圆形，向两端变窄，末端钝圆形；长 27.4～37.8 μm，宽 9.6～10.2 μm。龙骨突与横肋纹密度一致，7～10 个（条）/10 μm，横线纹在光镜下看不清楚。

格鲁诺藻属 *Grunowia* Rabenhorst 1864

壳面线形椭圆形，末端圆形或头状。壳缝位于壳缘。龙骨略隆起，龙骨突较大；横线纹由粗糙的孔纹组成。

分布在河流、湖泊、湿地等水体。

1. 索尔根格鲁诺藻（图版 152: 1-7）

Grunowia solgensis (Cleve-Euler) Aboal, 2003, p. 467.
Nitzschia solgensis Cleve-Euler, 1952, p. 67, fig. 1451c-1451d.
Nitzschia sinuata var. *delognei* (Grunow) Lange-Bertalot. 1980; 王全喜, 2018, pl. IX, fig. 8, pl. X, figs. 8-18.

壳面窄披针形，两侧边缘不波曲，末端小头状；长 13.6～31.8 μm，宽 3.3～4 μm。龙骨突窄肋状，5～7 个/10 μm；横线纹有 18～23 条/10 μm。

窗纹藻科 Epithemiaceae

窗纹藻属 *Epithemia* Kützing 1844

细胞单生。壳面具明显的背腹之分，壳面弓形，末端钝圆至宽圆形。线纹单排，由单列点纹组成，点纹结构复杂；横肋纹粗壮。壳缝位于腹缘，在靠近壳面中央处弧形向背缘延伸。

分布在河流、湖泊、湿地等水体。

1. 弗里克窗纹藻（图版 152: 8-9）

Epithemia frickei Krammer, 1987; 王全喜, 2018, pl. LXIX, figs. 6-8.

壳面背侧凸出，腹侧近于平直，中部略凹入，末端钝圆；长 33.3～35.3 μm，宽 7.6～8.9 μm。壳缝位于腹侧边缘，在中部稍微弯向背侧。横肋纹辐射状排列，4～5 条/10 μm，两条横肋纹间具 2～4 条横线纹。

2. 鼠形窗纹藻（图版 152: 10-17, 19-20）

Epithemia sorex Kützing, 1844, p. 33, pl. 5/12, fig. 5a-5c; 王全喜, 2018, pl. LXXI, figs. 1-18.

壳面披针形，具强烈的背腹之分，背侧明显凸起，腹侧凹入，末端呈喙状头状，向背侧反曲；长 18.2～37.1 μm，宽 6.9～9.3 μm。壳缝双弧形，在中部弯向背侧。横肋纹辐射状排列，5～8 条/10 μm，两条横肋纹间具 2 条横线纹。

3. 膨大窗纹藻（图版 152: 18, 21）

Epithemia turgida (Ehrenberg) Kützing, 1844, p. 34, pl. 5, fig. 14; 王全喜, 2018, pl. LXXIV, figs. 1-7.
Navicula turgida Ehrenberg, 1832, p. 80.

壳面背侧弧形凸起，腹侧平直或略凹入，背侧向腹侧渐窄，末端钝圆，有时稍延伸呈头状；长 77.3～94.1 μm，宽 8.9～12.8 μm。壳缝位于腹侧边缘，呈 "V" 形。横肋纹呈放射状排列，4～5 条/10 μm，两条横肋纹间具 2～3 条横线纹。

棒杆藻属 *Rhopalodia* Müller 1895

细胞单生。壳面具背腹性，线形或弓形。线纹单排至多排，横肋纹粗壮。龙骨位于壳面背缘，壳缝位于龙骨上。

分布在河流、湖泊、湿地等水体。

1. 弯棒杆藻（图版 153: 1-4）

Rhopalodia gibba (Ehrenberg) Müller, 1895；王全喜, 2018, pl. LXXV, figs. 1-5.
Navicula gibba Ehrenberg, 1832, p. 80.

壳面弓形，背侧弧形，腹侧平直，末端呈楔形或尖端，向腹侧弯曲；长 100～161 μm，宽 9.2～9.5 μm。背侧具龙骨，其上具一条不明显的壳缝；横肋纹 6～7 条/10 μm。

双菱藻科 Surirellaceae

波缘藻属 *Cymatopleura* Smith 1851

细胞单生。壳体等极，偶尔关于顶轴扭曲。壳面椭圆形、线形或提琴形，纵轴呈横向上下起伏。带面观多为矩形，两侧具明显的波状褶皱。壳面具较规律的横向波曲，线纹单排。壳缝环绕壳面边缘，位于龙骨上。

分布在河流、湖泊、湿地等水体。

1. 草鞋形波缘藻（图版 154: 1-3）

Cymatopleura solea (Brébisson) Smith, 1851；王全喜, 2018, pl. LXXII, figs. 3-4, pl. LXXXIII, figs. 1-6,
 pl. LXXXIV, figs. 1-8, pl. LXXXV, figs. 1-4, pl. LXXXVI, figs. 1-6.
Cymbella solea Brébisson, 1835, p. 51.

壳体等极。壳面宽线形，中部缢缩，末端钝圆楔形；长 70～106 μm，宽 13.3～18.5 μm。壳面具粗糙的波纹，一般中部有或无。无翼状结构，龙骨突 6～7 条/10 μm。

长羽藻属 *Stenopterobia* Brébisson et Van Heurck 1896

壳面"S"形或线形，表面轻微波曲。横肋纹表面具蘑菇状的突起或瘤状物，线纹多排。壳缝环绕壳面边缘，位于龙骨上。

分布在湿地水体。

1. 优美长羽藻（图版 155: 1）

Stenopterobia delicatissima (Lewis) Brébisson ex Van Heurck, 1896；王全喜, 2018, pl. CXXVII, fig. 5.
Surirella delicatissima Lewis, 1864, p. 343.

壳面线形披针形，直，末端呈喙状；长 47.2 μm，宽 3.8 μm。横肋纹有 5 条/10 μm，横线纹有 27 条/10 μm。

双菱藻属 *Surirella* Turpin 1828

细胞单生。壳体等极或异极。壳面线形至椭圆形，或倒卵形、提琴形。壳面强烈硅质化，表面平坦或呈凹面，有时具波纹。外壳面肋纹不明显，线纹多排。壳缝环绕壳面边缘，位于龙骨上；龙骨突肋状或盘状。

分布在河流、湖泊、湿地、瀑布等水体。

1. 窄双菱藻（图版 155: 2-7, 11）

Surirella angusta Kützing, 1844, p. 61, pl. 30, fig. 52; 王全喜, 2018, pl. XCIV, figs. 1-11, pl. XCV, figs. 1-4, pl. XCVI, fig. 1.

壳体等极。壳面线形，末端楔形；长 24.4～38.2 μm，宽 6.8～7.4 μm。无翼状结构，龙骨突 6～8 个/10 μm，横线纹在光镜下看不清。

2. 岛双菱藻（图版 155: 8-9）

Surirella islandica Østrup, 1918; 朱蕙忠和陈嘉佑, 2000, p. 337, pl. 54, fig. 15.

壳体等极。壳面线形椭圆形，末端楔形；长 32.8～43.4 μm，宽 9.8～11 μm。翼状突 2～3 个/10 μm，横肋纹可达中线，横线纹在光镜下看不清。

3. 线性双菱藻（图版 155: 10, 12）

Surirella linearis Smith, 1853; 王全喜, 2018, pl. CXVI, figs. 1-5.

壳体等极。壳面线形，两侧平行或稍凹入，两端楔形或钝圆形；长 49 μm，宽 9.2 μm。翼状突 3 个/10 μm，横肋纹可达中线，横线纹在光镜下看不清。

4. 微小双菱藻（图版 155: 13-18）

Surirella minuta Brébisson ex Kützing, 1849; 王全喜, 2018, pl. XCVII, figs. 1-9, pl. XCIX, figs. 1-2.

壳体异极。壳面线形椭圆形，一端宽圆形，一端楔形；长 17.8～24.8 μm，宽 6.2～7 μm。壳缝在内壳面宽圆形的一端连续，在楔形的一端不连续。无翼状结构，龙骨突 8～9 个/10 μm，横线纹在光镜下看不清。

参 考 文 献

毕列爵, 胡征宇. 2004. 中国淡水藻志 第八卷 绿藻门 绿藻球目(上). 北京: 科学出版社.

郭皓. 2004. 中国近海赤潮生物图谱. 北京: 海洋出版社.

胡鸿钧. 2015. 中国淡水藻志 第二十卷 绿藻门 绿藻纲 团藻目(II) 衣藻属. 北京: 科学出版社.

胡鸿钧, 魏印心. 2006. 中国淡水藻类: 系统、分类及生态. 北京: 科学出版社.

黎尚豪, 毕列爵. 1998. 中国淡水藻志 第五卷 绿藻门 丝藻目 石莼目 胶毛藻目 橘色藻目 环藻目.
    北京: 科学出版社.

李家英, 齐雨藻. 2010. 中国淡水藻志 第二十三卷 硅藻门 舟形藻科(I). 北京: 科学出版社.

李家英, 齐雨藻. 2014. 中国淡水藻志 第二十三卷 硅藻门 舟形藻科(II). 北京: 科学出版社.

李家英, 齐雨藻. 2018. 中国淡水藻志 第二十三卷 硅藻门 舟形藻科(III). 北京: 科学出版社.

李尧英, 魏印心, 施之新, 等. 1992. 西藏藻类. 北京: 科学出版社.

齐雨藻. 1995. 中国淡水藻志 第四卷 硅藻门 中心纲. 北京: 科学出版社.

刘国祥, 胡征宇. 2012. 中国淡水藻志 第十五卷 绿藻门 绿球藻目(下) 四胞藻目 叉管藻目 刚毛藻目.
    北京: 科学出版社.

刘国祥, 胡圣, 储国强, 等. 2008. 中国淡水多甲藻属研究. 植物分类学报, 46(5): 754-771.

林燊, 彭欣, 吴忠心, 等. 2008. 我国水华蓝藻的新类群: 阿氏浮丝藻(*Planktothrix agardhii*)生理特性.
    湖泊科学, 20(4): 437-442.

罗立明, 胡鸿钧, 李夜光. 2002. 中国团藻目研究(I). 武汉植物学研究, 20(1): 14-20.

罗立明, 胡鸿钧, 李夜光. 2003. 中国团藻目研究(II). 武汉植物学研究, 21(1): 45-53.

潘鸿, 唐宇宏, 杨凤娟, 等. 2010. 中国团藻科新记录属: 板藻属(*Platydorina*). 武汉植物学研究, 28(6):
    698-701.

饶钦止. 1988. 中国淡水藻志 第一卷 双星藻科. 北京: 科学出版社.

施之新. 1986. 湖北省裸藻门植物的新种类. 水生生物学报, 10(1): 60-72.

施之新. 1987. 鄂西地区裸藻的新种类. 水生生物学报, 11(4): 357-366.

施之新. 1996. 扁裸藻属和鳞孔藻属的新分类群. 植物分类学报, 34(1): 105-111.

施之新. 1997. 中国囊裸藻属的新种类. 水生生物学报, 21(3): 219-225.

施之新. 1998. 中国囊裸藻属的新种类. 水生生物学报, 22(1): 62-70.

施之新. 1999. 中国淡水藻志 第六卷 裸藻门. 北京: 科学出版社.

施之新. 2004. 中国淡水藻志 第十二卷 硅藻门 异极藻科. 北京: 科学出版社.

施之新. 2013. 中国淡水藻志 第十六卷 硅藻门 桥弯藻科. 北京: 科学出版社.

谭好臣, 王媛媛, 李书印, 等. 2020. 中国淡水水华甲藻一新记录种及其生态风险. 湖泊科学, 32(3):
    784-792.

王策箴. 1986. 吉林省色球藻科 (Chrooeoeeaceae) 植物的研究. 东北师大学报(自然科学版), (3):
    153-171.

王全喜. 2007. 中国淡水藻志 第十一卷 黄藻门. 北京: 科学出版社.

王全喜. 2018. 中国淡水藻志 第二十二卷 硅藻门 管壳缝目. 北京: 科学出版社.

王全喜, 曹建国, 刘妍, 等. 2008. 上海九段沙湿地自然保护区及其附近水域藻类图集. 北京: 科学出
    版社.

王全喜, 邓贵平. 2017. 九寨沟自然保护区常见藻类图集. 北京: 科学出版社.

魏印心. 2003. 中国淡水藻志 第七卷 绿藻门 双星藻目 中带鼓藻科 鼓藻目 鼓藻科 第1册. 北京: 科

学出版社.

魏印心. 2013. 中国淡水藻志 第十七卷 绿藻门 鼓藻目 鼓藻科 第2册 辐射鼓藻属 鼓藻属 胶球鼓藻属. 北京: 科学出版社.

魏印心. 2014. 中国淡水藻志 第十八卷 绿藻门 鼓藻目 鼓藻科 第3册. 北京: 科学出版社.

魏印心. 2018. 中国淡水藻志 第二十一卷 金藻门(II). 北京: 科学出版社.

吴忠兴, 虞功亮, 施军琼, 等. 2009. 我国淡水水华蓝藻: 束丝藻属新记录种. 水生生物学报. 33(6): 1140-1144.

吴忠兴, 曾波, 李仁辉, 等. 2012. 中国淡水水体常见束丝藻种类的形态及生理特性研究. 水生生物学报, 36(2): 323-328.

吴忠兴, 余博识, 彭欣, 等. 2008. 中国水华蓝藻的新记录属: 拟浮丝藻属(*Planktothricoides*). 武汉植物学研究, 26(5): 461-465.

虞功亮, 宋立荣, 李仁辉. 2007. 中国淡水微囊藻属常见种类的分类学讨论: 以滇池为例. 植物分类学报, 45(5): 727-741.

虞功亮, 吴忠兴, 邵继海, 等. 2011. 水华蓝藻类群乌龙藻属(*Woronichinia*)的分类学讨论. 湖泊科学, 23(1): 9-12.

于潘, 尤庆敏, 王全喜. 2017. 九寨沟单壳缝目(硅藻门)的中国新记录植物. 植物科学学报, 35(3): 326-334.

张军毅, 朱冰川, 吴志坚, 等. 2021. 片状微囊藻(*Microcystis panniformis*): 中国微囊藻属的一个新记录种. 湖泊科学, 24(4): 647-650.

张琪, 刘国祥, 胡征宇. 2012. 中国淡水拟多甲藻属研究. 水生生物学报, 36(4): 751-764.

张毅鸽, 王一郎, 杨平, 等. 2020. 江西柘林湖水华蓝藻: 长孢藻(*Dolichospermum*)的形态多样性及其分子特征. 湖泊科学, 32(4): 1076-1087.

朱浩然. 1991. 中国淡水藻志 第二卷 色球藻纲. 北京: 科学出版社.

朱浩然. 2007. 中国淡水藻志 第九卷 蓝藻门 藻殖段纲. 北京: 科学出版社.

朱蕙忠, 陈嘉佑. 2000. 中国西藏硅藻. 北京: 科学出版社.

Agardh C A. 1811. Dispositio algarum Sueciae, quam publico examini subjiciunt Carl Adolph Agardh & Johannes Bruzelius, Scanus. Die xi decembris mdcccxi, Pars 2: 17-26.

Agardh C A. 1812. Algarum decas prima. Lundæ: Litteris Berlingianis: 14-42.

Agardh C A. 1817. Synopsis algarum Scandinaviae: Adjecta dispositione universali algarum. Lundae: Ex officina Berlingiana.

Backman A L, Cleve-Euler A. 1922. Die fossile Diatomceen flora in Österbotten. Acta Forestalia Fennica, 22(4): 73.

Bahls L L. 2010. Northwestern Diatoms, Volume 4, Stauroneis in the northern Rockies: 50 species of *Stauroneis* sensu stricto from western Montana, northern Idaho, northeastern Washington and southwestern Alberta, including 16 species described as new. Helena: Montana Diatom Collection: 172.

Bahls L L. 2013a. New diatoms (Bacillariophyta) from western North America. Phytotaxa, 82(1): 7-28.

Bahls L L. 2013b. Northwestern Diatoms, Volume 5, Encyonopsis (Bacillariophyta, Cymbellaceae) from western North America: 31 species from Alberta, Idaho, Montana, Oregon, South Dakota, and Washington, including 17 species described as new. Helena: Montana Diatom Collection: 44.

Bornet É, Flahault C. 1886. Revision des Nostocacées hétérocystées contenues dans les principaux herbiers de France. Annales des Sciences Naturelles, Botanique, Septième Série 3: 323-381.

Braun A. 1855. Algarum unicellularium genera nova et minus cognita, praemissis observationibus de algis unicellularibus in genere. Lipsiae: Apud W. Engelmann.

Bourrelly P, Manguin É. 1952. Algues d'eau douce de la Guadeloupe et dépendances: recueillies par la Mission P. Allorge en 1936. Paris: Société d'Édition d'Enseignement Superiéur.

Cantonati M, Lange-Bertalot H. 2010. Diatom biodiversity of springs in the Berchtesgaden National Park (north-eastern Alps, Germany), with the ecological and morphological characterization of two species new to science. Diatom Research, 25(2): 251-280.

Carlson G W F. 1913. Süsswasser-Algen aus der Antarktis, Süd-Georgien und den Falkland Inseln. Wissenschaftliche Ergebnisse der Schwedischen Südpolar-Expedition 1901-1903, unter leitung von Dr. Otto Nordenskjöld. Lithographisches Institut des Generalstabs, 4(14): 1-94.

Carter J R, Bailey-Watts A E. 1981. A taxonomic study of diatoms from standing freshwaters in Shetland. Nova Hedwigia, 33: 513-629.

Cholnoky B J. 1968. Diatomeen aus drei Stauseen in Venezuela. Revista de Biologia, 6(3-4): 235-271.

Chu H J. 1952. Some new Myxophyceae from Szechwan province, China. Ohio Journal of Science, 52: 96-101.

Chu S P. 1935. On Lepocinclis of Nanking. Sinensia, 6: 158-184.

Chu S P. 1936. On new and rare species of Leponcinclis. Sinesia, 7: 266-292.

Cleve P T. 1891. The diatoms of Finland. Acta Societatia pro Fauna et Flora Fennica, 8(2): 1-70.

Cleve A. 1895. On recent freshwater diatoms from Lule Lappmark in Sweden. Bihang till Kongliga Svenska Vetenskaps-Akademiens Handlingar, 21(Afh. III, 2): 1-44.

Cox E J. 1987. *Placoneis* Mereschkowsky: The re-evaluation of a diatom genus originally characterized by its chloroplast type. Diatom Research, 2(2): 145-157.

Cvetkoska A, Hamilton P B, Ognjanova-Rumenova N, et al. 2014. Observations of the genus *Cyclotella* (Kützing) Brébisson in ancient lakes Ohrid and Prespa and a description of two new species *C. paraocellata* sp. nov. and *C. prespanensis* sp. nov. Nova Hedwigia, 98(3-4): 313-340.

Croasdale H, Prescott G W, Bicudo C E D M. 1983. A Synopsis of North American Desmids, Part II. Desmidiaceae: Placodermae Section 5, the Filamentous Genera. Lincoln: University of Nebraska Press.

Dangeard P A. 1901. Recherches sur les Eugléniens. Le Botaniste, 8: 97-357.

De Brébisson L A. 1856. Liste des Desmidiées, observées en Basse-Normandie. Mémoires de la Société Impériale des Sciences Naturelles de Cherbourg, 4: 113-166.

Deflandre G. 1924. Additions à la flore algologique des environs de Paris III, Flageillées. Bull Soc Bot France, 71(5): 1115-1130.

Deflandre G. 1926. Monographie du genre Trachelomonas Ehr. Revue Générale de Botanique, 38: 358-380, 449-469, 518-528, 646-658, 687-706.

Deflandre G. 1927. Remarques sur la systématique du genre *Trachelomonas* Ehr.: I. Bulletin de la Société Botanique de France, 74(2): 285-288.

Deflandre G. 1930. *Strombomonas* nouveau genere d'euglénacées (*Trachelomonas* Ehr. proparte). Archiv für Protistenkunde, 69: 551-614.

De Toni G B, Forti A. 1900. Contributo alla conoscenza del plancton del Lago Vetter. Atti del Reale Istituto Veneto di Scienze Lettero e Arti, 59 (2): 537-568.

Drezepolski R. 1921/22. Eugleniny wolno zyjace ze zbioru glonów podlaskich i litewskich de J. Grochmalickiego. Rozprawy i Wiadomosci z Muzeum im. Dzieduszyckich, 7/8: 1-17.

Ehrenberg C G. 1830. Beiträge zur Kenntnis der Organisation der Infusorien und ihrer geographischen Verbreitung, besonders in Sibirien. Abhandlungen der Königlichen Akademie der Wissenschaften zu Berlin, 1830: 1-88.

Ehrenberg C G. 1835. Dritter Beitrag zur Erkenntniss grosser Organisation in der Richtung des kleinsten Raumes. Abhandlungen der Königlichen Akademie der Wissenschaften zu Berlin: 145-336.

Ehrenberg C G. 1838. Die Infusionsthierchen als vollkommene Organismen: Ein Blick in das tiefere organische Leben der Natur. Leipzig: Verlag von Leopold Voss.

Flower R J. 2005. A taxonomic and ecological study of diatoms from freshwater habitats in the Falkland Islands, South Atlantic. Diatom Research, 20(1): 23-96.

Fritsch F E. 1902. Observations on species of Aphanochaete Braun. Annals of Botany, 16: 403-417.

Fritsch F E. 1914. Notes on British flagellates. I-IV. New Phytologist, 13(10): 341-352.

Fritsch F E, Rich F. 1929. Freshwater algae from Griqualand West. Transactions of the Royal Society of South Africa, 18: 1-123.

Fritsch F E. 1949. Contributions to our knowledge of British Algae. Hydrobiologia, 1(1): 115-125.

Gandhi H P. 1957. A contribution to our knowledge of the diatom genus *Pinnularia*. Journal of the Bombay Natural History Society, 54: 845-853.

Gardner N L. 1927. New Myxophyceae from Porto Rico. Memoirs of the New York Botanical Garden, 7: 1-144.

Gojdics M. 1953. The genus *Euglena*. Madison: University of Wisconsin Press.

Gomont M. 1892-1893. Monographie des Oscillariées (Nostocacées Homocystées). Deuxième partie. Lyngbyées. Annales des Sciences Naturelles, Botanique, Série 7, 16: 91-264.

Gregory W. 1854. Notice of the new forms and varieties of known forms occurring in the diatomaceous earth of Mull; with remarks on the classification of the Diatomaceae. Quarterly Journal of Microscopical Science, 2: 90-100.

Hariot P. 1891. Le genre Polycoccus Kützing. Journal de Botanique, 5: 29-32.

Heering W. 1914. Ulothrichales, Microsporales, Oedogoniales // Pascher A. Die Süsswasserflora Deutschlands, Österreich und der Schweiz. Vol. 6. Chlorophyceae III. Jena: Gustav Fischer.

Hieronymus G. 1892. Beiträge zur Morphologie und Biologie der Algen. Beiträge zur Biologie der Pflanzen, 5: 461-492.

Hilliard D K, Asmund B. 1963. Studies on Chrysophyceae from some ponds and lakes in Alaska, II. Hydrobiologia, 22(3): 331-397.

Hübner E F W. 1886. Euglenaceen-Flora von Stralsund. Programm des Realgymnasiums Stralsund: 1-20.

Hofmann G, Werum M, Lange-Bertalot H. 2013. Diatomeen im Süßwasser-Benthos von Mitteleuropa. Bestimmungs flora Kieselalgen für die ökologische Praxis. Über 700 der häufigsten Arten und ihre Ökologie. Königstein: Koeltz Scientific Books.

Hohn M H, Hellerman J. 1963. The taxonomy and structure of diatom populations from three eastern North American rivers using three sampling methods. Transactions of the American Microscopical Society, 82(3): 250-329.

Houk V, Klee R. 2004. The stelligeroid taxa of the genus *Cyclotella* (Kützing) Brébisson (Bacillariophyceae) and their transfer into the new genus *Discostella* gen. nov. Diatom Research, 19(2): 203-228.

Huber-Pestalozzi G. 1955. Das Phytoplankton des Süsswassers. Systematik und biologie. 4. Teil. Euglenophyceen // Thienemann A. Die Binnengewässer. Band 16, Teil 4. Stuttgart: E. Schweizerbart'sche Verlagsbuchhandlung (Nägele u. Obermiller): I-IX, 1-606.

Hustedt F. 1922. Die Bacillariaceen-Vegetation des Lunzer Seengebietes (Nieder-Österreich). Internationale Revue der gesamten Hydrobiologie und Hydrographie, 10(1-2): 40-270.

Hustedt F. 1937. Die Kieselalgen Deutschlands, Österreichs und der Schweiz unter Berücksichtigung der übrigen Länder Europas sowie der angrenzenden Meeresgebiete // Rabenhorsts L. Kryptogamen Flora von Deutschland, Österreich und der Schweiz. Bd. VII, Teil 2: Liefrung 5. Leipzig: Akademische Verlagsgesellschaft.

Hustedt F. 1942a. Aërophile Diatomeen in der nordwestdeutschen Flora. Berichte der Deutschen Botanischen Gesellschaft, 60(1): 55-73.

Hustedt F. 1942b. Diatomeen aus der Umgebung von Abisko in Schwedisch-Lappland. Archiv für Hydrobiologie, 39(1): 87-174.

Hustedt F. 1959. Die Kieselalgen Deutschlands, Österreichs und der Schweiz unter Berücksichtigung der übrigen Länder Europas sowie der angrenzenden Meeresgebiete // Rabenhorsts L. Kryptogamen Flora von Deutschland, Österreich und der Schweiz. Bd. VII, Teil 2: Liefrung 6. Leipzig: Akademische Verlagsgesellschaft.

Hustedt F. 1966. Die Kieselalgen Deutschlands, Österreichs und der Schweiz unter Berücksichtigung der übrigen Länder Europas sowie der angrenzenden Meeresgebiete // Rabenhorst L. Kryptogamen Flora von Deutschland, Österreich und der Schweiz. Bd. VII, Teil 3: Liefrung 4. Leipzig: Akademische Verlagsgesellschaft.

Jao C C. 1935. Studies on the freshwater Algae of China. I. Zygnemataceae from Szechwan, 6: 551-620.

Jao C C. 1939. Studies on the freshwater algae of China. IV. Subaerial and aquatic algae from Nanyoh, Hunan, 10: 161-239.

Jao C C. 1940. Studies on the freshwater algae of China. IV. Subaerial and aquatic algae from Nanyoh, Hunan, Part II, 11: 241-361.

Jao C C. 1944. Studies on the fresh-water algae of China. XIII. New Myxophyceae from Kwangsi, 15: 75-90.

Joseph H. 1902. Les Diatomées Fossiles d'Auvergne. Paris: Librarie des Sicences Naturelles.

Kahlert M, Kelly M G, Mann D G, et al. 2019. Connecting the morphological and molecular species concepts to facilitate species identification within the genus *Fragilaria* (Bacillariophyta). Journal of Phycology, 55(4): 948-970.

Klebes G. 1883. Über die orgenistion einiger Flagllaten Gruppen und ihre Beziehungen zu enderen Infusorien. Unters Bot Inst Tubingen, 1: 233- 262.

Kobayashi H. 1997. Comparative studies among four linear-lanceolate *Achnanthidium* species (Bacillariophyceae) with curved terminal raphe endings. Nova Hedwigia, 65(1-4): 147-164.

Kociolek J P, You Q M, Wang Q X, et al. 2015. Consideration of some interesting freshwater gomphonemoid diatoms from North America and China, and the description of *Gomphosinica*, gen. nov. Beih. Nova Hedwigia, 144: 175-198.

Koczwara M. 1915. Fitoplankton stawów dobrostanskich. Kosmos, 40: 231-275.

Komárek J. 1974. The morphology and taxonomy of crucigenoid algae (Scenedesmaceae, Chlcrococcales). Archiv für Protistenkunde, 116: 1-74.

Komárek J, Anagnostidis K. 1995. Nomenclatural novelties in chroococcalean cyanoprokaryotes. Preslia, Praha, 67: 15-23.

Kopalová K, Kociolk J P, Lowe R L, et al. 2015. Five new species of the genus *Humidophila* (Bacillariophyta) from the Maritime Antarctic Region. Diatom Research, 30(2): 117-131.

Korshikov A A. 1953. Viznachnik prisnovodnihk vodorostey Ukrainsykoi RSR V. Pidklas Protokokovi (Protococcineae). Bakuol'ni (Vacuolales) ta Protokokovi (Protococcales): 1-439.

Komárek J, Anagnostidis K. 2005. Cyanoprokaryota-2. Teil/2nd Part: Oscillatoriales // Budel B, Krienitz L, Gartner G, Schagel M. Süsswasserflora von Mitteleuropa. Berlin: Springer-Verlag: 1-759.

Komárek J, Fott B. 1983. Das Phytoplankton des Süßwassers 7, Teil 1, Hälfte. Chlorophyceae (Grünalgen) Ordnung: Chlorococcales, E. Schweizerbart'sche Verlagsbuchhandlung (Nägele u. Obermiller): 1044

Komárek J, Komáreková J. 2002. Review of the European *Microcustis*-morphospecies (Cyanoprokaryotes) from nature. Czech Phycology, Olomouc, 2:1-24.

Komárková J. 2010.Variability of Chroococcus (Cyanobacteria) morphospecies with regard to phylogenetic relationships. Hydrobiologia, 639(1): 69-83

Krammer K. 1997. Die cymbelloiden Diatomeen. Eine Monographie der weltweit bekannten Taxa. Teil 1. Allgemeines und Encyonema Part. Bibliotheca Diatomologica, 36: 1-382.

Krammer K. 2000. The genus Pinnularia // Lange-Bertalot H. Diatoms of Europe. Vol. 1. Diatoms of the European inland waters and comparable habitats. Ruggell: A.R.G. Gantner Verlag K.G.

Krammer K. 2002. *Cymbella* // Lange-Bertalot H. Diatoms of Europe. Vol. 3. Diatoms of the European inland waters and comparable habitats . Ruggell: A.R.G. Gantner Verlag K.G.

Krammer K. 2003. *Cymbopleura*, Delicata, Navicymbula, Gomphocymbellopsis, Afrocymbella // Lange-Bertalot H. Diatoms of Europe. Vol. 4. Diatoms of the European Inland waters and comparable habitats. Rugell: A.R.G. Gantner Verlag K.G.

Krammer K, Lange-Bertalot H. 1985. Naviculaceae Neue und wenig bekannte Taxa, neue Kombinationen und Synonyme sowie Bemerkungen zu einigen Gattungen. Bibliotheca Diatomologica, 9: 1-230.

Krammer K, Lange-Bertalot H. 1991. Bacillariophyceae. 4: Centrales, Fragilariaxeae, Eunotiaceae. Stuttgart: Gustav Fischer Verlag.

Krammer K, Lange-Bertalot H. 2004. Süßwasser flora von Mitteleuropa. Band 2. Bacillariophyceae. Teil 4: Acnanthaceae. Kritische Ergänzungen zu *Achnanthes* s.l., *Navicula* s. str., *Gomphonema*. Heidelberg & Berlin: Spektrum Akademischer Verlag.

Krasske G. 1939. Zur Kieselalgenflora Südchiles. Archiv für Hydrobiologie und Planktonkunde, Stuttgart, 35(3): 349-468.

Kristiansen J, Preisig H R. 2007. Chrysophyte and Haptophyte Alage, 2nd Part. Synurophyceae // Büdel B,

Gärtber G, Krienitz L, Preisig H R, Schagerl M. Süsswasserflora von Mitteleuropa 1/2. Berlin: Springer-Verlag.

Kulikovskiy M S, Lange-Bertalot H, Metzeltin D, et al. 2012. Lake Baikal: Hotspot of endemic diatoms // Lange-Bertalot H. Iconographia Diatomologica. Annotated Diatom Micrographs. Vol. 23. Stuttgart: J. Cramer in der Gebrüder Borntraeger Verlagsbuchhandlung.

Kützing F T. 1843. Phycologia generalisoder Anatomie, Physiologie und Systemkunde der Tange. Leipzig: F. A. Brockhaus.

Kützing F T. 1844. Die Kieselschaligen Bacillarien oder Diatomeen. Nordhausen: zu finden bei W. Köhne.

Kützing F T. 1845. Nordhausen: W. Köhne. Phycologia germanica, d. i. Deutschlands Algen in bündigen Beschreibungen. Nebst einer Anleitung zum Untersuchen und Bestimmen dieser Gewächse für Anfänger: 1-340.

Kützing F T. 1846. Nordhausen: Gedruckt auf kosten des Verfassers (in commission bei W. Köhne). Tabulae phycologicae; oder, Abbildungen der Tange. Vol. I, fasc. 1: 1-8.

Kützing F T. 1849. Species algarum. Lipsiae: F. A. Brockhaus.

Lagerheim G. 1883. Bidrag till Sveriges algflora. Öfversigt af Kongl. Vetenskaps-Akademiens Förhandlingar Arg, 40(2): 37-78.

Lamouroux J V, Bory de Saint-Vincent J B G M, Deslongchamps E. 1824. Encyclopédie méthodique ou par ordre de matières. Histoire naturelle des zoophytes, ou animaux rayonnés, faisant suite à l'histoire naturelle des vers de Bruguière. Paris: Mme veuve Agasse.

Lange-Bertalot H. 1976. Eine Revision zur Taxonomie der Nitzschiae lanceolatae Grunow. Die "klassischen" bis 1930 beschriebenen Süsswasserarten Europas. Nova Hedwigia, 28: 253-307.

Lange-Bertalot H. 1980. New species, combinations and synonyms in the genus Nitzschia. Bacillaria, 3: 41-77.

Lange-Bertalot H. 1980. Zur taxonomische Revision einiger ökologisch wichtiger "Naviculae lineolatae" Cleve. Die Formenkreise um *Navicula lanceolata*, *N. viridula*, *N. cari*. Cryptogamie, Algologie, 1(1): 29-50.

Lange-Bertalot H. 1997. *Frankophila*, *Mayamaea* und *Fistulifera*: Drei neue Gattungen der Klasse Bacillariophyceae. Archiv für Protistenkunde, 148(1-2): 65-76.

Lange-Bertalot H. 2001. *Navicula* sensu stricto. 10 Genera separated from *Navicula* sensu lato. *Frustulia*. // Lange-Bertalot H. Diatoms of Europe. Vol. 2. Diatoms of the European inland waters and comparable habitats. Ruggell: A.R.G. Gantner Verlag K.G.

Lange-Bertalot H, Bąk M, Witkowski A. 2011. *Eunotia* and some related genera // Lange-Bertalot H. Diatoms of Europe. Vol. 6. Diatoms of the European inland water and comparable habitats. Ruggell: A.R.G. Gantner Verlag K.G.

Lange-Bertalot H, Cavacini P, Tagliaventi N, et al. 2003. Diatoms of Sardinia. Rare and 76 new species in rock pools and other ephemeral waters // Lange-Bertalot H. Iconographia Diatomologica. Annotated Diatom Micrographs. Vol. 12. Stuttgart: J. Cramer in der Gebrüder Borntraeger Verlagsbuchhandlung.

Lange-Bertalot H, Hofmann G, Werum M, et al. 2017. Freshwater benthic diatoms of Central Europe: Over 800 common species used in ecological assessments. English edition with updated taxonomy and added species. Schmitten-Oberreifenberg: Koeltz Botanical Books.

Lange-Bertalot H, Genkal S I. 1999. Diatoms from Siberia I: Islands in the Arctic Ocean (Yugorsky-Shar Strait) Diatomeen aus Siberien. I. Insel im Arktischen Ozean (Yugorsky-Shar Strait). Iconographia Diatomologica 6: 1-271.

Lange-Bertalot H, Krammer K. 1989. *Achnanthes*, eine Monographie der Gattung mit Definition der Gattung *Cocconeis* und Nachträgen zu den Naviculaceae. Bibliotheca Diatomologica, 18: 393.

Lange-Bertalot H, Metzeltin D. 1996. Indicators of oligotrophy. 800 taxa representative of three ecologically distinct lake types, carbonate buffered-Oligodystrophic-weakly buffered soft water with 2428 figures on 125 plates. Oligotrophie-Indikatoren. 800 Taxa repräsentativ für drei diverse Seen- Typen: Kalkreich - Oligodystroph - Schwach gepuffertes Weichwasser mit 2428 Figuren auf 125 Tafeln // Lange-Bertalot H. Iconographia Diatomologica. Annotated Diatom Micrographs. Vol. 2. Diversity-Taxonomy-Geobotany.

Konigstein: Koeltz Scientific Books.

Lauterborn R. 1911. Pseudopodien bei Chrysopyxis. Zoologischer Anzeiger, 38: 46-51.

Lefèvre M. 1933. Contribution à la connaissance des Flagellés d'Indochine. Ann. Cryptogam. Exotique, 6(3/4): 258-264.

Lemmermann E. 1899. Ergebnisse einer Reise nach dem Pacific. (H. Schauinsland 1896/97). Abhandlungen herausgegeben vom Naturwissenschaftlichen zu Bremen, 16: 313-398.

Lemmermann E. 1900. Beiträge zur Kenntnis der Planktonalgen. III. Neue Schwebalgen aus der Umgegend von Berlin. Berichte der deutsche botanischen Gesellschaft, 18: 24-32.

Lemmermann E. 1901. Beiträge zur Kenntniss der Planktonalgen. XII. Notizen über einige Schwebealgen. XIII. Das Phytoplankton des Ryck und des Greifswalder Boddens. Berichte der deutsche botanischen Gesellschaft, 19: 85-95.

Lemmermann E. 1906. Über die von Herrn Dr. Walter Volz auf seiner Weltreise gesammelten Süsswasseralgen. Abhandlungen herausgegeben vom Naturwissenschaftlichen Verein zu Bremen, 18: 143-174.

Lemmermann E, Pascher A. 1913. Flagellatae II: Chrysomonadinae, Cryptomonadinae, Eugleninae, Chloromonadinae und gefärbte Flagellaten unsicherer Stellung // Pascher A. Die Süsswasserflora Deutschlands, Österreichs und der Schweiz. Jena: Verlag von Gustav Fischer.

Lemmermann E. 1914. Brandenburgische Algen. V. Eine neue, endophytisch lebende Calothrix. Abhandlungen herausgegeben vom Naturwissenschaftlichen Vereine zu Bremen, 23: 247-248.

Levkov Z. 2009. Amphora sensu lato // Lange-Bertalot H. Diatoms of Europe. Vol. 5. Diatoms of the European Inland Waters and Comparable Habitats. Ruggell: A.R.G. Gantner Verlag K.G.

Levkov Z, Ector L. 2010. A comparative study of Reimeria species (Bacillariophyceae). Nova Hedwigia, 90(3-4): 469-489.

Levkov Z, Krstic S, Metzeltin D, et al. 2007. Diatoms of Lakes Prespa and Ohrid, about 500 taxa from ancient lake system // Lange-Bertalot H. Iconographia Diatomologica. Annotated Diatom Micrographs. Vol. 16. Stuttgart: J. Cramer in der Gebrüder Borntraeger Verlagsbuchhandlung.

Liang H W. 1987. New Chroococcales (Cyanophyta) from Fujian Province. Journal of Fujian Normal University, 3(2): 84-90.

Linnaeus C. 1753. Species plantarum, exhibentes plantas rite cognitas, ad genera relatas, cum differentiis specificis, nominibus trivialibus, synonymis selectis, locis natalibus, secundum systema sexuale digestas. Holmiae [Stockholm]: Impensis Laurentii Salvii. Vol. 2: 561-1200.

Liu Q, Kociolek J P, You Q M, et al. 2017. The diatom genus Neidium Pfitzer (Bacillariophyceae) from Zoigê Wetland, China. Morphology, taxonomy, descriptions. Bibliotheca Diatomologica, 63: 1-120.

Liu Q, Li B, Wang Q. 2018. Muelleria pseudogibbula, a new species from a newly recorded genus (Bacillariophyceae) in China. Journal of Oceanology and Limnology, 36(2): 556-558.

Liu Y, Kociolek J P, Wang Q X, et al. 2018. The diatom genus Pinnularia from Great Xing'an Mountains, China. Bibliotheca Diatomologica, 65: 1-298.

Liu Y, Wang Z, Lin S, et al. 2013. Polyphasic characterization of Planktothrix spiroides sp. nov. (Oscillatoriales, Cyanobacteria), a freshwater bloom-forming alga superficially resembling Arthrospira. Phycologia, 52(4): 326-332.

Luo F, You Q M, Yu P, et al. 2019. Eunotia (Bacillariophyta) diversity from high altitude, freshwater habitats in the Mugecuo Scenic Area, Sichuan Province, China. Phytotaxa, 394(2): 133-147.

Manguin E. 1960. Les Diatomées de la Terre Adélie Campagne du Commandant Charcot 1949-1950. Annales des Sciences Naturelles, Botanique, Série. 12, 1(2): 223-363.

Mann D G, McDonald S M, Bayer M M, et al. 2004. The Sellaphora pupula species complex (Bacillariophyceae): morphometric analysis, ultrastructure and mating data provide evidence for five new species. Phycologia, 43(4): 459-482.

Marciniak B. 1982. Late glacial and Holocene new diatoms from a glacial lake Przedni Staw in the Piec Stawów Polskich Valley, Polish Tatra Mts. Acta Geologica, Academiae Scientiarum Hungariacae, 25(1-2): 161-171.

Matvienko A M. 1938. Materyiali do vivcheniya vodorostej URSR. I. Uchen. Zap. Kharkyiv. derzh. Unyiv, 14: 29-78.

Meister F. 1912. Die Kieselalgen der Schweiz. Beiträge zur Kryptogamenflora der Schweiz, 4/1: 1-254.

Meneghini G. 1840. Synopsis Desmidiearum hucusque cognitarum. Linnea, 14: 201-240.

Morales E A. 2005. Observations of the morphology of some known and new fragilarioid diatoms (Bacillariophyceae) from rivers in the USA. Phycological Research, 53(2): 113-133.

Morales E A. 2006. *Staurosira incerta* (Bacillariophyceae) a new fragilarioid taxon from freshwater systems in the United States with comments on the structure of girdle bands in *Staurosira* Ehrenberg and *Staurosirella* Williams et Round // Ognjanova-Rumenova N, Manoylov K. Advances in Phycological Studies. Festschrift in Honour of Prof. Dobrina Temniskova-Topalova. Sofia-Moscow: Pensoft Publishers, St. Kliment Ohridski University Press: 133-145.

Morales E A, Edlund M B. 2003. Studies in selected fragilarioid diatoms (Bacillariophyceae) from Lake Hovsgol, Mongolia. Phycological Research, 51(4): 225-239.

Morales E, Manoylov K M. 2006. Morphological studies on selected taxa in the genus *Staurosirella* Williams et Round (Bacillariophyceae) from rivers in North America. Diatom Research, 21(2): 343-364.

Morren C F A. 1830. Mémoire sur un végétal microscopique d'un nouveau genre, proposé sous le nom de Crucigénie, et sur un instrument que l'auteur nomme Microsoter, ou conservateur des petites choses. Annales des Sciences Naturelles, 20: 204-226.

Müller O F. 1788. De Confervis palustribus oculo nudo invisibilibus. Nova Acta Academiae Scientiarum Imperialis Petropolitanae, 3: 89-98.

Nägeli C. 1849. Gattungen einzelliger Algen, physiologisch und systematisch bearbeitet. Neue Denkschriften der Allg. Schweizerischen Gesellschaft für die Gesammten Naturwissenschaften, 10(7): 1-139.

Novis P M, Braidwood J, Kilroy C. 2012. Small diatoms (Bacillariophyta) in cultures from the Styx River, New Zealand, including descriptions of three new species. Phytotaxa, 64: 11-45.

Nygaard G. 1949. Hydrobiological studies on some Danish ponds and lakes II. Kong. Danske Videnskabernes Selskab Biologiske Skrifter, 7: 1-293

Nyman C. 1884. Örebro Sueciae: typis officinae Bohlinianae. Conspectus florae Europaeae: Seu Enumeratio methodica plantarum phanerogamarum Europae indigenarum, indicatio distributionis geographicae singularum etc. Supplementum, 1: 859-879.

Palmer T C. 1905. Delaware Valley forms of Trachelomonas. Proceedings of the Academy of Natural Sciences of Philadelphia, 57: 665-675.

Pang W, Zhuang J, Wang Q. 2019. Chrysophytes from the Great Xing'an Mountains, China. Nova Hedwigia, Beiheft, 148: 49-61.

Patrick R M, Reimer C W. 1966. The diatoms of the United States exclusive of Alaska and Hawaii. Volume 1: Fragilariaceae, Eunotiaceae, Achnanthaceae, Naviculaceae. Monographs of the Academy of Natural Sciences of Philadelphia, 13: 688.

Petersen J B. 1928. The aërial algae of Iceland // Rosenvinge LK, Warming E. The botany of Iceland. Vol. II. Part II. London: Aid of the carlsbrrg fund: 328-447.

Petersen J B. 1930. Algae from O. Olufsens' Second Danish Pamir Expedition 1898-99. Dansk Botanisk Arkiv, 6(6): 1-59.

Flayfair G I. 1915. The genus *Trachelomonas*. Proceedings of the Linnean Society of New South Wales, 40: 1-41.

Pochmann A. 1942. Synopsis der Gattung Phacus. Archiv für Protistenkunde, 95: 81-252.

Popova T G. 1955. Opredelitel' presnovodnykh vodorosley SSSR. Evglenovyye vodorosli. Moscow: Sovetskaya Nauka: 282.

Prescott G W, Croasdale H T, Vinyard W C. 1975. A Synopsis of North American Desmids. II, Desmidiaceae: Placodermae Section 1. Univ. Lincoln: Nebraska Press.

Prescott G W, Croasdale H T, Vinyard W C, et al. 1981. A Synopsis of North American Desmids. II, Desmidiaceae: Placodermae Section 3. Univ. Lincoln: Nebraska Press.

Prescott G W, de M Bicudo C E, Vinyard W C. 1982. A Synopsis of North American Desmids. II,

Desmidiaceae: Placodermae Section 4. Univ. Lincoln: Nebraska Press.

Pringsheim E G. 1956. Contributions towards a monograph of the genus *Euglena*. Nova Acta Leopoldiana, 18(125): 3-168.

Rabenhorst L. 1853. Die Süsswasser-Diatomaceen (Bacillarien.): für Freunde der Mikroskopie. Leipzig: Eduard Kummer.

Rabenhorst L. 1865. Flora europaea algarum aquae dulcis et submarinae. Sectio II. Algas phycochromaceas complectens. Lipsiae: Apud Eduardum Kummerum.

Rabenhorst L. 1868. Flora europaea algarum aquae dulcis et submarinae. Sectio III. Algae chlorophyllophyceas, melanophyceas et rhodophyceas complectens. Lipsiae: Apud Eduardum Kummerum.

Reichardt E. 1988. Neue Diatomeen aus Bayerischen und Nordtiroler Alpenseen. Diatom Research, 3(2): 237-244.

Reichardt E. 1997. Bermerkenswerte Diatomeenfunde aus Bayern. IV. Zwei neue Arten aus den Kleinen Ammerquellen. Berichte der Bayerischen Botanischen Gesellschaft (zur Erforschung der heimischen Flora), 68: 61-66.

Reichardt E. 1999. Zur Revision der Gattung *Gomphonema*. Die Arten um *G. affine/insigne*, *G. angustatum/micropus*, *G. acuminatum* sowie gomphonemoide Diatomeen aus dem Oberoligozän in Böhmen // Lange-Bertalot H. Iconographia Diatomologica. Annotated Diatom Micrographs. Vol. 8. Taxonomy-Biogeography-Diversity. Ruggell: A. R. G. Gantner Verlag K. G.

Reichardt E. 2008. *Gomphonema intermedium* Hustedt sowie drei neue, ähnliche Arten. Diatom Research, 23(1): 105-115.

Reichardt E, Lange-Bertalot H. 1990. *Fragilaria germanii*, eine zweite Fragilaria-Art mit diatomoiden Rippenstrukturen // Ricard M. Ouvrage dédié à la Mémoire du Professeur Henry Germain (1903-1989). Koenigstein: Koeltz Scientific Books: 203-209.

Reinsch P. 1867. Die Algenflora des mittleren Theiles von Franken (des Keupergebietes mit den angrenzenden Partien des jurassischen Gebietes) enthaltend die von Autor bis jetzt in diesen Gebieten beobachteten Süsswasseralgen und die Diagnosen und Abbildungen von ein und fünfzig vom Autor in diesen Gebiete entdeckten neuen Arten und drei neuen Gattungen. Nürnberg: Verlag von Wilhelm Schmid.

Rumrich U, Lange-Bertalot H, Rumrich M. 2000. Diatomeen der Anden von Venezuela bis Patagonien/ Feuerland und zwei weitere Beiträge. Diatoms of the Andes from Venezuela to Patagonia/Tierra del Fuego and two additional contributions // Lange-Bertalot H. Iconographia Diatomologica. Annotated Diatom Micrographs. Vol. 9. Stuttgart: J. Cramer in der Gebrüder Borntraeger Verlagsbuchhandlung.

Růžička J. 1977. Die Desmidiaceen Mitteleuropas. Band 1. 1. Lieferung. Stuttgart: E. Schweizerbart'sche Verlagsbuchhandlung.

Schmarda L K. 1846. Kleine Beiträge zur Naturgeschichte der Infusorien. Wein: Verlag der Carl Haas'schen Buchhanlung. I-VI: 61.

Schmidt A W F. 1875. Atlas der Diatomaceen-kunde. Series I: Heft 3. Aschersleben: Verlag von Ernst Schlegel: pls. 9-12.

Schmidt A W F. 1881. Atlas der Diatomaceen-kunde Series II: Heft 17. Aschersleben: Verlag von Ernst Schlegel und Buchdruchkerel: pls. 65-68.

Schmidt A W F. 1913. Atlas der Diatomaceen-kunde Series VI: Heft 72. Leipzig: O.R. Reisland: pls. 285-288.

Schoeman F R. 1970. Diatoms from the Orange Free State, South Africa, and Lesotho I // Gerlof J, Cholnoky J B. Diatomaceae II. Beihefte zur Nova Hedwigia, 31: 331-382.

Schoeman F R, Archibald R E M. 1986. Observations on *Amphora* species (Bacillariophyceae) in the British Museum (Natural History). V. Some species from the subgenus Amphora. S. Afr. J. Bot., 52: 425-437.

Skuja H. 1948. Taxonomie des Phytoplanktons einiger Seen in Uppland, Schweden. Symb Bot Upsal, 9: 1-399.

Skvortzow B W. 1919. Notes on the agriculture, botony and zoology of China XXX, On new flagelleta from Manchuria. J R Asiat Soc Shanghai, 50: 48-55.

Skvortzow B W. 1925. Die Euglenaceengattung Trachelomonas Ehr. Eine systematische Uebersicht, Aus der

Biol Sungari Station zu Harbin, 1: 1-101.

Skvortzow B W. 1928. Die Euglenaceengattung Phacus Dujardin. Eine systematische Übersicht. Berichte der deutsche botanischen Gesellschaft, 46: 105-125.

Skvortzow B W. 1937. Contributions to our knowledge of the freshwater algae of Rangoon, Burma, India. I Euglenaceae from Rangoon. Archiv für Protistenkunde, 90: 68-87.

Sovereign H E. 1958. The diatoms of Crater Lake, Oregon. Transactions of the American Microscopical Society, 77(2): 96-134.

Starmach K. 1985. Chrysophyceae und Haptophyceae // Ettl H, Gerloff J, Heynig H, et al. Süßwasser flora von Mitteleuropa 1. Stuttgart & New York: Springer Spektrum.

Stein F. 1878. Der Organismus der Infusionsthiere nach eigenen Forschungen in systematischer Reihenfolge bearbeitet III. Abtheilung. Die Naturgeschicnte der Flagellaten oder Geisselinfusorien. Mit 24 Küpfertaflen. I. Halfte, den noch nicht abgeschlossenen allgemeinen Theil nebst Erklärung der Sämmtlichen Abbildungen enthaltend. Leipzig: Verlag von Wilhelm Engelmann.

Stein F. 1878. Der Organismus der Infusorenthiere 3. Leipzig: Friedrich stein.

Stein F. 1883. Der Organismus der Infusionsthiere nach eigenen forschungen in systematischere Reihenfolge bearbeitet. III. Abtheilung. II. Hälfte die Naturgeschichte der Arthrodelen Flagellaten. Leipzig: Verlag von Wilhelm Engelmann.

Stokes A C. 1885. Notices of new fresh-water infusoria. IV. American Monthly Microscopical Journal, 6: 183-190.

Swirenko D O. 1914. Zur Kenntnis der russischen Algenflora. I. Die Euglenaceen Gattung Trachelomonas. Archiv für Hydrobiologie und Planktonkunde, 9: 630-647.

Thieneman A. 1938. Die Binnengewässer Einzeldarstellungen aus der Limnologie und ihren Nachlbargebieten. 1. Teil. Schweizerbart: E. Schweizerbart'sche Verlagsbuchhandlung: 342.

Uherkovich G. 1966. Die Scenedesmus-arten ungarns. Budapest: Akadémiai Kiadó: 173.

Utermöhl H. 1925. Limnologische Phytoplanktonstudien. Die Besiedelung ostholsteinischer Seen mit Schwebpflanzen: Mit 42 Textabbildungen und Kurventafel. Archiv für Hydrobiologie, Supplement 5: 1-527.

Van de Vijver B, Beyens L, Lange-Bertalot H. 2004. The genus *Stauroneis* in the Arctic and (Sub-) Antarctic Regions. Bibliotheca Diatomologica, 51: 1-317.

Wacklin P, Hoffmann L, Komárek J. 2009. Nomenclatural validation of the genetically revised cyanobacterial genus *Dolichospermum* (Ralfs ex Vornet et Flahault) comb. nova. Fottea, 9(1): 59-64.

West W. 1892. Algae of the English Lake District. Journal of the Royal Microscopical Society: 713-748.

West W, West G S. 1897. Welwitsch's African freshwater algae. Journal of Botany, British and Foreign, 35: 1-7, 33-42, 77-89, 113-122, 172-183, 235-243, 264-272, 297-304.

West W, West G S. 1898. Notes on freshwater algae. Journal of Botany, British and Foreign, 36: 330-338.

West W, West G S. 1908. A monograph of the British Desmidiaceae. III. London: The Ray Society: 274.

West W, West G S. 1912. On the periodicity of the phytoplankton of some British Lakes. Journal of the Linnean Society of London, Botany, 40: 395-432.

Wichmann L. 1937. Studien über die durch H-Stücken der membran ausgeseichneten gattungen Microspora, Binuclearia, Ulotrichopsis und Tribonema. Pflanzenforschung, 20: 11-110.

Wille N. 1884. Bidrag til Sydamerikas Algeflora. I-III. Bihang till Kongliga Svenska Vetenskaps-Akademiens Handlingar, 8(18): 1-64.

Williams D M, Round F E. 1986. Revision of the genus *Synedra* Ehrenb. Diatom Research, 1(2): 313-339.

Williams D M, Round F E. 1988. Revision of the genus *Fragilaria*. Diatom Research, 2: 267-288.

Wislouch S. 1914. Sur les Chrysomonadines des environs de Petrograd. J. Microbiol, 1: 251-278.

Wojtal A Z, Ector L, Van de Vijver B, et al. 2011. The *Achnanthidium minutissimum* complex (Bacillariophyceae) in southern Poland. Algological Studies, 136: 211-238.

Woronichin N N. 1923. Algae nonnullae novae e Caucaso. I. Botanicheskie Materialy Instituta Sporovykh Rastenij Glavnogo Botanicheskogo Sada R. S. F. S. R, 2: 97-100.

You Q, Wang Q, Kociolek J P. 2015. New *Gomphonema* Ehrenberg (Bacillariophyceae: Gomphonemataceae) species from Xinjiang Province, China. Diatom Research, 30(1): 1-12.

You Q M, Zhao K, Wang Y L, et al. 2021. Four new species of monoraphid diatoms from Western Sichuan Plateau in China. Phytotaxa, 479(3): 257-274.

Zidarova R, Kopalová K, Van de Vijver B. 2012. The genus *Pinnularia* (Bacillariophyta) excluding the section Distantes on Livingston Island (South Shetland Islands) with the description of twelve new taxa. Phytotaxa, 44: 11-37.

中文名索引

A

阿洛格裸藻　29
阿奇菱形藻　142
阿维角星鼓藻　62
埃尔金盘状藻　133
矮小异极藻　96
艾瑞菲格舟形藻　122
鞍型藻属　134
暗额藻属　109
凹顶鼓藻属　56
凹凸鼓藻近直角变种　58
奥尔萨克泥栖藻　118
澳洲微辐节羽纹藻　128

B

巴克豪森菱板藻　140
斑点鼓藻近斑点变种　60
斑纹鼓藻　61
半月形内丝藻北方变种　106
棒杆藻属　148
棒形羽纹藻　129
薄刺角星鼓藻　64
薄甲藻属　25
薄甲藻属未定种　25
薄壳管状藻　114
北方羽纹藻　128
北方羽纹藻岛变种　128
北方羽纹藻近头端变型　128
北极桥弯藻　100
被棘角星鼓藻　63
被甲栅藻　47
彼得森黄群藻　16
彼得森双壁藻　114
彼德森罗西藻　90
庇里牛斯曲丝藻　86
篦形脆杆藻　75
扁鼓藻　59

扁裸藻属　33
扁圆卵形藻　91
变化鞍型藻　135
变形异极藻　97
变形掌网藻　42
变异直链藻　71
标志细篦藻　125
滨海新月藻　55
冰刺短缝藻　84
柄裸藻属　30
并联藻属　40
波海密异极藻　93
波曲美壁藻　111
波特鼓藻　60
波纹羽纹藻　132
波缘鼓藻圆齿变种　58
波缘藻属　148
波状瑞氏藻　108
伯纳德氏纤维藻　39
不等角星鼓藻　63
不等弯肋藻　103
不等栅藻　47
不定凹顶鼓藻　57
不定十字脆杆藻　79
不规则单针藻　39
不规则微孢藻　49
布拉海双眉藻　98
布莱克福德鞍型藻　134
布列毕松异极藻　93
布列毕松羽纹藻　129
布氏小桩藻　38
布纹藻属　116

C

彩虹长篦藻　126
彩虹长篦藻平行变种　126
草鞋形波缘藻　148
侧新月藻　56

叉星鼓藻属　65
叉形角星鼓藻　63
颤藻科　8
颤藻目　8
颤藻属　8
长孢藻属　9
长贝尔塔内丝藻　105
长贝尔塔异极藻　95
长篦形藻属　124
长篦藻属　125
长柄小桩藻小型变种　38
长耳异极藻　93
长命菱板藻　141
长头异极藻　95
长形小桩藻　37
长羽藻属　148
超级帕卢多萨短缝藻　85
池生微孢藻　49
窗格平板藻　83
窗纹藻科　147
窗纹藻属　147
垂直金钟藻　15
刺鱼状裸藻　29
葱头囊裸藻　31
粗糙桥弯藻　100
粗肋藻属　82
簇生内丝藻　105
簇生平格藻　76
脆杆藻科　74
脆杆藻目　74
脆杆藻属　74

D

达奥内沙生藻　89
戴维西亚洞穴形藻　111
丹尼卡肘形藻　77
单刺黄管藻　21
单岐藻属　7

单针藻属　38
淡黄沙生藻　89
岛双菱藻　149
稻皮菱形藻　145
等杆藻属　81
等片藻属　80
迪尔菱形藻　143
点形平裂藻　4
碟星藻属　72
顶接鼓藻属　67
定日菱形藻　143
洞穴形藻属　111
短刺扁裸藻　33
短缝藻科　83
短缝藻目　83
短缝藻属　83
短喙长篦藻　127
短棘盘星藻　43
短棘盘星藻长角变种　43
短棘盘星藻穿孔变种　44
短角美壁藻　111
短头内丝藻　105
短纹假十字脆杆藻　78
短纹藻属　110
短线脆杆藻二凸变种　75
对称多棘鼓藻　66
钝脆杆藻　74
钝角盘星藻　44
钝泥栖藻　118
钝尾羽纹藻　132
楯形洞穴形藻　112
多变菱形藻　143
多刺栅藻　47
多棘鼓藻属　66
多甲藻科　25
多甲藻目　25
多甲藻属　25
多洛玛羽纹藻　130
多样菱形藻　143

E

蛾眉藻属　76
额雷菱形藻　143

厄氏斯卡藻　91
二齿短缝藻　84
二角盘星藻　44
二角盘星藻冠状变种　44
二体羽纹藻　128

F

法国拟内丝藻　107
繁杂辐节藻　138
方形鼓藻　60
方形十字藻　45
纺锤纤维藻　40
放射舟形藻　123
费拉扎菱形藻　144
丰富菱板藻　140
丰满毛枝藻　50
弗里克窗纹藻　147
辐节型鞍型藻　137
辐节藻属　137
附钟藻属　14
富曼蒂格形藻　113
腹面沙生藻　90

G

盖斯勒藻属　115
杆状长篦藻　125
杆状藻目　139
橄榄绿异纹藻　92
高尔夫曲丝藻　86
高山立方藻　5
高山菱形藻　142
高山桥弯藻　99
格莱维藻属　87
格里佛单针藻　39
格鲁诺藻属　147
格氏辐节藻　138
格形藻属　112
弓形喜湿藻　117
拱形长篦藻　125
沟链藻科　71
沟链藻属　71
沟状羽纹藻　131
钩刺叉星鼓藻　65

谷皮菱形藻　145
鼓藻科　53
鼓藻目　53
鼓藻属　57
寡盐海双眉藻　99
冠盘藻科　72
冠盘藻属　73
管状附钟藻　14
管状藻属　114
光滑鼓藻　59
光滑栅藻　46
光角星鼓藻　64
硅藻门　69

H

海链藻目　72
海双眉藻属　98
罕见黄管藻小型变种　21
汉茨菱形藻　145
汉茨桥弯藻　100
赫布里底群岛异极藻　95
赫迪中华异极藻　97
横断肋缝藻　115
厚壁黄丝藻　22
厚膜色球藻　4
弧形短缝藻　83
弧形蛾眉藻　76
弧形蛾眉藻两尖变种　76
湖南卵囊藻　41
湖生并联藻　40
湖生假鱼腥藻　8
湖生拟内丝藻　107
湖生四胞藻　48
湖生中华异极藻　97
湖沼色球藻优美变种　4
花湖长篦藻　128
华丽菱形藻　143
华美鼓藻　61
华美细齿藻　140
化石菱形藻　144
环状扇形藻　82
荒漠黄管藻　22
黄管藻科　21

黄管藻属 21
黄群藻纲 16
黄群藻科 16
黄群藻目 16
黄群藻属 16
黄丝藻科 22
黄丝藻目 22
黄丝藻属 22
黄团藻属 13
黄藻纲 21
黄藻门 19
灰海生双眉藻 98
灰岩双壁藻 113
绘制舟形藻 124
喙头舟形藻 123
喙状小桩藻 38
喙状新月藻 56
活跃菱板藻 141

J

畸形附钟藻 14
吉尔曼等杆藻 81
吉塞拉菱形藻 144
极长贝尔塔内丝藻 106
极美囊裸藻椭圆变种 31
极岐羽纹藻 129
极岐羽纹藻胡斯特变种 130
极锐新月藻 55
极温和盘状藻 133
极细小林藻 118
极细羽纹藻 131
极小格形藻 113
极小曲丝藻 86
极新月桥弯藻 101
急尖格形藻 112
急尖弯肋藻 103
棘刺囊裸藻 32
棘刺囊裸藻齿领变种 32
棘刺囊裸藻具冠变种 32
寄生假十字脆杆藻 78
甲藻纲 25
甲藻门 23
假披针形舟形藻 123

假曲解藻属 134
假十字脆杆藻属 78
假鱼腥藻科 8
假鱼腥藻属 8
假中间异极藻 96
尖布纹藻 116
尖端菱形藻 142
尖辐节藻 138
尖锐栅藻 46
尖细异极藻 93
尖细异极藻伯恩托克斯变种 93
尖形弯肋藻 103
尖形栅藻 46
尖肘形藻 77
渐窄盘杆藻 146
交互对生藻属 113
胶毛藻科 50
胶毛藻目 50
胶须藻科 7
胶须藻目 7
角星鼓藻属 62
较小短缝藻 85
节球藻属 10
结合双眉藻 98
金柄藻科 14
金瓶藻属 15
金藻纲 13
金藻门 11
金钟藻属 14
近爆裂脆杆藻 75
近长圆长篦藻 127
近膨胀缪氏藻 120
近前膨胀鼓藻格雷变种 60
近瞳孔鞍型藻 135
近弯羽纹藻 132
近缢缩假十字脆杆藻 78
近蛹形鞍型藻 137
近缘黄丝藻 22
近缘琳达藻 73
近缘桥弯藻 99
居氏腔球藻 5
矩圆囊裸藻 30

矩圆弯肋藻 104
巨颤藻 9
具棒囊裸藻 32
具棒囊裸藻具领变种 32
具节羽纹藻喙状变种 131
具粒角星鼓藻 64
具细尖暗额藻 109
具星碟星藻 72
聚盘星藻属 43
卷边羽纹藻 132

K

卡罗来纳异极藻 94
卡氏盖斯勒藻 115
卡氏格莱维藻 87
坎西尔鞍型藻 134
柯蒂长篦藻 126
科梅小环藻 72
科兹洛夫长篦藻 127
科兹洛夫长篦藻埃氏变种较大变型 127
科兹洛夫长念珠形变种 127
颗粒颤藻 8
颗粒沟链藻极狭变种 71
颗粒鼓藻 59
颗粒角星鼓藻 63
颗粒卵囊藻 40
颗粒泰林鼓藻 67
可赞赏泥栖藻 119
克拉姆拟内丝藻 107
克来斯鞍型藻 135
克罗顿脆杆藻 74
肯特长篦藻 127
空星藻科 45
空星藻属 45
库津细齿藻 140
库津新月藻 55
库斯伯鞍型藻 135
库特内辐节藻 139
宽带鼓藻厚变种 56
宽带鼓藻属 56

L

拉菲亚藻属 109

拉格赫姆异极藻　95
莱茵哈尔德舟形藻　123
蓝藻纲　3
蓝藻门　1
雷氏舟形藻　122
肋缝藻属　114
类橄榄绿异纹藻　92
类雪生泥栖藻　118
梨形扁裸藻　33
立方空星藻　45
立方藻属　5
荔波舟形藻　123
连结十字脆杆藻　79
联合马雅美藻　120
镰形美壁藻　111
镰形纤维藻　39
镰形纤维藻放射变种　39
两尖菱板藻　140
两栖菱形藻　142
两球盘状藻　132
裂开圆丝鼓藻　67
琳达藻属　73
鳞孔藻属　32
菱板藻属　140
菱形藻科　139
菱形藻属　141
瘤状凹顶鼓藻变狭变种　57
六角囊裸藻　31
隆顶栅藻　47
卵囊藻科　40
卵囊藻属　40
卵形鳞孔藻　33
卵形藻科　91
卵形藻属　91
卵形窄十字脆杆藻　80
卵圆双眉藻　98
罗西藻属　90
螺带黄丝藻　22
螺旋长孢藻　9
裸甲藻科　25
裸藻纲　29
裸藻科　29
裸藻门　27

裸藻目　29
裸藻属　29
绿球藻目　37
绿藻纲　37
绿藻门　35

M
马恩吉囊裸藻环纹变种　31
马特窄十字脆杆藻　80
马雅美藻属　119
曼奇恩扁裸藻　33
毛鞘藻属　51
毛鞘藻属未定种　51
毛枝藻属　50
梅尼鼓藻　58
美壁藻属　110
美丽鼓藻　61
美丽网球藻　43
蒙古鞍型藻　135
蒙古盖斯勒藻　116
蒙古弯肋藻　104
蒙提科拉弯肋藻　104
密刺囊裸藻　31
密集菱板藻　141
密集锥囊藻　13
密集锥囊藻环纹变种　13
密枝喜湿藻　117
模糊格形藻　112
模糊沟链藻　71
膜微孢藻　50
莫氏端缝藻　85
缪氏藻属　120

N
纳代科弯肋藻　104
囊壳藻纲　17
囊壳藻目　17
囊裸藻属　30
内丝藻属　105
内弯辐节藻　138
尼曼尼娜短缝藻　85
泥栖藻属　118
泥炭藓附钟藻　14

拟连结十字脆杆藻　80
拟内丝藻属　107
念珠藻科　9
念珠藻目　9
念珠藻属　9
念珠状等片藻　81
诺曼尼微肋藻　120

P
爬虫形喜湿藻　117
盘杆藻属　146
盘星藻属　43
盘状藻属　132
盘状栅藻　46
泡沫节球藻　10
佩拉加斯卡藻　91
膨大窗纹藻　147
膨胀色球藻　3
披针片状藻　88
披针形舟形藻　122
披针肘形藻　78
皮襟藻科　42
偏凸泥栖藻　119
片状藻属　88
漂流角星鼓藻　64
平板藻科　80
平板藻属　83
平顶顶接鼓藻　67
平凡舟形藻　124
平格藻属　76
平滑真卵形藻　87
平截盘状藻　134
平裂藻属　4
平面藻属　88
平片脆杆藻截形变种　75
平庸菱形藻　144
葡萄鼓藻　61
葡萄鼓藻隆起变种　62
葡萄藻　42
葡萄藻科　42
葡萄藻属　42
普通等片藻　81
普通肋缝藻　115

普通念珠藻 9
普通桥弯藻 102

Q

齐格勒片状藻 89
歧纹羽纹藻 129
浅波纹鼓藻矩形变型 59
腔球藻属 5
桥弯藻科 99
桥弯藻属 99
鞘藻科 51
鞘藻目 51
鞘藻属 51
鞘藻属未定种 51
清晰舟形藻 121
曲壳藻目 86
曲丝藻科 86
曲丝藻属 86
全光滑鞍型藻 135
泉生菱形藻 144
群生舟形藻 122

R

热苔桥弯藻 102
荣格羽纹藻 130
绒毛平板藻 83
柔嫩假曲解藻 134
柔弱脆杆藻 75
柔弱短缝藻 85
乳头状短缝藻 85
锐新月藻 53
锐新月藻长形变种 54
锐新月藻小形变种 54
瑞氏藻属 108

S

萨克森肋缝藻 115
三齿鞍型藻 137
三角形盘状藻 133
三角型内丝藻 106
色金藻科 13
色金藻目 13
色球藻科 3

色球藻目 3
色球藻属 3
沙生藻属 89
扇形藻属 82
舍恩菲尔德盖斯勒藻 116
伸长叉星鼓藻 66
伸展叉星鼓藻 66
肾形鼓藻 60
肾形藻属 41
省略琳达藻 73
虱形双眉藻 98
施罗西鞍型藻 136
施密斯辐节藻缺刻变种 139
施氏羽纹藻 132
十字脆杆藻科 78
十字脆杆藻属 79
十字藻属 45
石莼舟形藻 124
石南脆杆藻 74
实球藻 37
实球藻属 37
似树胞藻 17
似树胞藻科 17
似树胞藻属 17
似隐头状舟形藻 122
匙形黄管藻 21
鼠形窗纹藻 147
束球藻属 5
树状柄裸藻 30
双胞藻属 49
双壁藻属 113
双戟羽纹藻 129
双节十字脆杆藻 79
双结长篦形藻 124
双菱藻科 148
双菱藻属 149
双眉藻科 97
双眉藻属 97
双生双楔藻 92
双头辐节藻 137
双头长篦藻 126
双头舟形藻 121
双尾栅藻 47

双楔藻属 92
双星藻纲 52
双星藻科 52
双星藻目 52
双星藻属 52
双星藻属未定种 52
双须藻属 7
双眼鼓藻 58
双眼鼓藻扁变种 58
双月短缝藻 84
水绵属 52
水绵属未定种 52
水生卵囊藻 41
水网藻科 43
丝藻科 48
丝藻目 48
丝藻属 48
丝状短缝藻 84
斯卡藻属 91
斯库台娜桥弯藻 102
斯勒桥弯藻 100
四胞藻科 48
四胞藻目 48
四胞藻属 48
四角盘星藻 44
四角藻属 38
四尾栅藻 48
苏格兰沙生藻 90
梭形鼓藻属 53
索尔根格鲁诺藻 147

T

胎座交互对生藻 113
泰林鼓藻属 66
特纳凹顶鼓藻西藏变种 57
特平鼓藻 62
特平鼓藻拔翠变种 62
蹄形藻属 116
瞳孔鞍型藻 136
瞳孔鞍型藻头端变型 136
头端瑞氏藻 108
头端蹄形藻 116
头端异极藻 94

头状肘形藻 77
凸腹鞍型藻 137
图尔桥弯藻 102
吐丝状暗额藻 109
团藻科 37
团藻目 37
椭圆附钟藻 14
椭圆盘状藻 133
椭圆平面藻 88
椭圆双壁藻 114

W

弯棒杆藻 148
弯弓新月藻 54
弯肋藻属 103
弯曲真卵形藻 87
网孔藻属 78
网球藻科 42
网球藻属 42
微孢藻科 49
微孢藻属 49
微辐节羽纹藻 130
微肋藻属 120
微披针形异极藻 95
微细桥弯藻 101
微小罗西藻 90
微小内丝藻 106
微小双菱藻 149
微小小环藻 72
微小新月藻 55
微小异极藻 95
微小隐球藻 3
微小窄十字脆杆藻 80
韦斯拉桥弯藻 102
维多利亚盘杆藻 146
维克平面藻 88
维鲁米微肋藻 120
伪楯形洞穴形藻 112
伪卵圆双壁藻 114
伪弱小鼓藻 59
伪瞳孔鞍型藻 136
伪枝藻科 7
伪枝藻目 7

温和盘状藻线形变种 133
沃切里脆杆藻 75
沃切里脆杆藻椭圆变种 76

X

西比舟形藻 123
西博角星鼓藻 65
西博角星鼓藻伸长变种 65
西里西亚内丝藻 106
西蒙森桥弯藻 102
西藏辐节藻 139
溪生菱形藻 144
喜湿藻属 117
喜酸菱形藻 142
喜酸沙生藻 89
喜盐羽纹藻 130
细筐藻属 125
细长短缝藻 84
细长辐节藻 138
细长菱形藻 145
细长舟形藻 122
细齿藻属 139
细尖盘杆藻 146
细弱金瓶藻 15
细弱盘杆藻 146
细纹长篦藻 125
细小卵囊藻 41
细小平裂藻 4
细小四角藻 38
细小隐球藻密集变种 3
细柱马雅美藻 119
狭窄长篦藻 125
狭窄盘杆藻 146
纤维藻属 39
纤细等片藻 81
纤细角星鼓藻极瘦变种 64
纤细菱形藻 143
纤细曲丝藻 86
纤细异极藻 94
纤细异极藻缠结状变种 94
显点长篦藻 126
线形蛾眉藻 76
线形菱形藻 145

线形弯肋藻 104
线性双菱藻 149
相反平面藻 88
相似囊裸藻 31
相似丝藻 49
相似网孔藻 79
箱形桥弯藻 100
项圈新月藻 55
小刺栅藻 47
小丛藻 50
小丛藻属 50
小单岐藻 7
小钩马雅美藻 119
小冠盘藻 73
小环藻属 72
小喙长篦藻 127
小空星藻 45
小林藻属 117
小美壁藻 111
小片菱形藻 144
小球藻科 38
小十字羽纹藻长变种 131
小十字羽纹藻直变种 131
小双胞藻 49
小头端菱形藻 142
小头端菱形藻细喙变种 142
小头短纹藻 110
小头菱形藻 145
小头拟内丝藻 108
小形卵囊藻 41
小型黄管藻 21
小型黄丝藻 22
小型拉菲亚藻 109
小型异极藻极细变种 96
小异极藻 96
小桩藻科 37
小桩藻属 37
小足异极藻 96
楔形长篦藻 126
新巨大羽纹藻 131
新透明辐节藻 139
新细角桥弯藻 101
新箱形桥弯藻 101

新箱形桥弯藻月形变种　101
新月肾形藻　41
新月藻属　53
星状空星藻　45
旋折平裂藻　5
旋转黄团藻　13
旋转囊裸藻　30
旋转囊裸藻浮游变种　30

Y

亚头状鞍型藻　136
亚稳头拟内丝藻　108
亚洲肋缝藻　115
亚洲桥弯藻　99
延长等片藻　81
延伸弯肋藻　105
盐生颤藻　8
眼斑小环藻　72
腰带多甲藻　25
伊犁菱板藻　141
异极藻科　92
异极藻属　92
异菱藻属　110
异纹藻属　92
缢缩异极藻　94
隐晦鼓藻　57
隐名羽纹藻　130
隐闪丝藻　106
隐球藻属　3
隐柔弱舟形藻　121

隐头舟形藻　121
隐形等杆藻　82
优美长羽藻　148
羽纹纲　74
羽纹藻属　128
羽状窄十字脆杆藻　80
圆孢束球藻　5
圆孢束球藻心形变种　6
圆辐节藻　138
圆盘状网孔藻　79
圆丝鼓藻属　67
圆形扁裸藻　34
圆形聚盘星藻　43
圆柱囊裸藻　31
月形短缝藻　84

Z

杂球藻目　21
杂型拟内丝藻　107
藻殖段纲　7
栅藻科　45
栅藻属　46
窄十字脆杆藻属　80
窄双菱藻　149
窄异极藻中型变种　93
窄舟形藻　121
粘连色球藻　4
掌网藻属　42
蛰居金藻目　14
针形菱形藻　141

针状新月藻　54
真卵形藻属　87
直链科　71
直链藻目　71
直链藻属　71
指状梭形鼓藻　53
指状梭形鼓藻内格勒变种　53
中带鼓藻科　53
中华双须藻　7
中华异极藻属　97
中肋异菱藻　110
中狭脆杆藻　74
中狭羽纹藻　130
中心纲　71
中型粗肋藻　82
中型菱形藻　145
中型新月藻　54
中型新月藻冬季变种　55
舟形藻科　109
舟形藻目　109
舟形藻属　121
肘形藻科　77
肘状肘形藻　77
转板藻属　52
转板藻属未定种　52
锥囊藻科　13
锥囊藻属　13
锥状羽纹藻　129
紫心辐节藻　139
棕色裸藻　29

拉丁名索引

A

Achnanthales 86
Achnanthidiaceae 86
Achnanthidium 86
Achnanthidium caledonicum 86
Achnanthidium gracillimum 86
Achnanthidium minutissimum 86
Achnanthidium pyrenaicum 86
Adlafia 109
Adlafia minuscula 109
Amphora 97
Amphora copulata 98
Amphora ovalis 98
Amphora pediculus 98
Amphoraceae 97
Aneumastus 109
Aneumastus apiculatus 109
Aneumastus tusculus 109
Ankistrodesmus 39
Ankistrodesmus bernardii 39
Ankistrodesmus falcatus 39
Ankistrodesmus falcatus var. *radiatus* 39
Ankistrodesmus fusiformis 40
Anomoeoneis 110
Anomoeoneis costata 110
Aphanocapsa 3
Aphanocapsa delicatissima 3
Aphanocapsa elachista var. *conferta* 3
Aulacoseira 71
Aulacoseira ambigua 71
Aulacoseira granulata var. *angustissima* 71
Aulacoseiraceae 71

B

Bacillariales 139
Bacillariophyta 69
Bicosoecales 17

Bicosoecophyceae 17
Botryococcaceae 42
Botryococcus 42
Botryococcus braunii 42
Brachysira 110
Brachysira microcephala 110
Bulbochaete 51
Bulbochaete sp. 51

C

Caloneis 110
Caloneis falcifera 111
Caloneis silicula 111
Caloneis tenuis 111
Caloneis undosa 111
Cavinula 111
Cavinula davisiae 111
Cavinula pseudoscutiformis 112
Cavinula scutiformis 112
Centricae 71
Chaetophoraceae 50
Chaetophorales 50
Characiaceae 37
Characium 37
Characium brunnthalerii 38
Characium elongatum 37
Characium longipes var. *minor* 38
Characium rostractum 38
Chlorellaceae 38
Chlorococcales 37
Chlorophyceae 37
Chlorophyta 35
Chromulinaceae 13
Chromulinales 13
Chroococcaceae 3
Chroococcales 3
Chroococcus 3

Chroococcus cohaerens 4

Chroococcus limneticus var. elegans 4

Chroococcus turgidus 3

Chroococcus turicensis 4

Chrysophyceae 13

Chrysophyta 11

Chrysopyxis 14

Chrysopyxis ascendens 15

Closterium 53

Closterium acerosum 53

Closterium acerosum var. elongatum 54

Closterium acerosum var. minus 54

Closterium aciculare 54

Closterium incurvum 54

Closterium intermedium 54

Closterium intermedium var. hibemicum 55

Closterium kuetzingii 55

Closterium laterale 56

Closterium littorale 55

Closterium moniliforum 55

Closterium parvulum 55

Closterium peracerosum 55

Closterium rostratum 56

Cocconeidaceae 91

Cocconeis 91

Cocconeis placentula 91

Coelastruaceae 45

Coelastrum 45

Coelastrum astroideum 45

Coelastrum cubicum 45

Coelastrum microporum 45

Coelosphaerium 5

Coelosphaerium kuetzingianum 5

Colacium 30

Colacium arbuscula 30

Cosmarium 57

Cosmarium adoxum 57

Cosmarium bioculatum 58

Cosmarium bioculatum var. depressum 58

Cosmarium botrytis 61

Cosmarium botrytis var. gemmiferum 62

Cosmarium conspersum 61

Cosmarium depressum 59

Cosmarium formosulum 61

Cosmarium granatum 59

Cosmarium impressulum var. suborthogonum 58

Cosmarium laeve 59

Cosmarium meneghinii 58

Cosmarium portianum 60

Cosmarium pseudoexiguum 59

Cosmarium punctulatum var. subpunctulatum 60

Cosmarium quadratum 60

Cosmarium reniforme 60

Cosmarium repandum f. sexangulare 59

Cosmarium speciosum 61

Cosmarium subprotumidum var. gregorii 60

Cosmarium turpinii 62

Cosmarium turpinii var. eximium 62

Cosmarium undulatum var. crenulatum 58

Craticula 112

Craticula ambigua 112

Craticula cuspidata 112

Craticula fumantii 113

Craticula minusculoides 113

Crucigenia 45

Crucigenia rectangularis 45

Cyanophyceae 3

Cyanophyta 1

Cyclotella 72

Cyclotella comensis 72

Cyclotella minuscula 72

Cyclotella ocellata 72

Cymatopleura 148

Cymatopleura solea 148

Cymbella 99

Cymbella affinis 99

Cymbella alpestris 99

Cymbella arctica 100

Cymbella asiatica 99

Cymbella aspera 100

Cymbella cistula 100

Cymbella cosleyi 100

Cymbella hantzschiana 100

Cymbella neocistula 101

Cymbella neocistula var. lunata 101

Cymbella neoleptoceros 101

Cymbella parva　101

Cymbella percymbiformis　101

Cymbella scutariana　102

Cymbella simonsenii　102

Cymbella tropica　102

Cymbella tuulensis　102

Cymbella vulgata　102

Cymbella weslawskii　102

Cymbellaceae　99

Cymbopleura　103

Cymbopleura apiculata　103

Cymbopleura cuspidata　103

Cymbopleura inaequalis　103

Cymbopleura linearis　104

Cymbopleura mongolica　104

Cymbopleura monticula　104

Cymbopleura nadejdae　104

Cymbopleura oblongata　104

Cymbopleura perprocera　105

D

Decussata　113

Decussata placenta　113

Denticula　139

Denticula elegans　140

Denticula kuetzingii　140

Desmidiaceae　53

Desmidiales　53

Diatoma　80

Diatoma elongata　81

Diatoma moniliformis　81

Diatoma tenuis　81

Diatoma vulgaris　81

Dichothrix　7

Dichothrix sinensis　7

Dictyosphaeraceae　42

Dictyosphaerium　42

Dictyosphaerium pulchellum　43

Didymosphenia　92

Didymosphenia geminata　92

Dinobryaceae　13

Dinobryon　13

Dinobryon sertularia　13

Dinobryon sertularia var. *annulatum*　13

Dinophyceae　25

Dinophyta　23

Diploneis　113

Diploneis calcicolafrequens　113

Diploneis elliptica　114

Diploneis petersenii　114

Diploneis pseudoovalis　114

Discostella　72

Discostella stelligera　72

Distrionella　81

Distrionella germainii　81

Distrionella incognita　82

Dolichospermum　9

Dolichospermum spiroides　9

E

Encyonema　105

Encyonema brevicapitatum　105

Encyonema cespitosum　105

Encyonema lange-bertalotii　105

Encyonema latens　106

Encyonema lunatum var. *boreale*　106

Encyonema minutum　106

Encyonema perlangebertalotii　106

Encyonema silesiacum　106

Encyonema trianguliforme　106

Encyonopsis　107

Encyonopsis descriptiformis　107

Encyonopsis falaisensis　107

Encyonopsis lacusalpini　107

Encyonopsis microcephala　108

Encyonopsis subcryptocephala　108

Encyonopsis krammeri　107

Epipyxis　14

Epipyxis deformans　14

Epipyxis sphagnicola　14

Epipyxis tubulosa　14

Epipyxis utriculus　14

Epithemia　147

Epithemia frickei　147

Epithemia sorex　147

Epithemia turgida　147

Epithemiaceae   147

Euastrum   56

Euastrum dubium   57

Euastrum turnerii var. *tibeticum*   57

Euastrum verrucosum var. *coarctatum*   57

Eucapsis   5

Eucapsis alpina   5

Eucocconeis   87

Eucocconeis flexella   87

Eucocconeis laevis   87

Euglena   29

Euglena allorgei   29

Euglena fusca   29

Euglena gasterosteus   29

Euglenaceae   29

Euglenales   29

Euglenophyceae   29

Euglenophyta   27

Eunotia   83

Eunotia arcus   83

Eunotia bidens   84

Eunotia bilunaris   84

Eunotia filiformis   84

Eunotia glacialispinosa   84

Eunotia lunaris   84

Eunotia minor   85

Eunotia monnieri   85

Eunotia nymanniana   85

Eunotia papilio   85

Eunotia superpaludosa   85

Eunotia tenella   85

Eunotia groenlandica   84

Eunotiaceae   83

Eunotiales   83

F

Fistulifera   114

Fistulifera pelliculosa   114

Fragilaria   74

Fragilaria brevistriata var. *bigibba*   75

Fragilaria capucina   74

Fragilaria crotonensis   74

Fragilaria heatherae   74

Fragilaria mesolepta   74

Fragilaria pararumpens   75

Fragilaria pectinalis   75

Fragilaria tabulata var. *truncata*   75

Fragilaria tenera   75

Fragilaria vaucheriae   75

Fragilaria vaucheriae var. *elliptica*   76

Fragilariaceae   74

Fragilariales   74

Frustulia   114

Frustulia asiatica   115

Frustulia hengduanensis   115

Frustulia saxonica   115

Frustulia vulgaris   115

G

Geissleria   115

Geissleria cummerowii   115

Geissleria mongolica   116

Geissleria schoenfeldii   116

Geminella   49

Geminella minor   49

Glenodinium   25

Glenodinium sp.   25

Gliwiczia   87

Gliwiczia calcar   87

Gomphonella   92

Gomphonella olivacea   92

Gomphonella olivaceoides   92

Gomphonema   92

Gomphonema acuminatum   93

Gomphonema acuminatum var. *pantocsekii*   93

Gomphonema angustatum var. *intermedium*   93

Gomphonema auritum   93

Gomphonema bohemicum   93

Gomphonema brebissonii   93

Gomphonema capitatum   94

Gomphonema carolinense   94

Gomphonema constrictum   94

Gomphonema gracile   94

Gomphonema gracile var. *intricatiforme*   94

Gomphonema hebridense   95

Gomphonema lagerheimii   95

Gomphonema lange-bertalotii 95
Gomphonema longiceps 95
Gomphonema microlanceolatum 95
Gomphonema micropus 96
Gomphonema parvulis 96
Gomphonema parvulum var. *exilissimum* 96
Gomphonema pseudointermedium 96
Gomphonema pusillum 95
Gomphonema pygmaeoides 96
Gomphonema variscohercynicum 97
Gomphonemataceae 92
Gomphosinica 97
Gomphosinica hedinii 97
Gomphosinica lacustris 97
Gomphosphaeria 5
Gomphosphaeria aponina 5
Gomphosphaeria aponina var. *cordiformis* 6
Grunowia 147
Grunowia solgensis 147
Gymnodiniaceae 25
Gyrosigma 116
Gyrosigma acuminatum 116

H

Halamphora 98
Halamphora bullatoides 98
Halamphora oligotraphenta 99
Halamphora sabiniana 98
Hannaea 76
Hannaea arcus 76
Hannaea arcus var. *amphioxys* 76
Hannaea linearis 76
Hantzschia 140
Hantzschia abundans 140
Hantzschia amphioxys 140
Hantzschia barckhausenii 140
Hantzschia compacta 141
Hantzschia vivacior 141
Hantzschia vivax 141
Hantzschia yili 141
Hibberdiales 14
Hippodonta 116
Hippodonta capitata 116

Hormogonophyceae 7
Hormotilaceae 42
Humidophila 117
Humidophila arcuatoides 117
Humidophila implicata 117
Humidophila sceppacuerciae 117
Hyalotheca 67
Hyalotheca dissiliens 67
Hydrodictyaceae 43

K

Kobayasiella 117
Kobayasiella subtilissima 118

L

Lagynion 15
Lagynion delicatulum 15
Lepocinclis 32
Lepocinclis ovum 33
Lindavia 73
Lindavia affinis 73
Lindavia praetermissa 73
Luticola 118
Luticola mutica 118
Luticola nivaloides 118
Luticola olegsakharovii 118
Luticola plausibilis 119
Luticola ventricosa 119

M

Mayamaea 119
Mayamaea asellus 120
Mayamaea atomus 119
Mayamaea fossalis 119
Melosira 71
Melosira varians 71
Melosiraceae 71
Melosirales 71
Meridion 82
Meridion circulare 82
Merismopedia 4
Merismopedia convoluta 5
Merismopedia minima 4

Merismopedia punctata　4

Mesotaeniaceae　53

Microcostatus　120

Microcostatus naumannii　120

Microcostatus werumii　120

Microspora　49

Microspora irregularis　49

Microspora membranacea　50

Microspora stagnorum　49

Microsporaceae　49

Microthamnion　50

Microthamnion kuetzingianum　50

Mischococcales　21

Monoraphidium　38

Monoraphidium griffithii　39

Monoraphidium irregulare　39

Mougeotia　52

Mougeotia sp.　52

Muelleria　120

Muelleria pseudogibbula　120

N

Navicula　121

Navicula amphiceropsis　121

Navicula angusta　121

Navicula chiarae　121

Navicula cryptocephala　121

Navicula cryptotenella　121

Navicula cryptotenelloides　122

Navicula erifuga　122

Navicula exilis　122

Navicula gregaria　122

Navicula lanceolata　122

Navicula leistikowii　122

Navicula libonensis　123

Navicula pseudolanceolata　123

Navicula radiosa　123

Navicula reinhardtii　123

Navicula rhynchocephala　123

Navicula seibigiana　123

Navicula trivialis　124

Navicula tsetsegmaae　124

Navicula ulvacea　124

Naviculaceae　109

Naviculales　109

Neidiomorpha　124

Neidiomorpha binodis　124

Neidiopsis　125

Neidiopsis vekhovii　125

Neidium　125

Neidium affine　125

Neidium angustatum　125

Neidium bacillum　125

Neidium convexum　125

Neidium cuneatiforme　126

Neidium curtihamatum　126

Neidium dicephalum　126

Neidium distinctepunctatum　126

Neidium iridis　126

Neidium iridis var. *paralelum*　126

Neidium khentiiense　127

Neidium kozlowi　127

Neidium kozlowi var. *elpativskyi* f. *majorius*　127

Neidium kozlowi var. *moniliforme*　127

Neidium lacusflorum　128

Neidium rostellatum　127

Neidium rostratum　127

Neidium suboblongum　127

Nephrocytium　41

Nephrocytium lunatum　41

Netrium　53

Netrium digitus　53

Netrium digitus var. *naegelii*　53

Nitzschia　141

Nitzschia acicularis　141

Nitzschia acidoclinata　142

Nitzschia acula　142

Nitzschia alpina　142

Nitzschia amphibia　142

Nitzschia archibaldii　142

Nitzschia capitellata　142

Nitzschia capitellata var. *tenuirostris*　142

Nitzschia commutata　143

Nitzschia dealpina　143

Nitzschia dingrica　143

Nitzschia diversa　143

Nitzschia eglei 143

Nitzschia elegantula 143

Nitzschia exilis 143

Nitzschia ferrazae 144

Nitzschia fonticola 144

Nitzschia fonticoloides 144

Nitzschia fossilis 144

Nitzschia frustulum 144

Nitzschia gisela 144

Nitzschia gracilis 145

Nitzschia hantzschiana 145

Nitzschia inconspicua 144

Nitzschia intermedia 145

Nitzschia linearis 145

Nitzschia microcephala 145

Nitzschia palea 145

Nitzschia paleacea 145

Nitzschiaceae 139

Nodularia 10

Nodularia spumigena 10

Nostoc 9

Nostoc commune 9

Nostocaceae 9

Nostocales 9

O

Odontidium 82

Odontidium mesodon 82

Oedogoniaceae 51

Oedogoniales 51

Oedogonium 51

Oedogonium sp. 51

Oocystaceae 40

Oocystis 40

Oocystis granulata 40

Oocystis hunanensis 41

Oocystis parva 41

Oocystis pusilla 41

Oocystis submarina 41

Ophiocytiaceae 21

Ophiocytium 21

Ophiocytium cochleare 21

Ophiocytium desertum 22

Ophiocytium lagerheimii 21

Ophiocytium maius var. *minor* 21

Ophiocytium parvulum 21

Oscillatoria 8

Oscillatoria granulata 8

Oscillatoria limnetica 8

Oscillatoria princeps 9

Oscillatoriaceae 8

Oscillatoriales 8

P

Palmadictyon 42

Palmodictyon varium 42

Pandorina 37

Pandorina morum 37

Pediastrum 43

Pediastrum boryanum 43

Pediastrum boryanum var. *longicorne* 43

Pediastrum boryanum var. *perforatum* 44

Pediastrum duplex 44

Pediastrum duplex var. *coronatum* 44

Pediastrum obtusum 44

Pediastrum tetras 44

Pennatae 74

Peridiniaceae 25

Peridiniales 25

Peridinium 25

Peridinium cinctum 25

Phacus 33

Phacus brachykentron 33

Phacus manginii 33

Phacus orbicularis 34

Phacus pyrum 33

Pinnularia 128

Pinnularia australomicrostauron 128

Pinnularia biclavata 128

Pinnularia bihastata 129

Pinnularia borealis 128

Pinnularia borealis f. *subcapitata* 128

Pinnularia borealis var. *islandica* 128

Pinnularia brebissonii 129

Pinnularia clavata 129

Pinnularia conica 129

Pinnularia divergens　129

Pinnularia divergentissima　129

Pinnularia divergentissima var. *hustedtiana*　130

Pinnularia doloma　130

Pinnularia halophila　130

Pinnularia incognita　130

Pinnularia jungii　130

Pinnularia mesolepta　130

Pinnularia microstauron　130

Pinnularia neomajor　131

Pinnularia nodosa var. *robusta*　131

Pinnularia perspicua　131

Pinnularia pisciculus　131

Pinnularia schoenfelderi　132

Pinnularia septentrionalis　132

Pinnularia stauroptera var. *longa*　131

Pinnularia stauroptera var. *recta*　131

Pinnularia subgibba　132

Pinnularia undulata　132

Pinnularia viridis　132

Placoneis　132

Placoneis amphibola　132

Placoneis clementioides　133

Placoneis clementis var. *linearis*　133

Placoneis deltoides　133

Placoneis elginensis　133

Placoneis elliptica　133

Placoneis explanata　134

Plarothidium　88

Plarothidium biporomum　88

Plarothidium ellipticum　88

Plarothidium victorii　88

Platessa　88

Platessa lanceolata　88

Platessa ziegleri　89

Pleurotaenium　56

Pleurotaenium trabecula var. *crassum*　56

Psammothidium　89

Psammothidium acidoclinatum　89

Psammothidium daonense　89

Psammothidium helveticum　89

Psammothidium scoticum　90

Psammothidium ventralis　90

Pseudanabaena　8

Pseudanabaena limnetica　8

Pseudanabaenaceae　8

Pseudodendromonadaceae　17

Pseudodendromonas　17

Pseudodendromonas vlkii　17

Pseudofallacia　134

Pseudofallacia tenera　134

Pseudostaurosira　78

Pseudostaurosira brevistriata　78

Pseudostaurosira parasitica　78

Pseudostaurosira subconstricta　78

Punctastriata　78

Punctastriata discoidea　79

Punctastriata mimetica　79

Q

Quadrigula　40

Quadrigula lacustris　40

R

Reimeria　108

Reimeria capitata　108

Reimeria sinuata　108

Rhopalodia　148

Rhopalodia gibba　148

Rivulariaceae　7

Rivulariales　7

Rossithidium　90

Rossithidium petersenii　90

Rossithidium pusillum　90

S

Scenedesmaceae　45

Scenedesmus　46

Scenedesmus acutiformis　46

Scenedesmus acutus　46

Scenedesmus armatus　47

Scenedesmus bicaudatus　47

Scenedesmus disciformis　46

Scenedesmus dispar　47

Scenedesmus ecornis　46

Scenedesmus microspina　47

Scenedesmus protuberans　47

Scenedesmus quadricauda　48

Scenedesmus spinosus   47

Scytonemataceae   7

Scytonematales   7

Sellaphora   134

Sellaphora blackfordensis   134

Sellaphora khangalis   134

Sellaphora kretschmeri   135

Sellaphora kusberi   135

Sellaphora mongolocollegarum   135

Sellaphora mutatoides   135

Sellaphora parapupula   135

Sellaphora perlaevissima   135

Sellaphora perobesa   136

Sellaphora pupula   136

Sellaphora pupula f. *capitata*   136

Sellaphora schrothiana   136

Sellaphora stauroneioides   137

Sellaphora subnympharum   137

Sellaphora tridentula   137

Sellaphora ventraloides   137

Sellaphora pseudopupula   136

Skabitschewskia   91

Skabitschewskia peragalloi   91

Skabitschewskia oestrupii   91

Soropediastrum   43

Soropediastrum rotundatum   43

Spirogyra   52

Spirogyra sp.   52

Spondylosium   67

Spondylosium planum   67

Staurastrum   62

Staurastrum avicula   62

Staurastrum dispar   63

Staurastrum erasum   63

Staurastrum furcigerum   63

Staurastrum gracile var. *teunissima*   64

Staurastrum granulosum   64

Staurastrum leptacanthum   64

Staurastrum muticum   64

Staurastrum pelagicum   64

Staurastrum punctulatum   63

Staurastrum sebaldi   65

Staurastrum sebaldi var. *productum*   65

Staurodesmus   65

Staurodesmus curvirostris   65

Staurodesmus extensus   66

Staurodesmus patens   66

Stauroneis   137

Stauroneis acuta   138

Stauroneis anceps   137

Stauroneis circumborealis   138

Stauroneis gracilis   138

Stauroneis gremmenii   138

Stauroneis incurvata   138

Stauroneis intricans   138

Stauroneis kootenai   139

Stauroneis neohyalina   139

Stauroneis phoenicenteron   139

Stauroneis smithii var. *incisa*   139

Stauroneis tibetica   139

Staurosira   79

Staurosira binodis   79

Staurosira construens   79

Staurosira incerta   79

Staurosira pseudoconstruens   80

Staurosiraceae   78

Staurosirella   80

Staurosirella martyi   80

Staurosirella minuta   80

Staurosirella ovata   80

Staurosirella pinnata   80

Stenopterobia   148

Stenopterobia delicatissima   148

Stephanodiscaceae   72

Stephanodiscus   73

Stephanodiscus minutulus   73

Stigeoclonium   50

Stigeoclonium farctum   50

Stylococcaceae   14

Surirella   149

Surirella angusta   149

Surirella islandica   149

Surirella linearis   149

Surirella minuta   149

Surirellaceae   148

Synura   16

Synura petersenii 16

Synuraceae 16

Synurales 16

Synurophyceae 16

T

Tabellaria 83

Tabellaria fenestrata 83

Tabellaria flocculosa 83

Tabellariaceae 80

Tabularia 76

Tabularia fasciculata 76

Teilingia 66

Teilingia granulata 67

Tetraedron 38

Tetraedron minimum 38

Tetraspora 48

Tetraspora lacustris 48

Tetrasporaceae 48

Tetrasporales 48

Thalassiosirales 72

Tolypothrix 7

Tolypothrix tenuis 7

Trachelomonas 30

Trachelomonas allia 31

Trachelomonas bacillifera 32

Trachelomonas bacillifera var. *collifera* 32

Trachelomonas cylindrica 31

Trachelomonas hexangulata 31

Trachelomonas hispida 32

Trachelomonas hispida var. *coronata* 32

Trachelomonas hispida var. *crenulatocollis* 32

Trachelomonas manginii var. *annulata* 31

Trachelomonas oblonga 30

Trachelomonas pulcherrima var. *ovalis* 31

Trachelomonas similis 31

Trachelomonas sydneyensis 31

Trachelomonas volvocina 30

Trachelomonas volvocina var. *planktonica* 30

Tribonema 22

Tribonema affine 22

Tribonema minus 22

Tribonema pachydermum 22

Tribonema spirotaenia 22

Tribonemataceae 22

Tribonematales 22

Tryblionella 146

Tryblionella angustata 146

Tryblionella angustatula 146

Tryblionella apiculata 146

Tryblionella debilis 146

Tryblionella victoriae 146

U

Ulnaria 77

Ulnaria acus 77

Ulnaria capitata 77

Ulnaria danica 77

Ulnaria lanceolata 78

Ulnaria ulna 77

Ulothricales 48

Ulothrix 48

Ulothrix aequalis 49

Ulotrichaceae 48

Uroglena 13

Uroglena volvox 13

V

Volvocaceae 37

Volvocales 37

X

Xanthidium 66

Xanthidium antilopaeum 66

Xanthophyceae 21

Xanthophyta 19

Zygnema 52

Zygnema sp. 52

Zygnemataceae 52

Zygnematales 52

Zygnematophyceae 52

图　　版

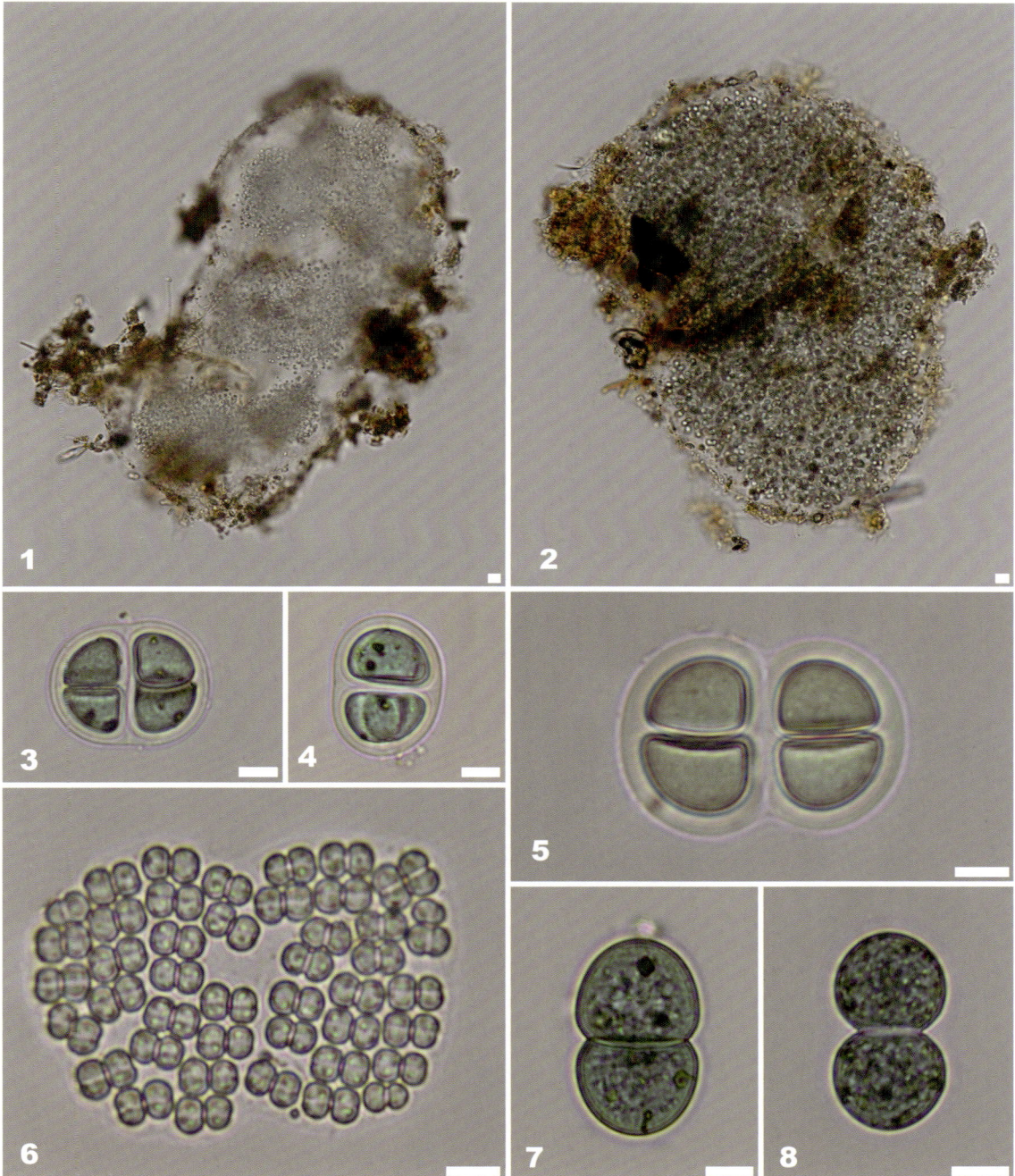

1. 微小隐球藻 *Aphanocapsa delicatissima* West et West; 2. 细小隐球藻密集变种 *Aphanocapsa elachista* var. *conferta* West et West; 3-4. 膨胀色球藻 *Chroococus turgidus* (Kützing) Nägeli; 5. 厚膜色球藻 *Chroococcus turicensis* (Nägeli) Hansgirg. 6. 粘连色球藻 *Chroococcus cohaerens* (Brébisson) Nägeli; 7-8. 湖沼色球藻优美变种 *Chroococcus limneticus* var. *elegans* Smith

注：图版中未标注数据的标尺均为 10 μm，下同。

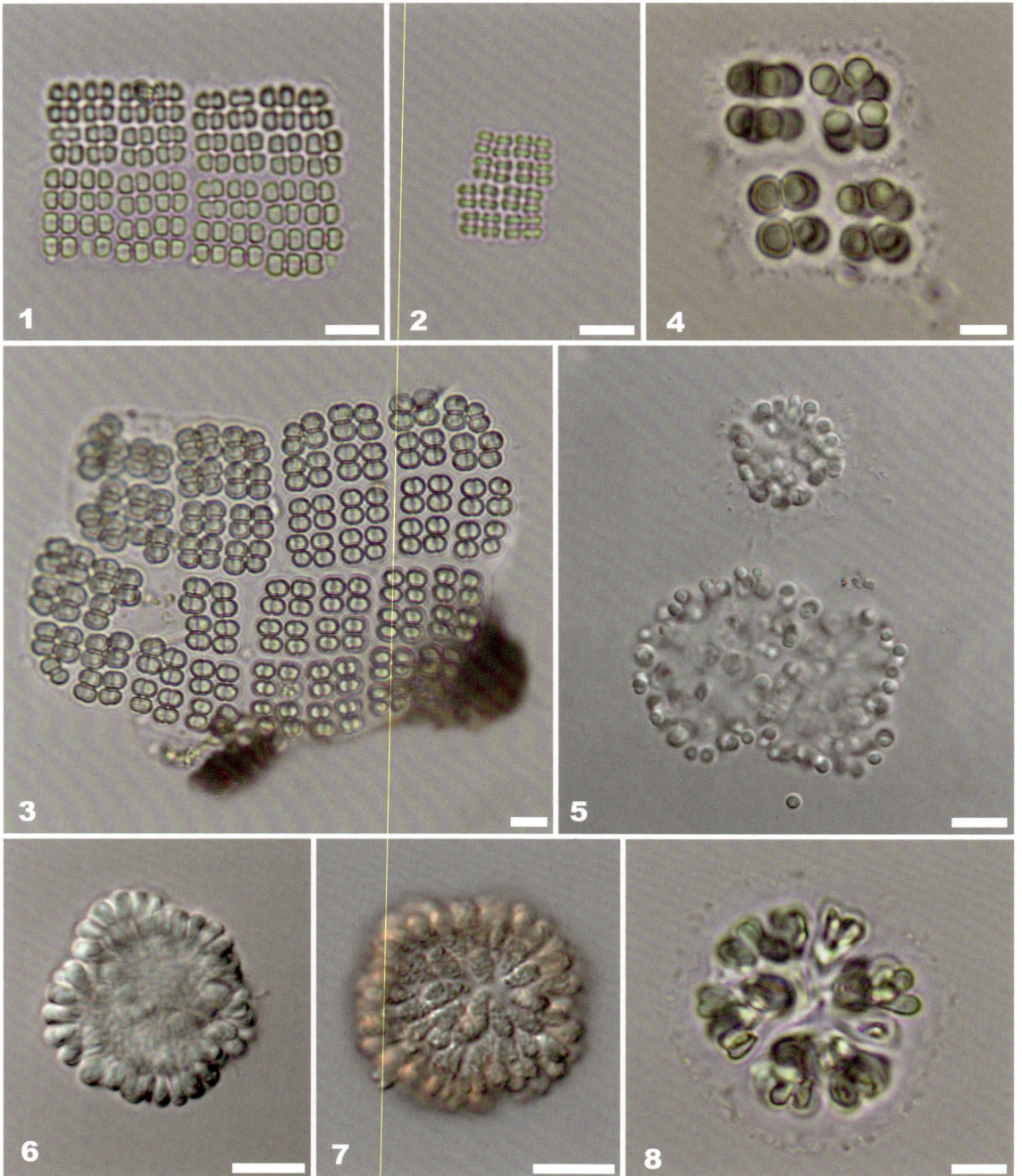

1. 点形平裂藻 *Merismopedia punctata* Meyen; 2. 细小平裂藻 *Merismopedia minima* Beck; 3. 旋折平裂藻 *Merismopedia convoluta* Brébisson ex Kützing; 4. 高山立方藻 *Eucapsis alpina* Clements et Shantz; 5. 居氏腔球藻 *Coelosphaerium kuetzingianum* Nägeli; 6-7. 圆孢束球藻 *Gomphosphaeria aponina* Kützing; 8. 圆孢束球藻心形变种 *Gomphosphaeria aponina* var. *cordiformis* Wille

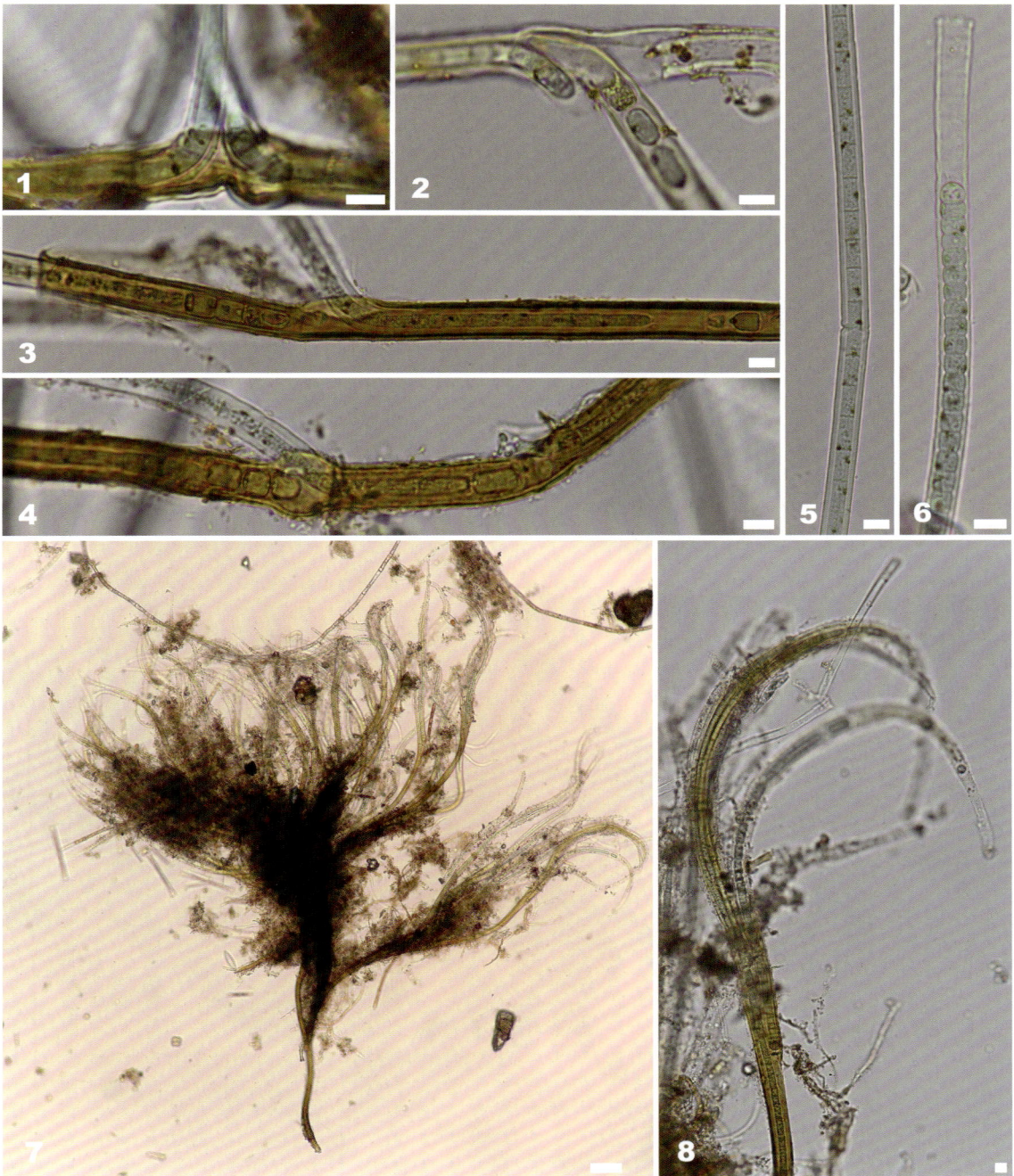

1-6. 小单岐藻 *Tolypothrix tenuis* Kützing; 7-8. 中华双须藻 *Dichothrix sinensis* Jao

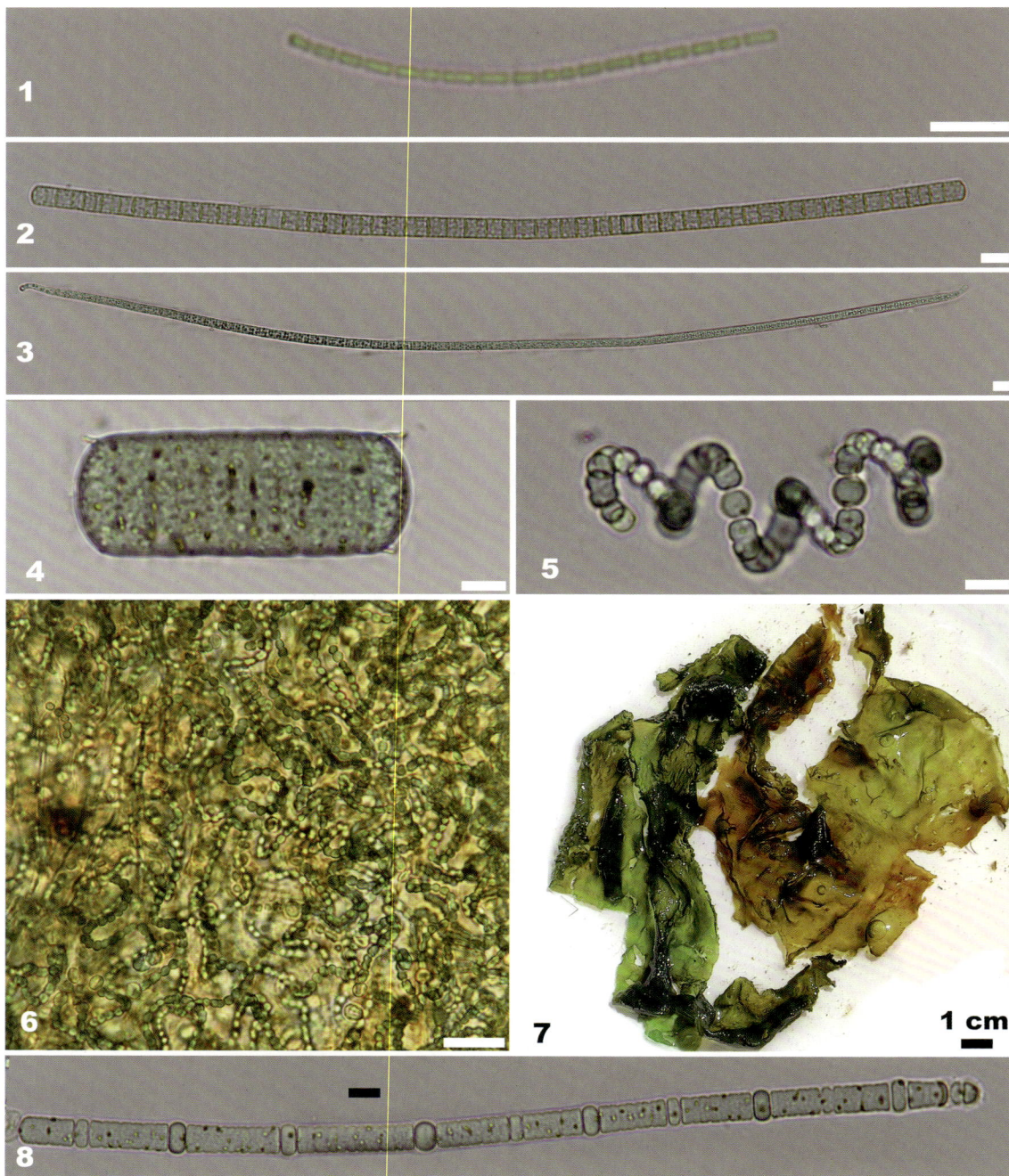

1. 湖生假鱼腥藻 *Pseudanabaena limnetica* (Lemmermann) Komárek; 2. 颗粒颤藻 *Oscillatoria granulata* Gardner; 3. 盐生颤藻 *Oscillatoria subamoena* Jao; 4. 巨颤藻 *Oscillatoria princeps* Vaucher ex Gomont; 5. 螺旋长孢藻 *Dolichospermum spiroides* (Klebahn) Wacklin, Hoffmann et Komárek; 6-7. 普通念珠藻 *Nostoc commune* Vauch; 8. 泡沫节球藻 *Nodularia spumigena* Mertens

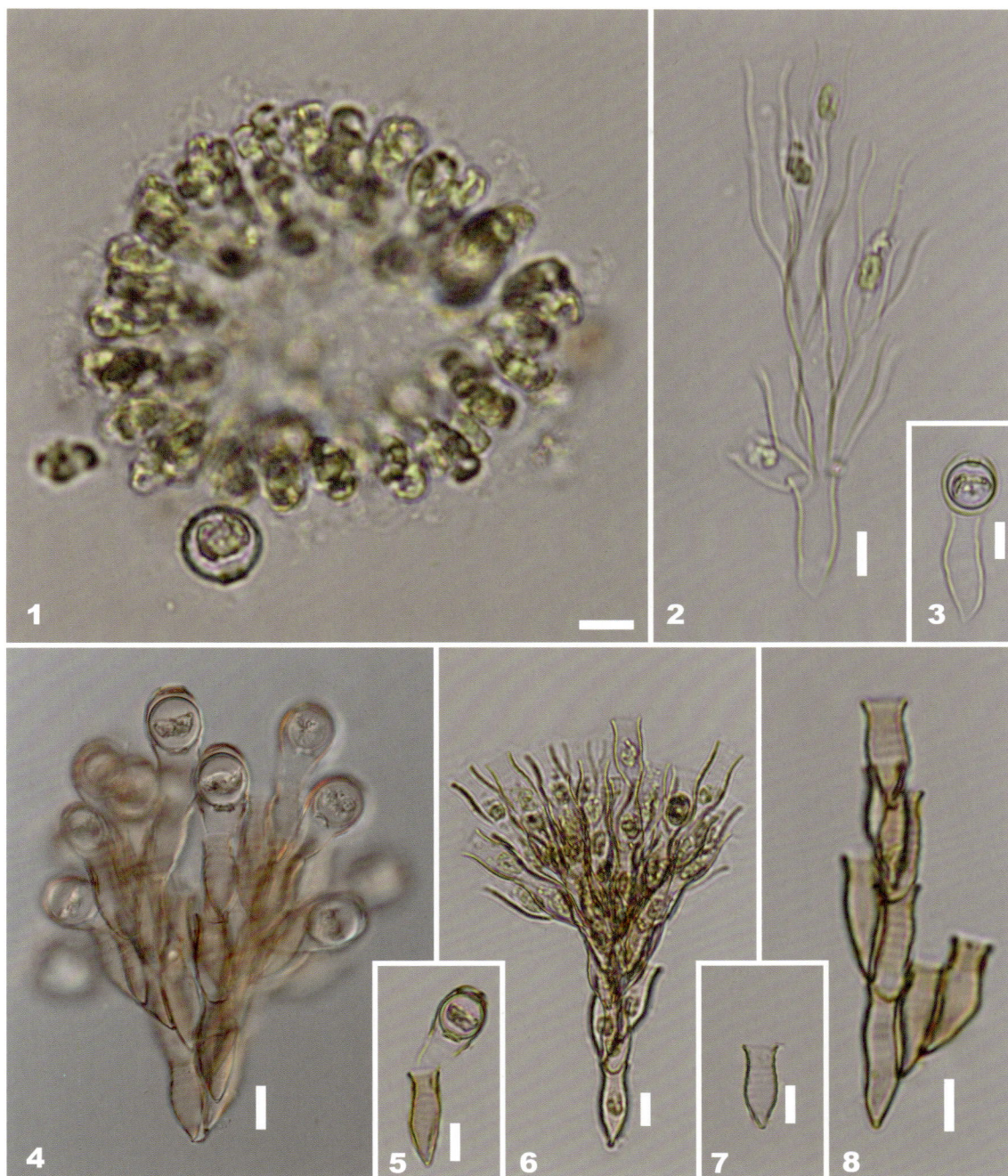

1. 旋转黄团藻 *Uroglena volvox* Ehrenberg; 2-3. 密集锥囊藻 *Dinobryon sertularia* Ehrenberg; 4-8. 密集锥囊藻环纹变种 *Dinobryon sertularia* var. *annulatum* Shi et Wei emend Pang et al.

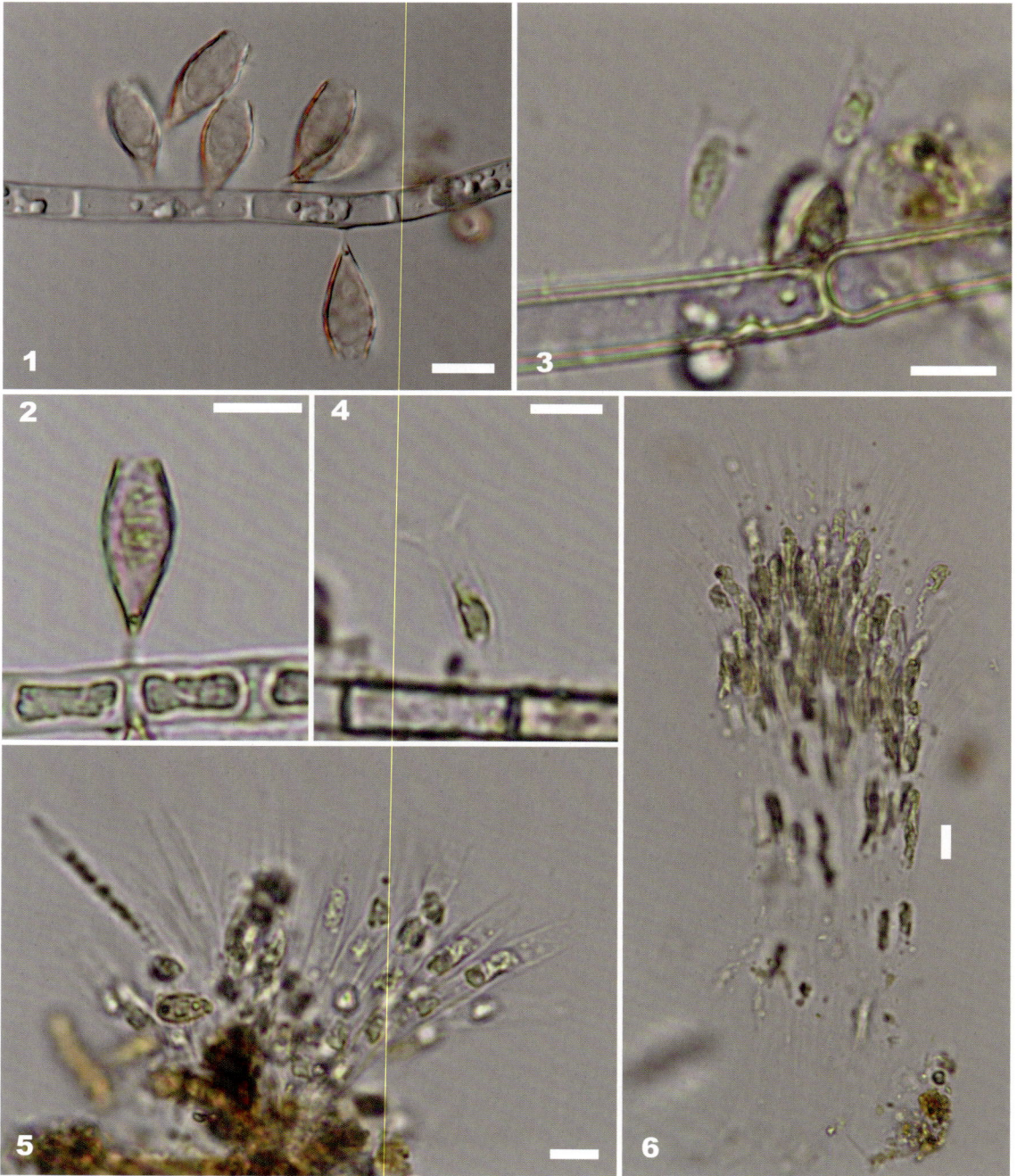

1-2. 椭圆附钟藻 *Epipyxis utriculus* Ehrenberg; 3-4. 畸形附钟藻 *Epipyxis deformans* Averinzev; 5. 管状附钟藻 *Epipyxis tubulosa* (Mack) Hilliard et Asmund; 6. 泥炭藓附钟藻 *Epipyxis sphagnicola* Hilliard et Asmund

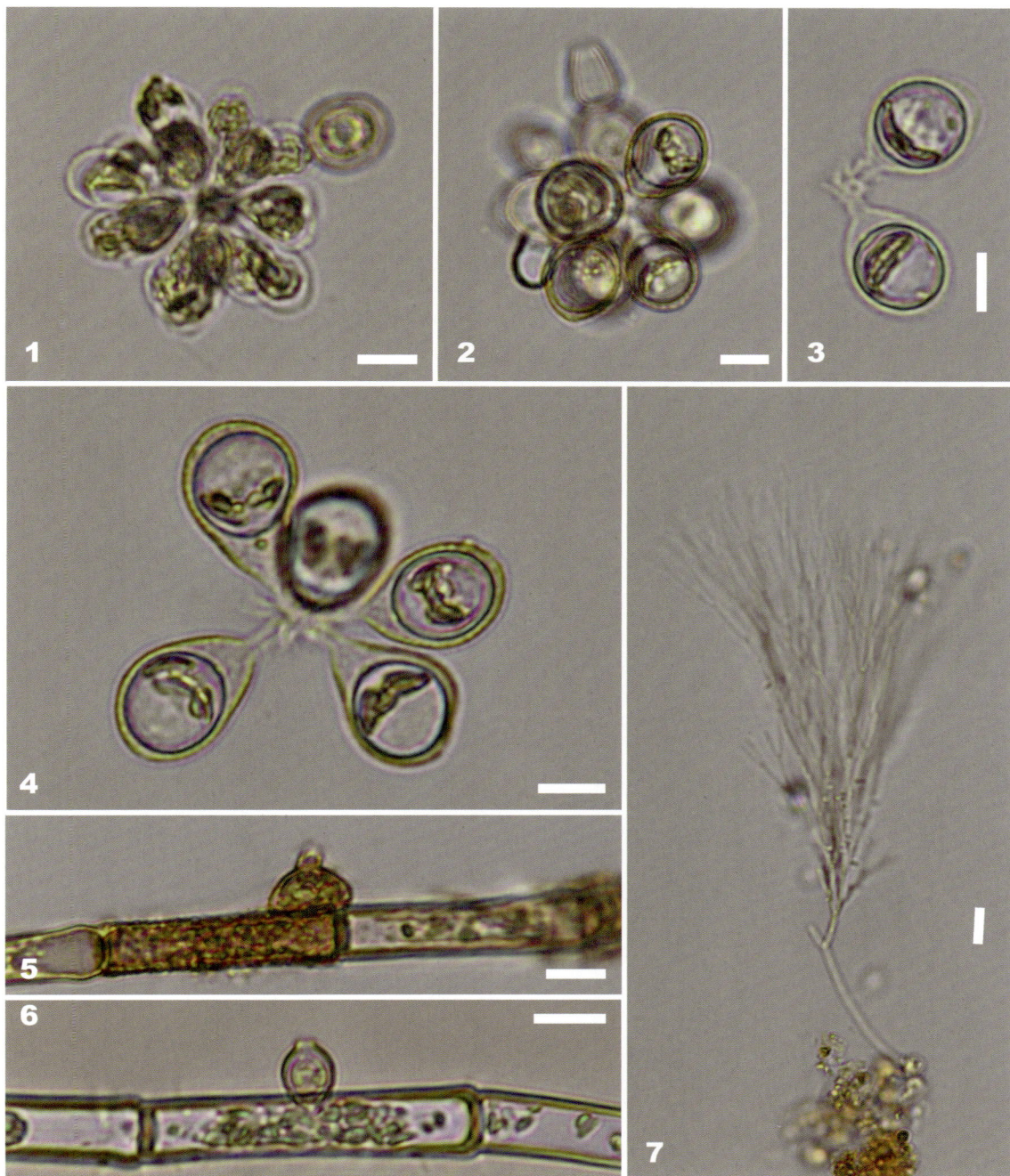

1-4. 彼得森黄群藻 *Synura petersenii* Korshikov; 5. 细弱金瓶藻 *Lagynion delicatulum* Skuja; 6. 垂直金钟藻 *Chrysopyxis ascendens* Wislouch; 7. 似树胞藻 *Pseudodendromonas vlkii* (Vlk) Bourrelly

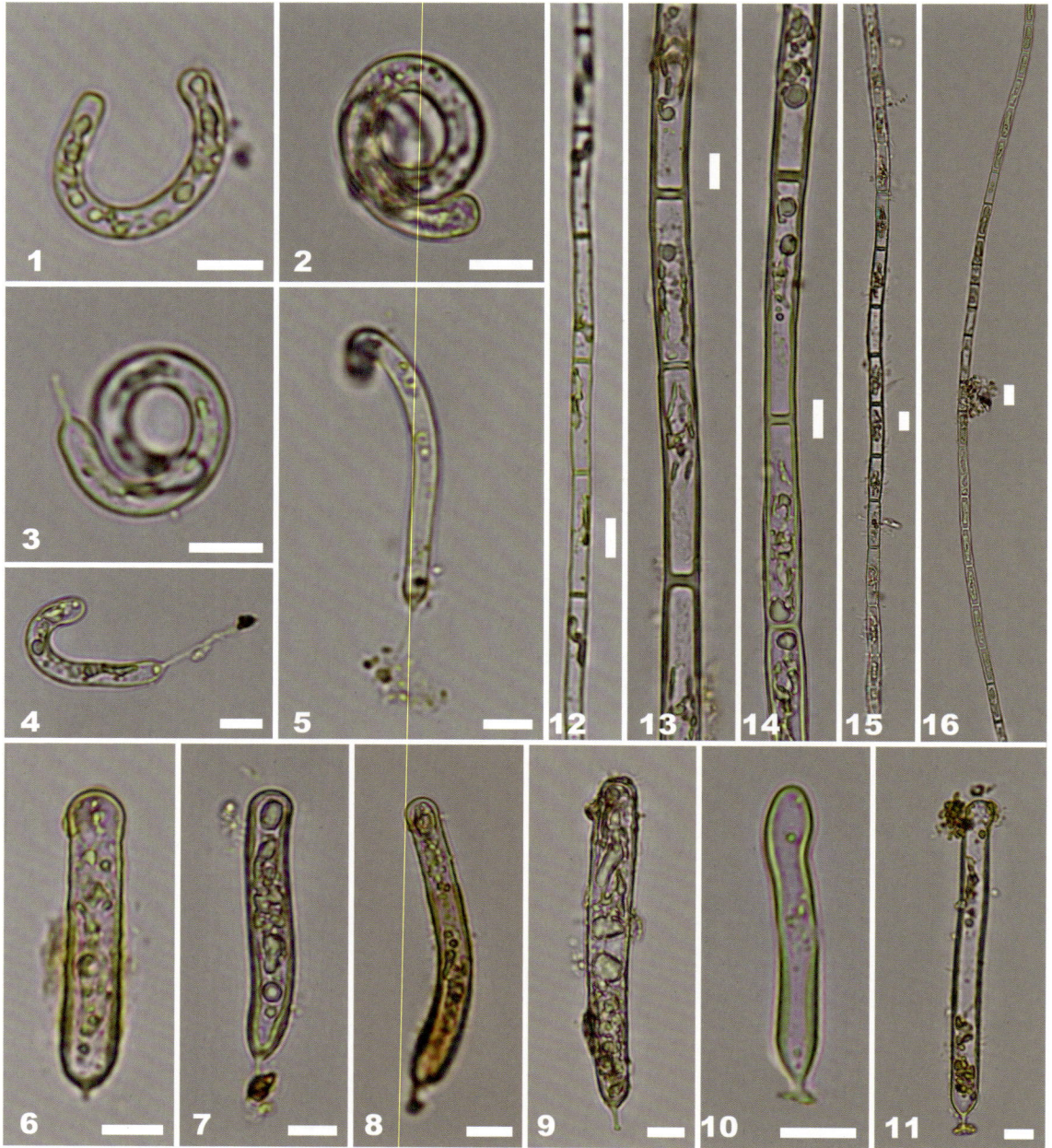

1-2. 小型黄管藻 *Ophiocytium parvulum* (Petry) Braun; 3-5. 单刺黄管藻 *Ophiocytium lagerheimii* Lemmermann; 6-7. 匙型黄管藻 *Ophiocytium cochleare* (Eichwald) Braun; 8-9. 罕见黄管藻小型变种 *Ophiocytium maius* var. *minor* Li et Wang; 10-11. 荒漠黄管藻 *Ophiocytium desertum* Printz; 12. 螺带黄丝藻 *Tribonema spirotaenia* Ettl; 13-14. 厚壁黄丝藻 *Tribonema pachydermum* Jao; 15. 近缘黄丝藻 *Tribonema affine* (Kützing) West; 16. 小型黄丝藻 *Tribonema minus* (Klebs) Hazen

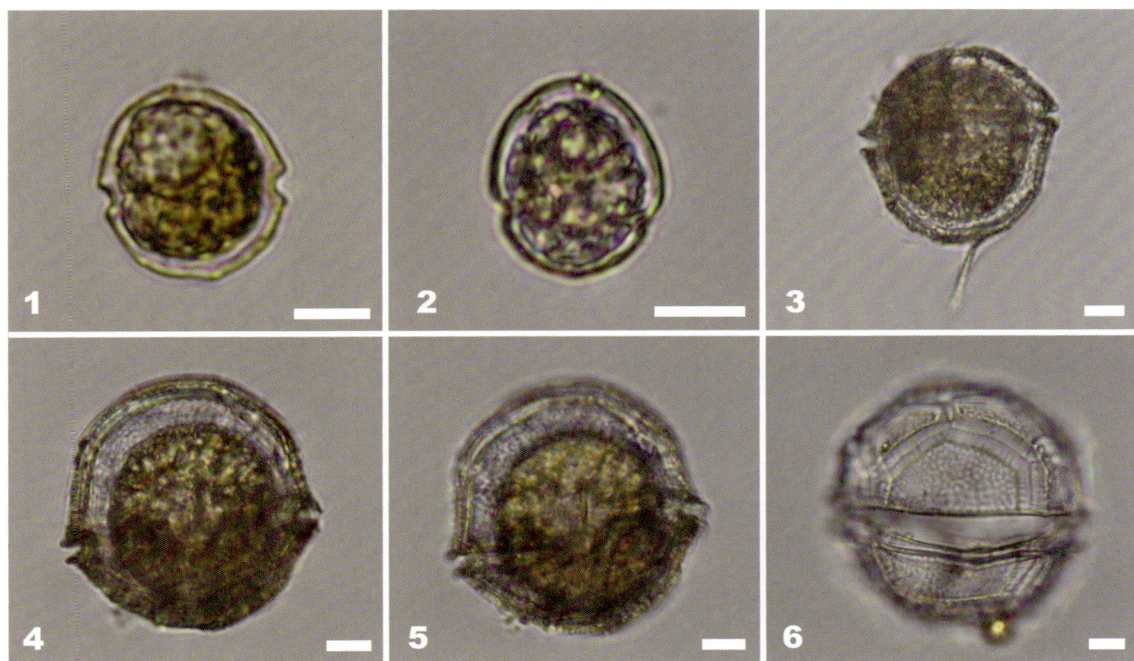

1-2. 薄甲藻属未定种 *Glenodinium* sp.; 3-6. 腰带多甲藻 *Peridinium cinctum* (Müller) Ehrenberg

图版 **10**

1-2. 棕色裸藻 *Euglena fusca* Lemmermann; 3. 刺鱼状裸藻 *Euglena gasterosteus* Skuja; 4. 阿洛格裸藻 *Euglena allorgei* Deflandre; 5-6. 树状柄裸藻 *Colacium arbuscula* Stein

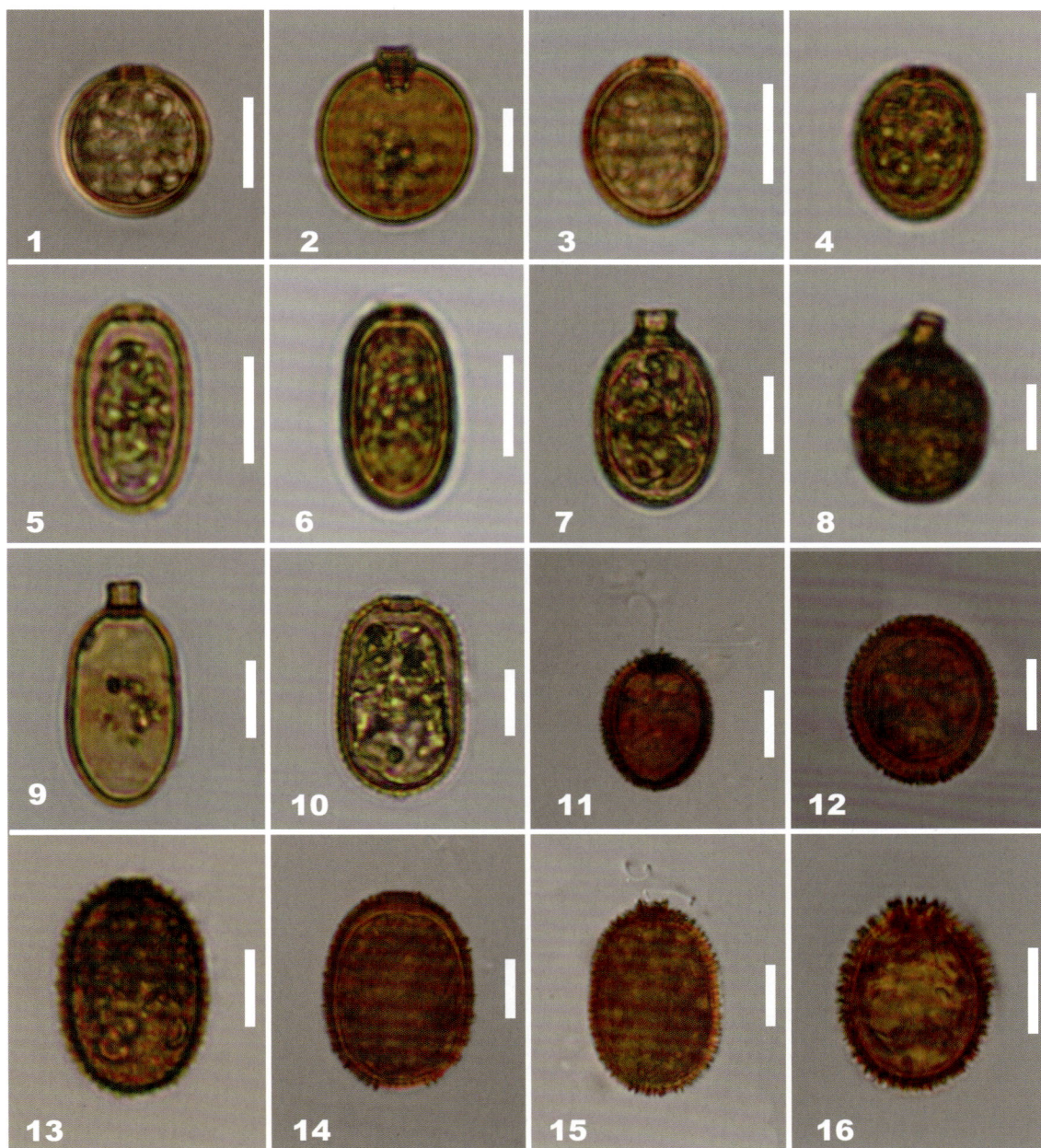

1. 旋转囊裸藻 *Trachelomonas volvocina* Ehrenberg; 2. 旋转囊裸藻浮游变种 *T. volvocina* var. *planktonica* Playfair; 3. 矩圆囊裸藻 *T. oblonga* Lemmermann; 4. 极美囊裸藻椭圆变种 *T. pulcherrima* var. *ovalis* Playfair; 5-6. 圆柱囊裸藻 *T. cylindrica* Ehrenberg; 7. 马恩吉囊裸藻环纹变种 *T. manginii* var. *annulata* Shi; 8. 相似囊裸藻 *T. similis* Stokes; 9. 六角囊裸藻 *T. hexangulata* Swirenko; 10. 葱头囊裸藻 *T. allia* Drezepolski; 11. 密刺囊裸藻 *T. sydneyensis* Playfair; 12. 具棒囊裸藻 *T. bacillifera* Playfair; 13. 具棒囊裸藻具领变种 *T. bacillifera* var. *collifera* Huber-Pestalozzi; 14. 棘刺囊裸藻 *T. hispida* (Perty) Stein emend Deflandre; 15. 棘刺囊裸藻齿领变种 *T. hispida* var. *crenulatocollis* (Maskell) Lemmermann; 16. 棘刺囊裸藻具冠变种 *T. hispida* var. *coronata* Lemmermann

图版 **12**

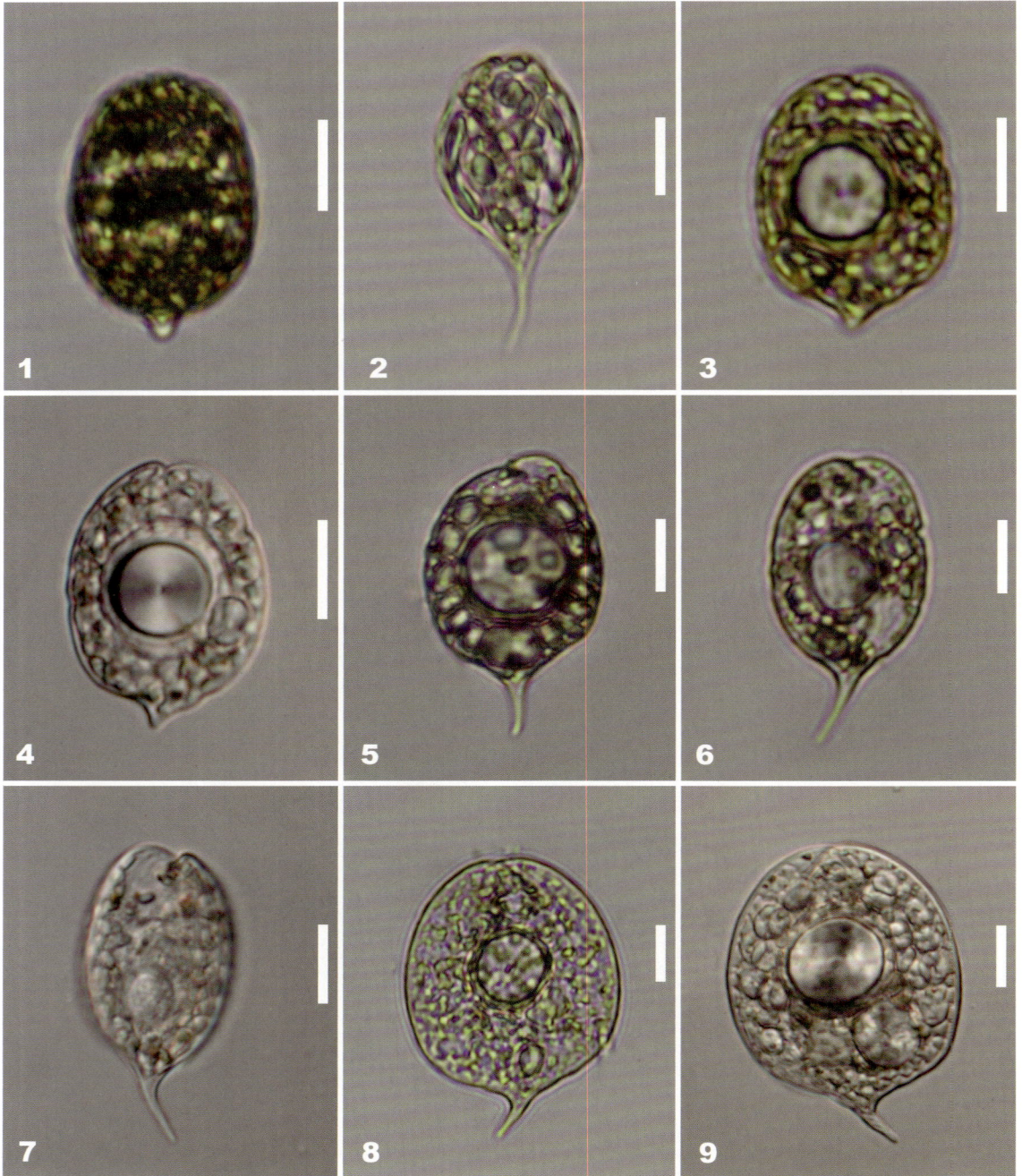

1. 卵形鳞孔藻 *Lepocinclis ovum* (Ehrenberg) Lemmermann; 2. 梨形扁裸藻 *Phacus pyrum* (Ehrenberg) Stein; 3-4. 短刺扁裸藻 *Phacus brachykentron* Pochmann; 5-7. 曼奇恩扁裸藻 *Phacus manginii* Lefèvre; 8-9. 圆形扁裸藻 *Phacus orbicularis* Huebner

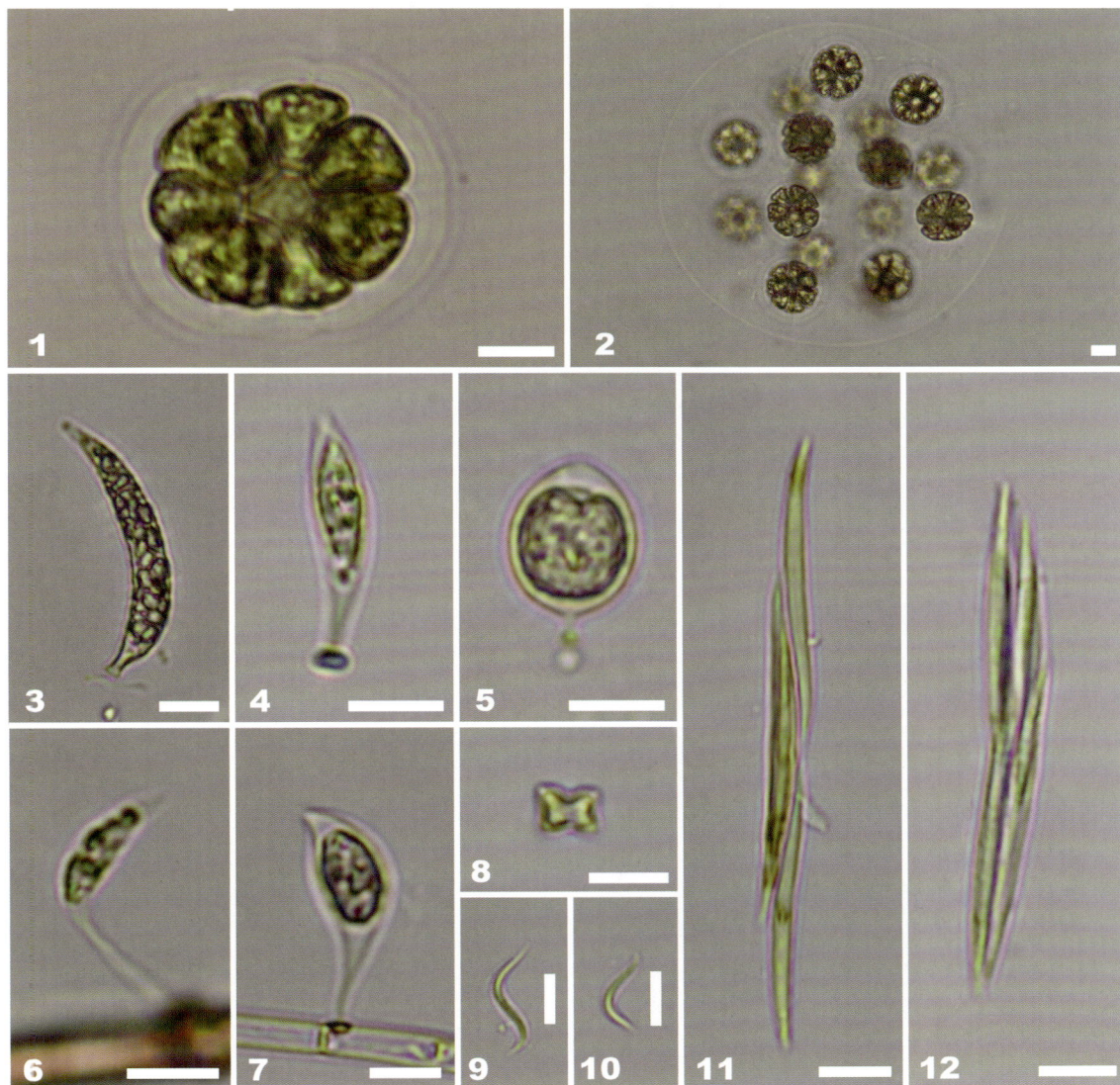

1-2. 实球藻 *Pandorina morum* (Müller) Bory de Saint-Vincent; 3. 长形小桩藻 *Characium elongatum* (Jao) Jao et Liang; 4. 长柄小桩藻小型变种 *Characium longipes* var. *minor* Jao et Hu; 5. 布氏小桩藻 *Characium brunnthalerii* Printz; 6-7. 喙状小桩藻 *Characium rostractum* Reinsch; 8. 细小四角藻 *Tetraedron minimum* (Braun) Hansgirg; 9-10. 不规则单针藻 *Monoraphidium irregulare* (Smith) Komárková-Legnerová; 11-12. 格里佛单针藻 *Monoraphidium griffithii* (Berkeley) Komárková-Legnerová

图版 **14**

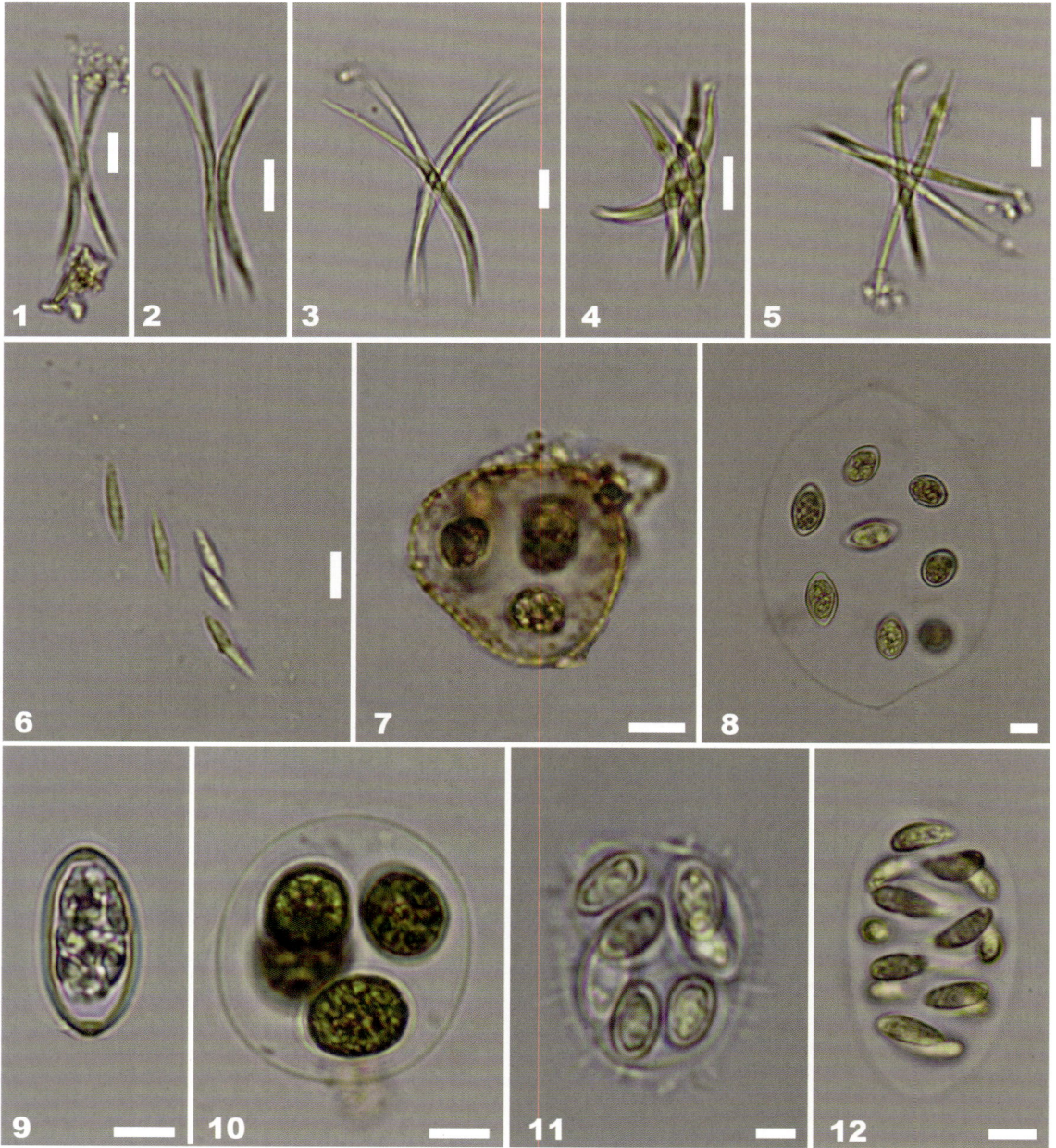

1-2. 镰形纤维藻 *Ankistrodesmus falcatus* (Corda) Ralfs; 3. 镰形纤维藻放射变种 *Ankistrodesmus falcatus* var. *radiatus* (Chodat) Lemmermann; 4. 伯纳德氏纤维藻 *Ankistrodesmus bernardii* Komarek; 5. 纺锤纤维藻 *Ankistrodesmus fusiformis* Corda; 6. 湖生并联藻 *Quadrigula lacustris* (Chodat) Smith; 7. 颗粒卵囊藻 *Oocystis granulata* Hortobágyi; 8. 小形卵囊藻 *Oocystis parva* West et West; 9. 水生卵囊藻 *Oocystis submarina* Lagerheim; 10. 湖南卵囊藻 *Oocystis hunanensis* Jao; 11. 细小卵囊藻 *Oocystis pusilla* Hansgirg; 12. 新月肾形藻 *Nephrocytium lunatum* West

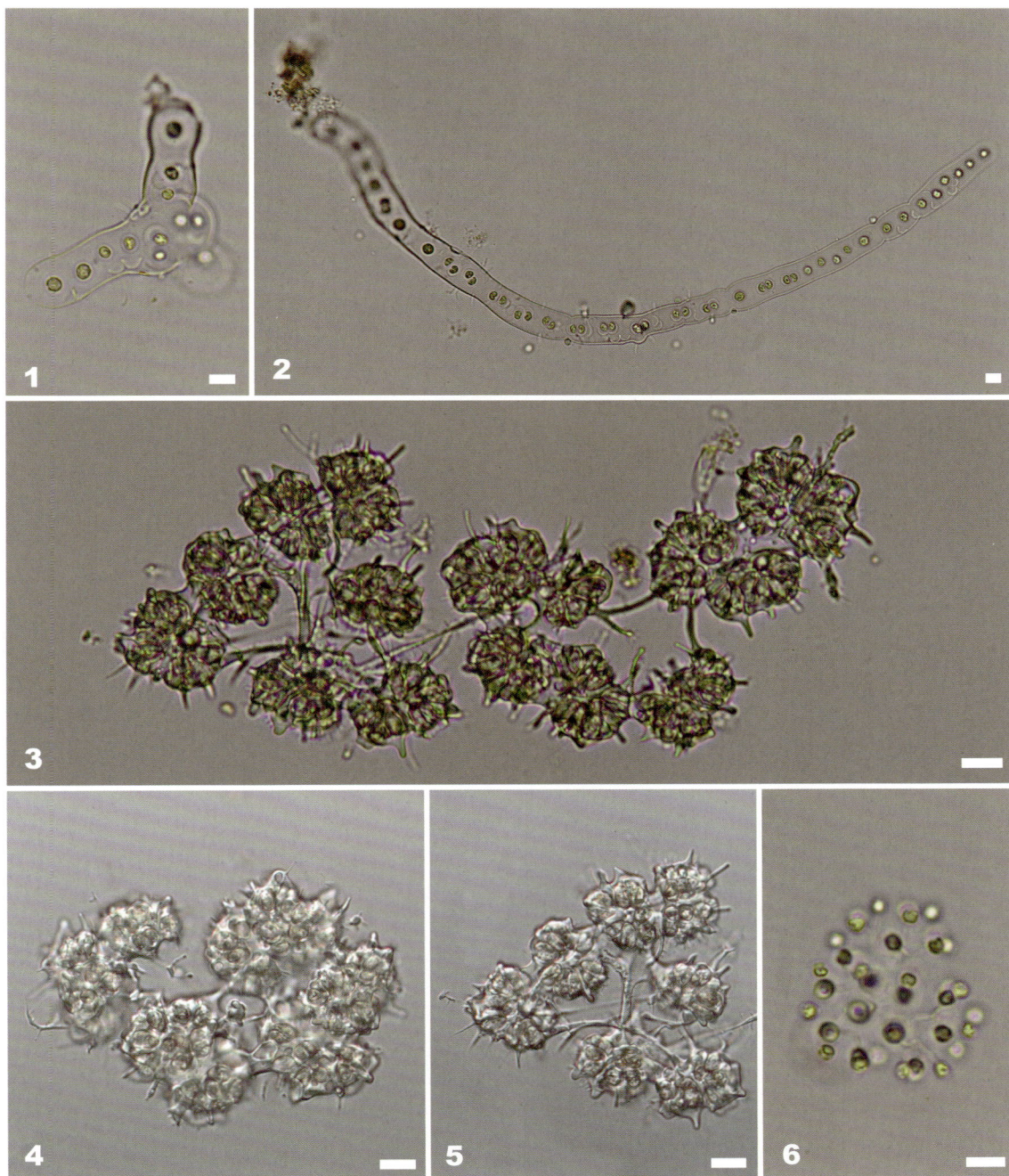

1-2. 变形掌网藻 *Palmodictyon varium* (Nägeli) Lemmermann; 3-5. 葡萄藻 *Botryococcus braunii* Kützing; 6. 美丽网球藻 *Dictyosphaerium pulchellum* Wood

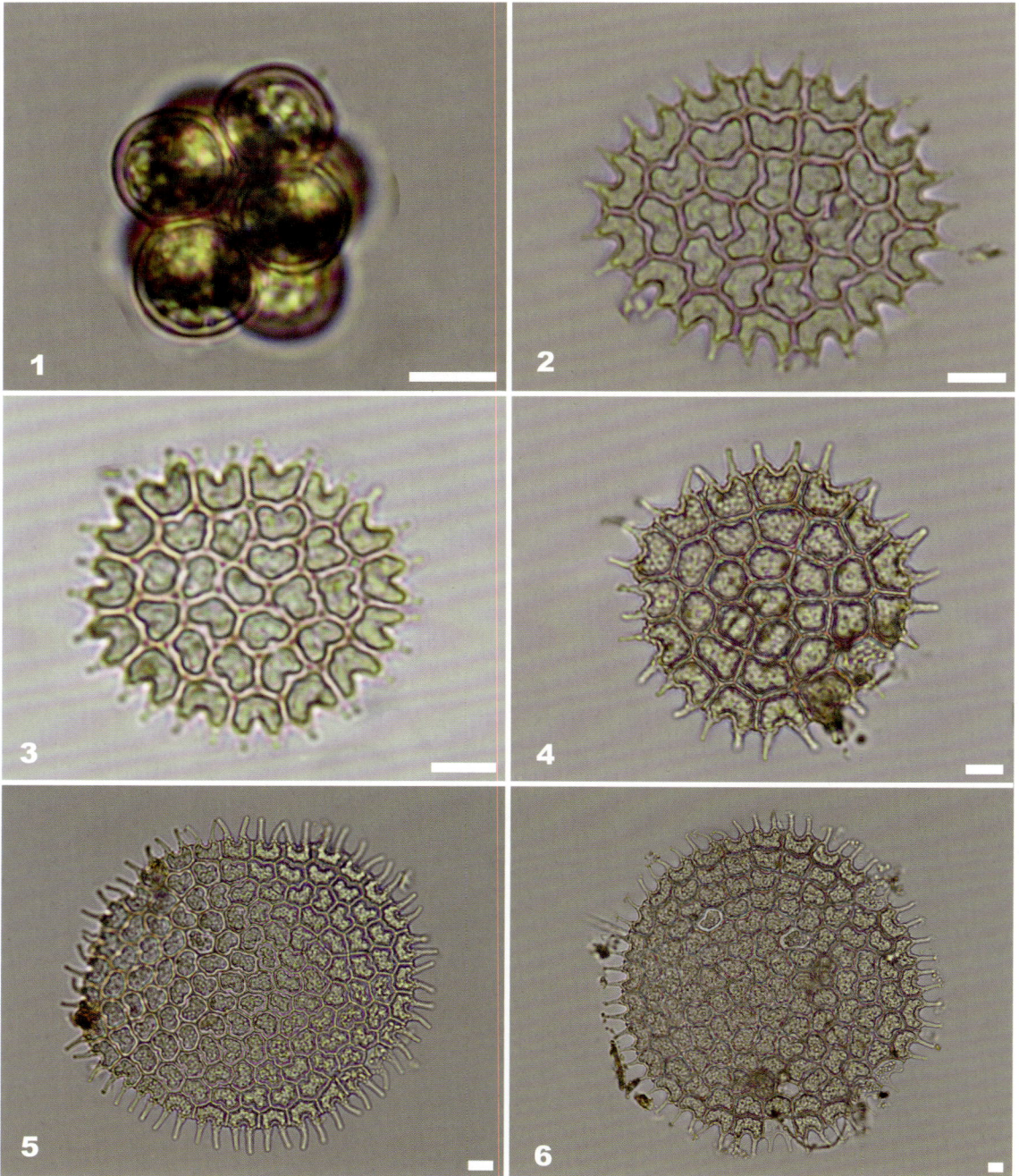

1. 圆形聚盘星藻 *Soropediastrum rotundatum* Wille; 2-3. 短棘盘星藻 *Pediastrum boryanum* (Turpin) Meneghini; 4-6. 短棘盘星藻长角变种 *Pediastrum boryanum* var. *longicorne* Reinsch

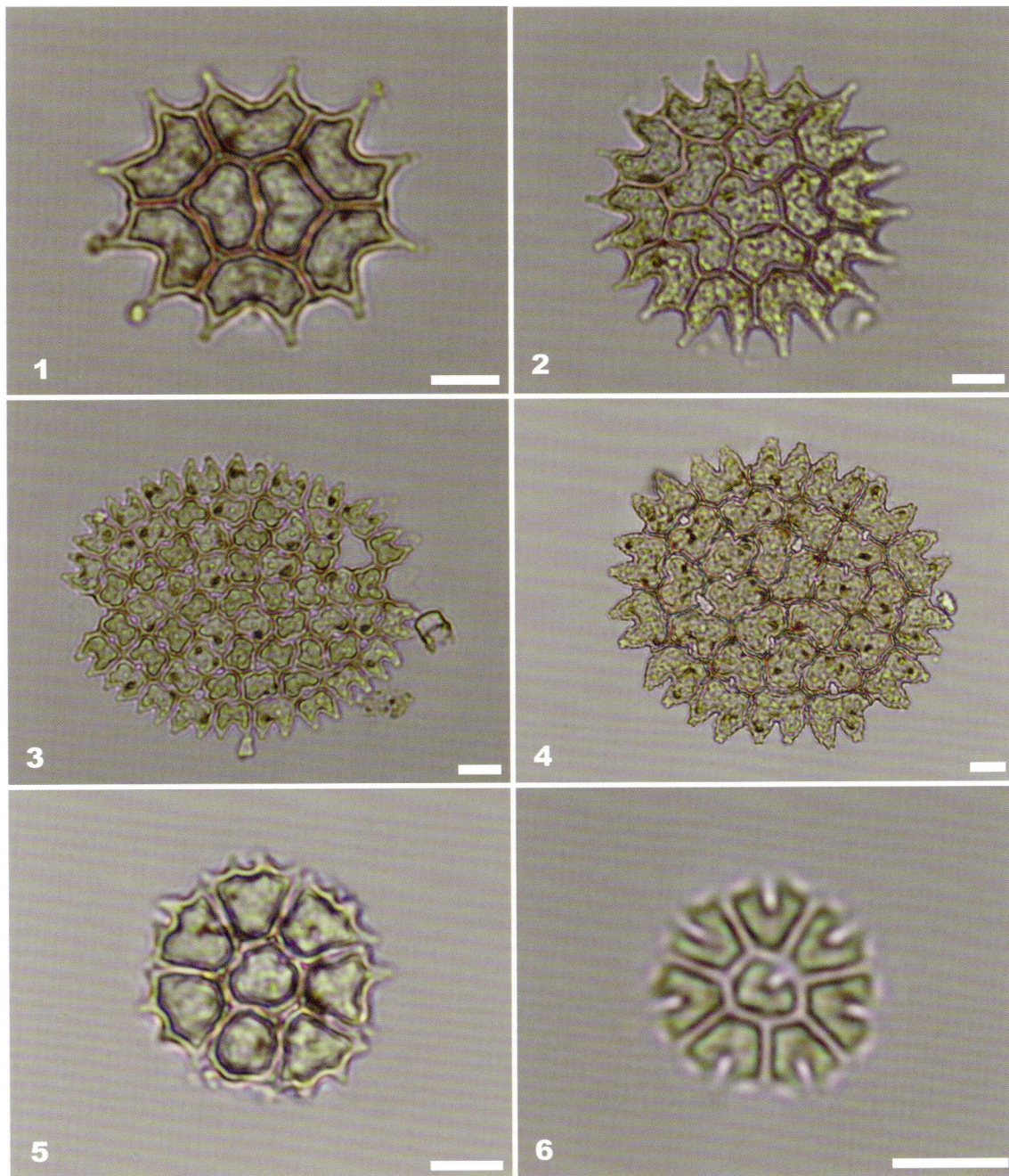

1-2. 短棘盘星藻穿孔变种 *Pediastrum boryanum* var. *perforatum* (Raciborski) Nitardy; 3. 二角盘星藻 *Pediastrum duplex* Meyen; 4. 二角盘星藻冠状变种 *Pediastrum duplex* var. *coronatum* Raciborski; 5. 钝角盘星藻 *Pediastrum obtusum* Lucks; 6. 四角盘星藻 *Pediastrum tetras* (Ehrenberg) Ralfs

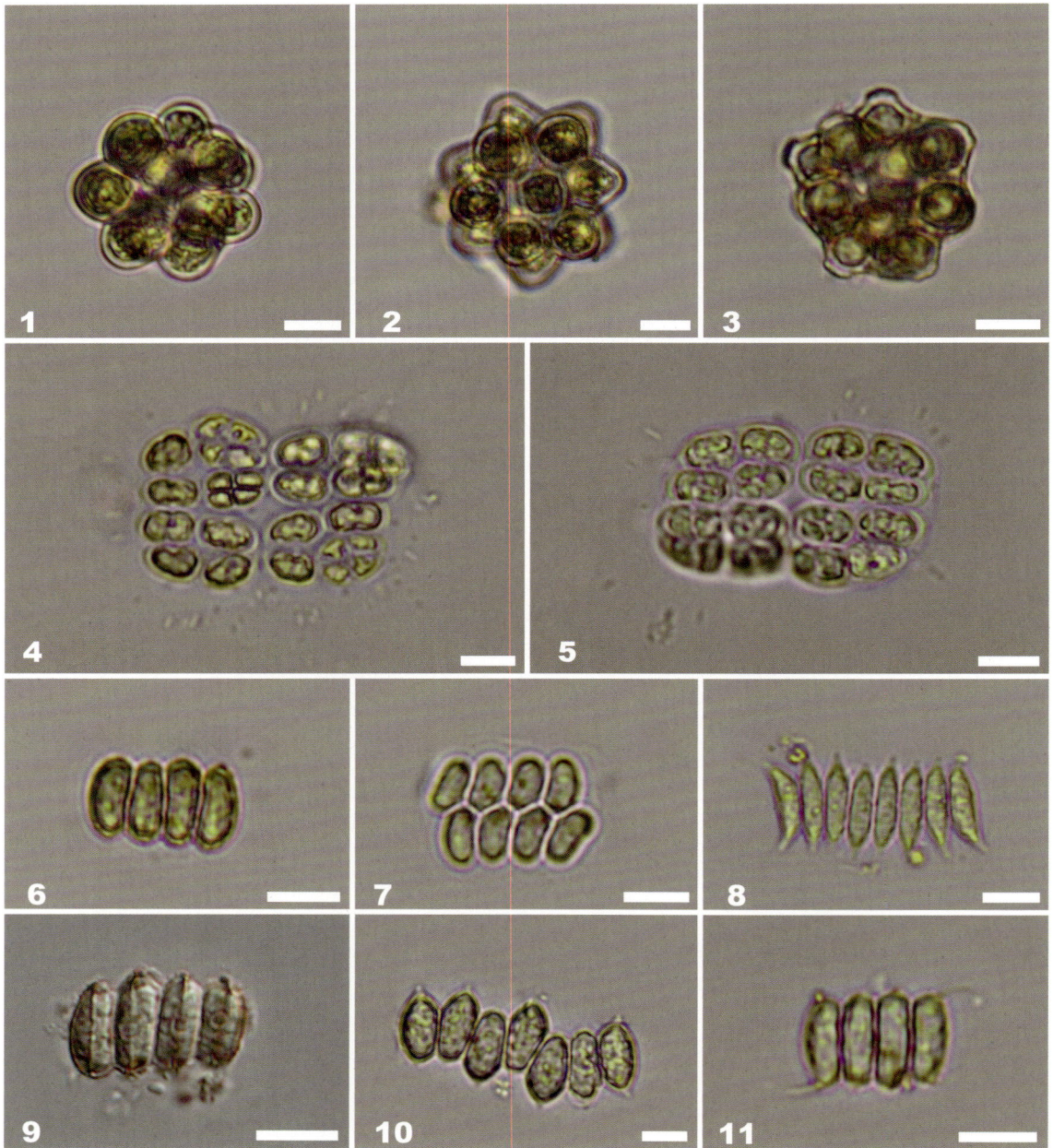

1. 小空星藻 Coelastrum microporum Nägeli; 2. 星状空星藻 Coelastrum astroideum Notaris; 3. 立方体空星藻 Coelastrum cubicum Nägeli; 4-5. 方形十字藻 Crucigenia rectangularis (Nägeli) Gay; 6. 光滑栅藻 Scenedesmus ecornis (Ehrenberg) Chodat; 7. 盘状栅藻 Scenedesmus disciformis (Chodat) Fott et Komárek; 8. 尖锐栅藻 Scenedesmus acutus Meyen; 9. 尖形栅藻 Scenedesmus acutiformis Schroeder; 10. 不等栅藻 Scenedesmus dispar Brebisson; 11. 双尾栅藻 Scenedesmus bicaudatus Dedusenko

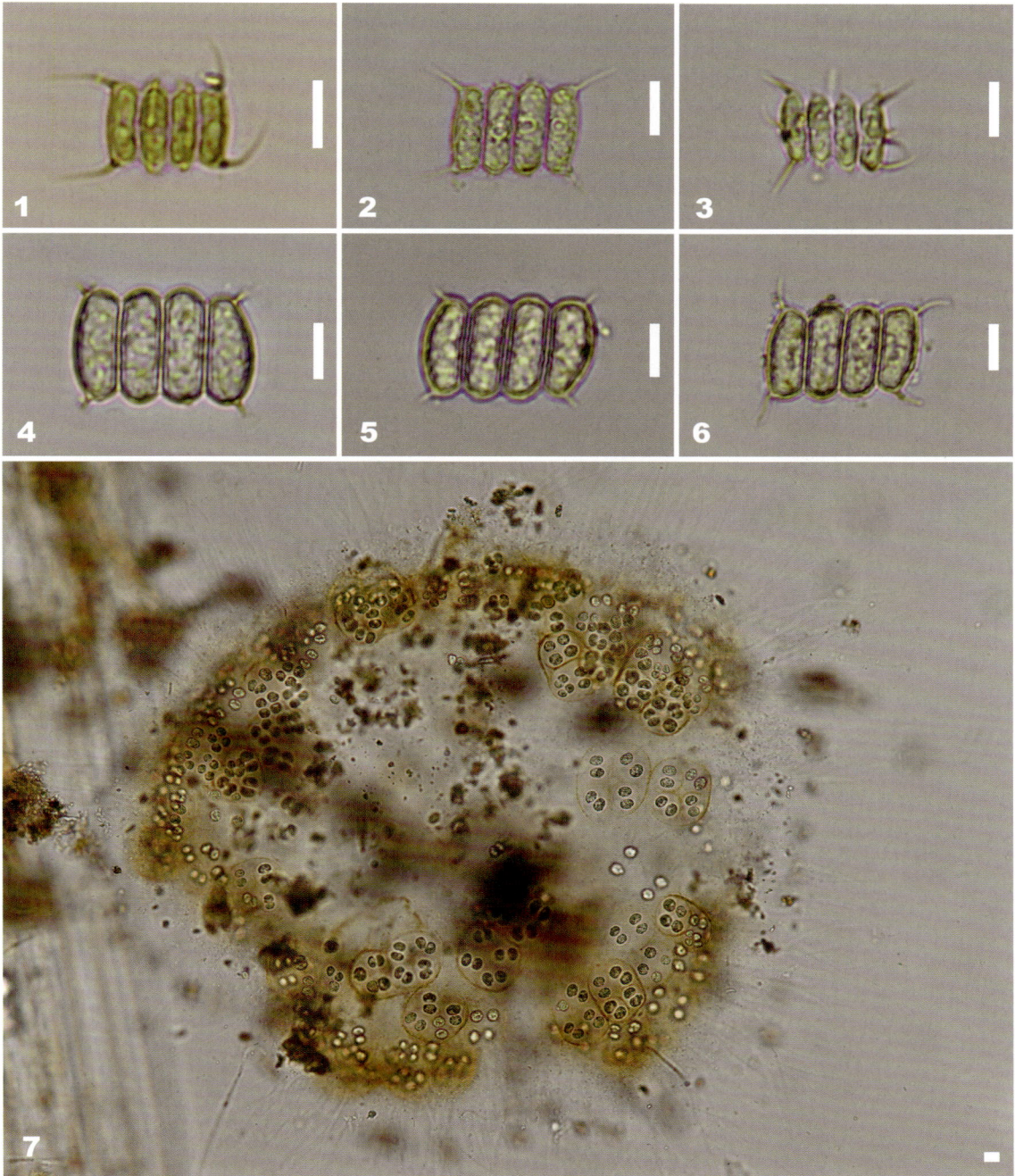

1. 被甲栅藻 *Scenedesmus armatus* (Chodat) Chodat; 2. 隆顶栅藻 *Scenedesmus protuberans* Fritsch et Rich; 3. 多刺栅藻 *Scenedesmus spinosus* Chodat; 4-5. 小刺栅藻 *Scenedesmus microspina* Chodat; 6. 四尾栅藻 *Scenedesmus quadricauda* (Turpin) Brébisson; 7. 湖生四胞藻 *Tetraspora lacustris* Lemmermann

图版 **20**

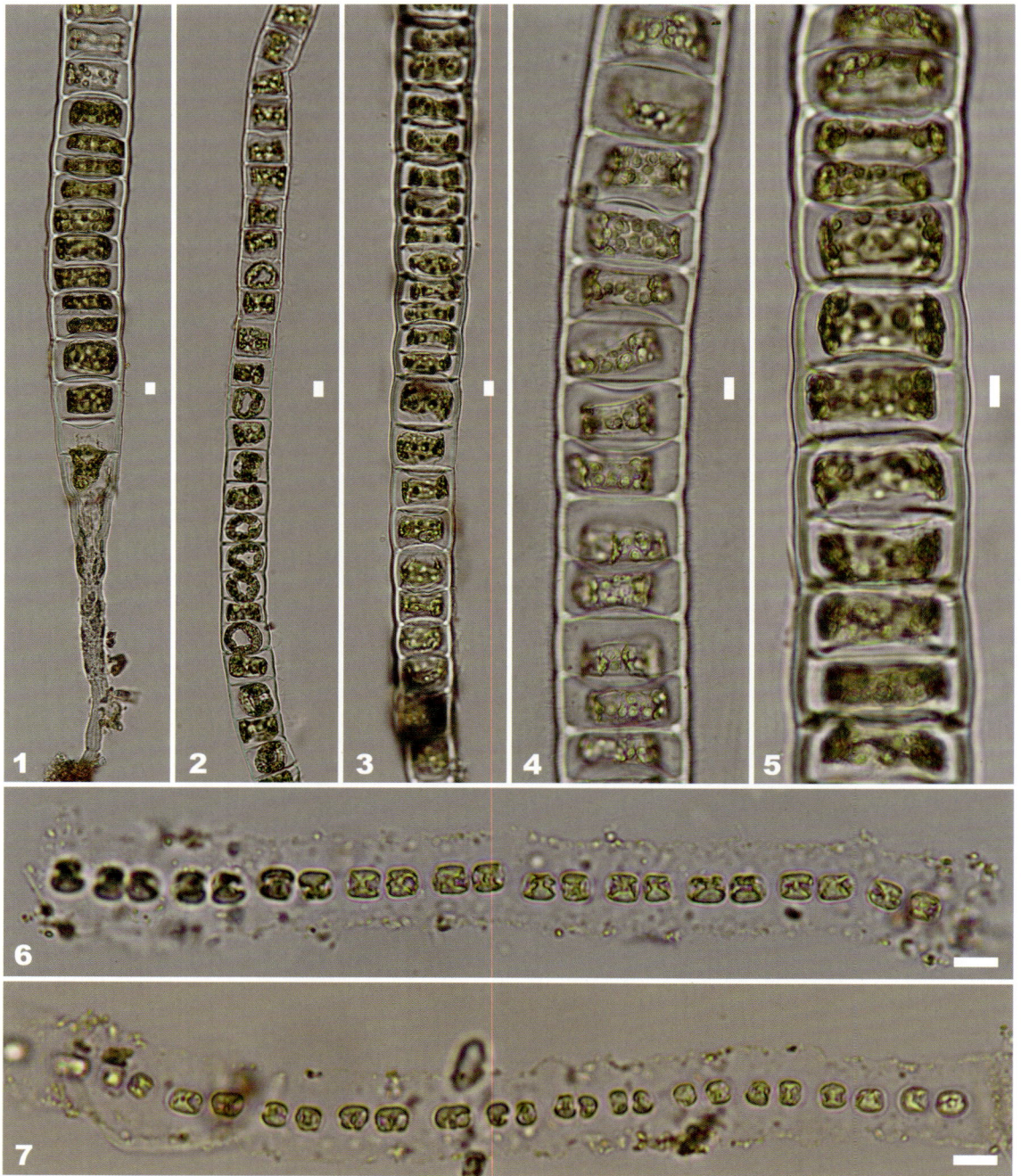

1-5. 相似丝藻 *Ulothrix aequalis* Kützing; 6-7. 小双胞藻 *Geminella minor* (Nägeli) Heering

1-2. 池生微胞藻 *Microspora stagnorum* (Kützing) Lagerheim; 3-4. 不规则微胞藻 *Microspora irregularis* (West et West) Wichmann; 5-6. 膜微孢藻 *Microspora membranacea* Wang; 7-8. 丰满毛枝藻 *Stigeoclonium farctum* Berthold; 9-10. 小丛藻 *Microthamnion kuetzingianum* Nägeli

图版 22

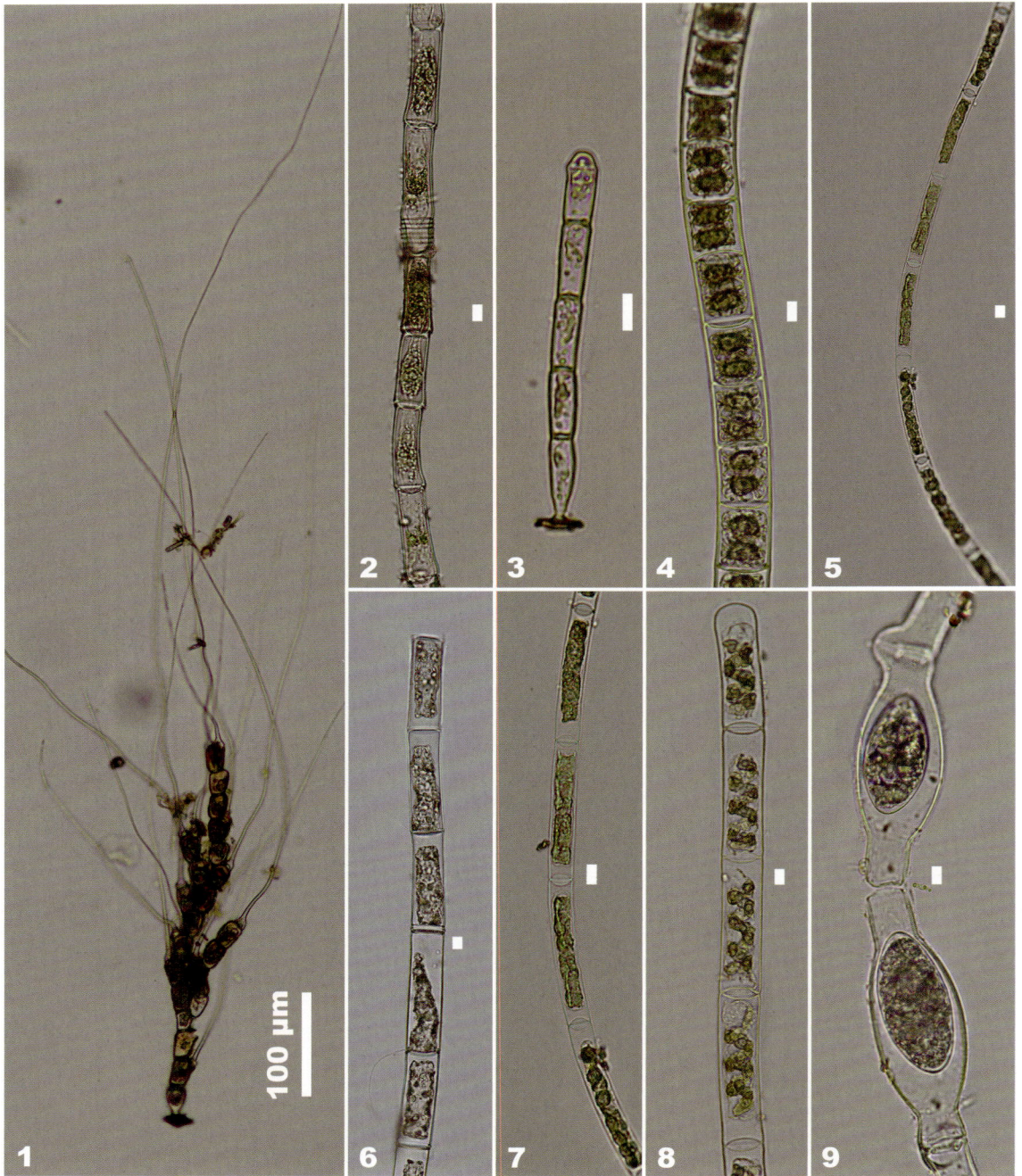

1. 毛鞘藻属未定种 *Bulbochaete* sp.; 2-3. 鞘藻属未定种 *Oedogonium* sp.; 4. 双星藻属未定种 *Zygnema* sp.; 5-7. 转板藻属未定种 *Mougeotia* sp.; 8-9. 水绵属未定种 *Spirogyra* sp.

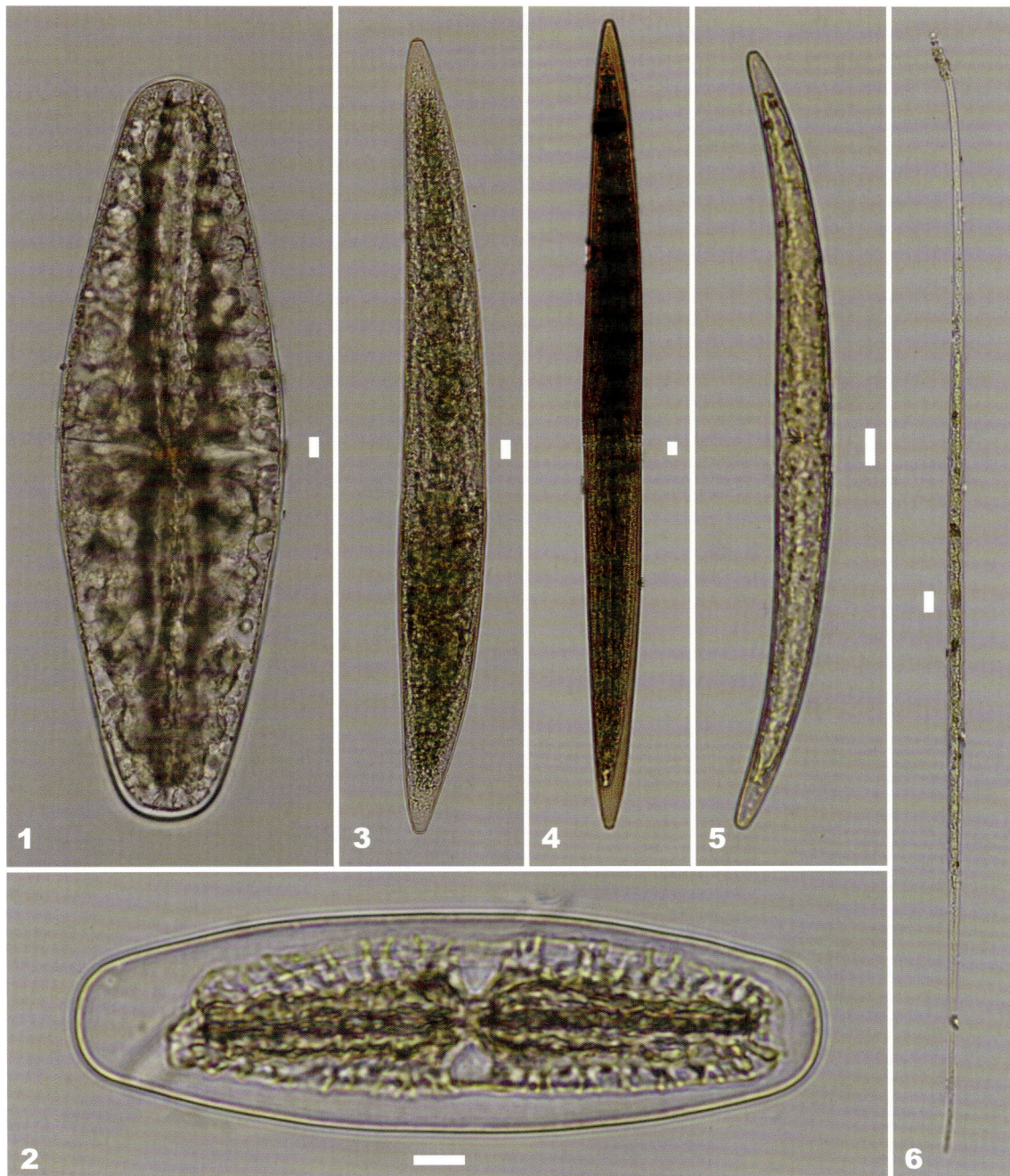

1. 指状梭形鼓藻 *Netrium digitus* (Ehrenberg) Itzigsohn et Rothe; 2. 指状梭形鼓藻内格勒变种 *Netrium digitus* var. *naegelii* (Brébisson) Krieger; 3. 锐新月藻 *Closterium acerosum* Ehrenberg ex. Ralfs; 4. 锐新月藻长形变种 *Closterium acerosum* var. *elongatum* Brébisson; 5. 锐新月藻小形变种 *Closterium acerosum* var. *minus* Hantzsch; 6. 针状新月藻 *Closterium aciculare* West

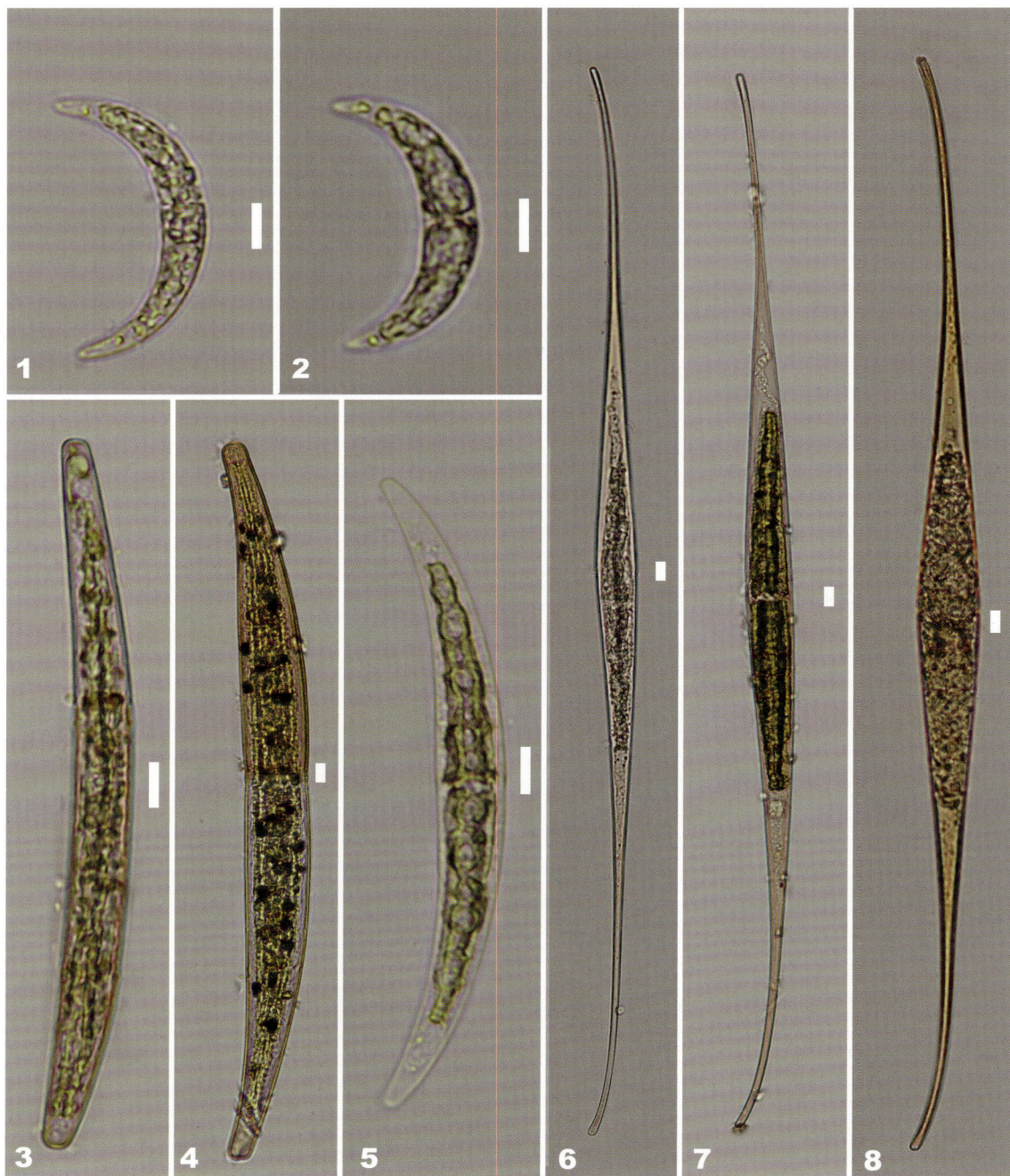

1-2. 弯弓新月藻 *Closterium incurvum* Brébisson; 3. 中型新月藻 *Closterium intermedium* Ralfs; 4. 中型新月藻冬季变种 *Closterium intermedium* var. *hibemicum* West et West; 5. 滨海新月藻 *Closterium littorale* Gay; 6-8. 库津新月藻 *Closterium kuetzingii* Brébisson

1. 项圈新月藻 *Closterium moniliforum* (Bory de Saint-Vincent) Ehrenberg; 2. 微小新月藻 *Closterium parvulum* Nägeli; 3. 极锐新月藻 *Closterium peracerosum* Gay; 4. 侧新月藻 *Closterium laterale* Nordstedt; 5. 喙状新月藻 *Closterium rostratum* Ehrenberg; 6. 宽带鼓藻厚变种 *Pleurotaenium trabecula* var. *crassum* Wittrock

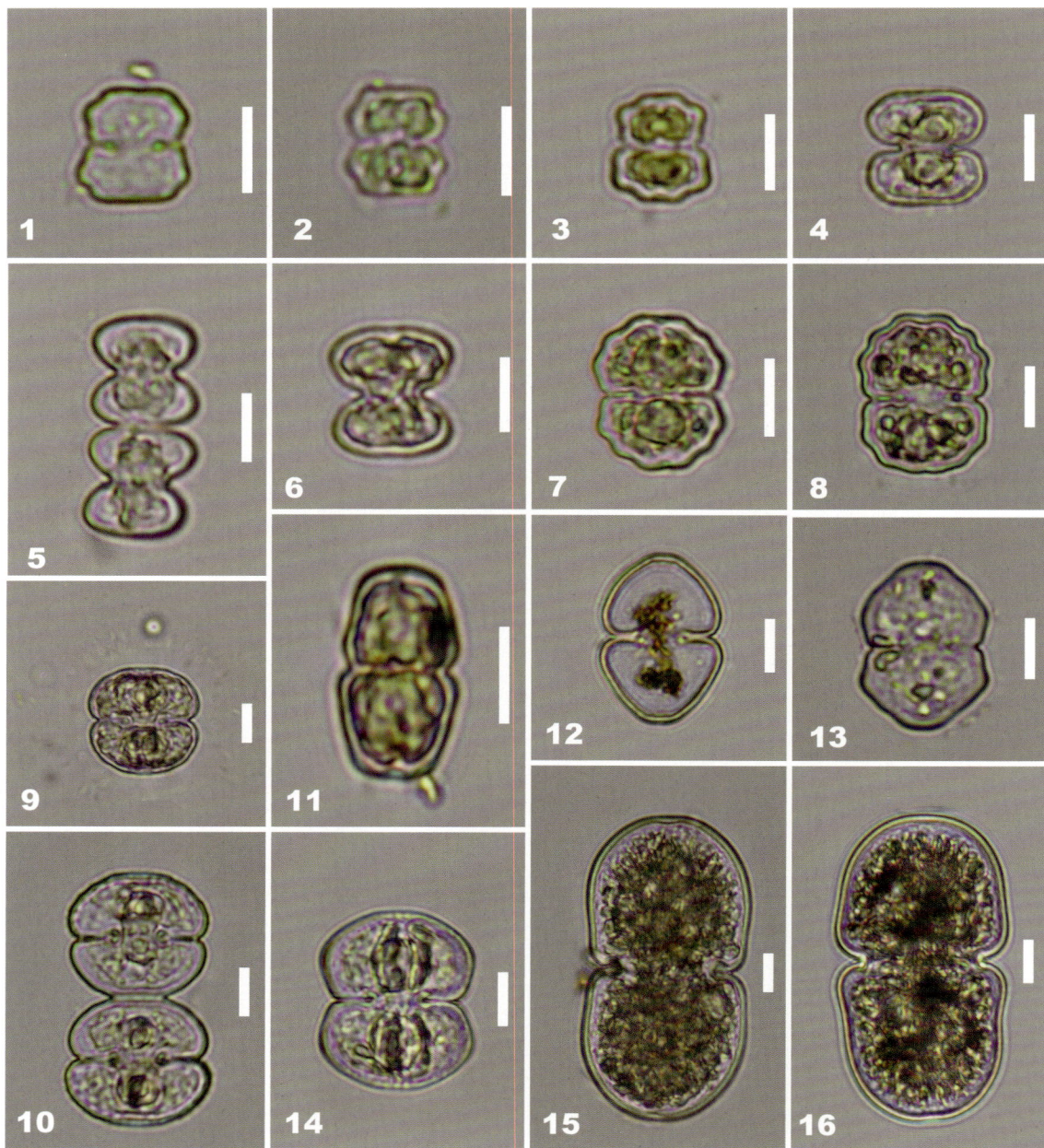

1-2. 隐晦鼓藻 *Cosmarium adoxum* West et West; 3. 梅尼鼓藻 *Cosmarium meneghinii* Ralfs; 4. 双眼鼓藻扁变种 *Cosmarium bioculatum* var. *depressum* (Schaarschmidt) Schmidle; 5-6. 双眼鼓藻 *Cosmarium bioculatum* Ralfs; 7. 凹凸鼓藻近直角变种 *Cosmarium impressulum* var. *suborthogonum* (West et West) Taft; 8. 波缘鼓藻圆齿变种 *Cosmarium undulatum* var. *crenulatum* (Nägeli) Wittrock; 9-10. 扁鼓藻 *Cosmarium depressum* (Nägeli) Lundell; 11. 伪弱小鼓藻 *Cosmarium pseudoexiguum* Raciborski; 12. 光滑鼓藻 *Cosmarium laeve* Rabenhorst; 13. 颗粒鼓藻 *Cosmarium granatum* Ralfs; 14. 浅波纹鼓藻矩形变型 *Cosmarium repandum* f. *sexangulare* Bicudo; 15-16. 方形鼓藻 *Cosmarium quadratum* Ralfs

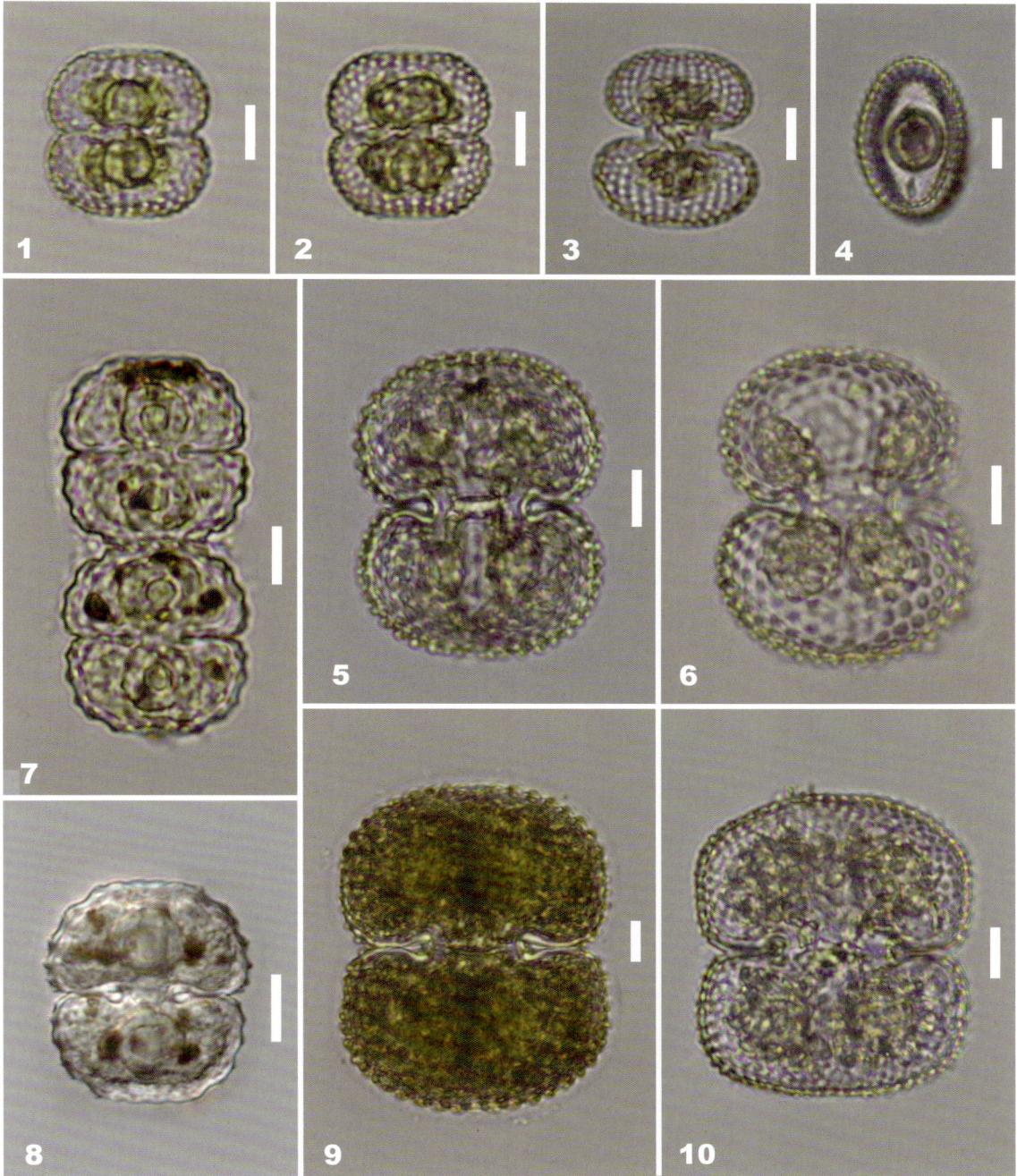

1-2. 斑点鼓藻近斑点变种 *Cosmarium punctulatum* var. *subpunctulatum* (Nordstedt) Börgesen; 3-4. 波特鼓藻 *Cosmarium portianum* Archer; 5-6. 肾形鼓藻 *Cosmarium reniforme* (Ralfs) Archer; 7-8. 近前膨胀鼓藻格雷变种 *Cosmarium subprotumidum* var. *gregorii* (Roy et Bissett) West et West; 9-10. 斑纹鼓藻 *Cosmarium conspersum* Ralfs

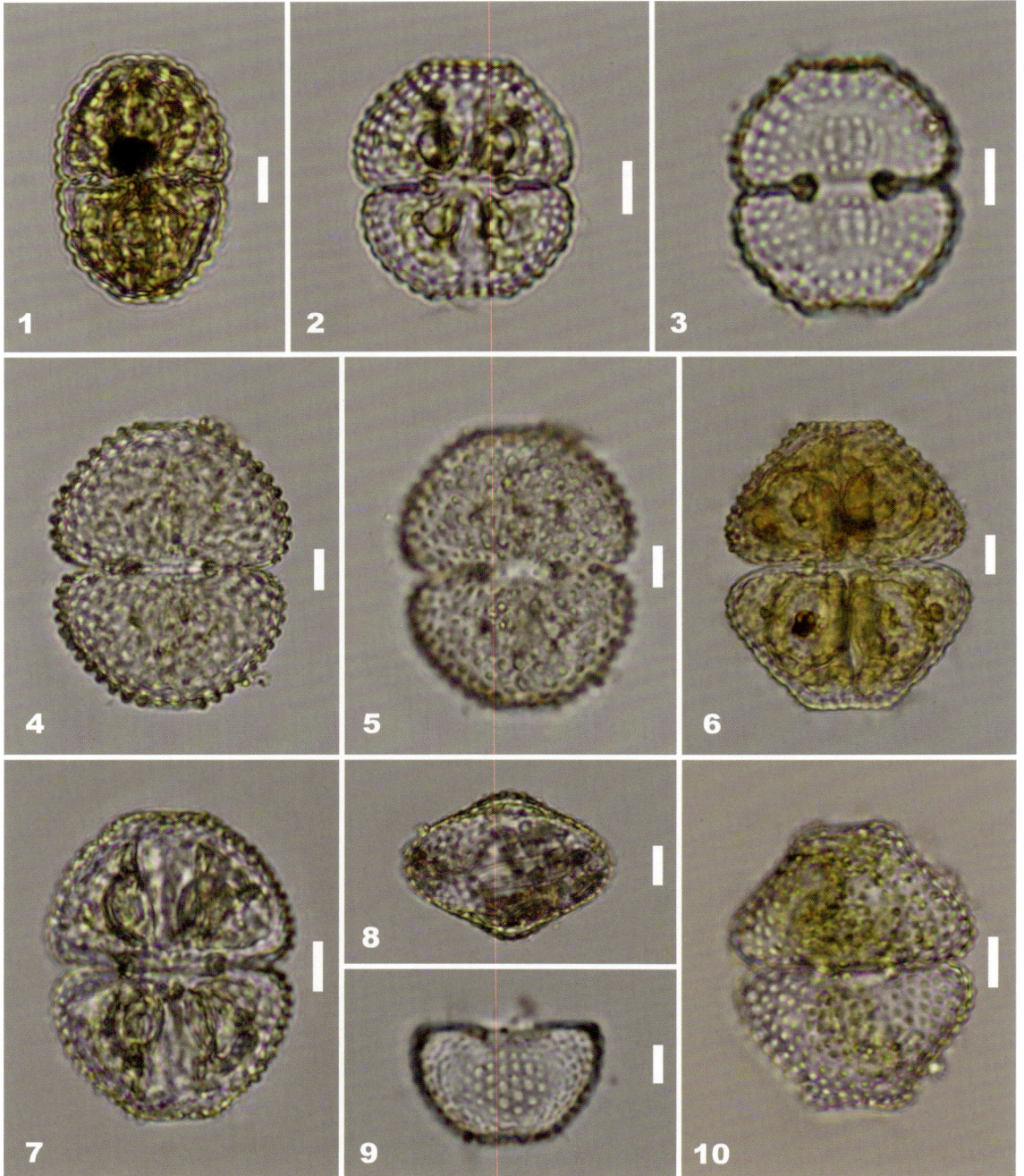

1. 华美鼓藻 *Cosmarium speciosum* Lundell; 2-3. 美丽鼓藻 *Cosmarium formosulum* Hoff; 4-5. 葡萄鼓藻 *Cosmarium botrytis* Meneghini ex. Ralfs; 6. 特平鼓藻 *Cosmarium turpinii* Brébisson; 7-9. 葡萄鼓藻隆起变种 *Cosmarium botrytis* var. *gemmiferum* (Brébisson) Nordstedt; 10. 特平鼓藻拔翠变种 *Cosmarium turpinii* var. *eximium* West et West

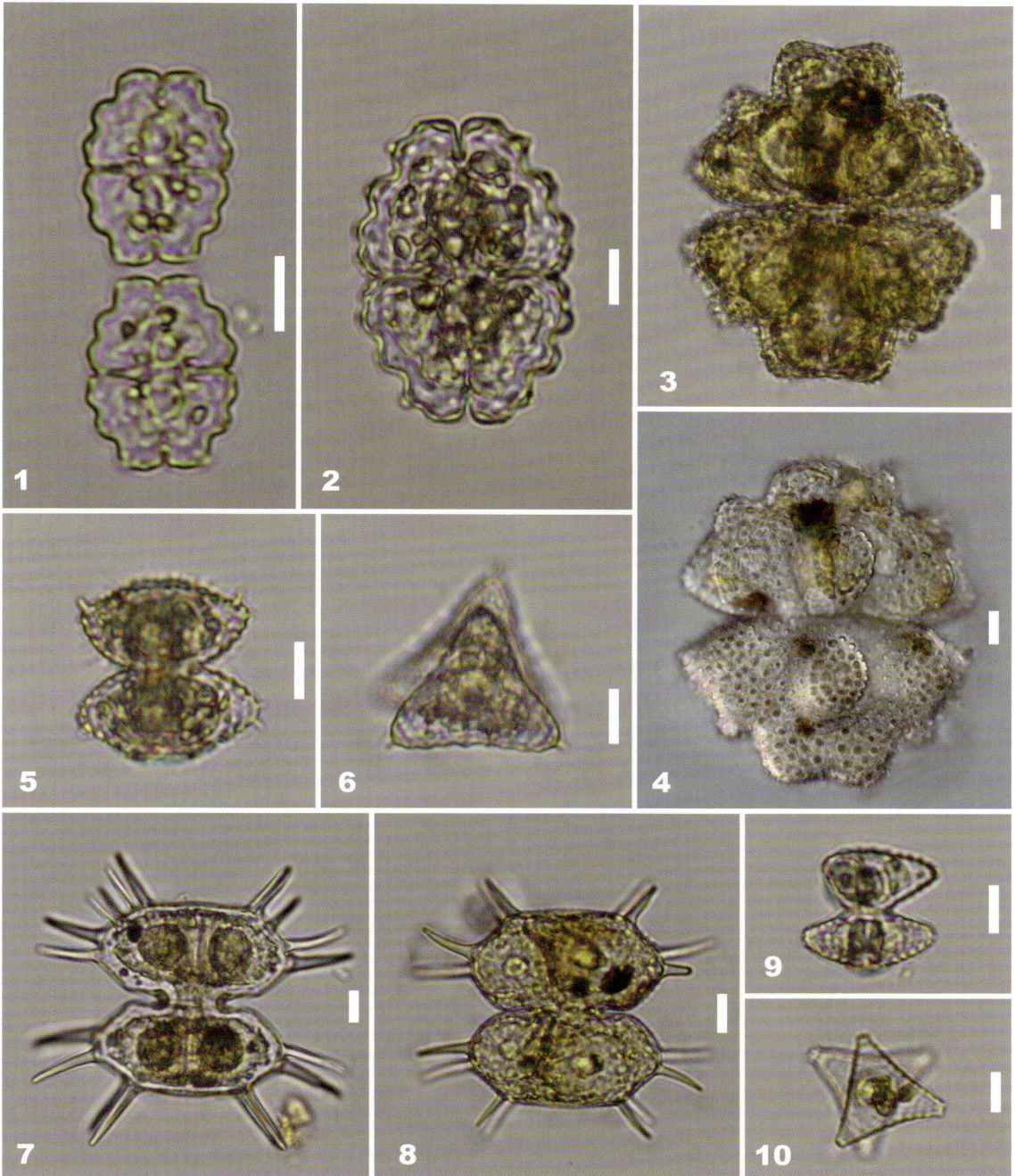

1. 不定凹顶鼓藻 *Euastrum dubium* Nägeli; 2. 特纳凹顶鼓藻西藏变种 *Euastrum turnerii* var. *tibeticum* Wei; 3-4. 瘤状凹顶鼓藻变狭变种 *Euastrum verrucosum* var. *coarctatum* Delponte; 5-6. 阿维角星鼓藻 *Staurastrum avicula* Ralfs; 7-8. 对称多棘鼓藻 *Xanthidium antilopaeum* Kützing; 9-10. 不等角星鼓藻 *Staurastrum dispar* Brébisson

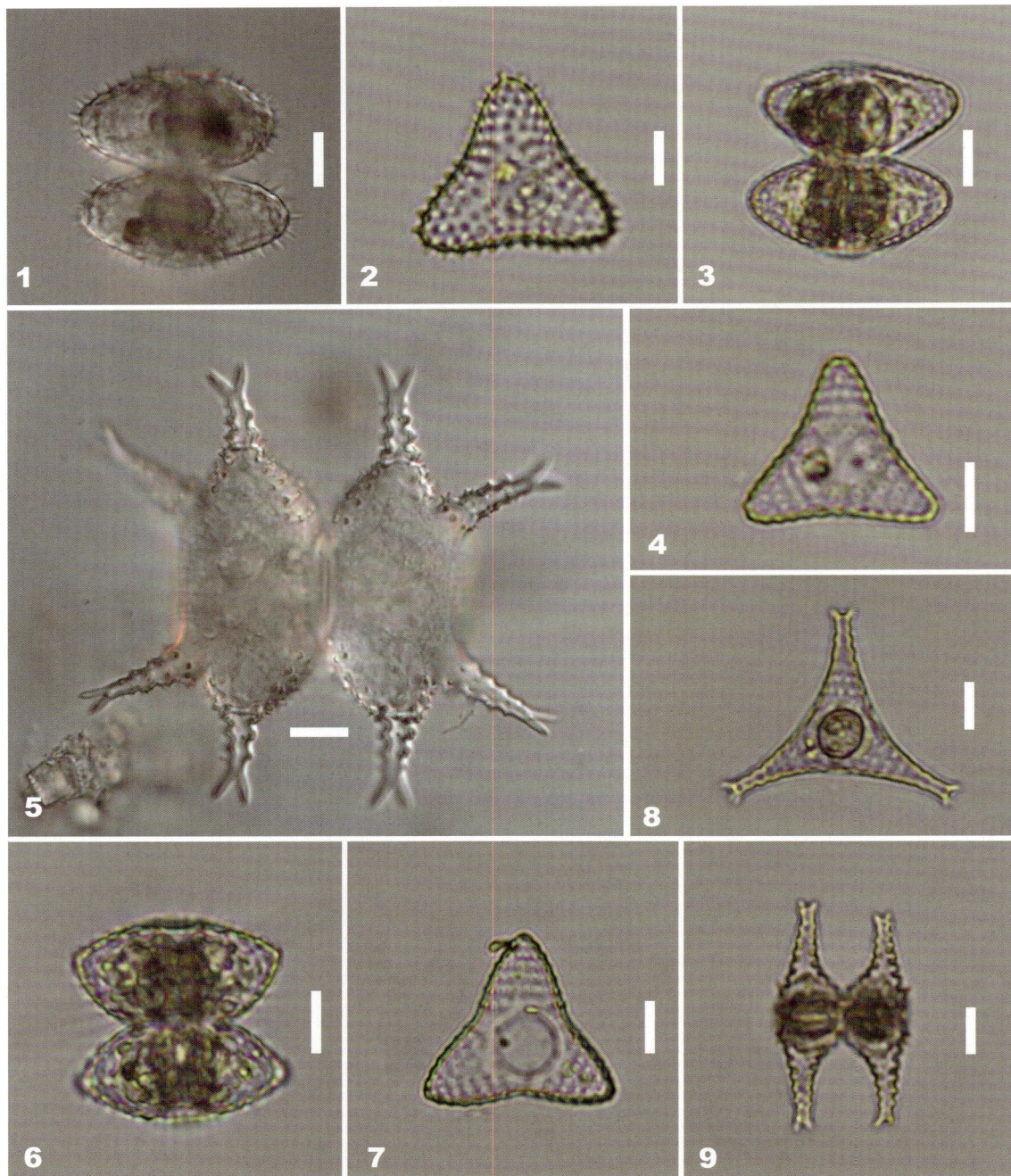

1-2. 被棘角星鼓藻 *Staurastrum erasum* Brébisson; 3-4. 颗粒角星鼓藻 *Staurastrum punctulatum* Brébisson; 5. 叉形角星鼓藻 *Staurastrum furcigerum* (Ralfs) Archer; 6-7. 具粒角星鼓藻 *Staurastrum granulosum* Ralfs; 8-9. 纤细角星鼓藻极瘦变种 *Staurastrum gracile* var. *teunissima* Boldt

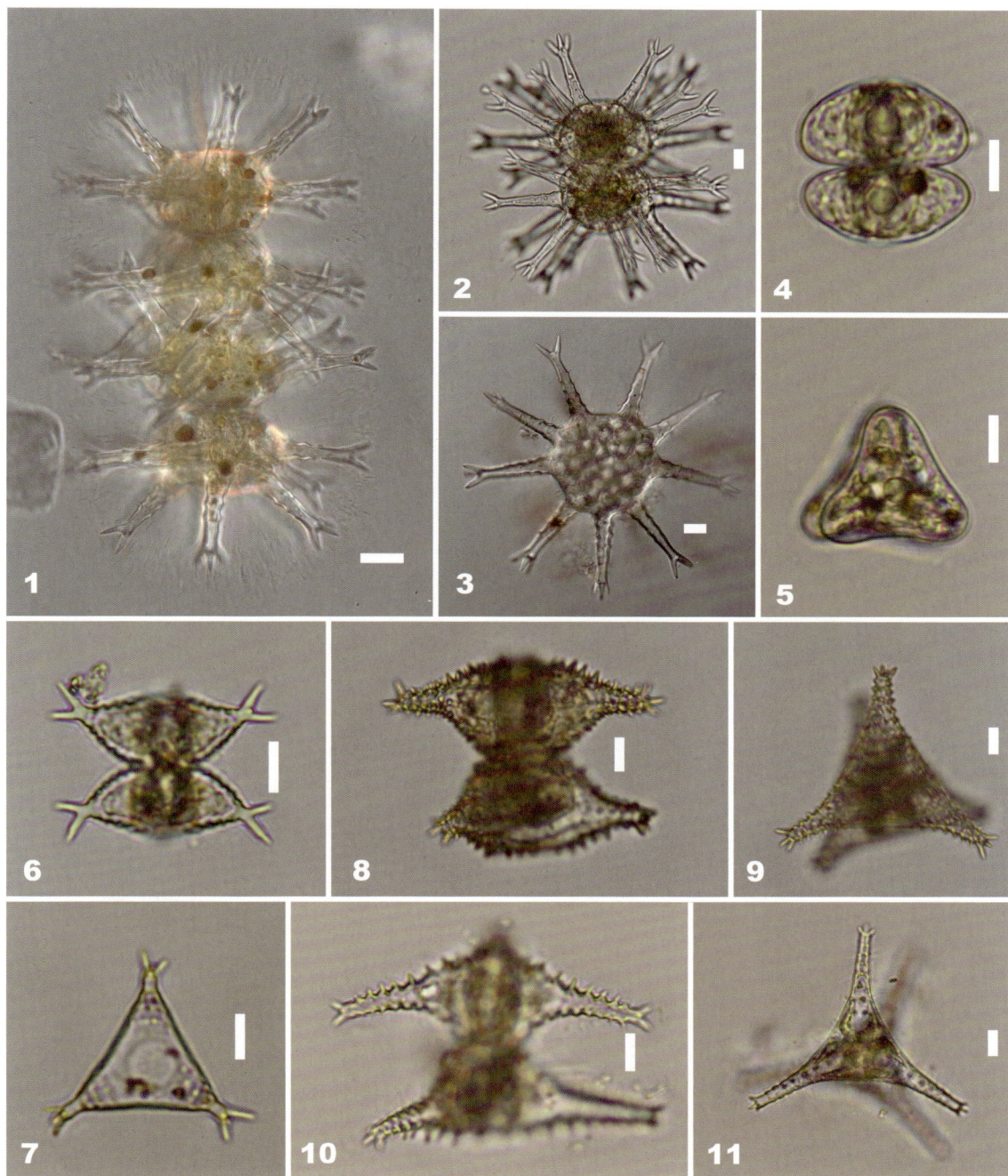

1-3. 薄刺角星鼓藻 *Staurastrum leptacanthum* Nordstedt; 4-5. 光角星鼓藻 *Staurastrum muticum* Ralfs; 6-7. 漂流角星鼓藻 *Staurastrum pelagicum* West et West; 8-9. 西博角星鼓藻 *Staurastrum sebaldi* Reinsch; 10-11. 西博角星鼓藻伸长变种 *Staurastrum sebaldi* var. *productum* West et West

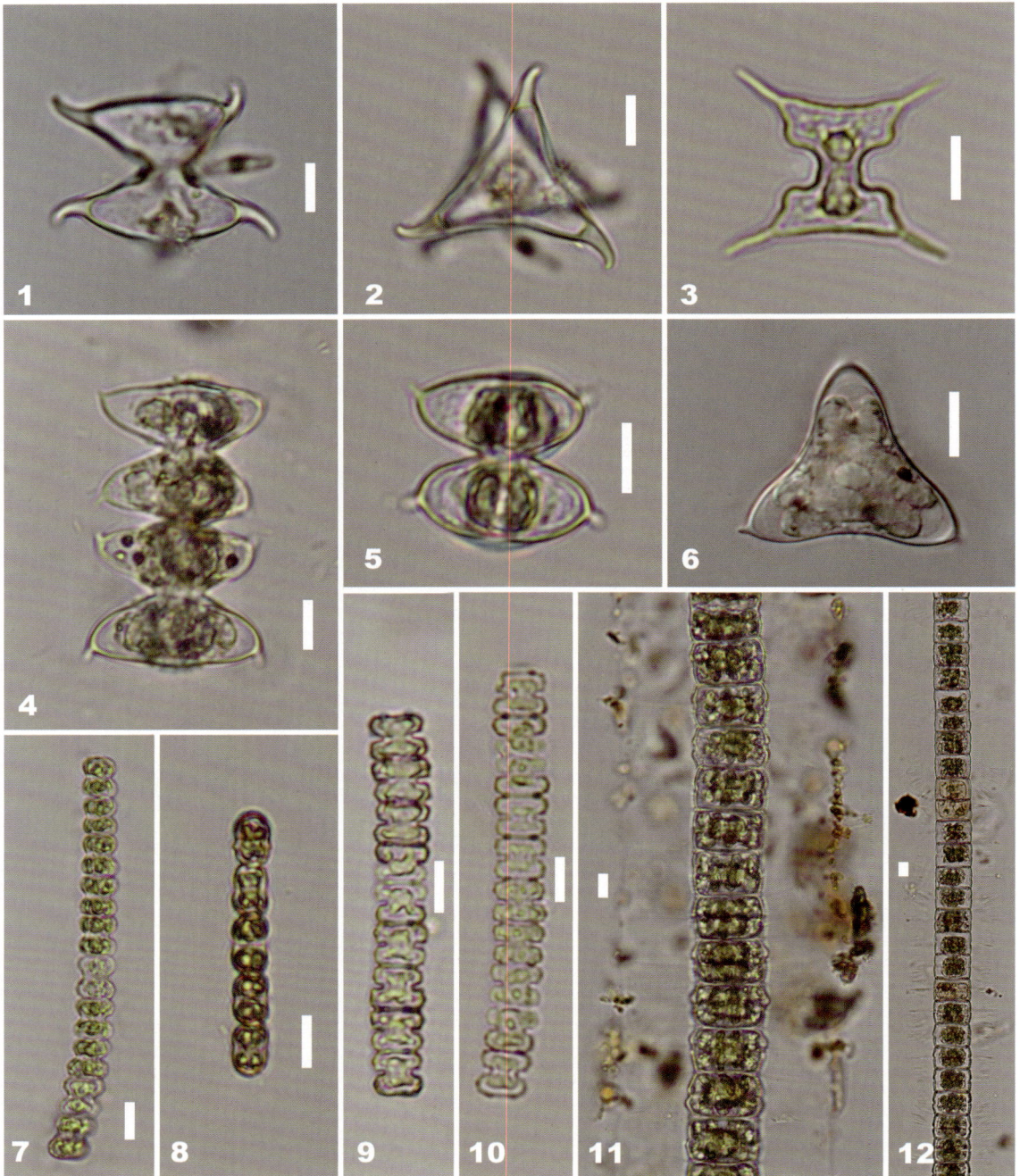

1-2. 钩刺叉星鼓藻 *Staurodesmus curvirostris* (Turner) Teiling; 3. 伸长叉星鼓藻 *Staurodesmus extensus* (Borge) Teiling; 4-6. 伸展叉星鼓藻 *Staurodesmus patens* (Nordstedt) Croasdale; 7-8. 平顶顶接鼓藻 *Spondylosium planum* (Wolle) West et West; 9-10. 颗粒泰林鼓藻 *Teilingia granulata* (Roy et Bissett) Bourrelly; 11-12. 裂开圆丝鼓藻 *Hyalotheca dissiliens* Ralfs

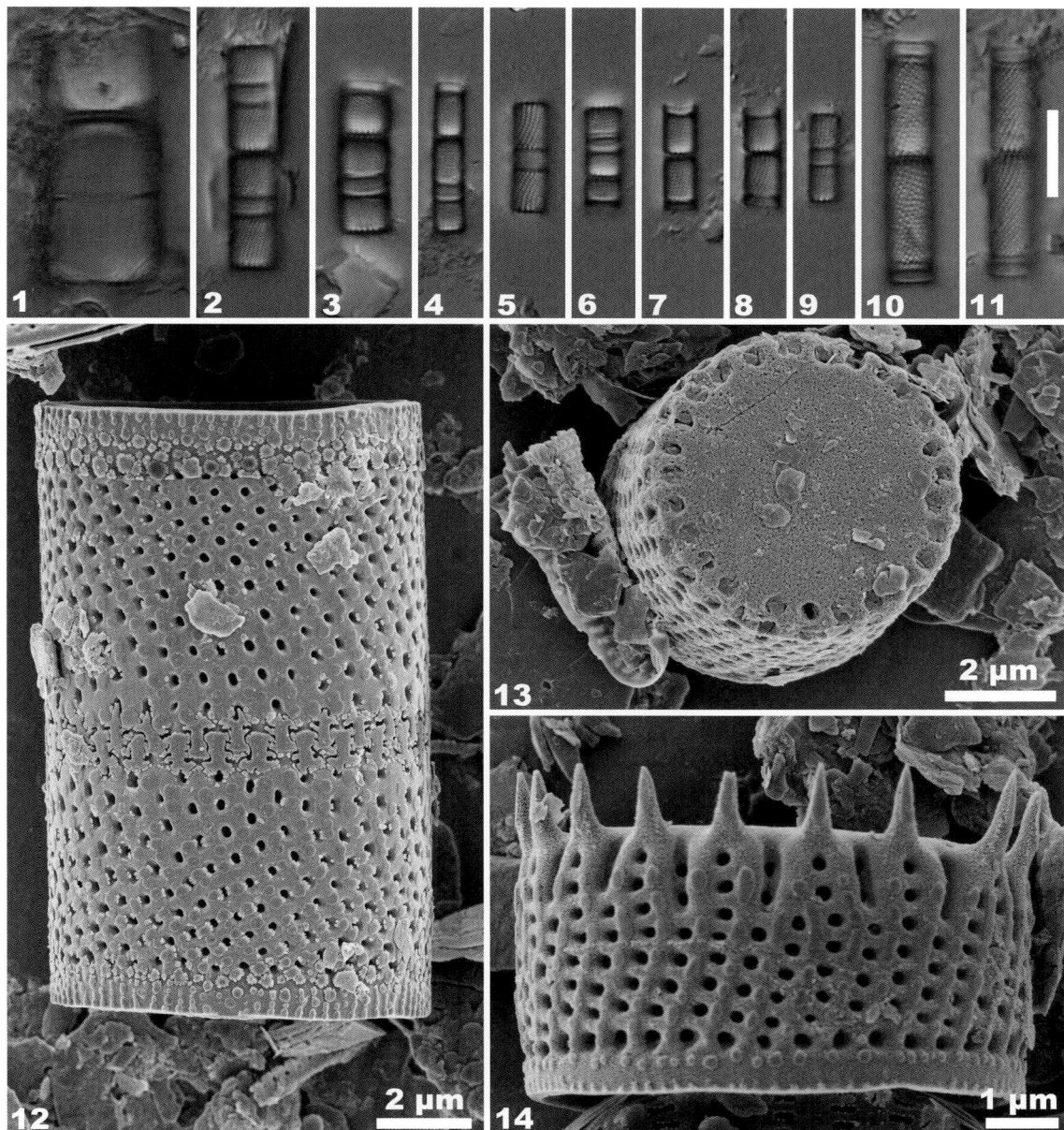

1. 变异直链藻 *Melosira varians* Agardh; 2-9, 12-14. 模糊沟链藻 *Aulacoseira ambigua* (Grunow) Simonsen; 10-11. 颗粒沟链藻极狭变种 *Aulacoseira granulata* var. *angustissima* (Müller) Simonsen

图版 34

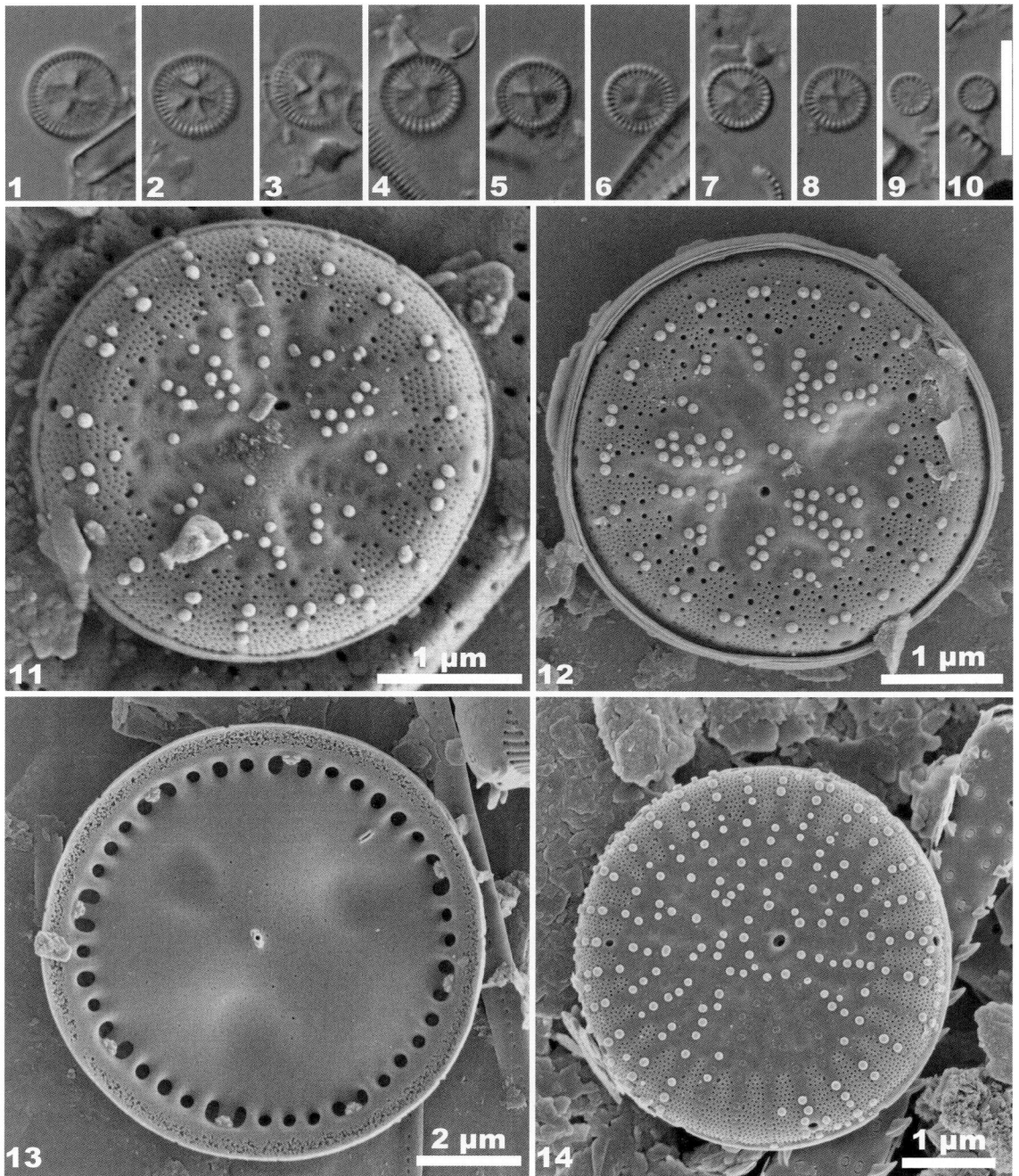

1-8, 11-12. 科梅小环藻 *Cyclotella comensis* Grunow; 9-10, 13-14. 微小小环藻 *Cyclotella minuscula* (Jurilj) Cvetkoska

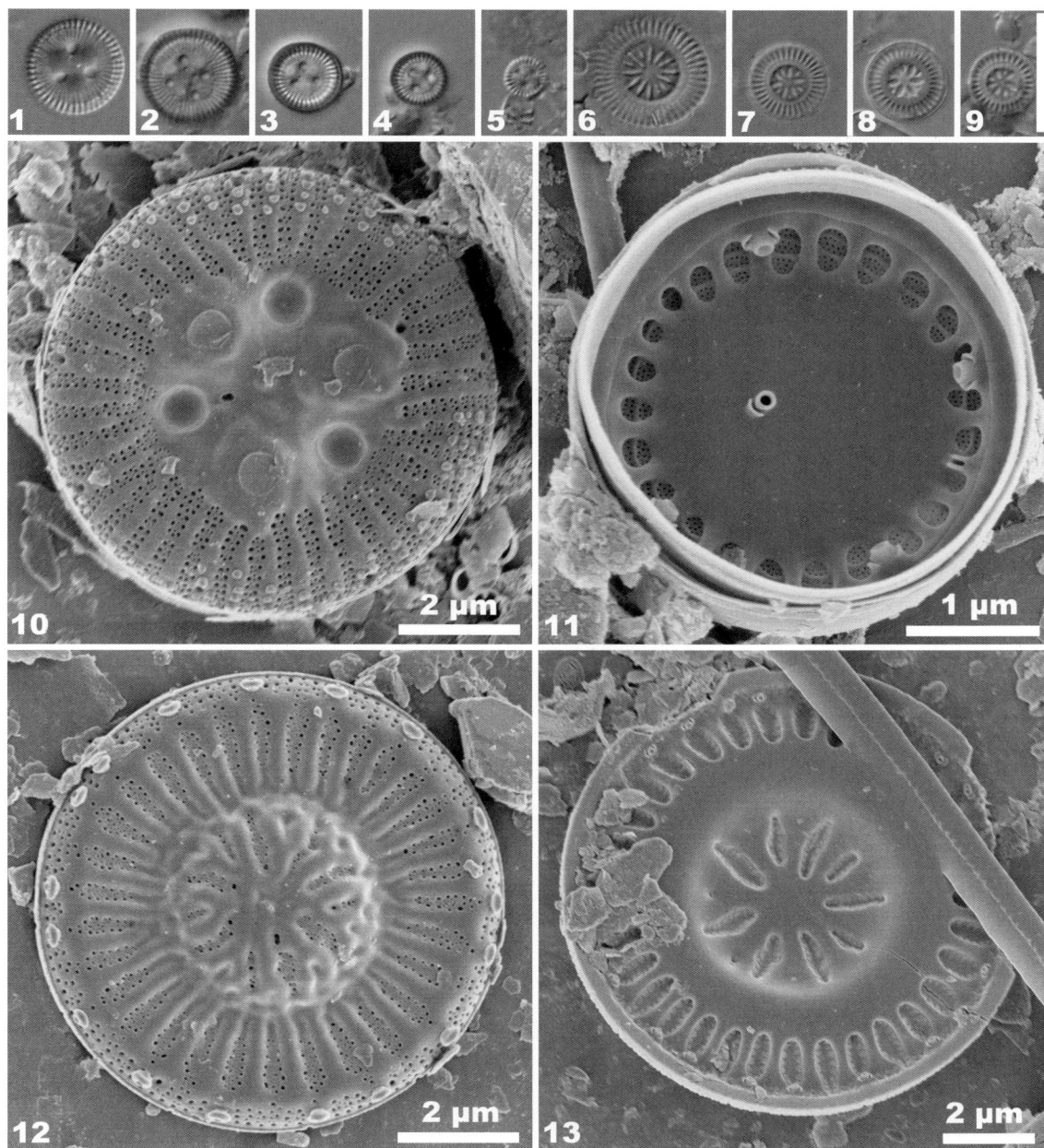

1-5, 10-11. 眼斑小环藻 *Cyclotella ocellata* Pantocsek; 6-9, 12-13. 具星碟星藻 *Discostella stelligera* (Cleve et Grunow) Houk et Klee

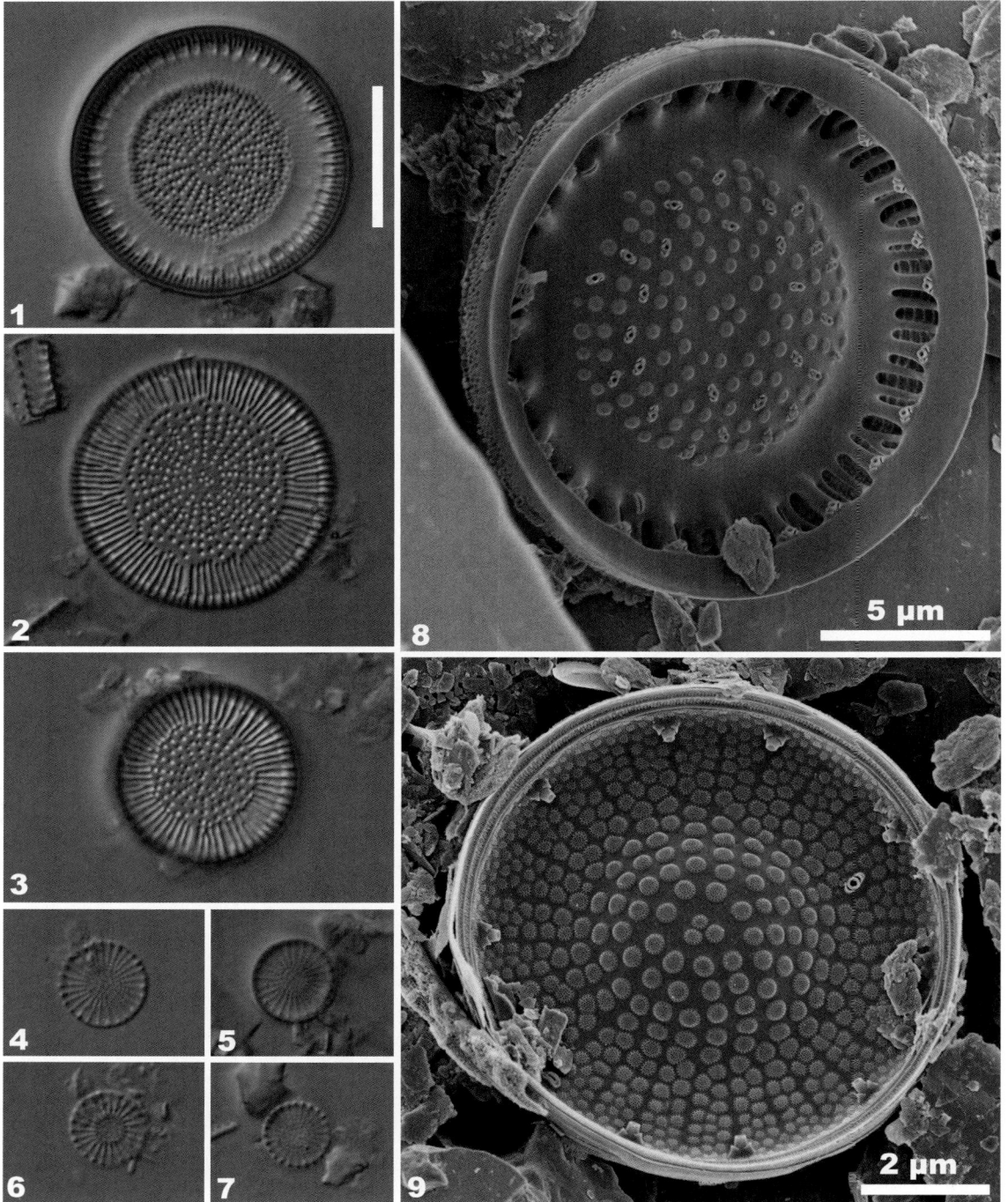

1-3, 8. 近缘琳达藻 *Lindavia affinis* (Grunow) Nakov, Guillory, Julius, Theriot et Alverson; 4-7, 9. 小冠盘藻 *Stephanodiscus minutulus* (Kützing) Cleve et Möller

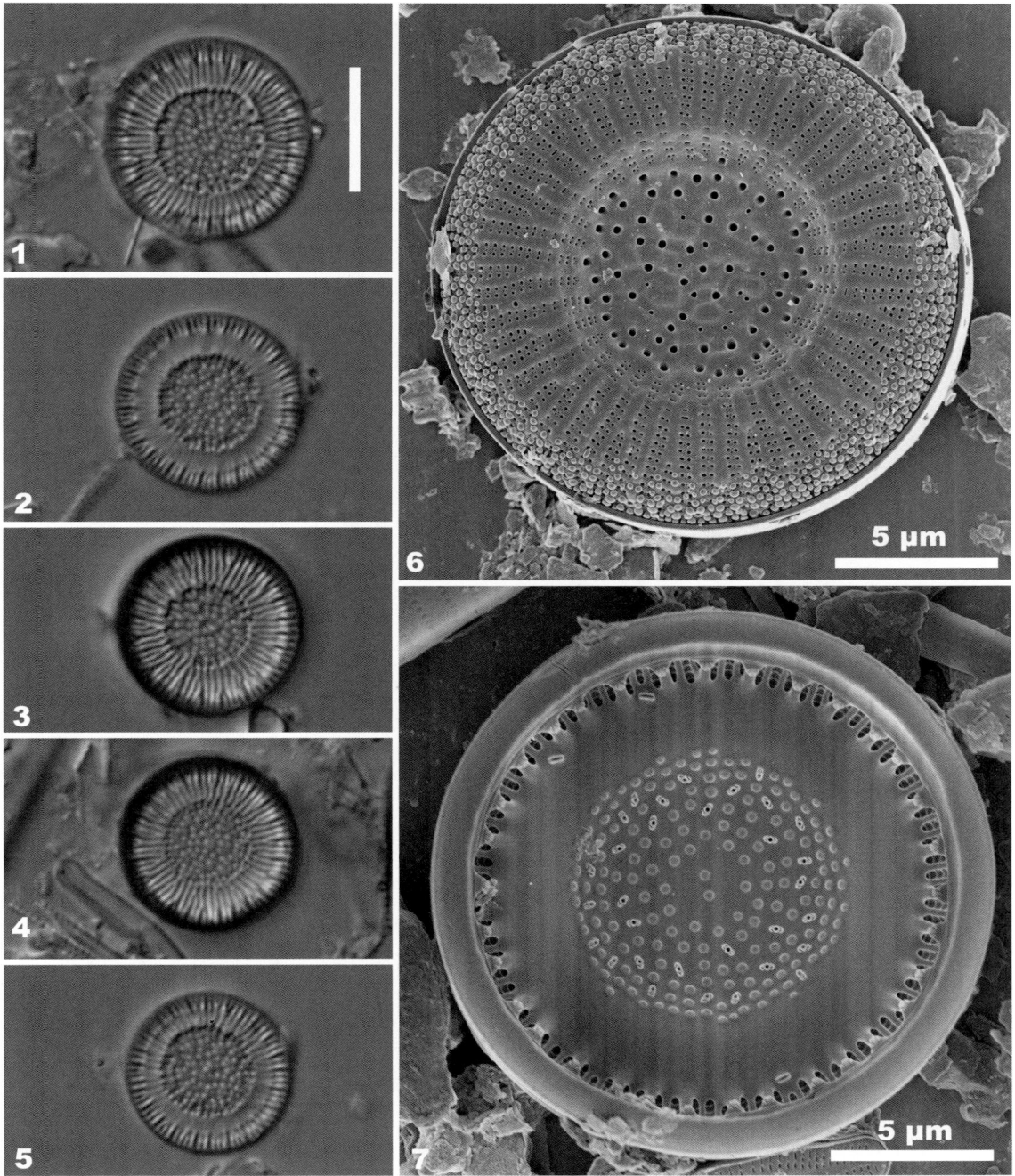

1-7. 省略琳达藻 *Lindavia praetermissa* (Lund) Nakov, Guillory, Julius, Theriot et Alverson

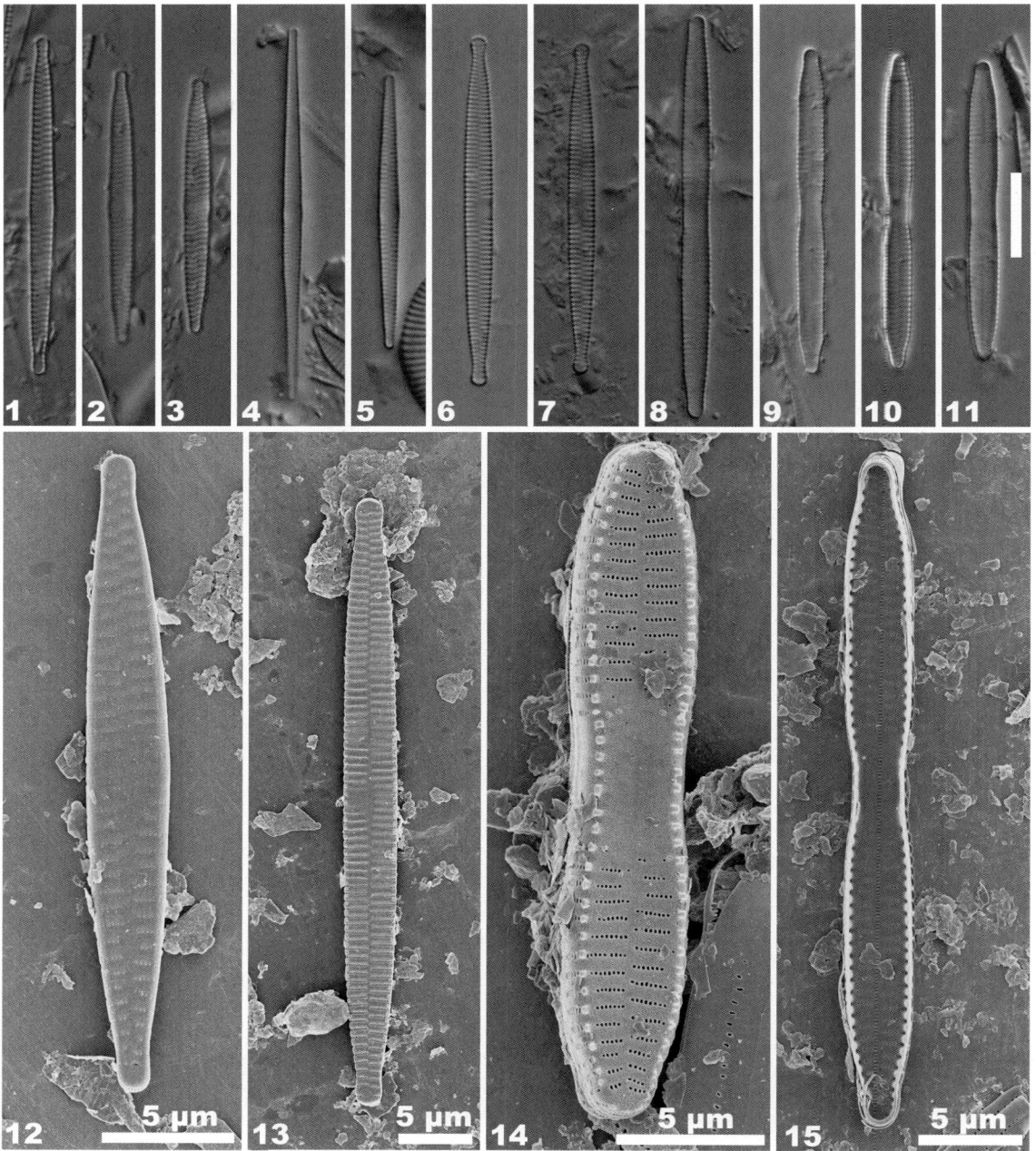

1-3, 12. 钝脆杆藻 *Fragilaria capucina* Desmazières; 4-5. 克罗顿脆杆藻 *Fragilaria crotonensis* Kitton; 6-7, 13. 石南脆杆藻 *Fragilaria heatherae* Kahlert et Kelly; 8-11, 14-15. 中狭脆杆藻 *Fragilaria mesolepta* Rabenhorst

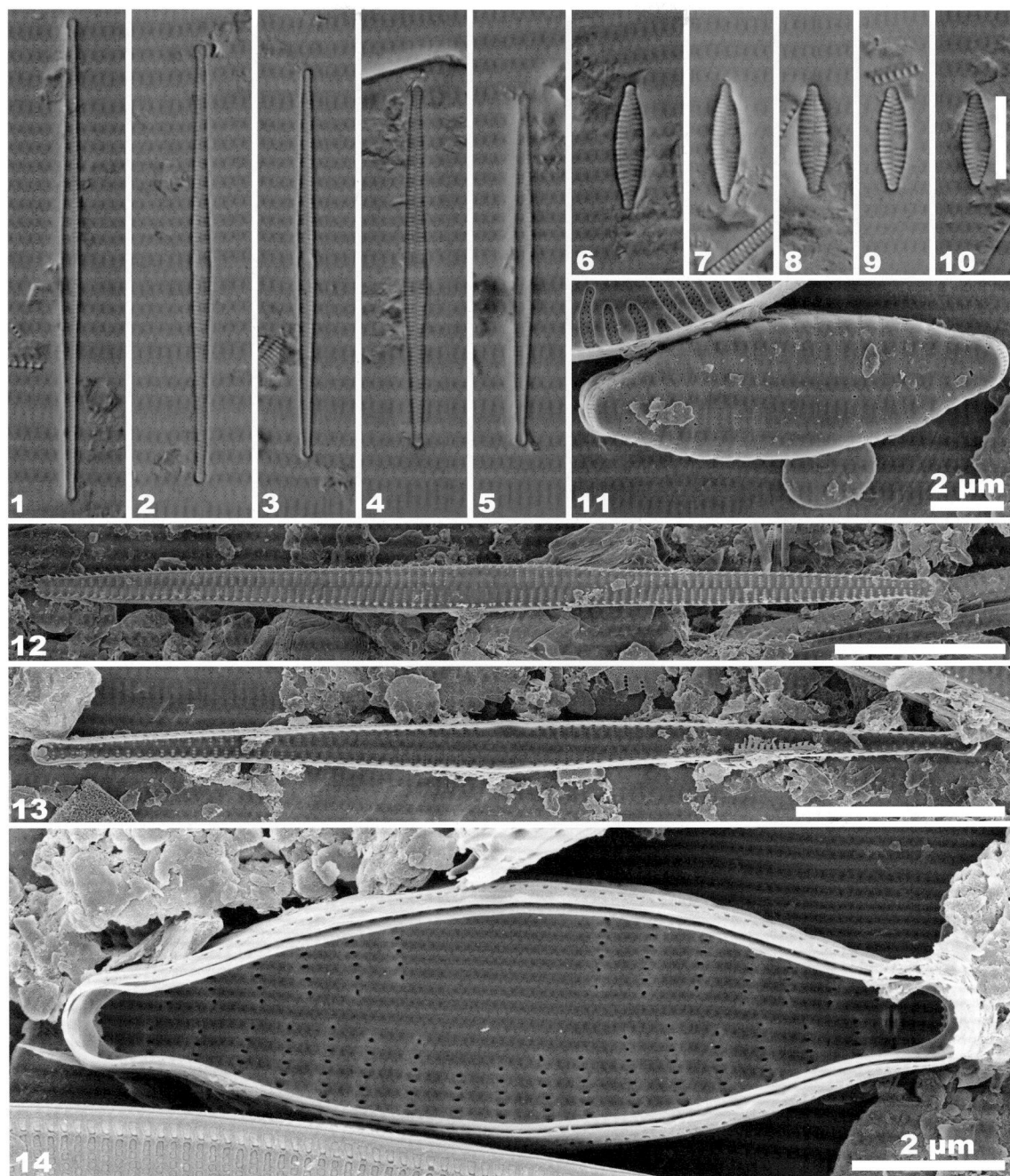

1-5, 12-13. 近爆裂脆杆藻 *Fragilaria pararumpens* Lange-Bertalot, Hofmann et Werum; 6-11, 14. 篦形脆杆藻 *Fragilaria pectinalis* (Müller) Lyngbye

图版 40

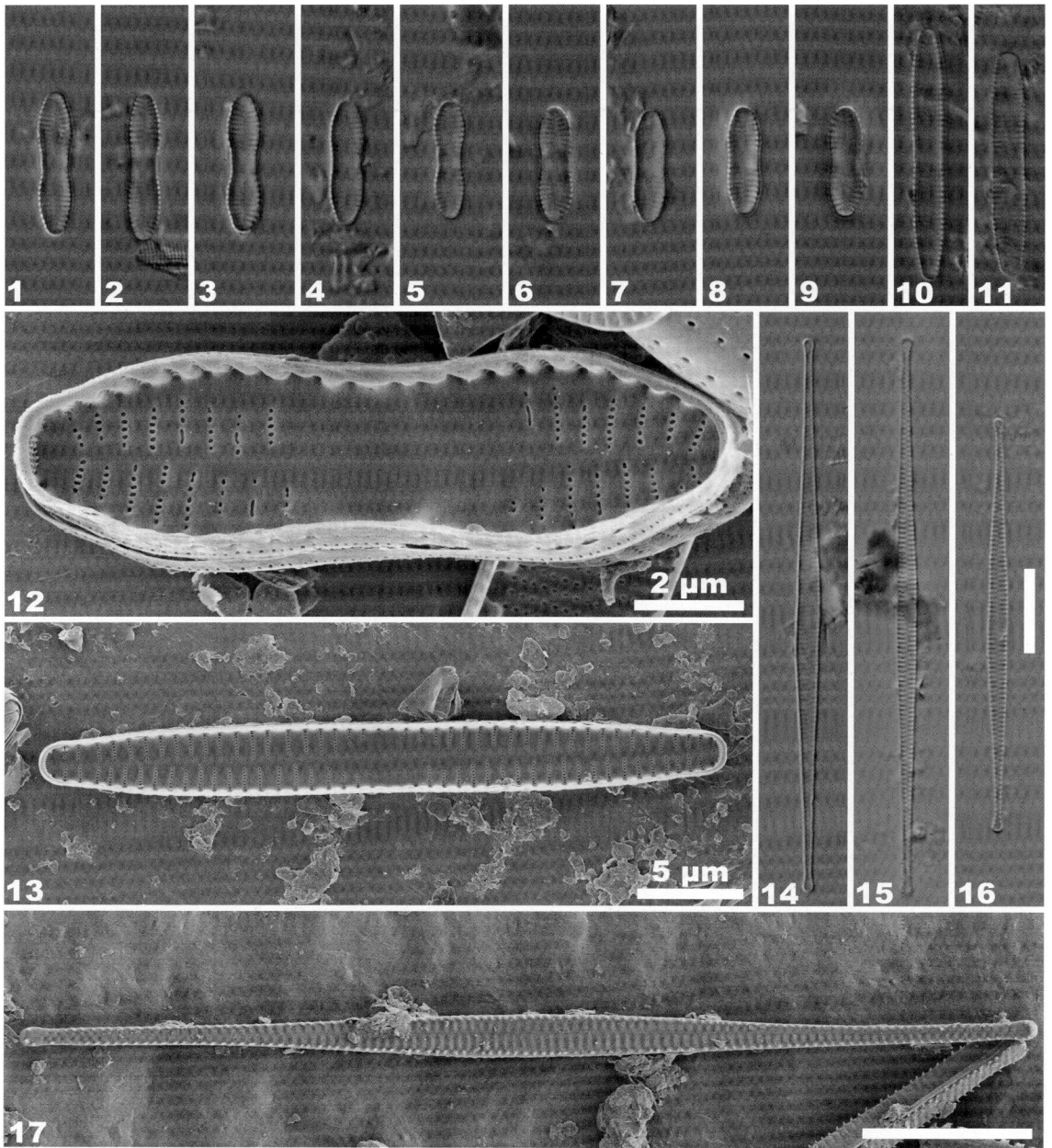

1-9, 12. 短线脆杆藻二凸变种 *Fragilaria brevistriata* var. *bigibba* Jao; 10-11, 13. 平片脆杆藻截形变种 *Fragilaria tabulata* var. *truncata* (Greville) Lange-Bertalot; 14-17. 柔弱脆杆藻 *Fragilaria tenera* (Smith) Lange-Bertalot

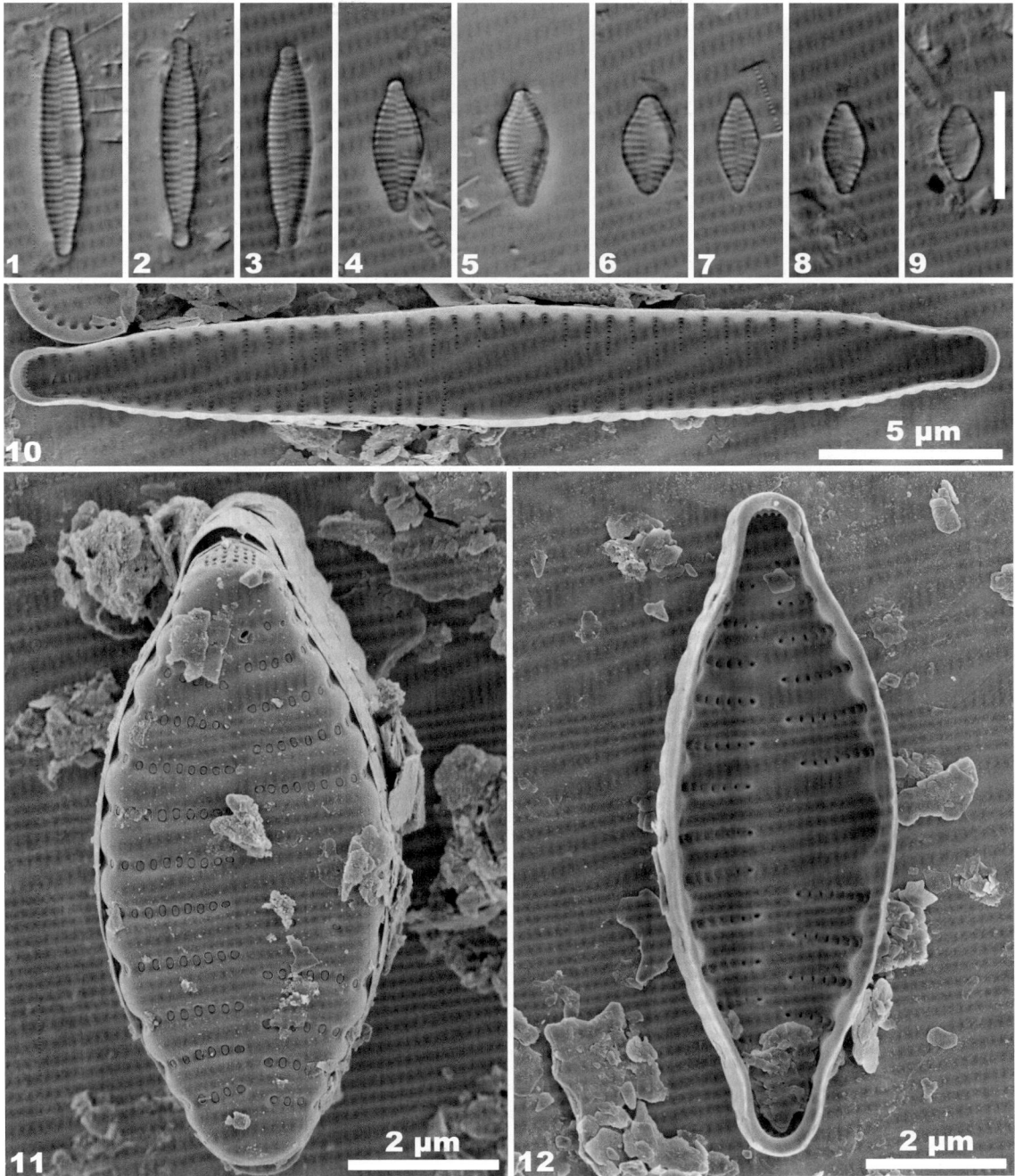

1-3, 10. 沃切里脆杆藻 *Fragilaria vaucheriae* (Kützing) Petersen; 4-9, 11-12. 沃切里脆杆藻椭圆变种 *Fragilaria vaucheriae* var. *elliptica* Manguin

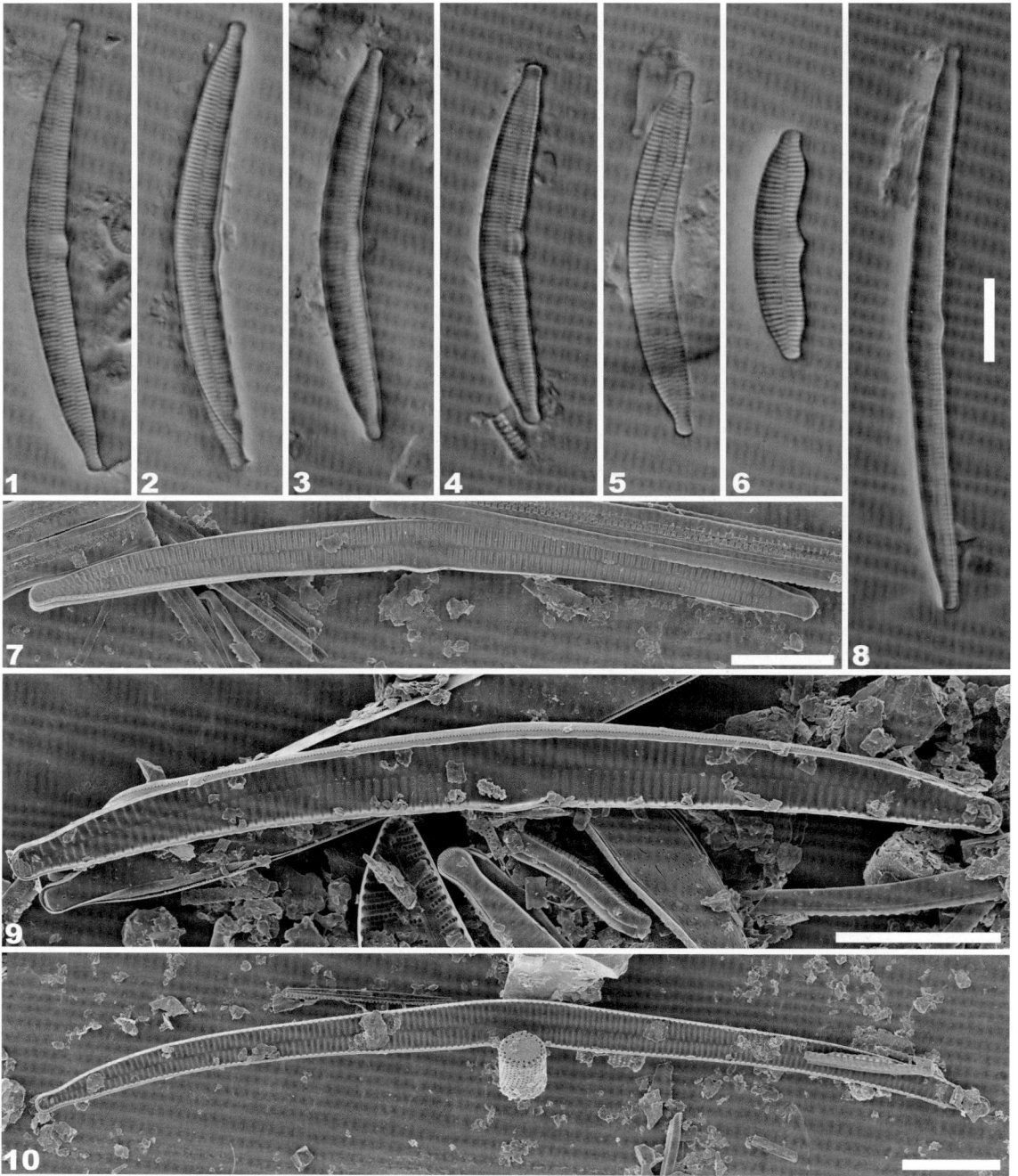

1-5, 7, 9. 弧形娥眉藻 *Hannaea arcus* (Ehrenberg) Patrick; 6. 弧形蛾眉藻两尖变种 *Hannaea arcus* var. *amphioxys* (Rabenhorst) Patrick; 8, 10. 线形蛾眉藻 *Hannaea linearis* (Holmboe) Álvarez-Blanco et Blanco

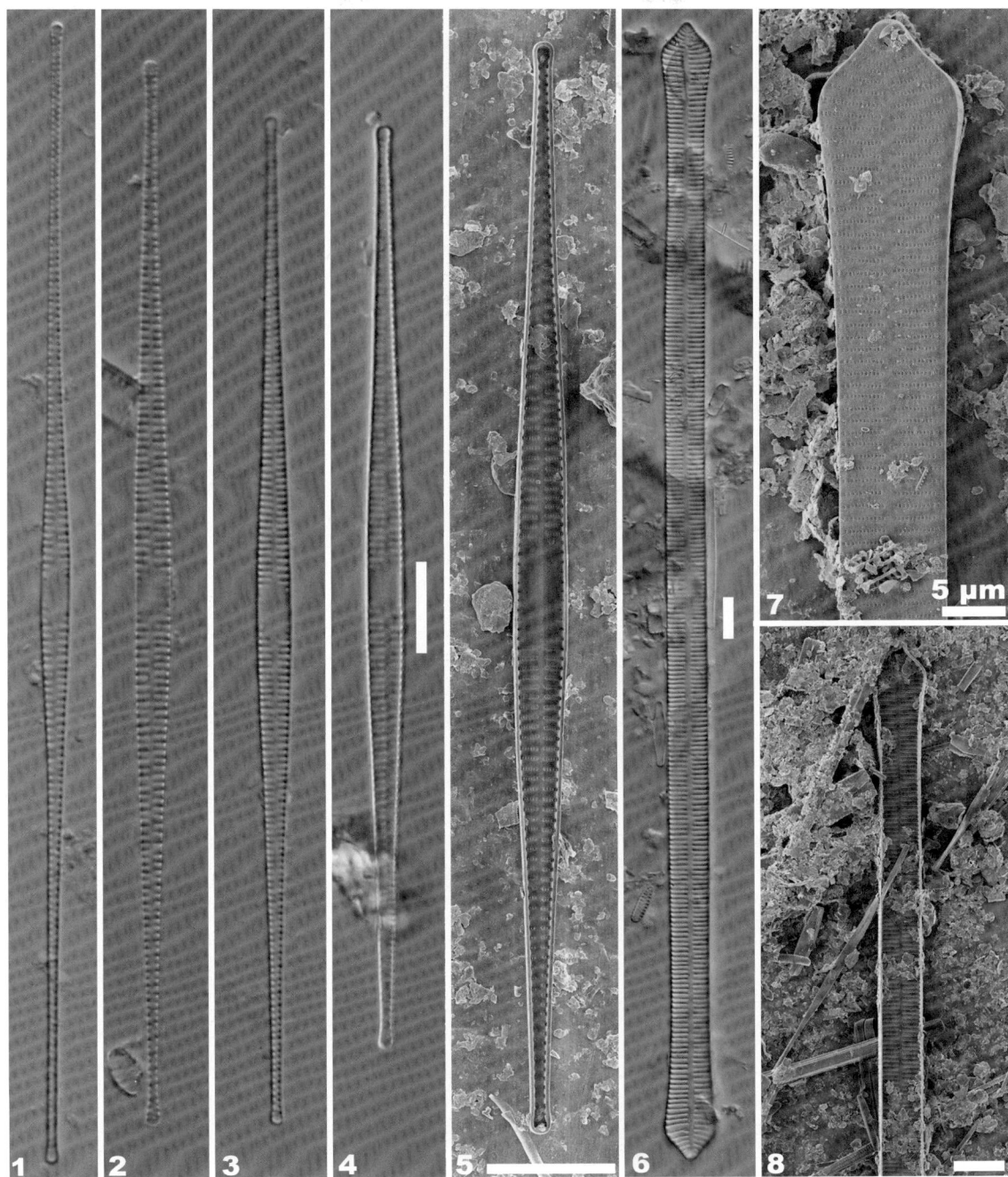

1-5. 尖肘形藻 *Ulnaria acus* (Kützing) Aboal; 6-8. 头状肘形藻 *Ulnaria capitata* (Ehrenberg) Compère

1-2. 丹尼卡肘形藻 *Ulnaria danica* (Kützing) Compère et Bukhtiyarova; 3-7. 肘状肘形藻 *Ulnaria ulna* (Nitzsch) Compère

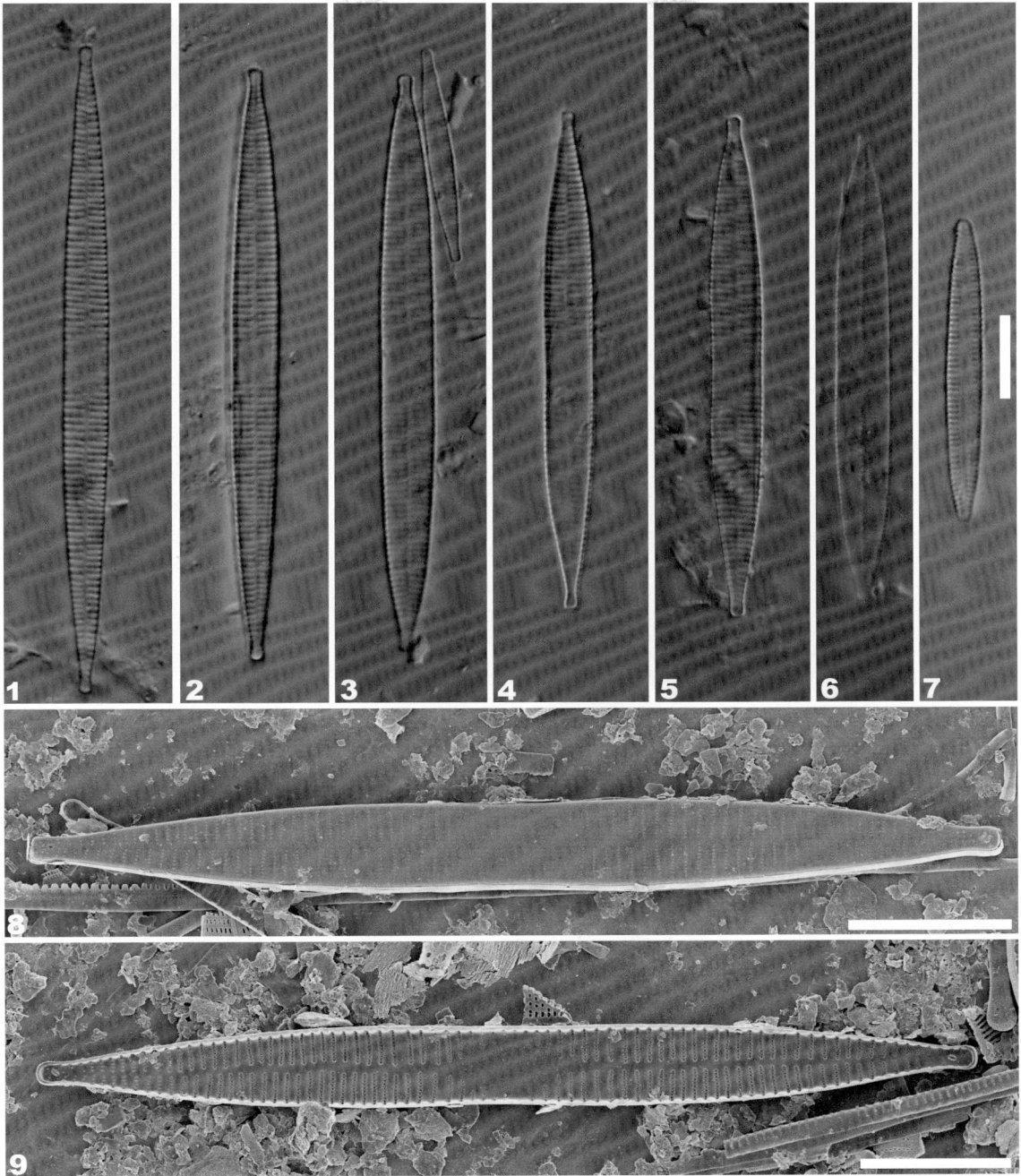

1-6, 8-9. 披针肘形藻 *Ulnaria lanceolata* (Kützing) Compère; 7. 簇生平格藻 *Tabularia fasciculata* (Agardh) Williams et Round

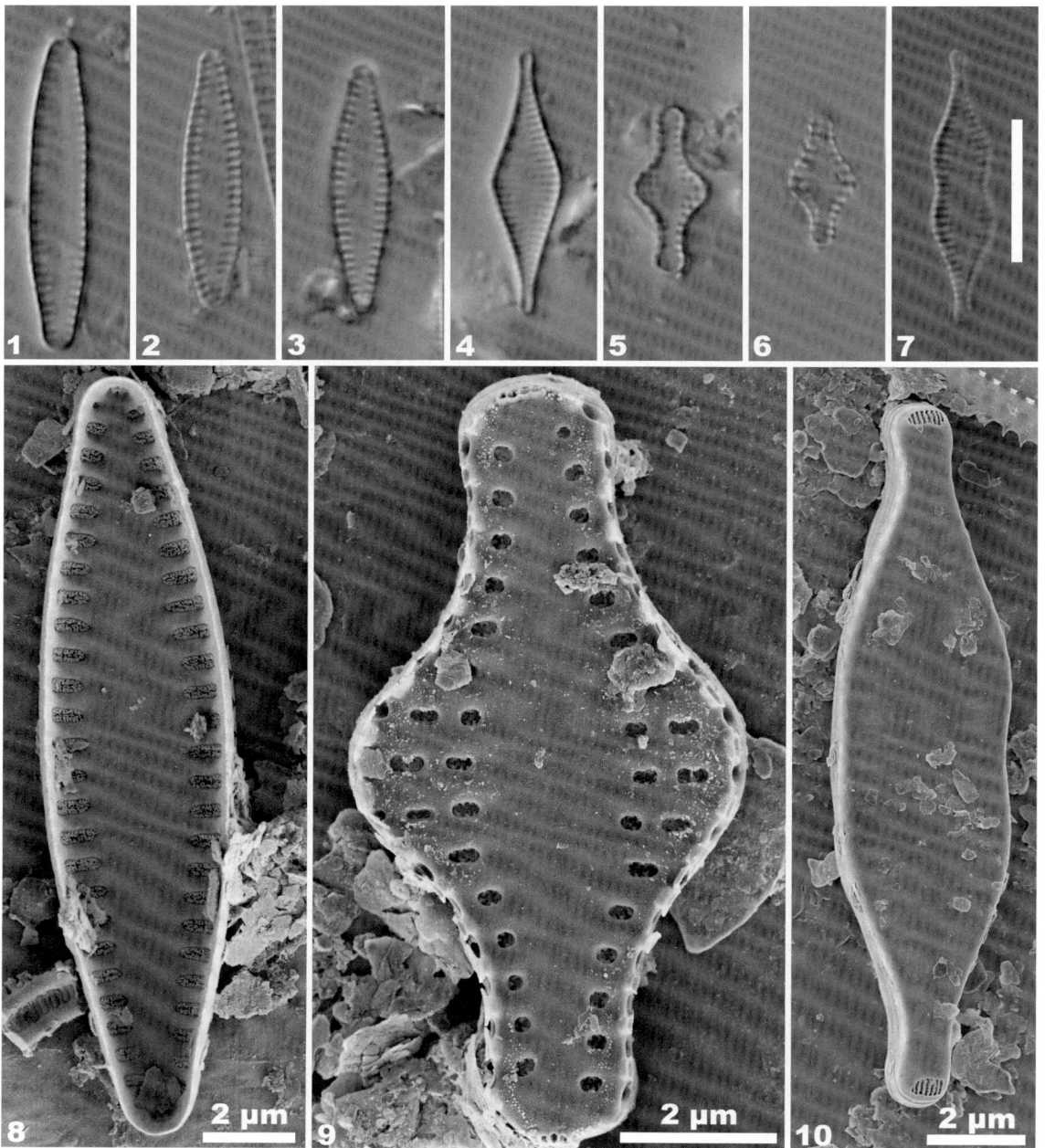

1-3, 8. 短纹假十字脆杆藻 *Pseudostaurosira brevistriata* (Grunow) Williams et Round; 4. 寄生假十字脆杆藻 *Pseudostaurosira parasitica* (Smith) Morales; 5-6, 9. 拟连结十字脆杆藻 *Staurosira pseudoconstruens* (Marciniak) Lange-Bertalot; 7, 10. 近缢缩假十字脆杆藻 *Pseudostaurosira subconstricta* (Grunow) Kulikovskiy et Genkal

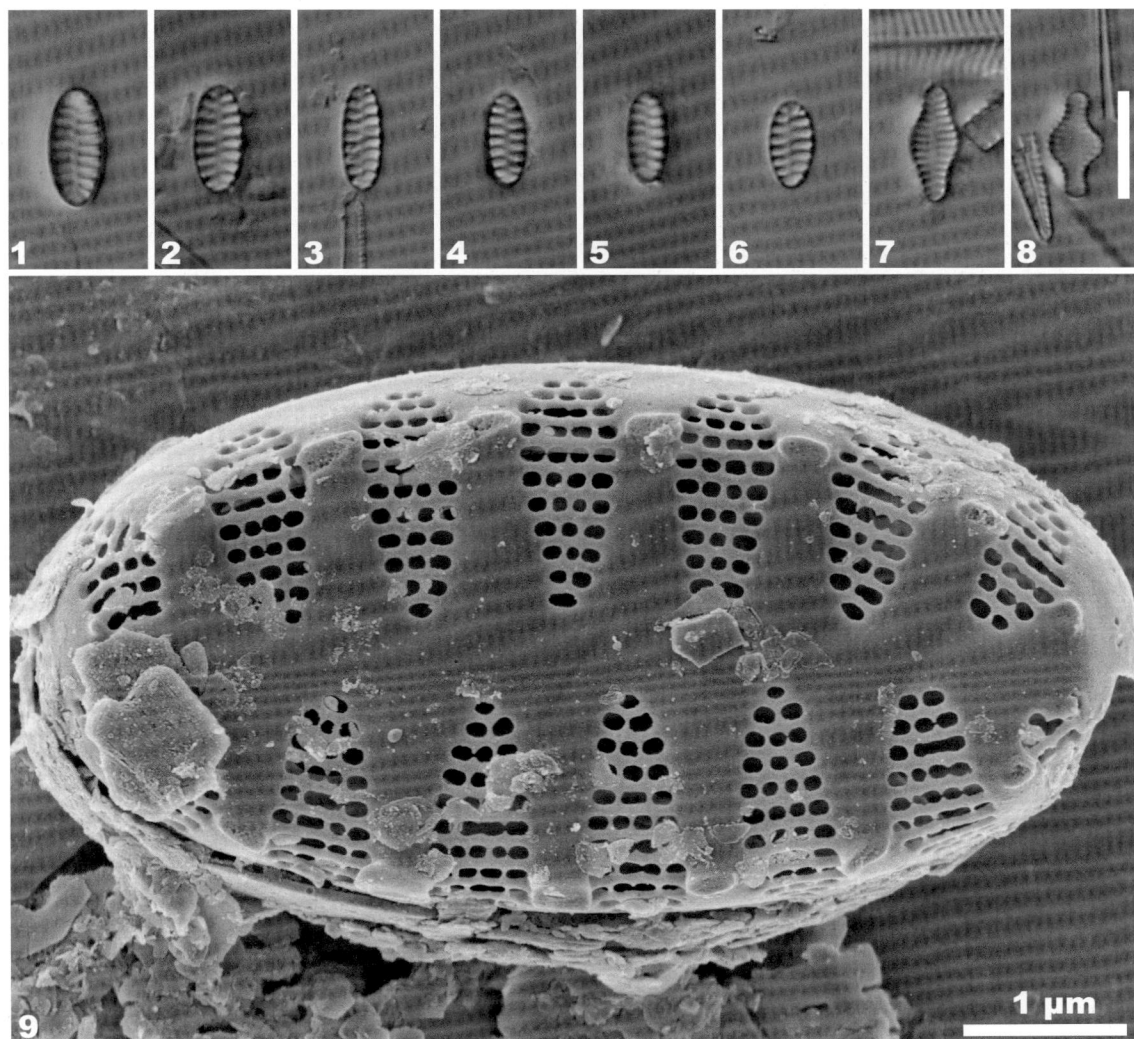

1-6, 9. 圆盘状网孔藻 *Punctastriata discoidea* Flower; 7-8. 相似网孔藻 *Punctastriata mimetica* Morales

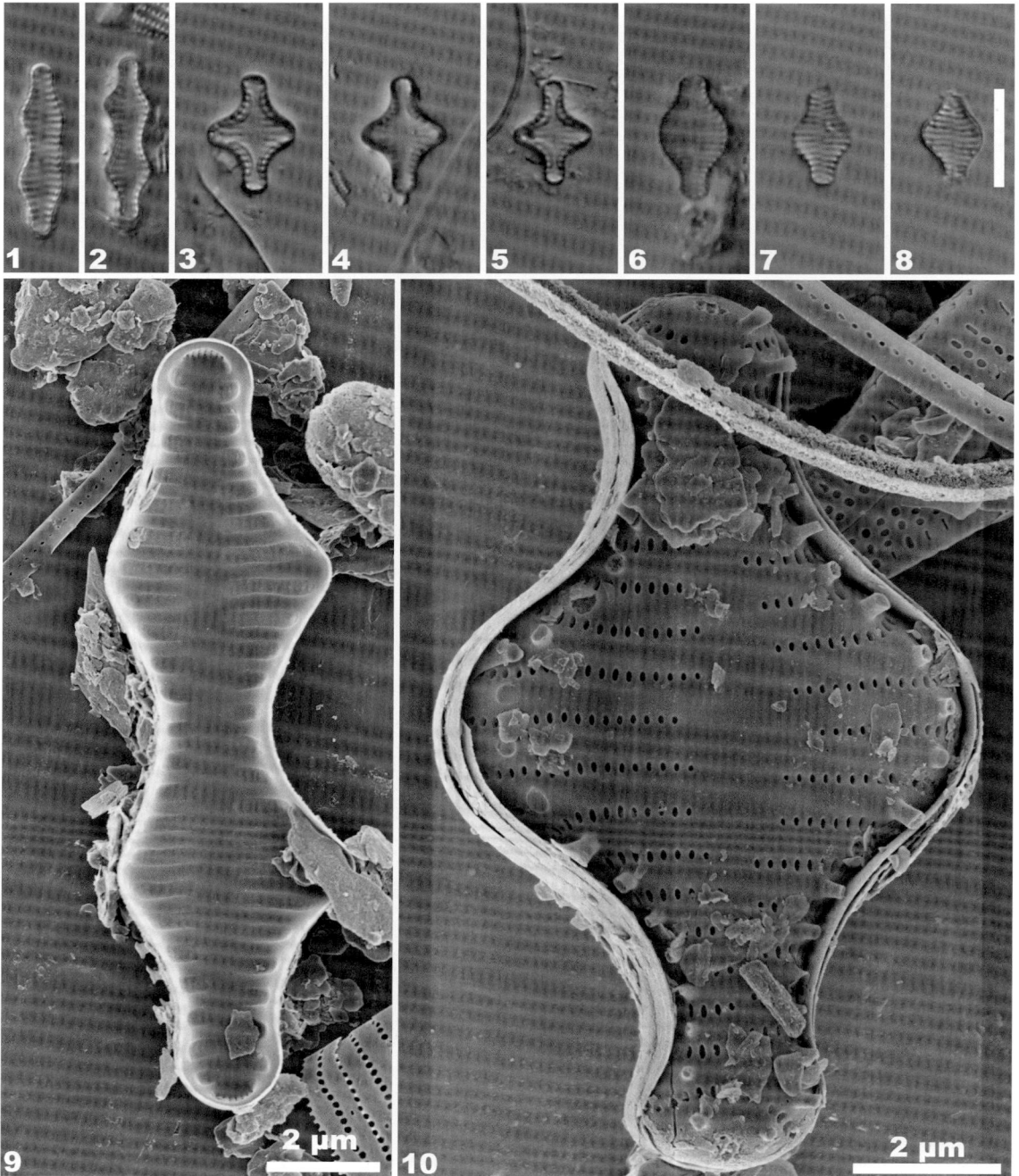

1-2, 9. 双节十字脆杆藻 *Staurosira binodis* (Ehrenberg) Lange-Bertalot; 3-5, 10. 连结十字脆杆藻 *Staurosira construens* Ehrenberg; 6-8. 不定十字脆杆藻 *Staurosira incerta* Morales

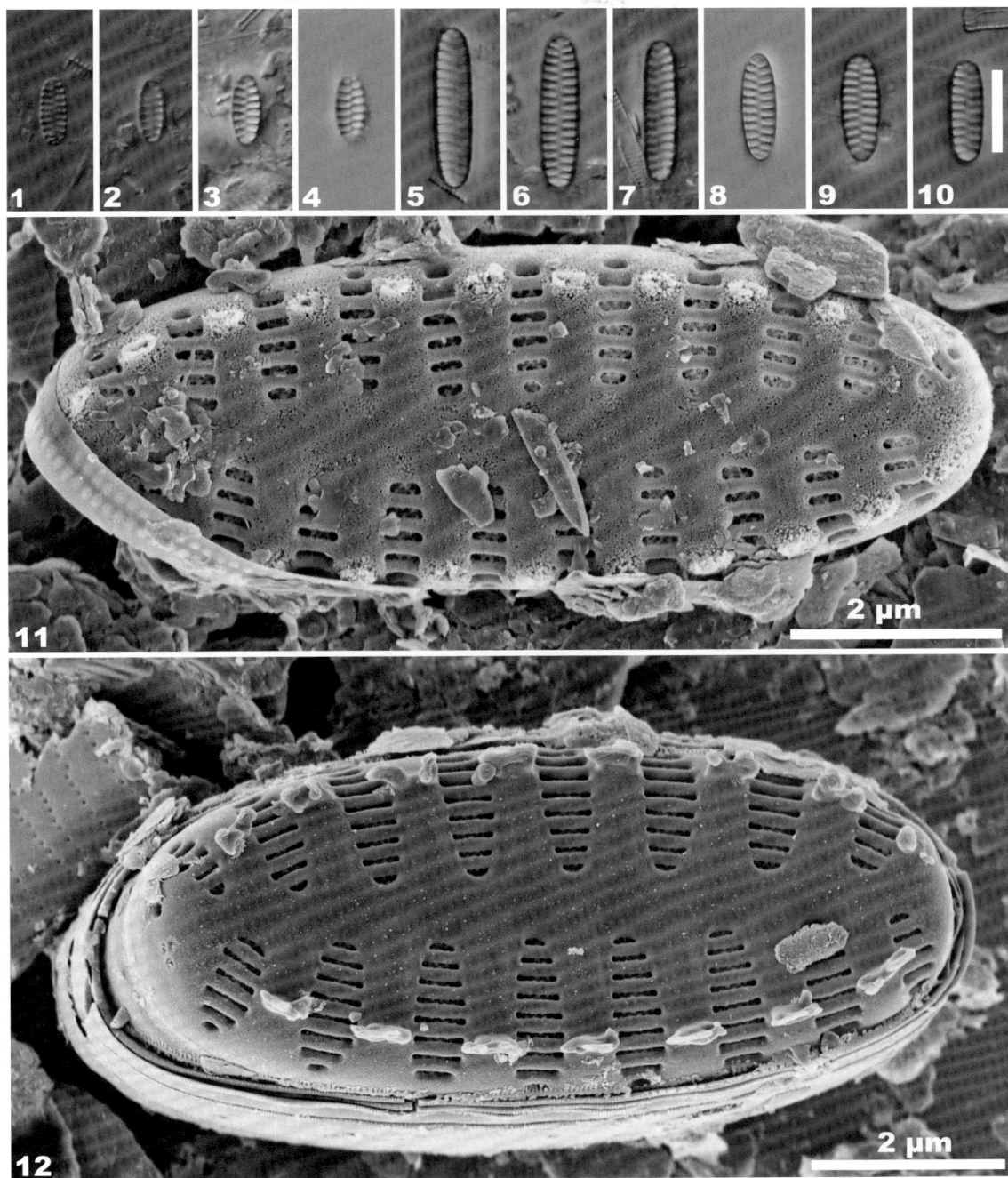

1-4, 11. 马特窄十字脆杆藻 *Staurosirella martyi* (Héribaud) Morales et Manoylov; 5-10, 12. 羽状窄十字脆杆藻 *Staurosirella pinnata* (Ehrenberg) Williams et Round

図版 50

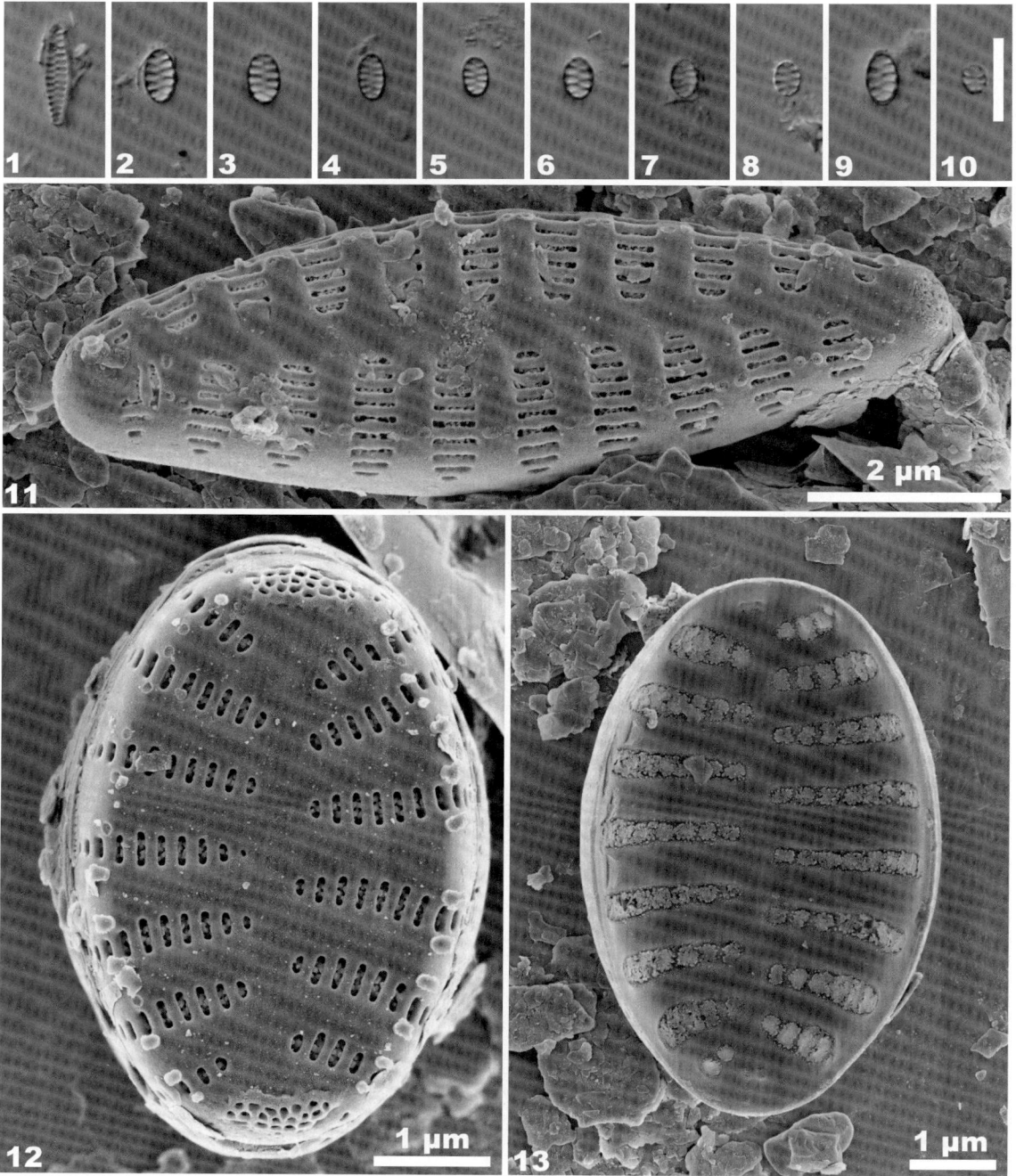

1, 11. 微小窄十字脆杆藻 *Staurosirella minuta* Morales et Edlund; 2-10, 12-13. 卵形窄十字脆杆藻 *Staurosirella ovata* Morales

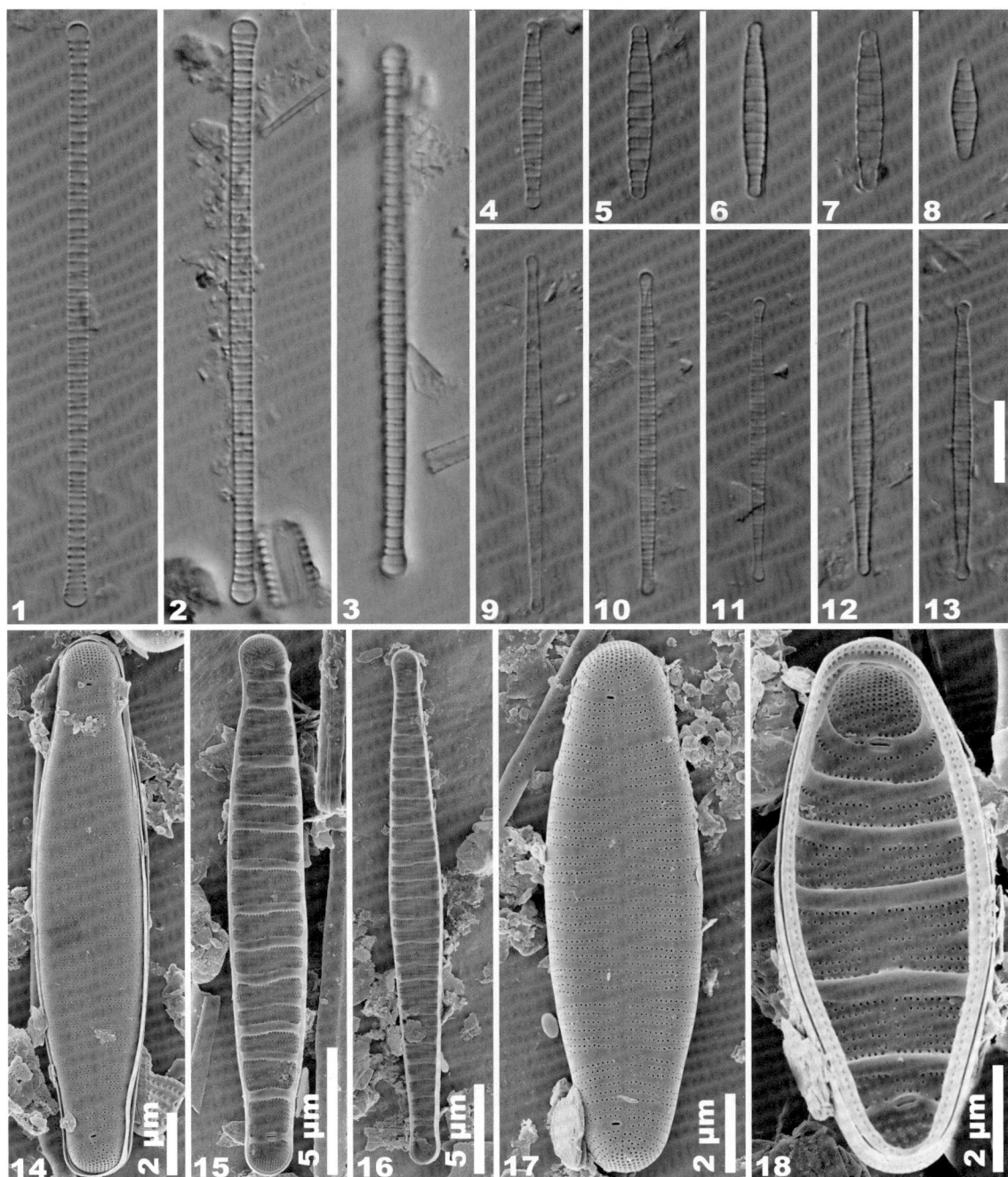

1-3. 延长等片藻 *Diatoma elongata* (Lyngbye) Agardh; 4-8, 14-15. 念珠状等片藻 *Diatoma moniliformis* (Kützing) Williams; 9-13, 16. 纤细等片藻 *Diatoma tenuis* Agardh; 17-18. 普通等片藻 *Diatoma vulgaris* Bory de Saint-Vincent

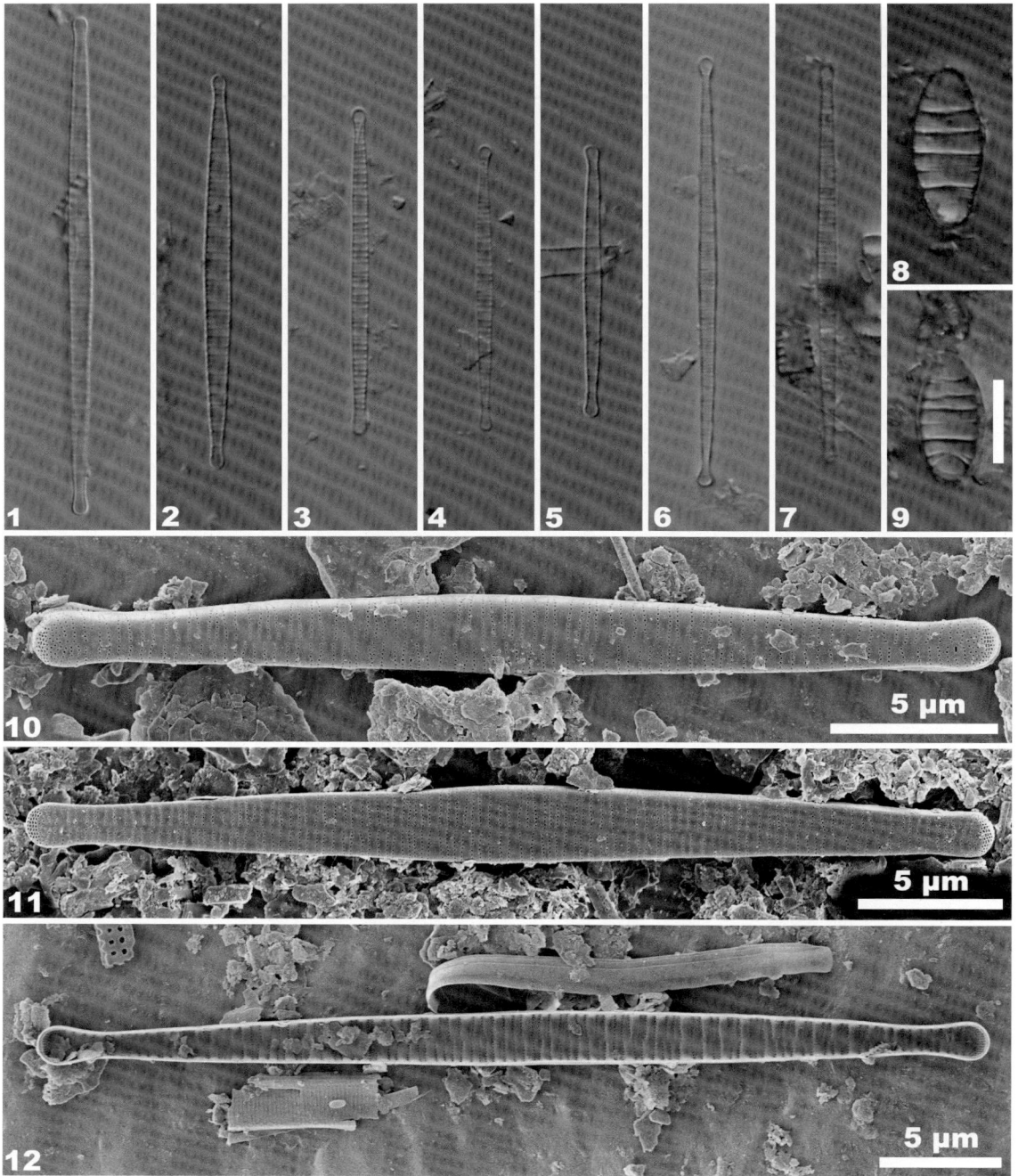

1-5, 10. 吉尔曼等杆藻 *Distrionella germainii* (Reichardt et Lange-Bertalot) Morales, Bahls et Cody; 6-7, 11-12. 隐形等杆藻 *Distrionella incognita* (Reichardt) Williams; 8-9. 中型粗肋藻 *Odontidium mesodon* (Kützing) Kützing

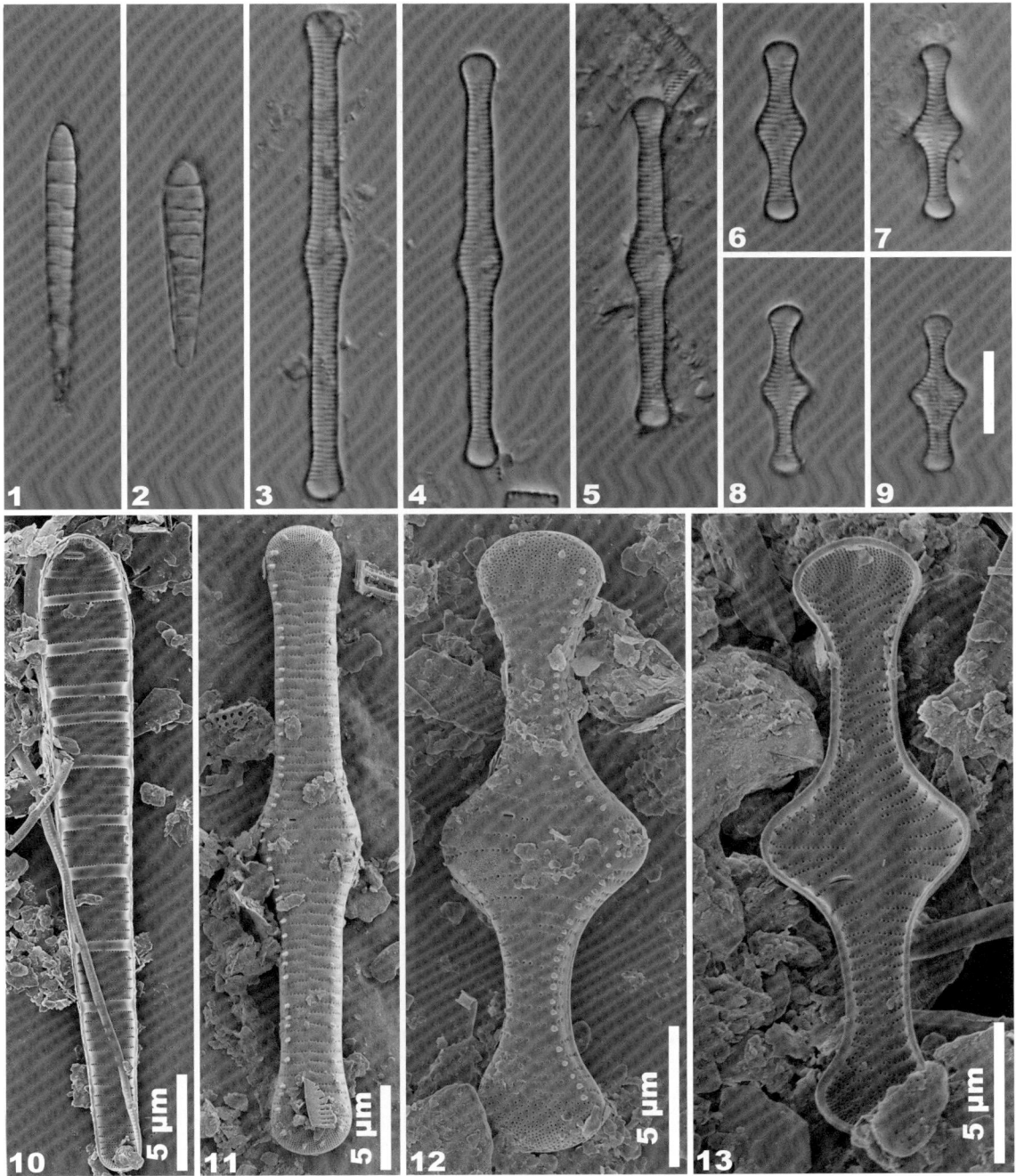

1-2, 10. 环状扇形藻 *Meridion circulare* (Greville) Agardh; 3-5, 11. 窗格平板藻 *Tabellaria fenestrata* (Lyngbye) Kützing; 6-9, 12-13. 绒毛平板藻 *Tabellaria flocculosa* (Roth) Kützing

图版 54

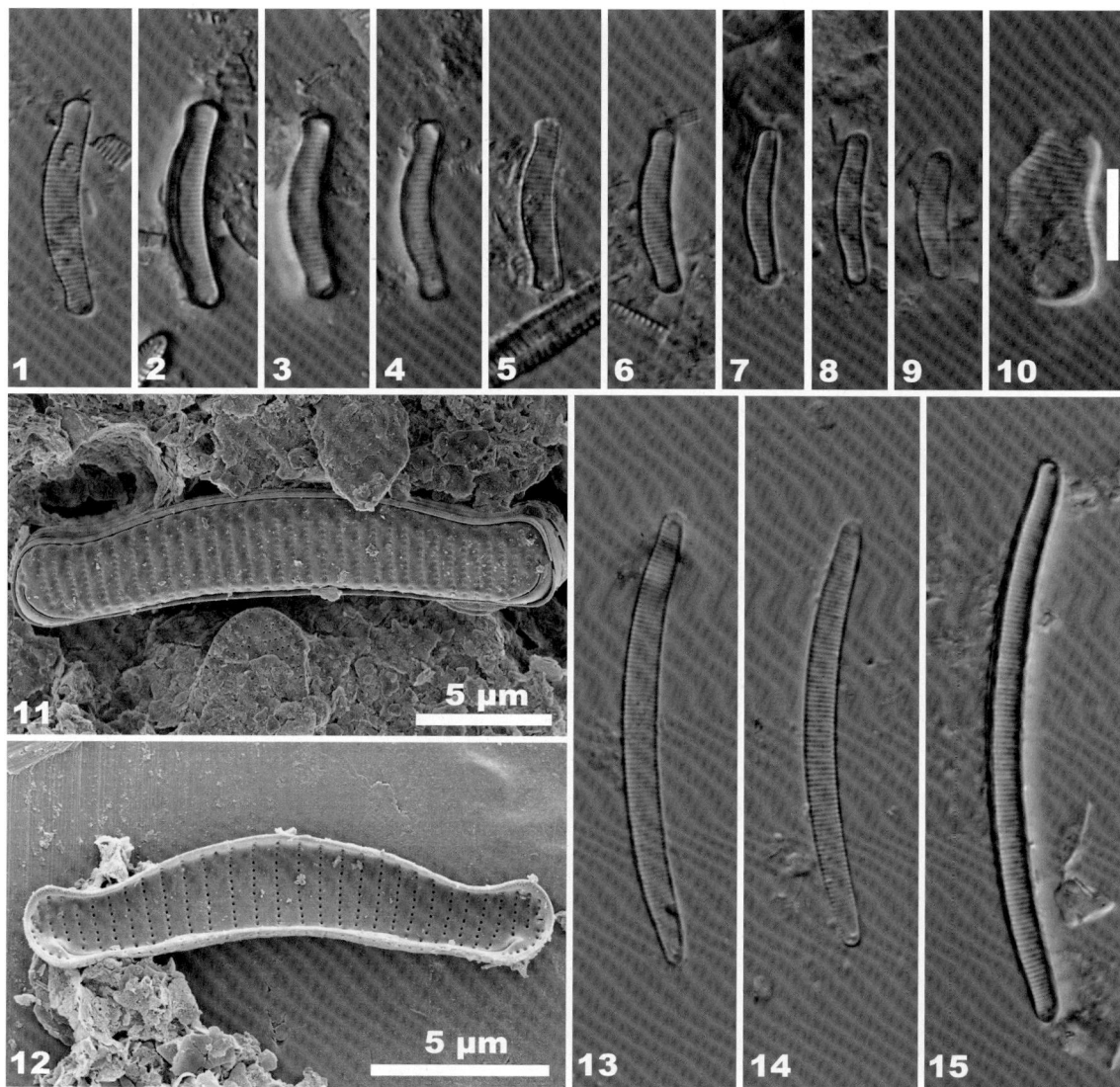

1-9, 11-12. 弧形短缝藻 *Eunotia arcus* Ehrenberg; 10. 二齿短缝藻 *Eunotia bidens* Ehrenberg; 13-14. 双月短缝藻 *Eunotia bilunaris* (Ehrenberg) Schaarschmidt; 15. 细长短缝藻 *Eunotia groenlandica* Nörpel-Schempp et Lange-Bertalot

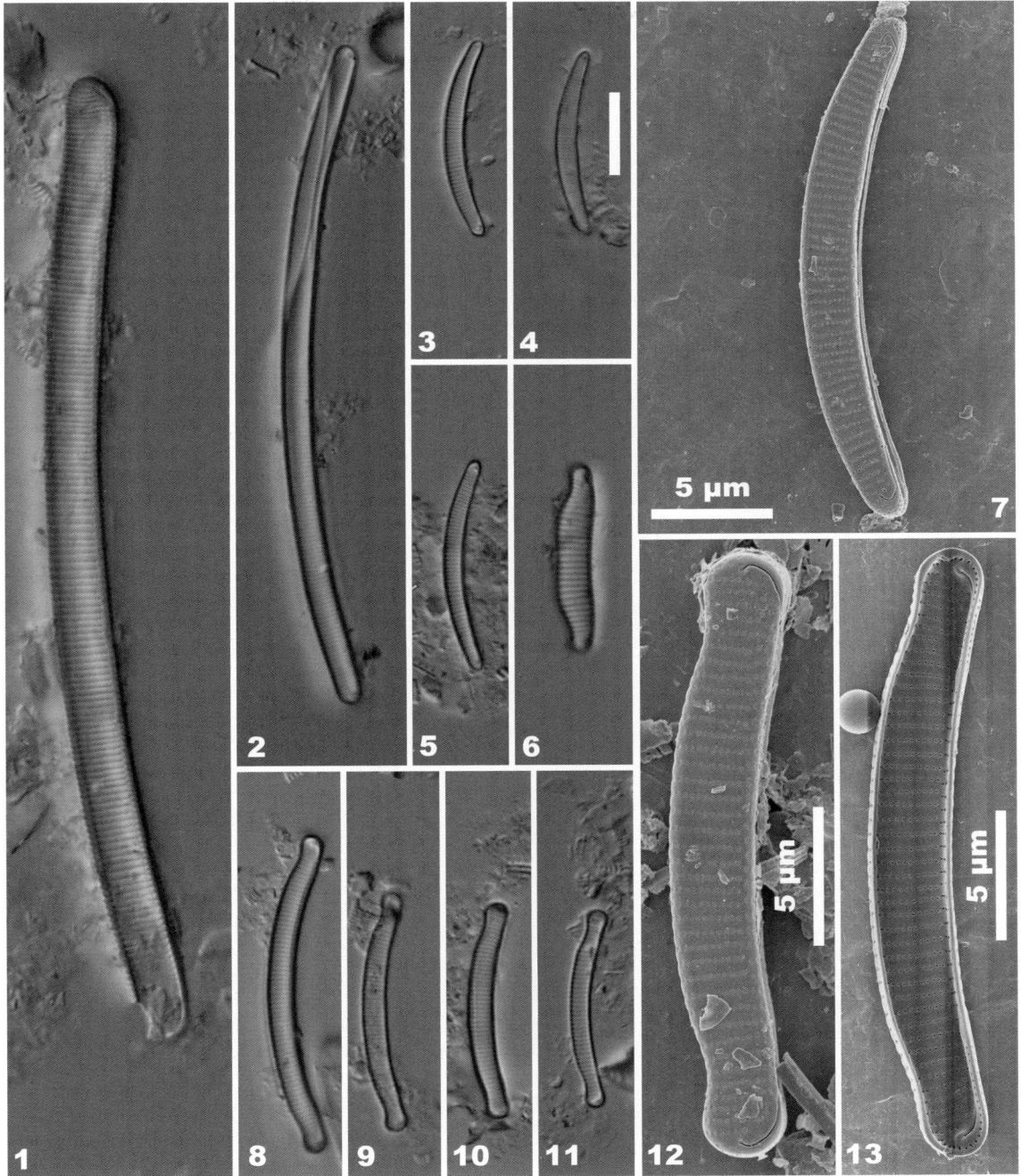

1. 冰刺短缝藻 *Eunotia glacialispinosa* Lange-Bertalot et Cantonati; 2. 丝状短缝藻 *Eunotia filiformis* Luo, You et Wang; 3-5, 7. 月形短缝藻 *Eunotia lunaris* (Ehrenberg) Grunow; 6. 较小短缝藻 *Eunotia minor* (Kützing) Grunow; 8-13. 尼曼尼娜短缝藻 *Eunotia nymanniana* Grunow

图版 **56**

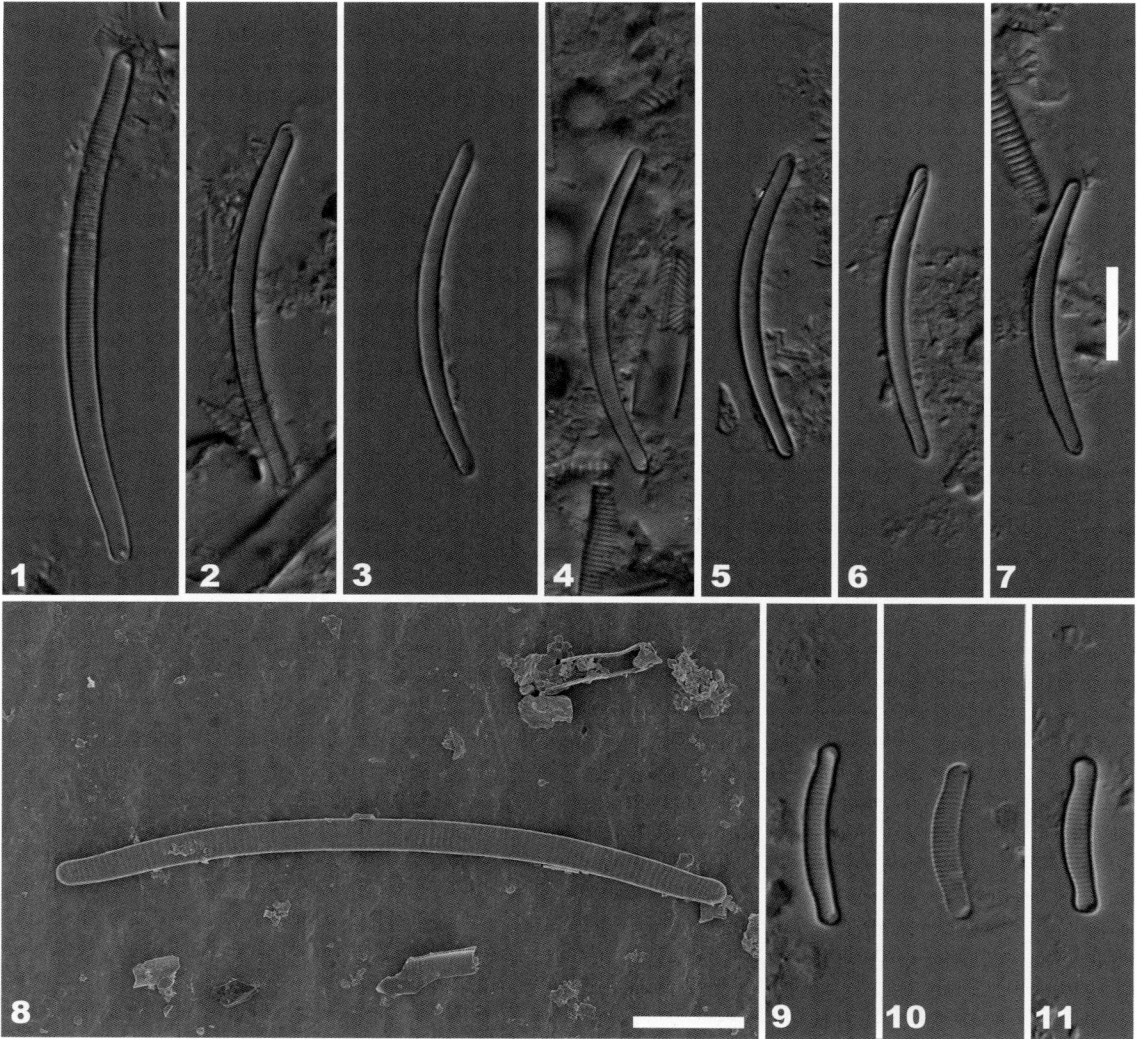

1-8. 莫氏端缝藻 *Eunotia monnieri* Lange-Bertalot et Tagliaventi;
9-11. 柔弱短缝藻 *Eunotia tenella* (Grunow) Hustedt

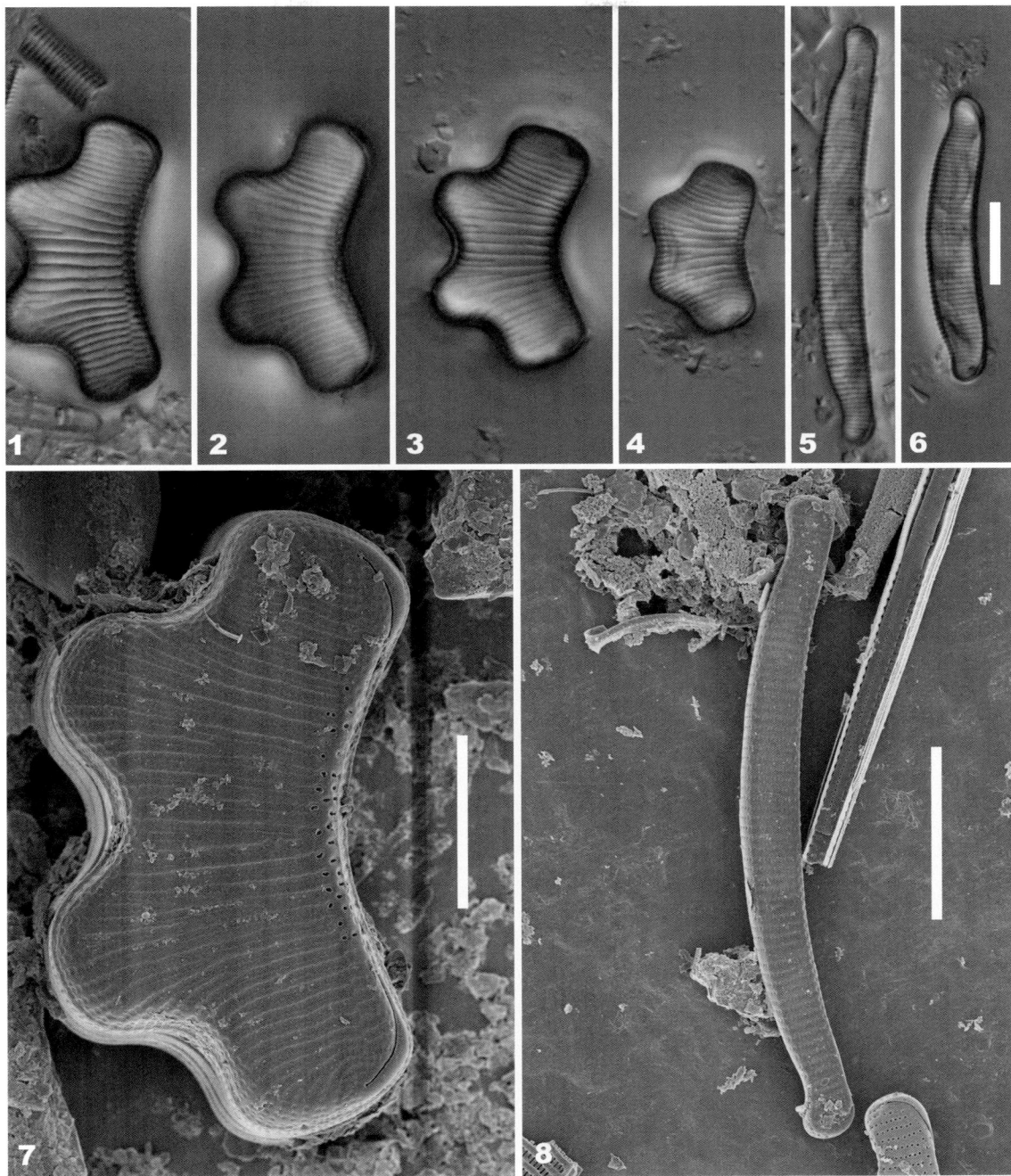

1-4, 7. 乳头状短缝藻 *Eunotia papilio* (Ehrenberg) Grunow; 5-6, 8. 超级帕卢多萨短缝藻 *Eunotia superpaludosa* Lange-Bertalot

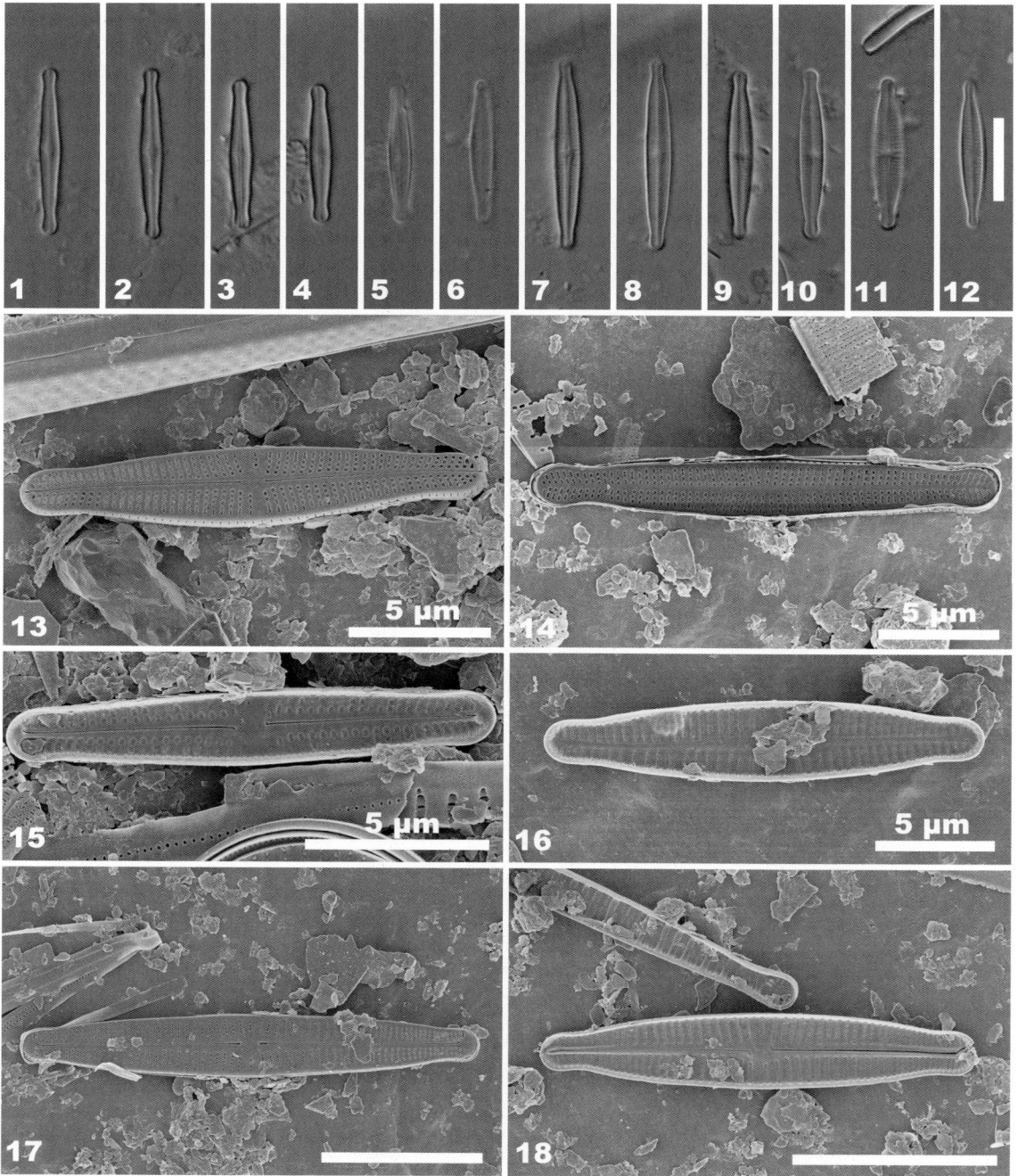

1-6, 13-15. 高尔夫曲丝藻 *Achnanthidium caledonicum* (Lange-Bertalot) Lange-Bertalot; 7-12, 16-18. 纤细曲丝藻 *Achnanthidium gracillimum* (Meister) Lange-Bertalot

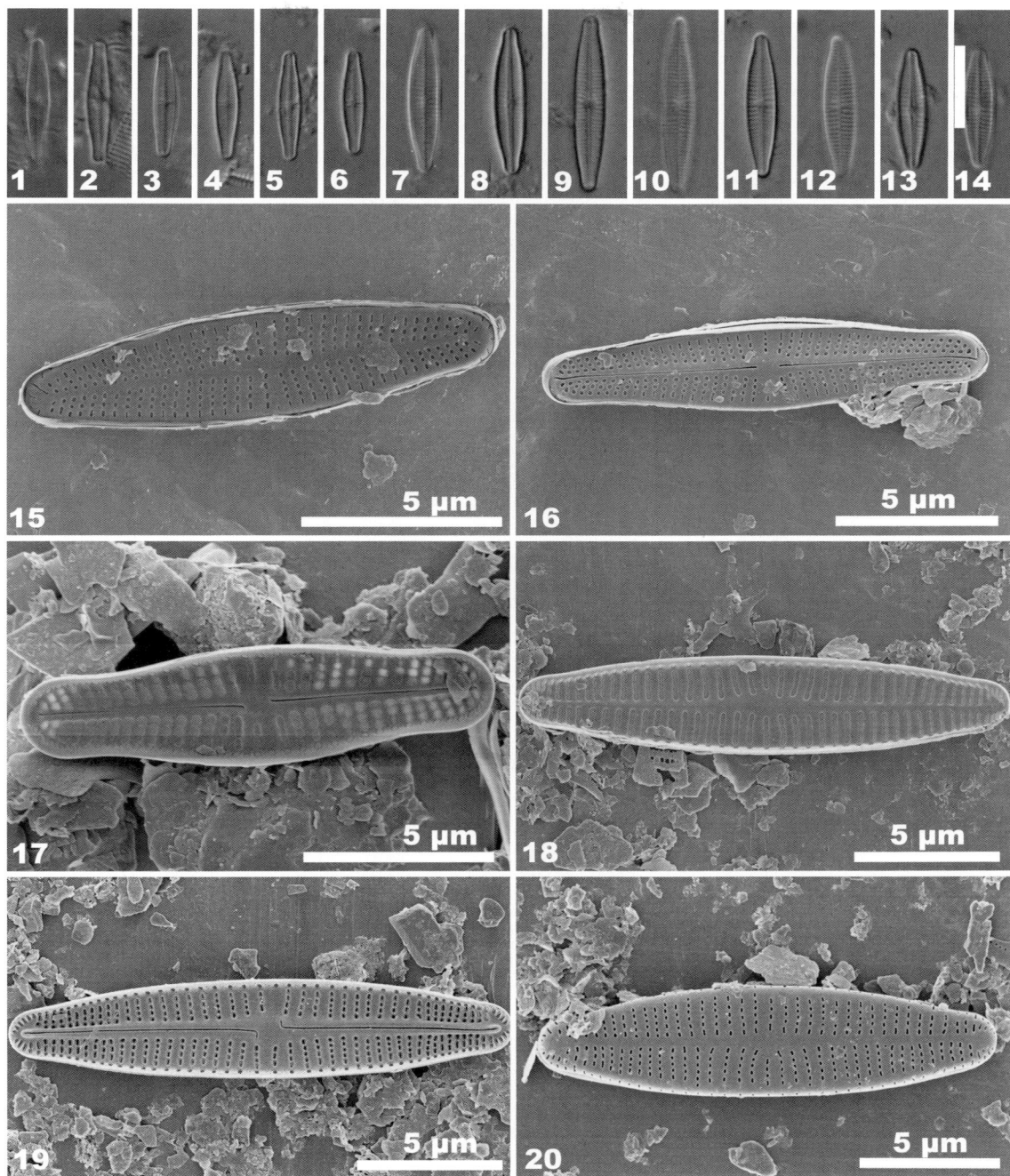

1-6, 15-17. 极小曲丝藻 *Achnanthidium minutissimum* (Kützing) Czarnecki; 7-14, 18-20. 庇里牛斯曲丝藻 *Achnanthidium pyrenaicum* (Hustedt) Kobayasi

图版 **60**

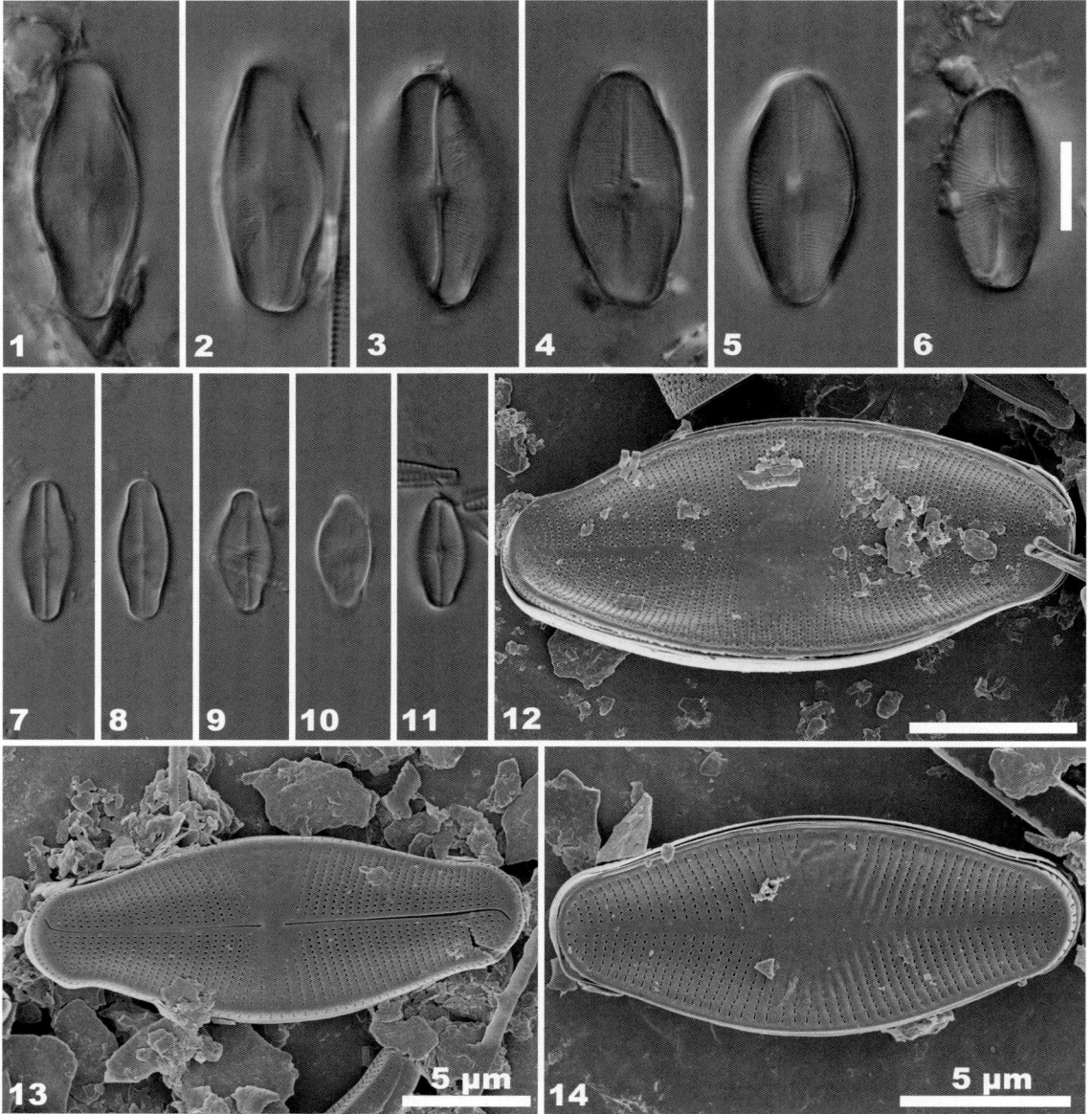

1-6, 12. 弯曲真卵形藻 *Eucocconeis flexella* (Kützing) Meister; 7-11, 13-14. 平滑真卵形藻 *Eucocconeis laevis* (Østrup) Lange-Bertalot

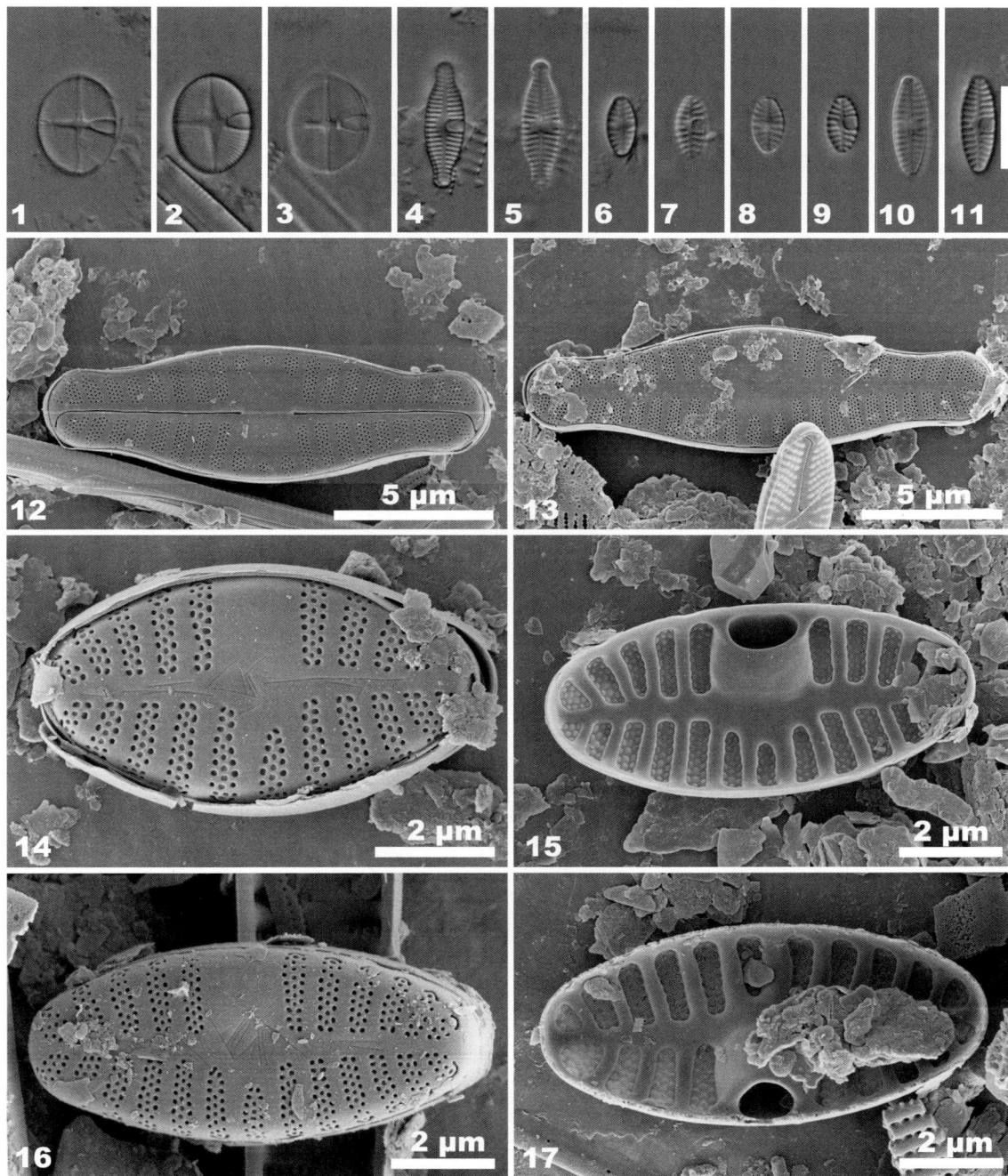

1-3. 卡氏格莱维藻 *Gliwiczia calcar* (Cleve) Kulikovskiy, Lange-Bertalot et Witkowski; 4-5, 12-13. 相反平面藻 *Planothidium biporomum* (Hohn et Hellerman) Lange-Bertalot; 6-9, 14-15. 椭圆平面藻 *Planothidium ellipticum* (Cleve) Edlund; 10-11, 16-17. 维克平面藻 *Planothidium victorii* Novis, Braidwood et Kilroy

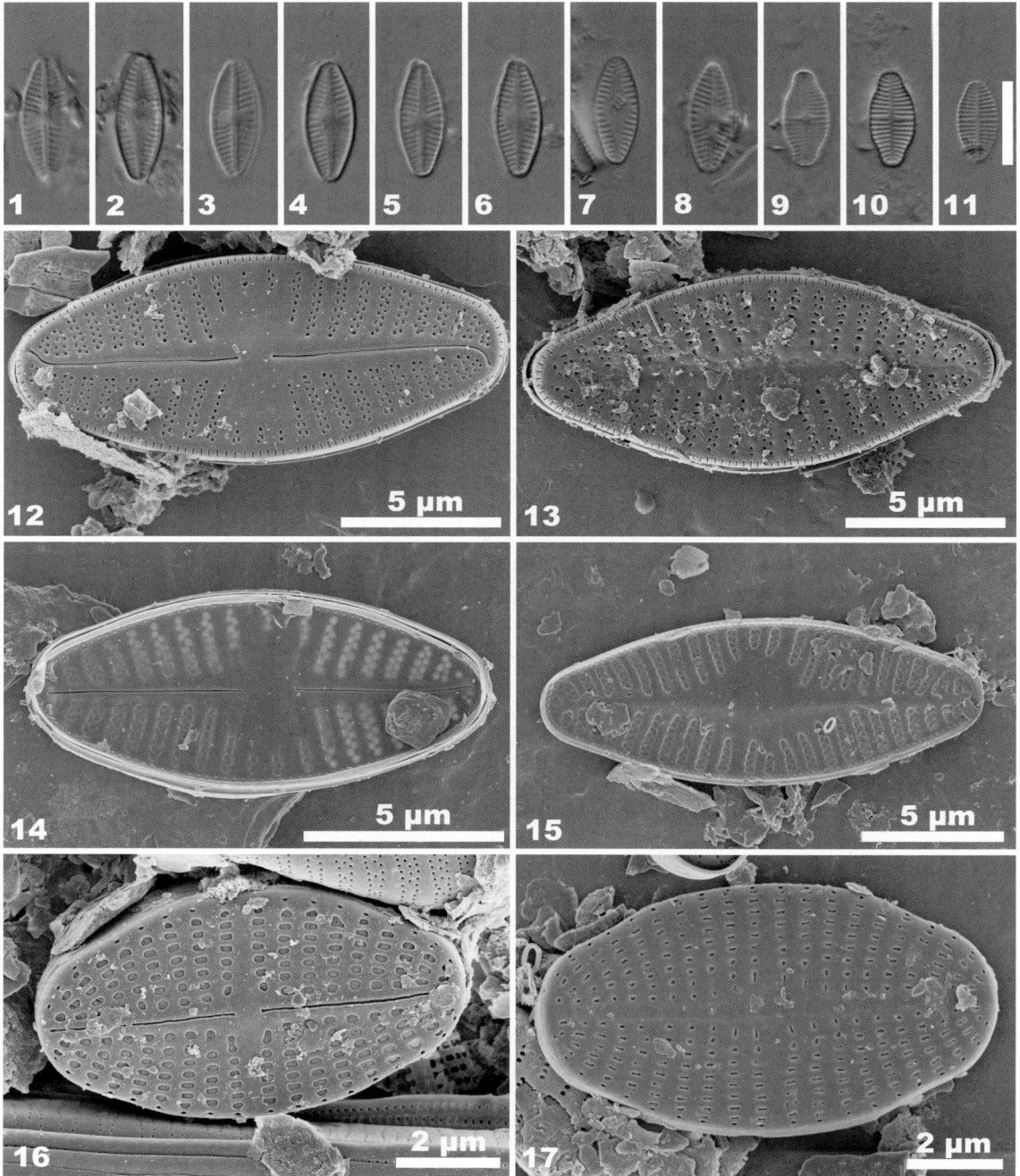

1-8, 12-15. 披针片状藻 *Platessa lanceolata* You, Zhao, Wang, Yu, Kociolek, Pang et Wang; 9-11, 16-17. 齐格勒片状藻 *Platessa ziegleri* (Lange-Bertalot) Lange-Bertalot

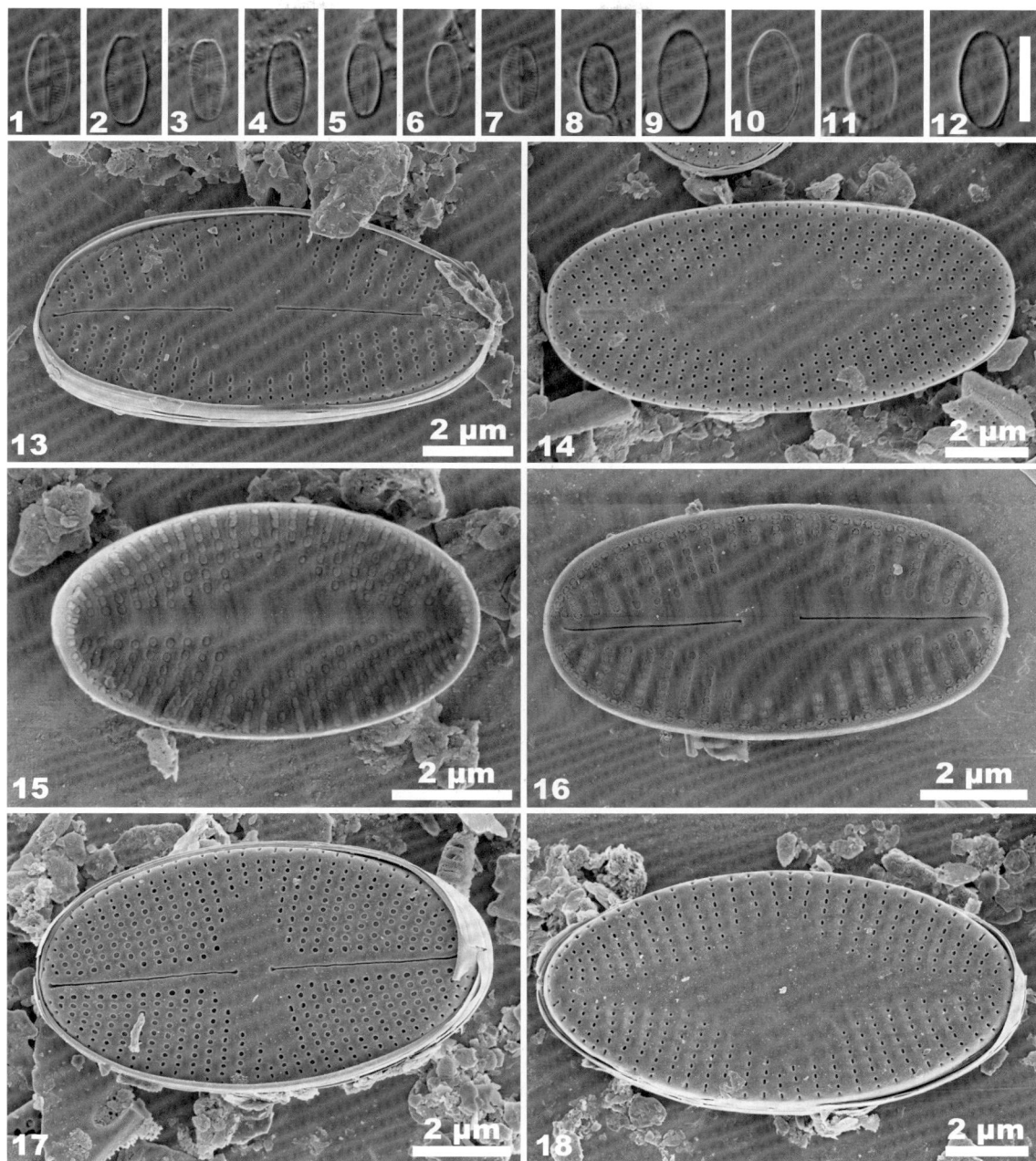

1-8, 13-15. 喜酸沙生藻 *Psammothidium acidoclinatum* (Lange-Bertalot) Lange-Bertalot; 9-12, 16-18. 达奥内沙生藻 *Psammothidium daonense* (Lange-Bertalot) Lange-Bertalot

图版 **64**

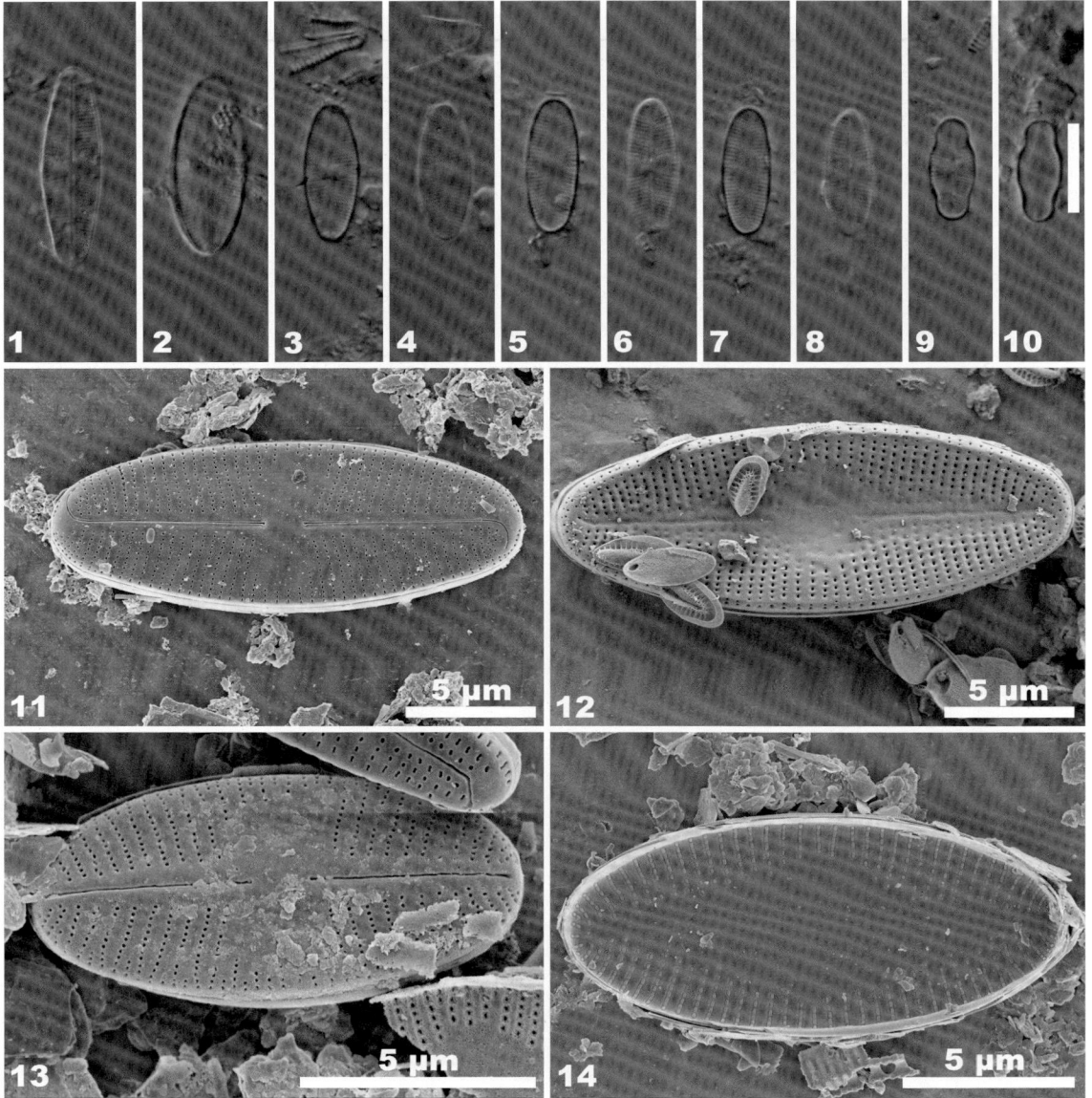

1-4, 11-12. 淡黄沙生藻 *Psammothidium helveticum* (Hustedt) Bukhtiyarova et Round; 5-8, 13-14. 苏格兰沙生藻 *Psammothidium scoticum* (Flower et Jones) Bukhtiyarova et Round; 9-10. 腹面沙生藻 *Psammothidium ventralis* (Krasske) Bukhtiyarova et Round

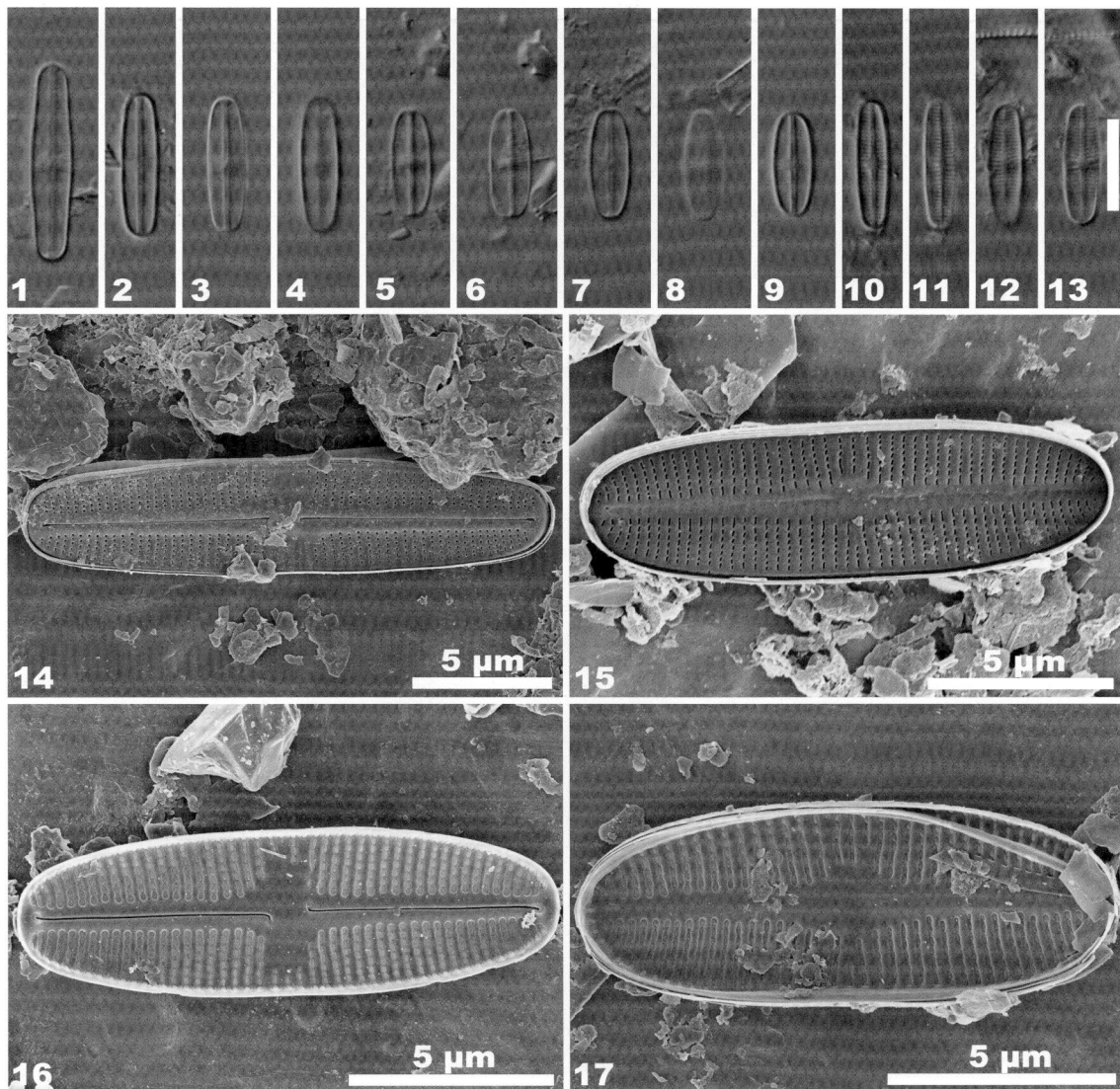

1-9, 14-17. 彼德森罗西藻 *Rossithidium petersenii* (Hustedt) Round et Bukhtiyarova; 10-13. 微小罗西藻 *Rossithidium pusillum* (Grunow) Round et Bukhtiyarova

图版 66

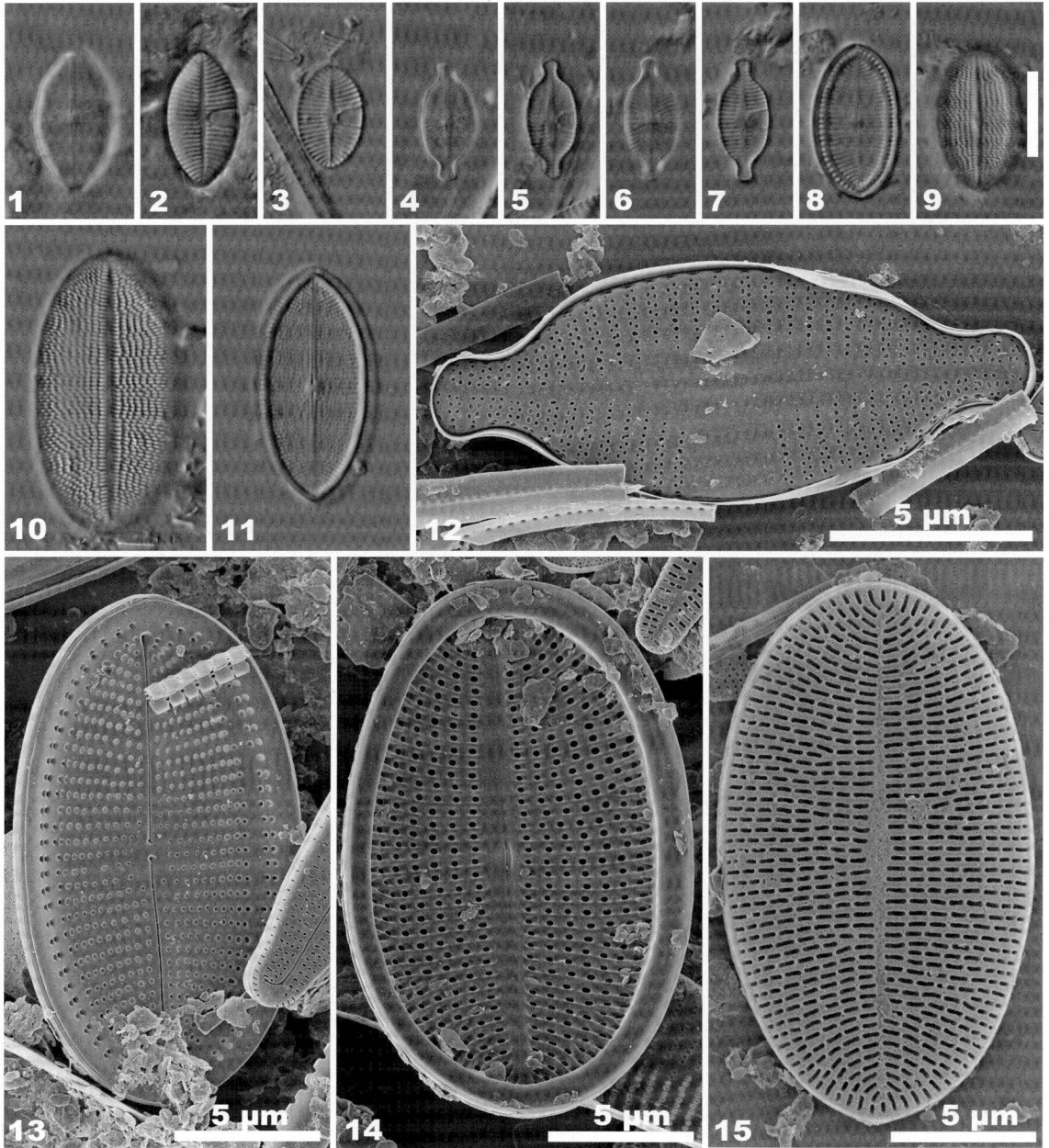

1-3. 厄氏斯卡藻 *Skabitschewskia oestrupii* (Cleve) Kulikovskiy et Lange-Bertalot; 4-7, 12. 佩拉加斯卡藻 *Skabitschewskia peragalloi* (Brun et Héribaud) Kulikovskiy et Lange-Bertalot; 8-11, 13-15. 扁圆卵形藻 *Cocconeis placentula* Ehrenberg

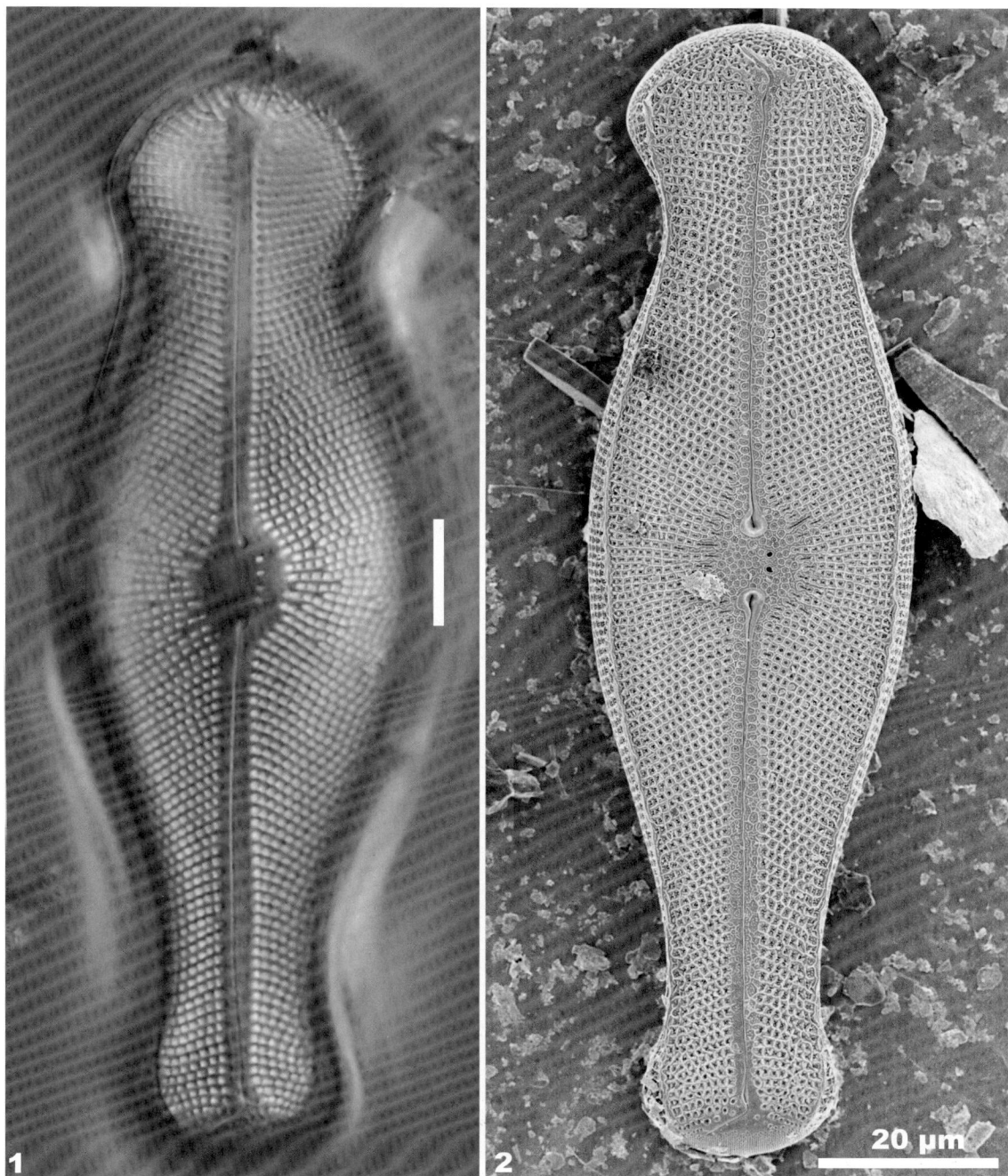

1-2. 双生双楔藻 *Didymosphenia geminata* (Lyngbye) Schmidt

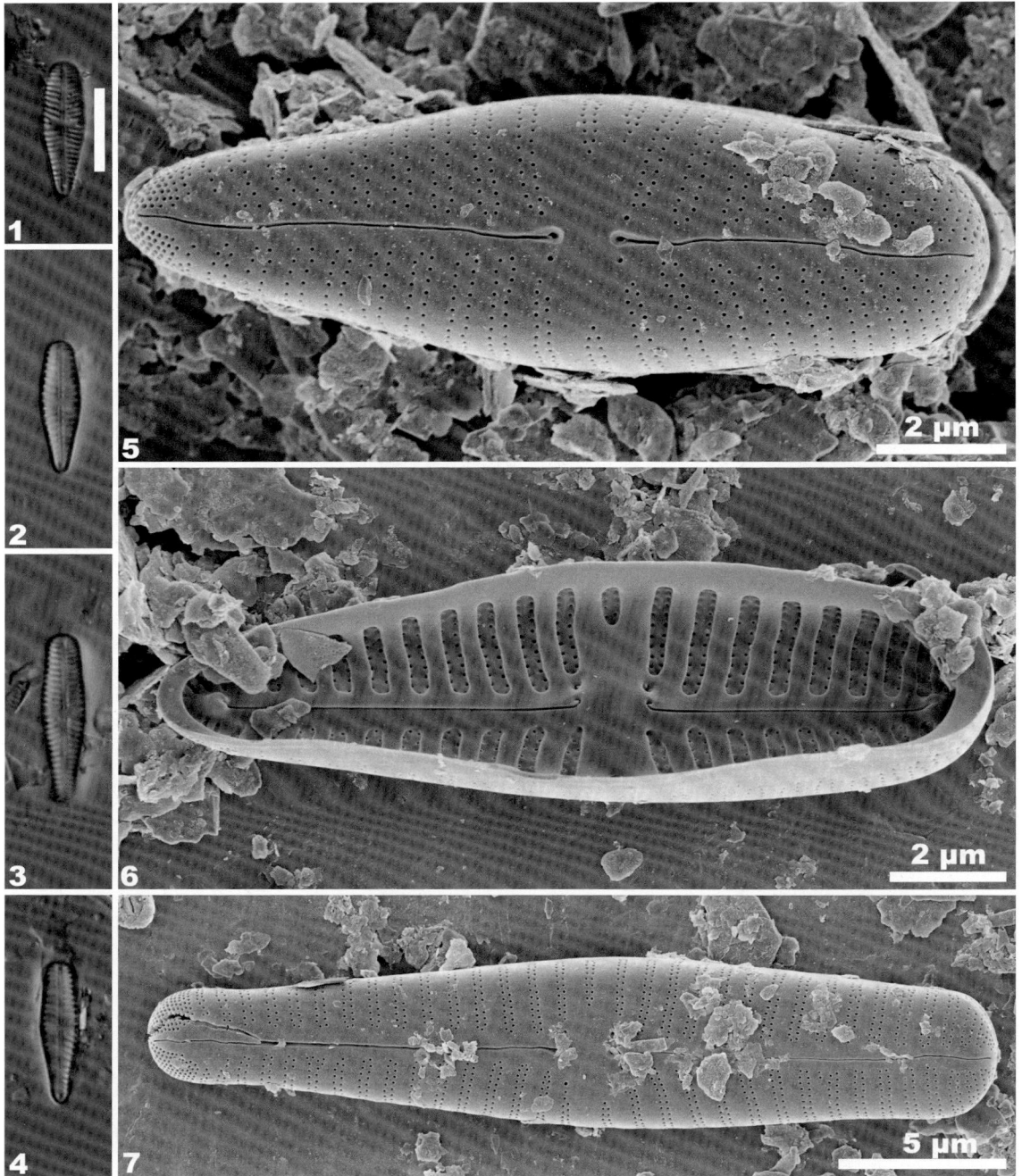

1-2, 5-6. 橄榄绿异纹藻 *Gomphonella olivacea* (Hornemann) Rabenhorst; 3-4, 7. 类橄榄绿异纹藻 *Gomphonella olivaceoides* (Hustedt) Carter

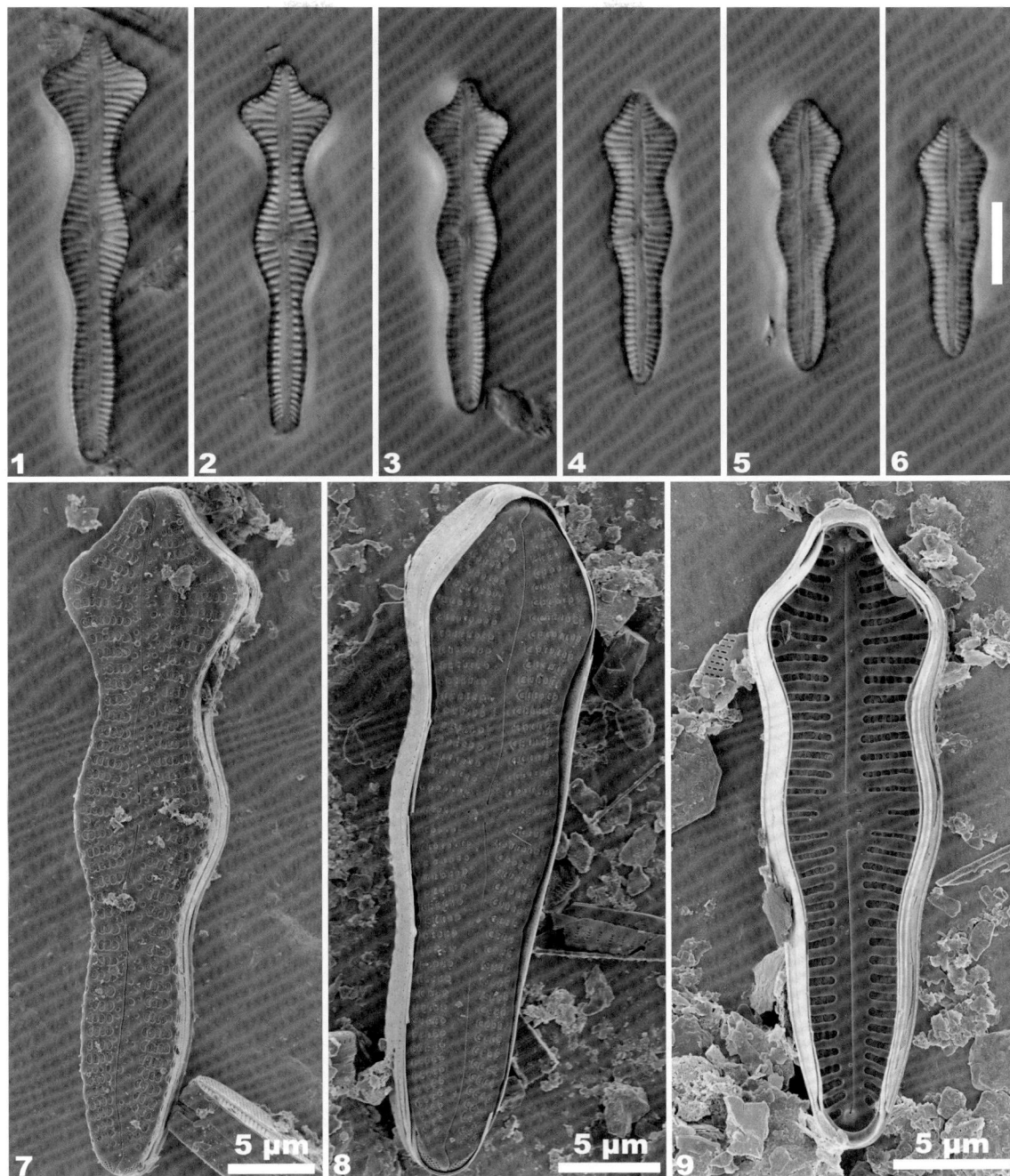

1-3, 7. 尖细异极藻 *Gomphonema acuminatum* Ehrenberg; 4-6, 8-9. 尖细异极藻伯恩托克斯变种 *Gomphonema acuminatum* var. *pantocsekii* Cleve

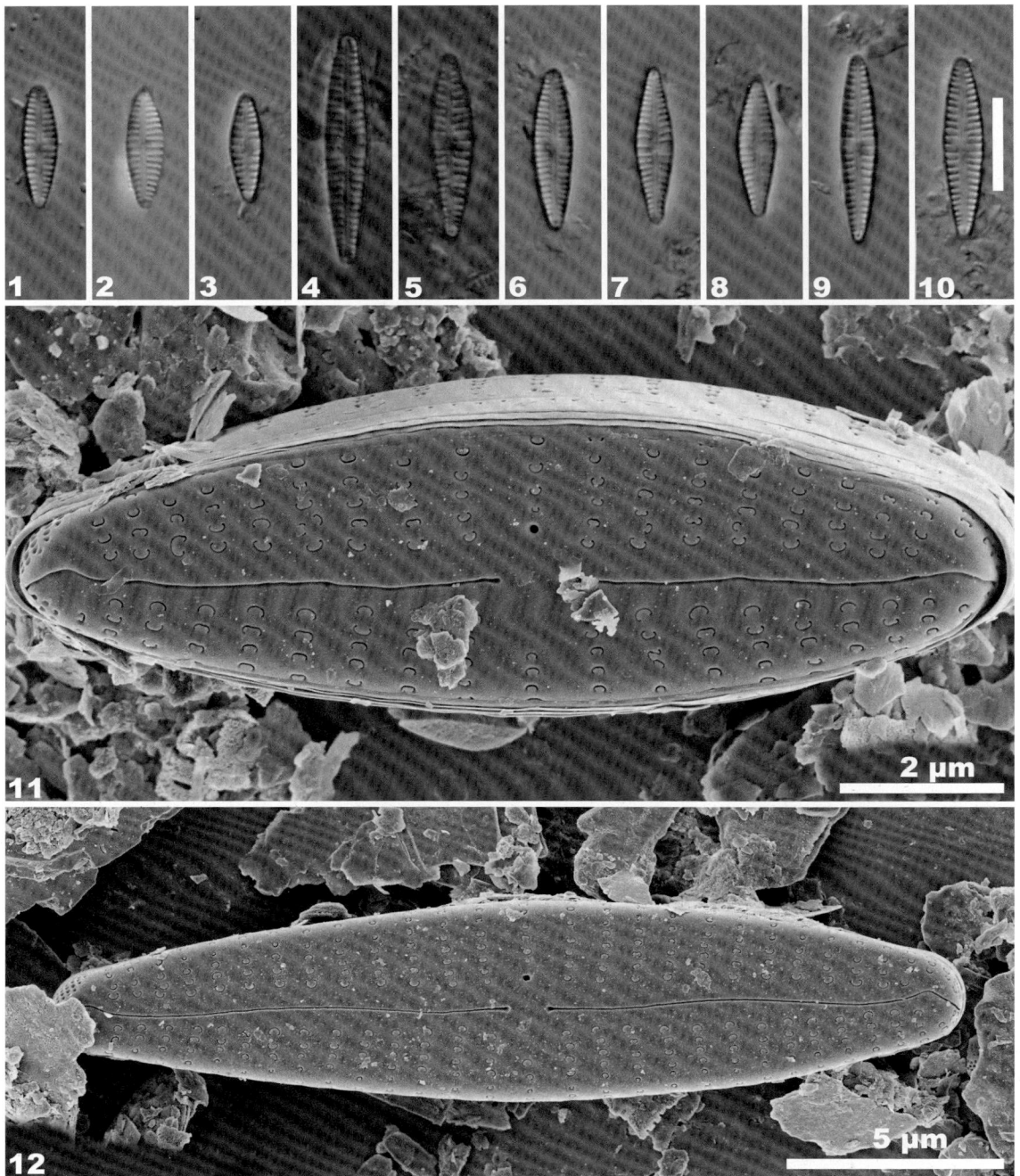

1-3, 11. 窄异极藻中型变种 *Gomphonema angustatum* var. *intermedium* Grunow; 4-8, 12. 长耳异极藻 *Gomphonema auritum* Braun ex Kützing; 9-10. 波海密异极藻 *Gomphonema bohemicum* Reichelt et Fricke

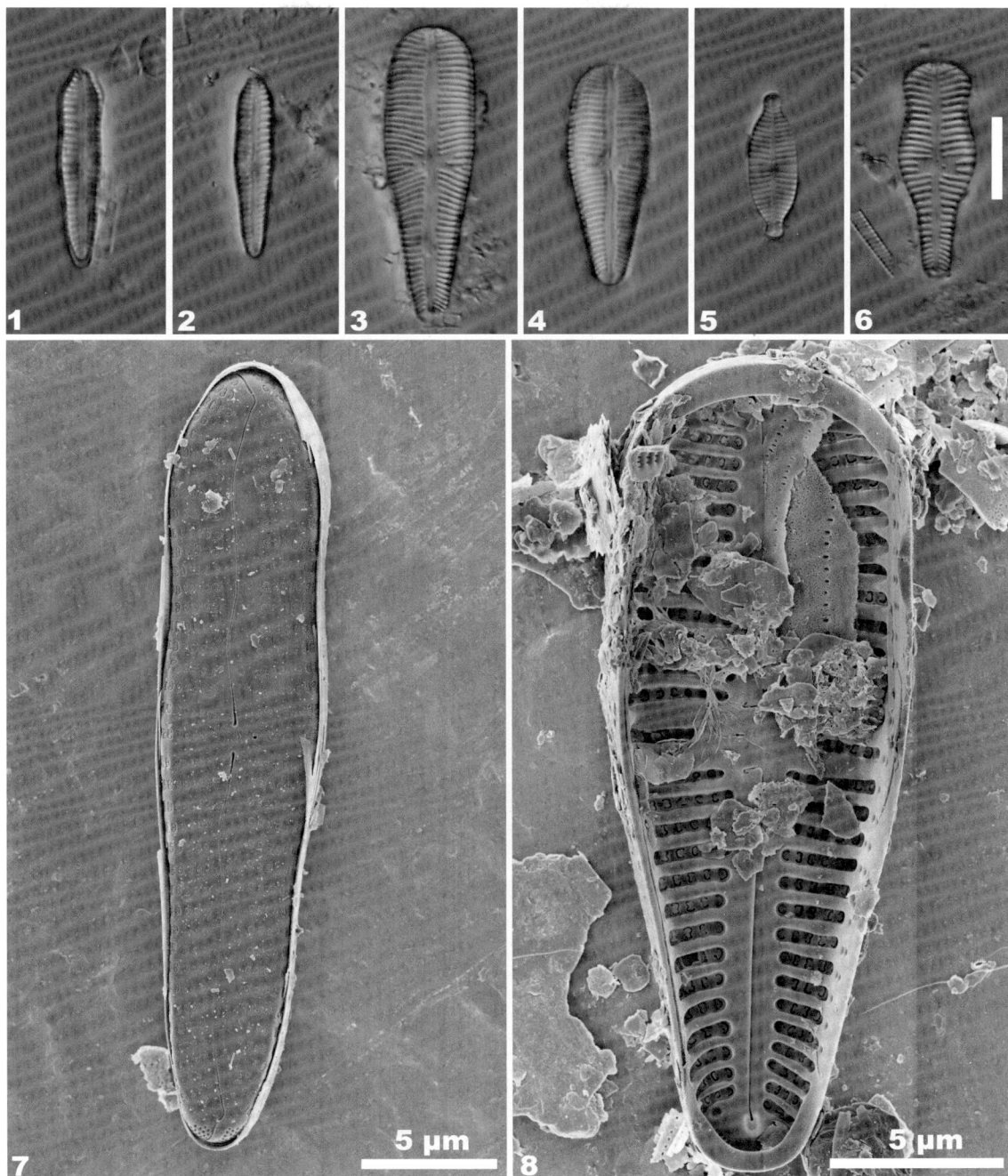

1-2, 7. 布列毕松异极藻 *Gomphonema brebissonii* Kützing; 3-4, 8. 头端异极藻 *Gomphonema capitatum* Ehrenberg; 5. 卡罗来纳异极藻 *Gomphonema carolinense* Hagelstein; 6. 缢缩异极藻 *Gomphonema constrictum* Ehrenberg

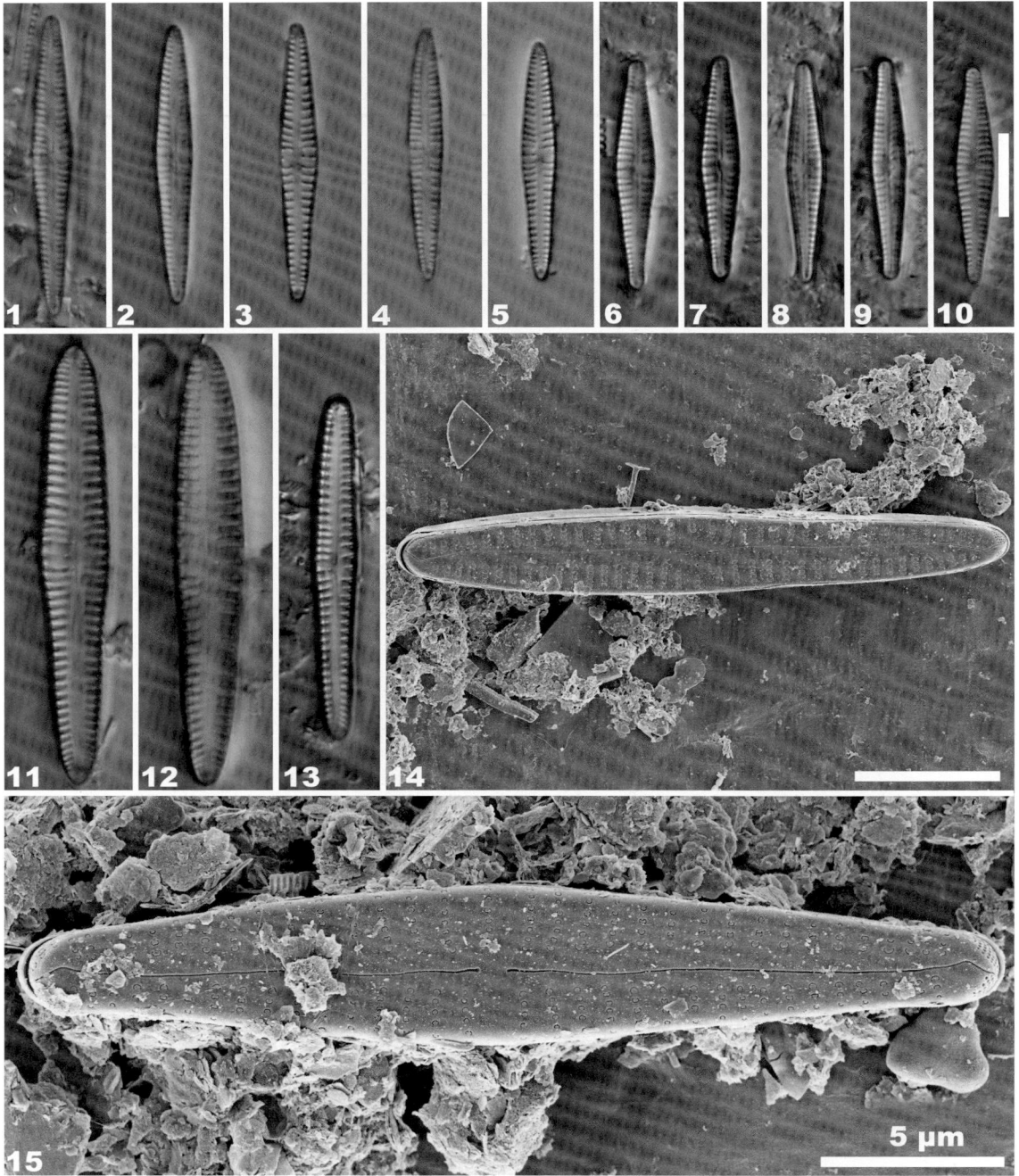

1-5. 纤细异极藻 *Gomphonema gracile* Ehrenberg; 6-10, 15. 纤细异极藻缠结状变种 *Gomphonema gracile* var. *intricatiforme* Mayer; 11-12. 赫布里底群岛异极藻 *Gomphonema hebridense* Gregory; 13-14. 拉格赫姆异极藻 *Gomphonema lagerheimii* Cleve

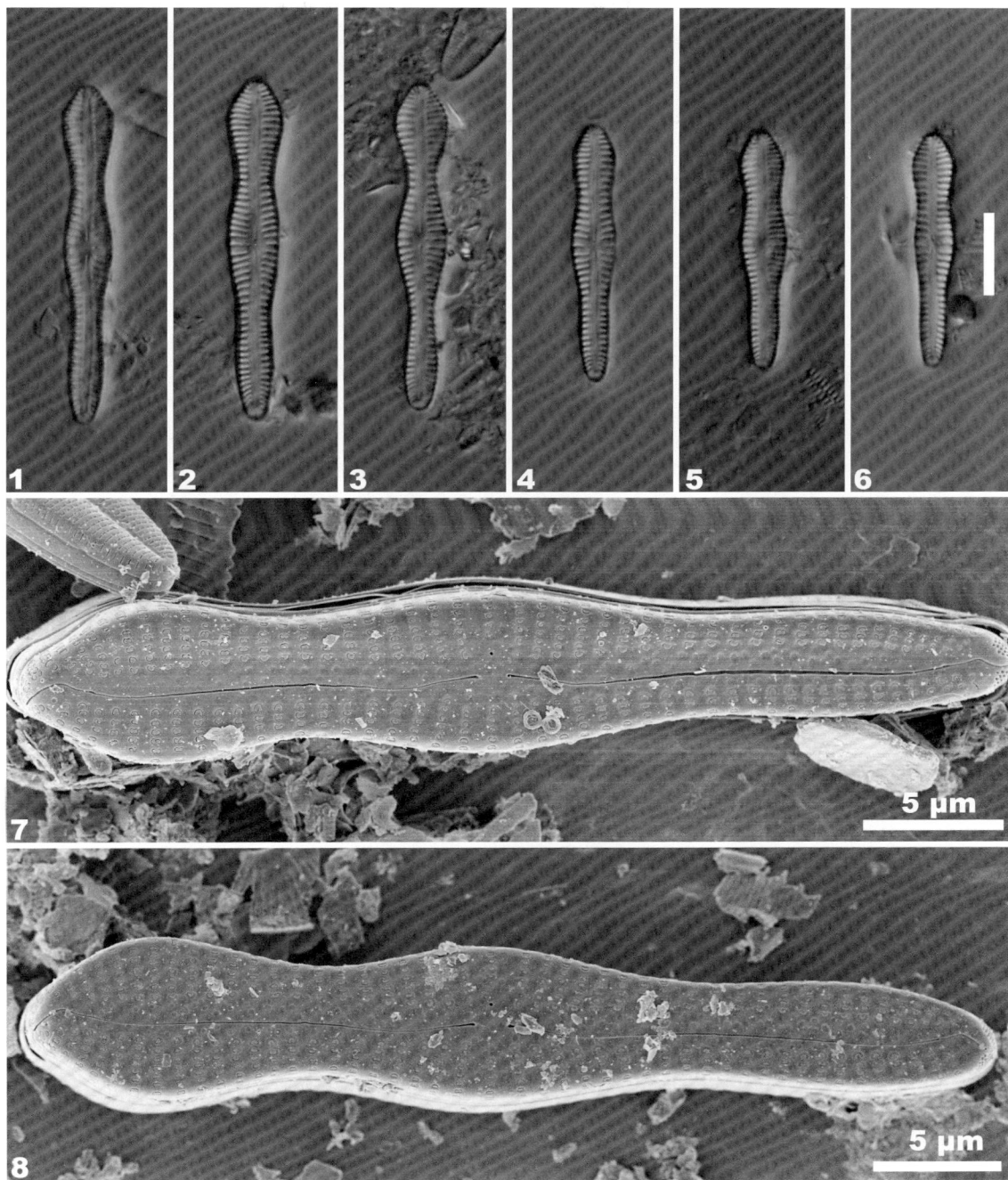

1-3, 7. 长头异极藻 *Gomphonema longiceps* Ehrenberg; 4-6, 8. 微小异极藻 *Gomphonema pusillum* (Grunow) Kulikovskiy et Kociolek

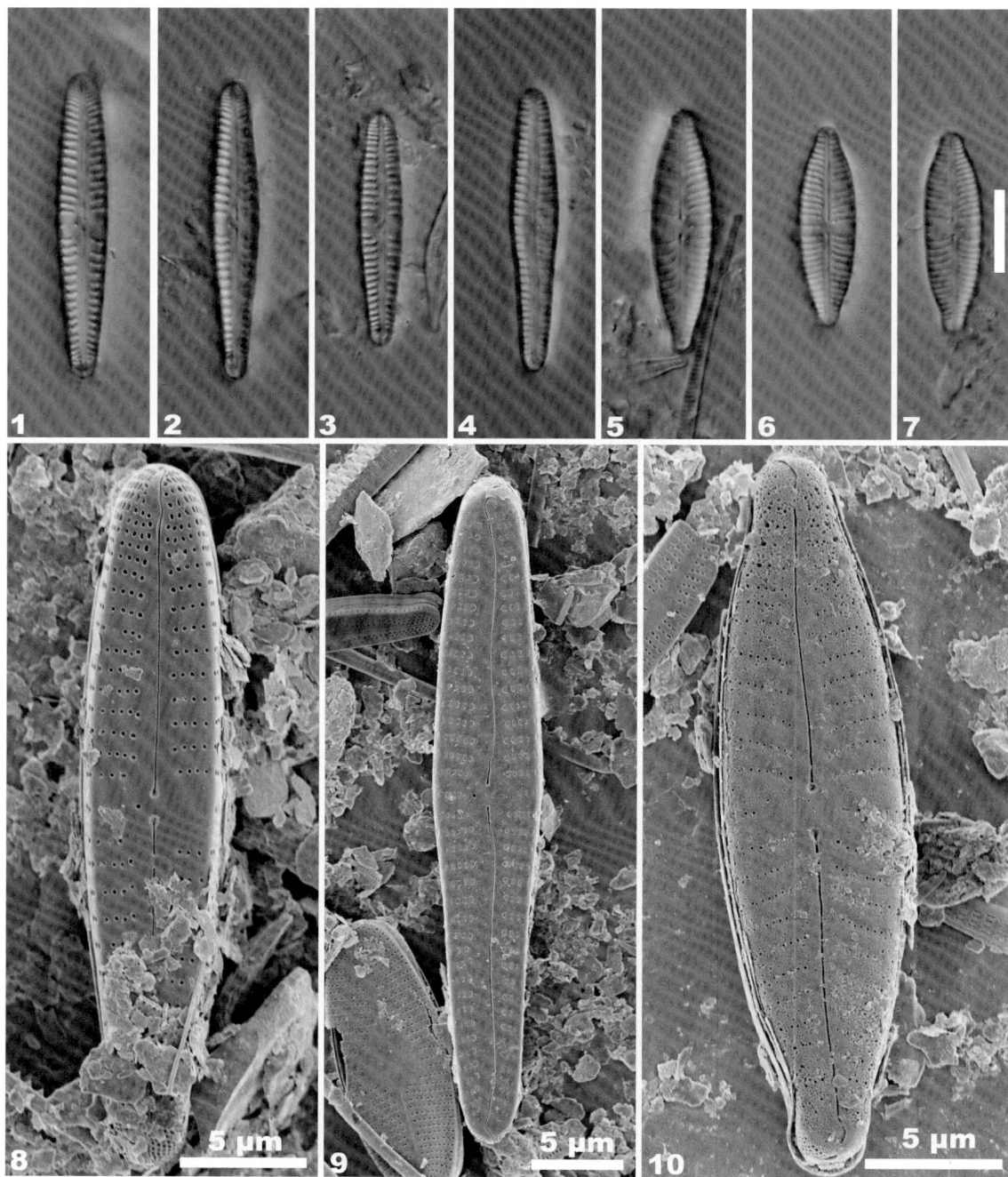

1-3, 8. 长贝尔塔异极藻 Gomphonema lange-bertalotii Reichardt; 4, 9. 微披针形异极藻 Gomphonema microlanceolatum You et Kociolek; 5-7, 10. 小足异极藻 Gomphonema micropus Kützing

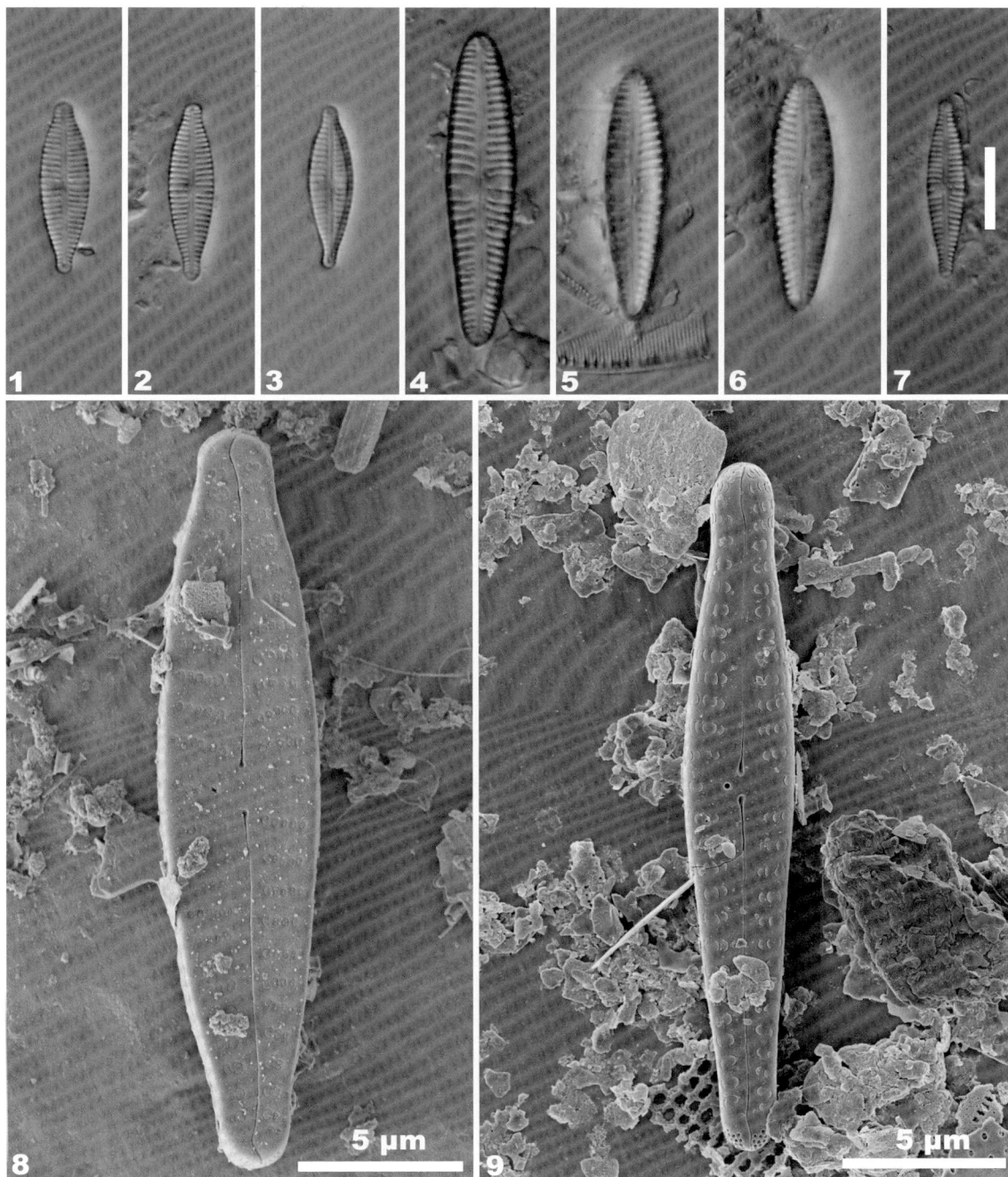

1-3, 8. 小异极藻 *Gomphonema parvulis* (Lange-Bertalot et Reichardt) Lange-Bertalot et Reichardt; 4-6. 假中间异极藻 *Gomphonema pseudointermedium* Reichardt; 7. 小型异极藻极细变种 *Gomphonema parvulum* var. *exilissimum* Grunow; 9. 矮小异极藻 *Gomphonema pygmaeoides* You et Kociolek

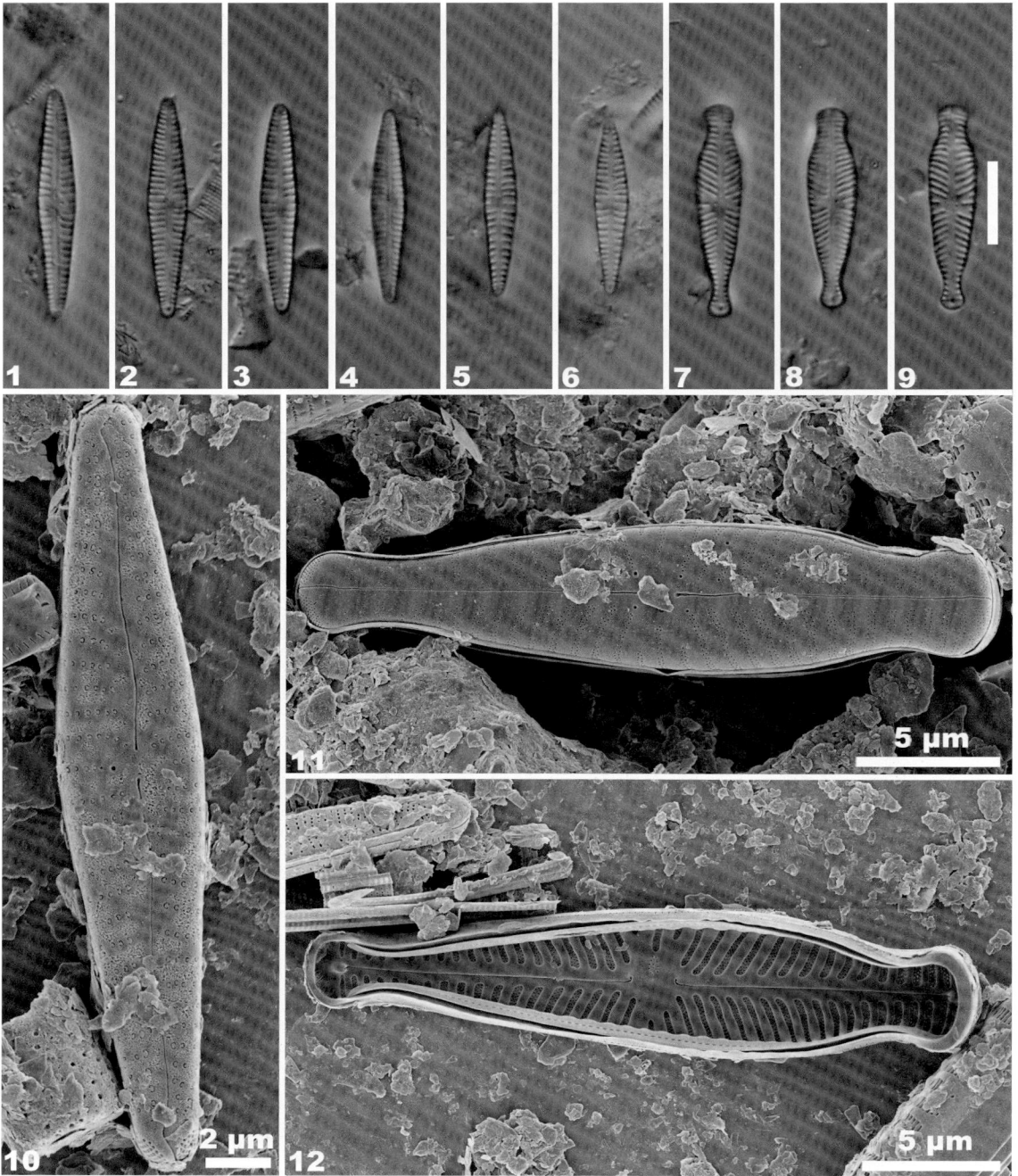

1-6, 10. 变形异极藻 *Gomphonema variscohercynicum* Lange-Bertalot et Reichardt; 7-9, 11-12. 赫迪中华异极藻 *Gomphosinica hedinii* (Hustedt) Kociolek, You, Wang et Liu

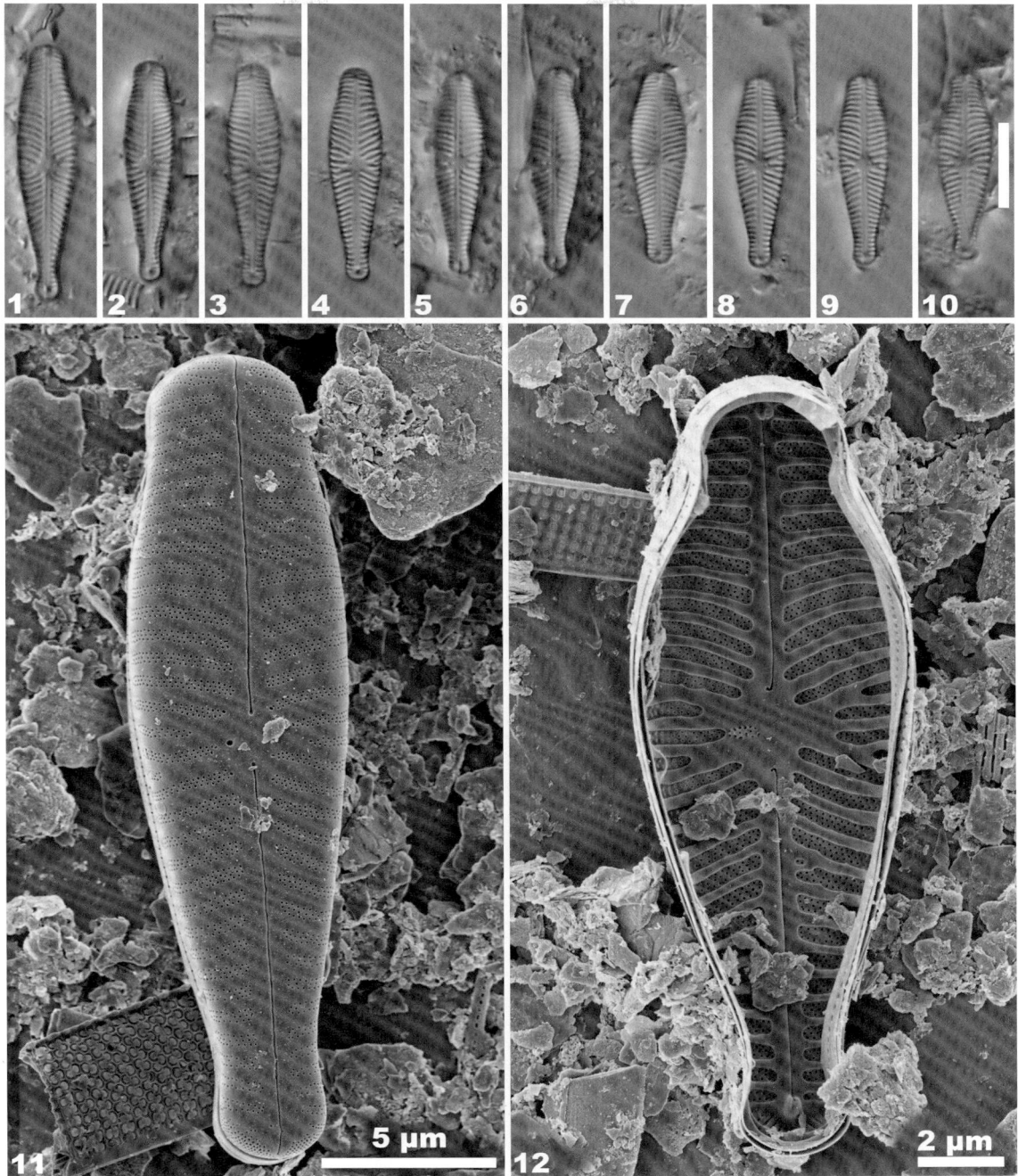

1-12. 湖生中华异极藻 *Gomphosinica lacustris* Kociolek, You et Wang

图版 **78**

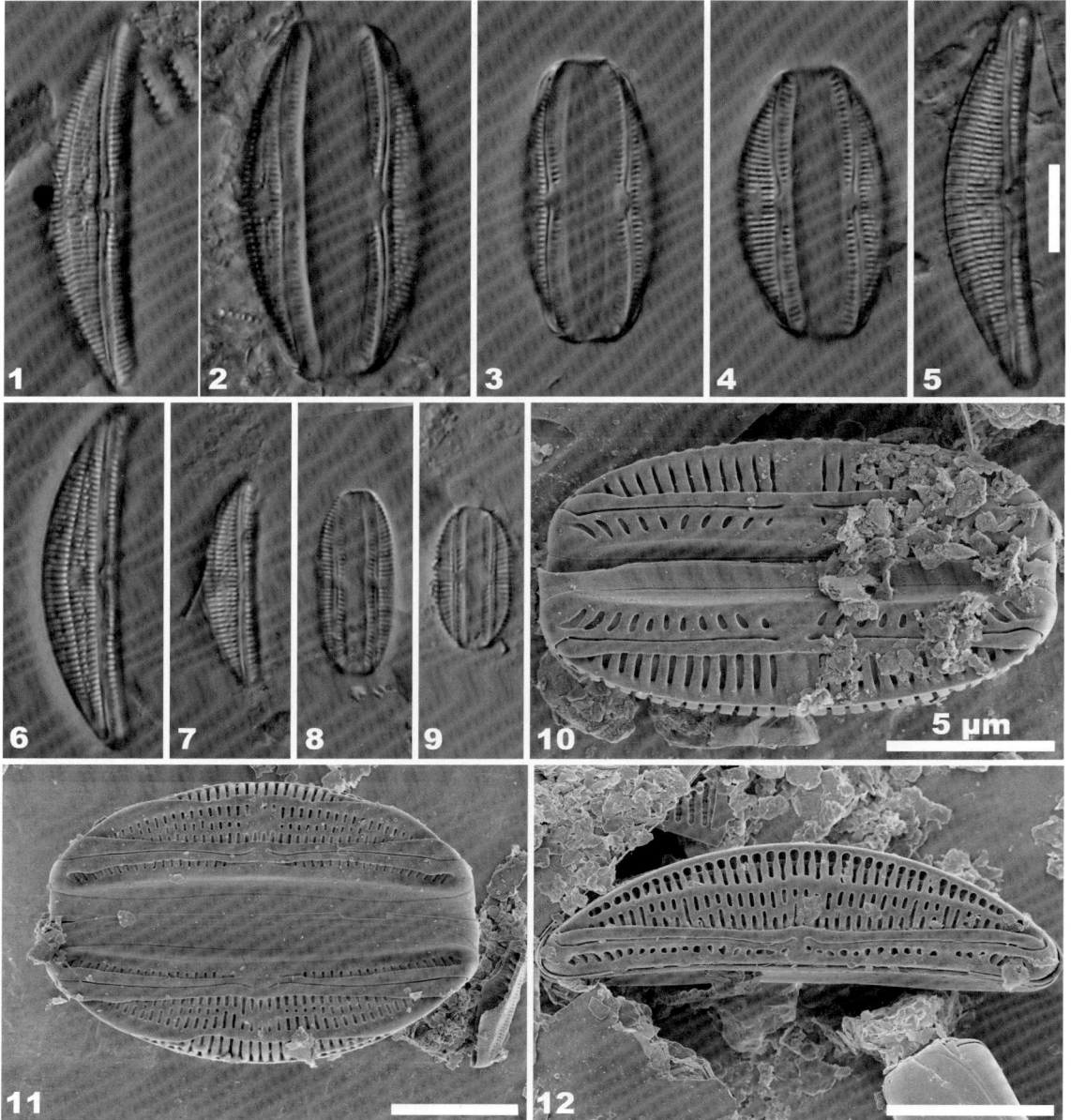

1-4, 11. 结合双眉藻 *Amphora copulata* (Kützing) Schoeman et Archibald; 5-7, 12. 卵圆双眉藻 *Amphora ovalis* (Kützing) Kützing; 8-10. 虱形双眉藻 *Amphora pediculus* (Kützing) Grunow

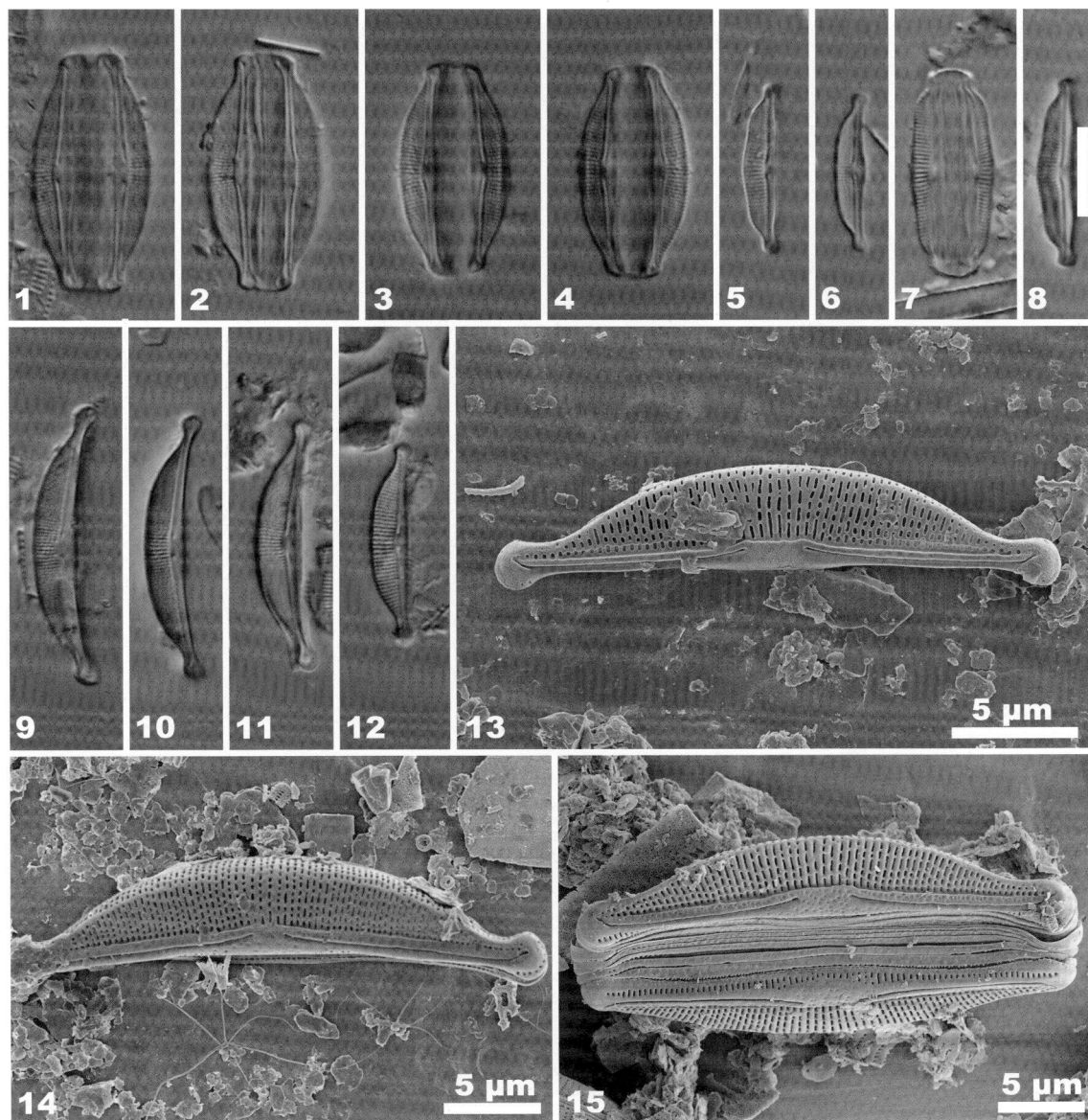

1-6. 布拉海双眉藻 Halamphora bullatoides (Hohn et Hellerman) Levkov; 7-8. 灰海生双眉藻 Halamphora sabiniana (Reimer) Levkov; 9-15. 寡盐海双眉藻 Halamphora oligotraphenta (Lange-Bertalot) Levkov

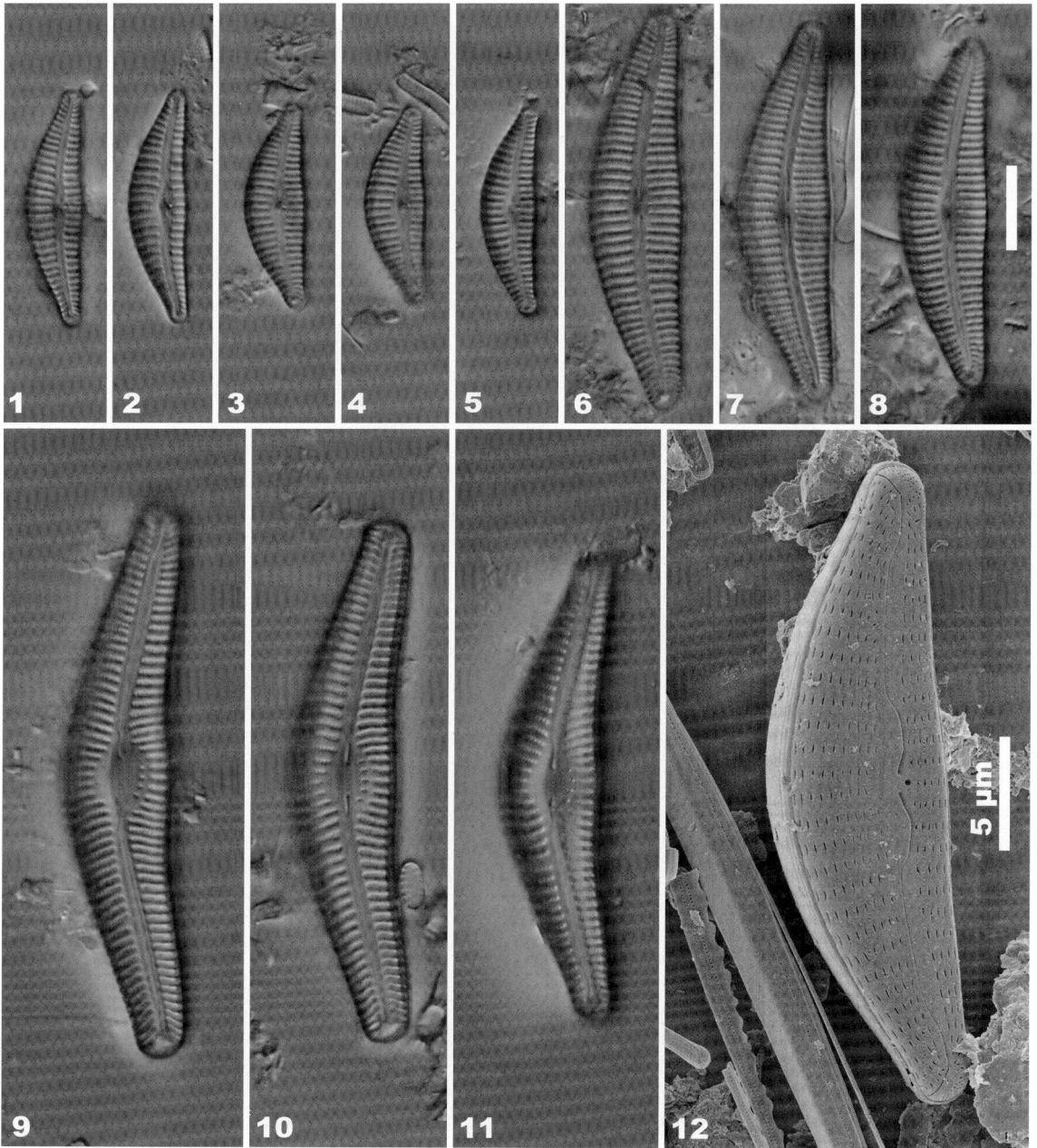

1-5, 12. 近缘桥弯藻 Cymbella affinis Kützing; 6-8. 高山桥弯藻 Cymbella alpestris Krammer; 9-11. 亚洲桥弯藻 Cymbella asiatica Metzeltin, Lange-Bertalot et Li

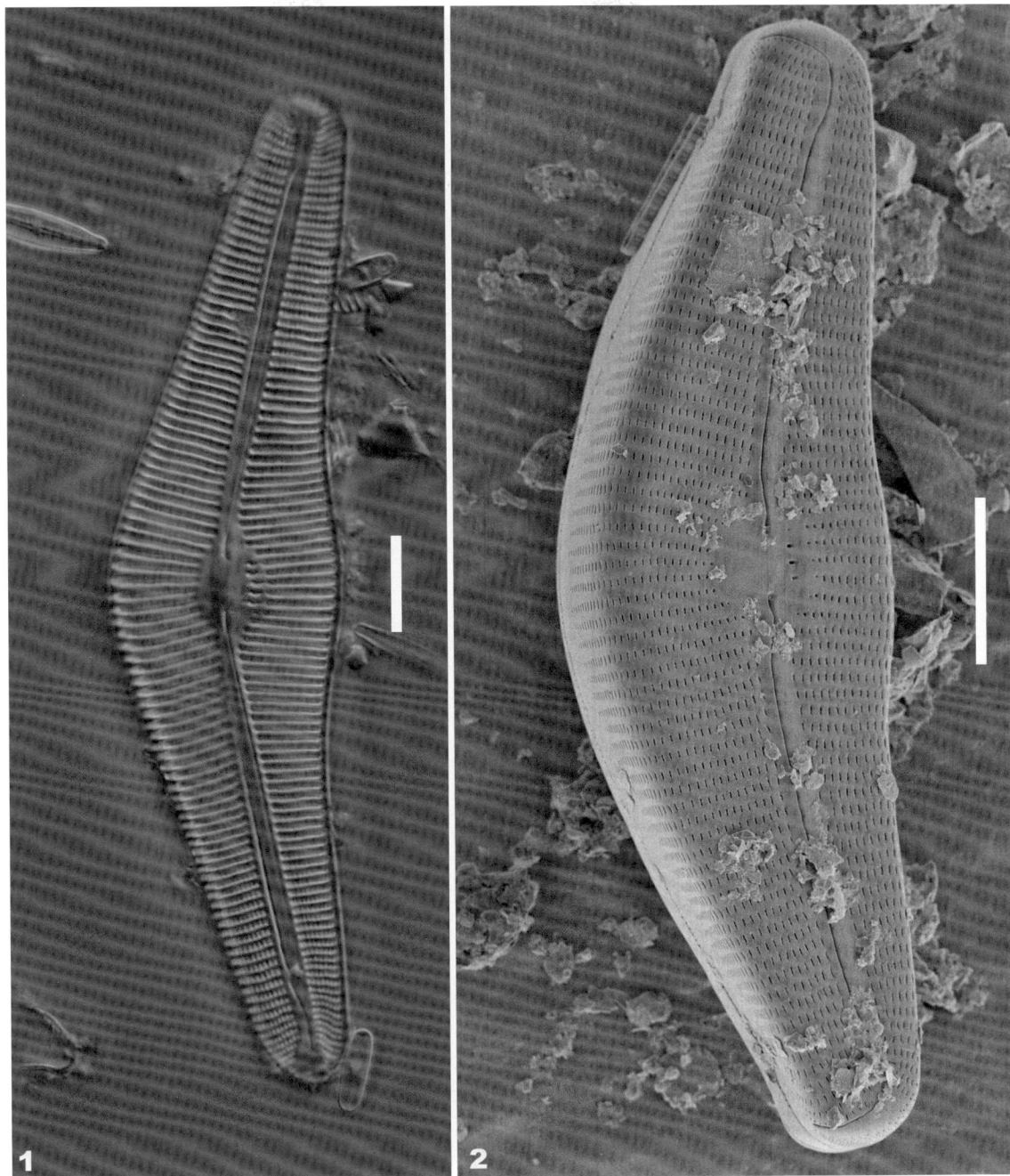

1-2. 北极桥弯藻 *Cymbella arctica* (Lagerstedt) Schmidt

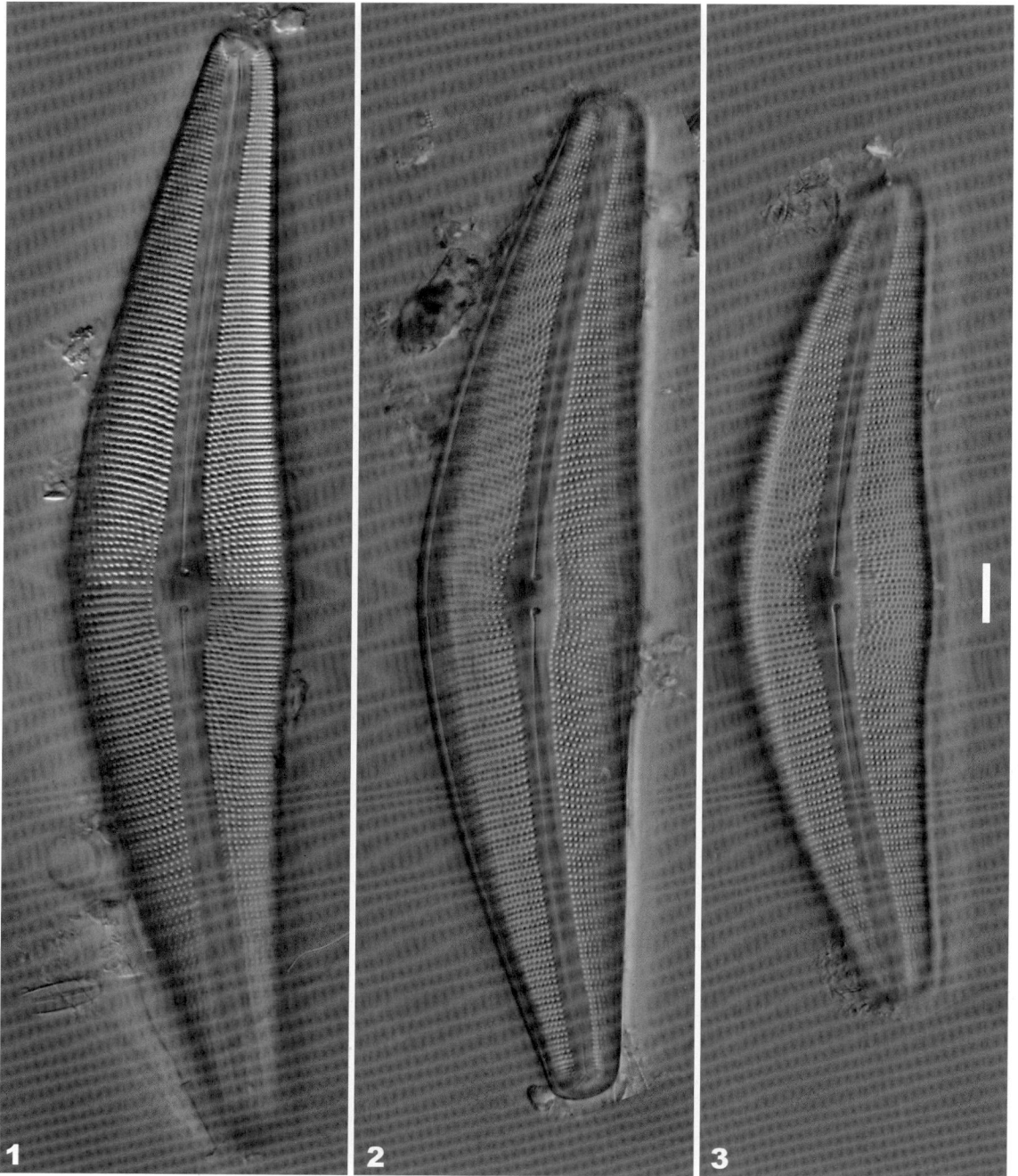

1-3. 粗糙桥弯藻 Cymbella aspera (Ehrenberg) Cleve

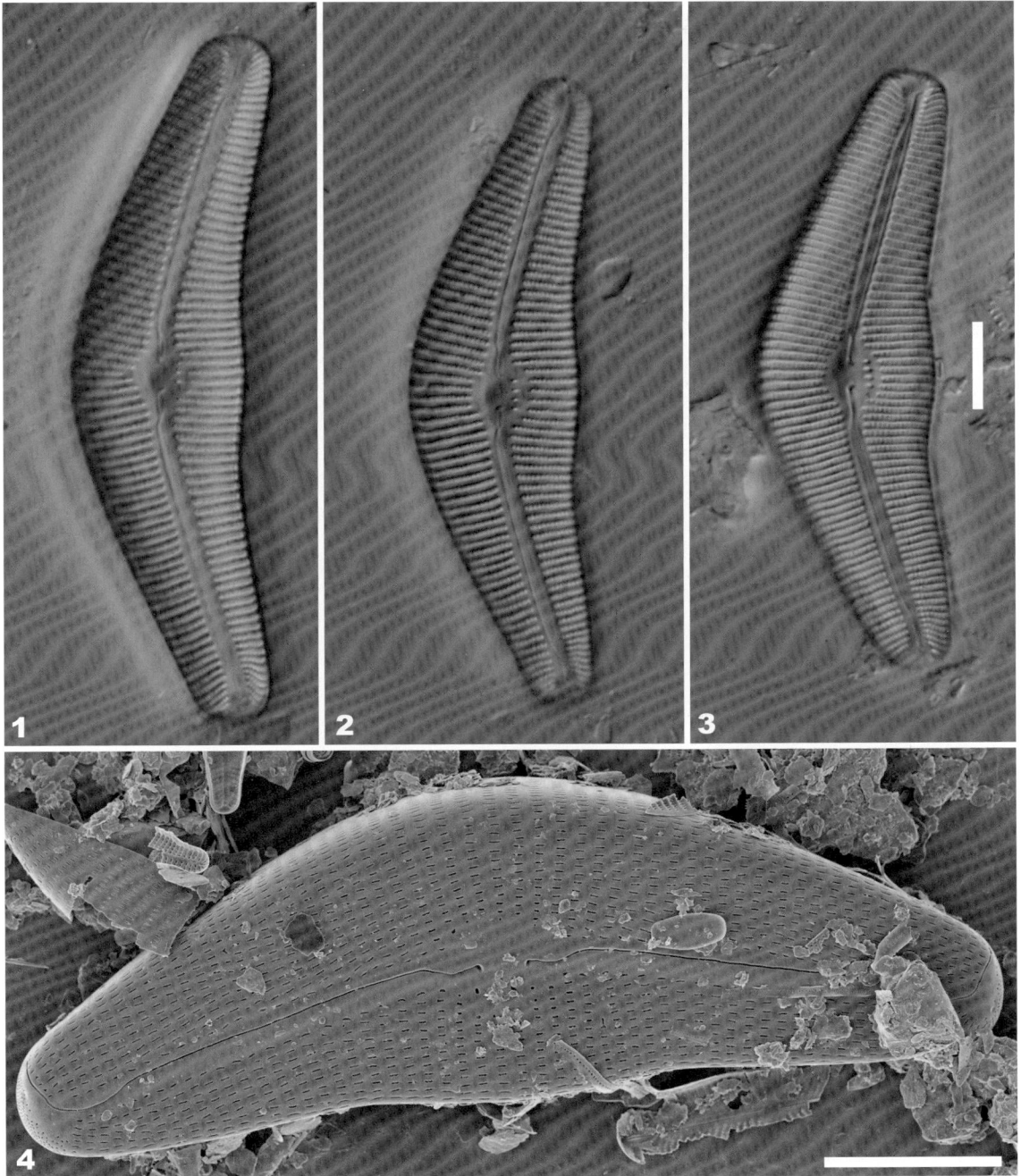

1-4. 箱形桥弯藻 *Cymbella cistula* (Ehrenberg) Kirchner

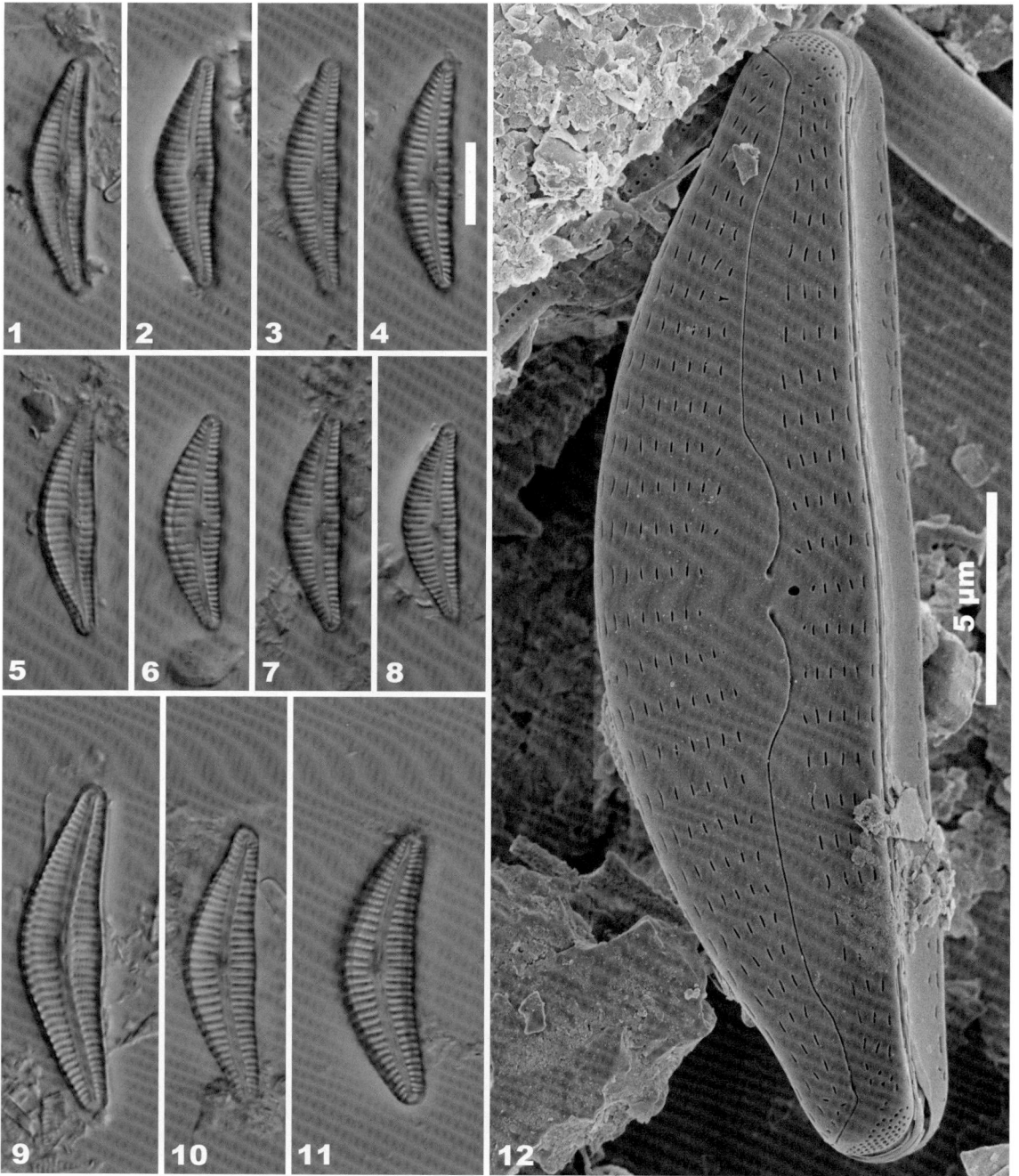

1-8, 12. 斯勒桥弯藻 *Cymbella cosleyi* Bahls; 9-11. 汉茨桥弯藻 *Cymbella hantzschiana* Krammer

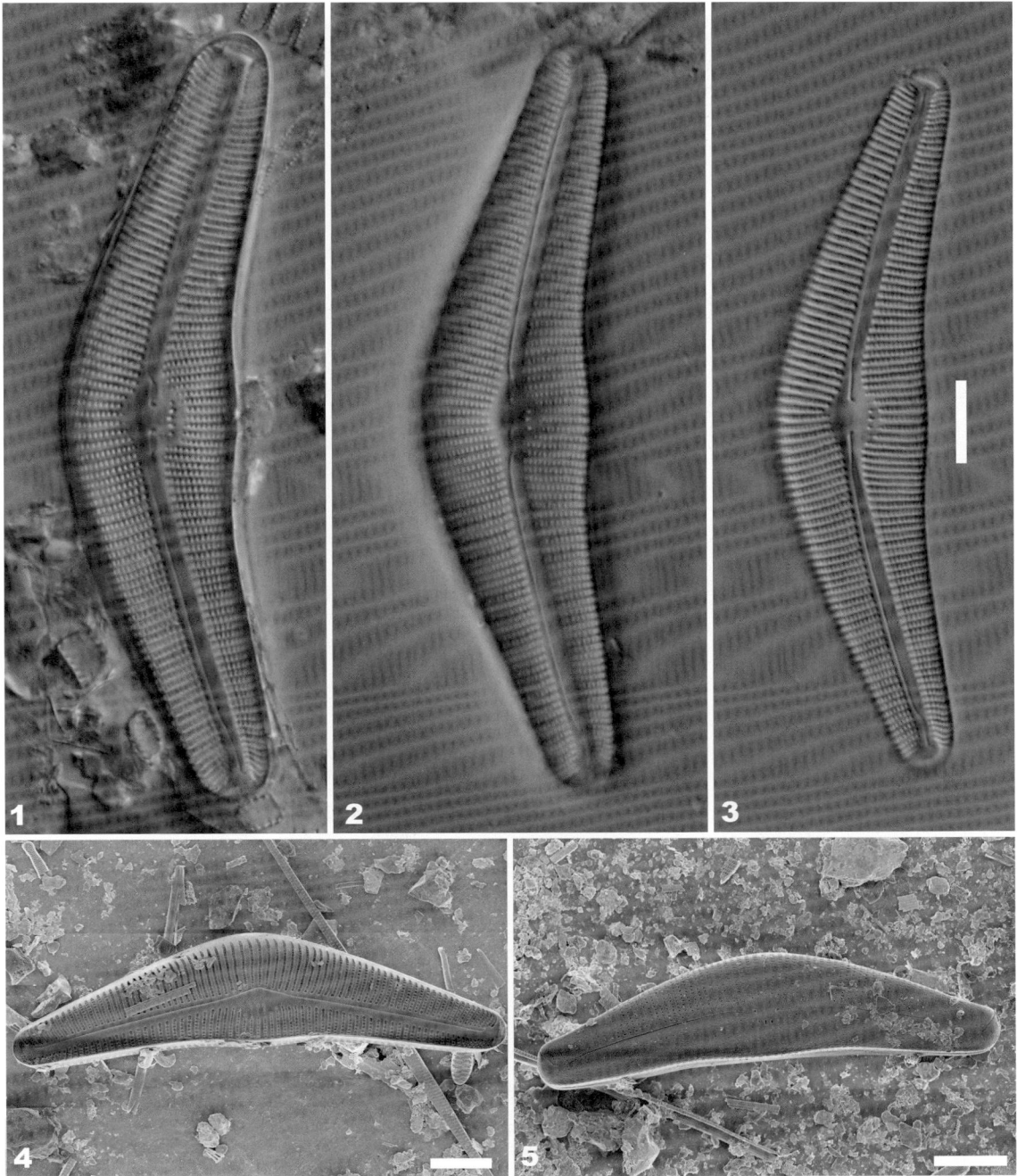

1-5. 新箱形桥弯藻 *Cymbella neocistula* Krammer

1-3. 新箱形桥弯藻月形变种 *Cymbella neocistula* var. *lunata* Krammer

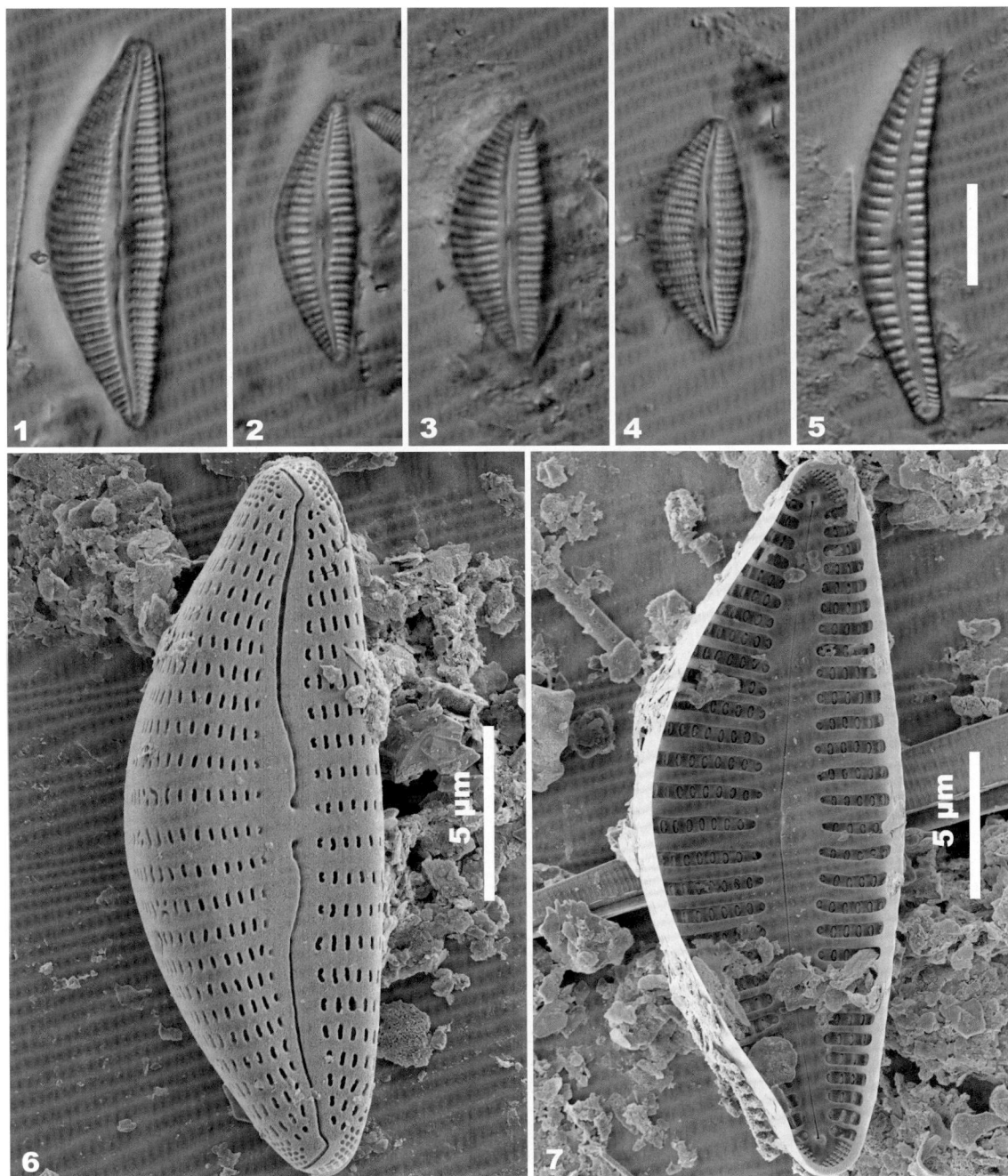

1-4, 6-7. 新细角桥弯藻 *Cymbella neoleptoceros* Krammer; 5. 微细桥弯藻 *Cymbella parva* (Smith) Kirchner

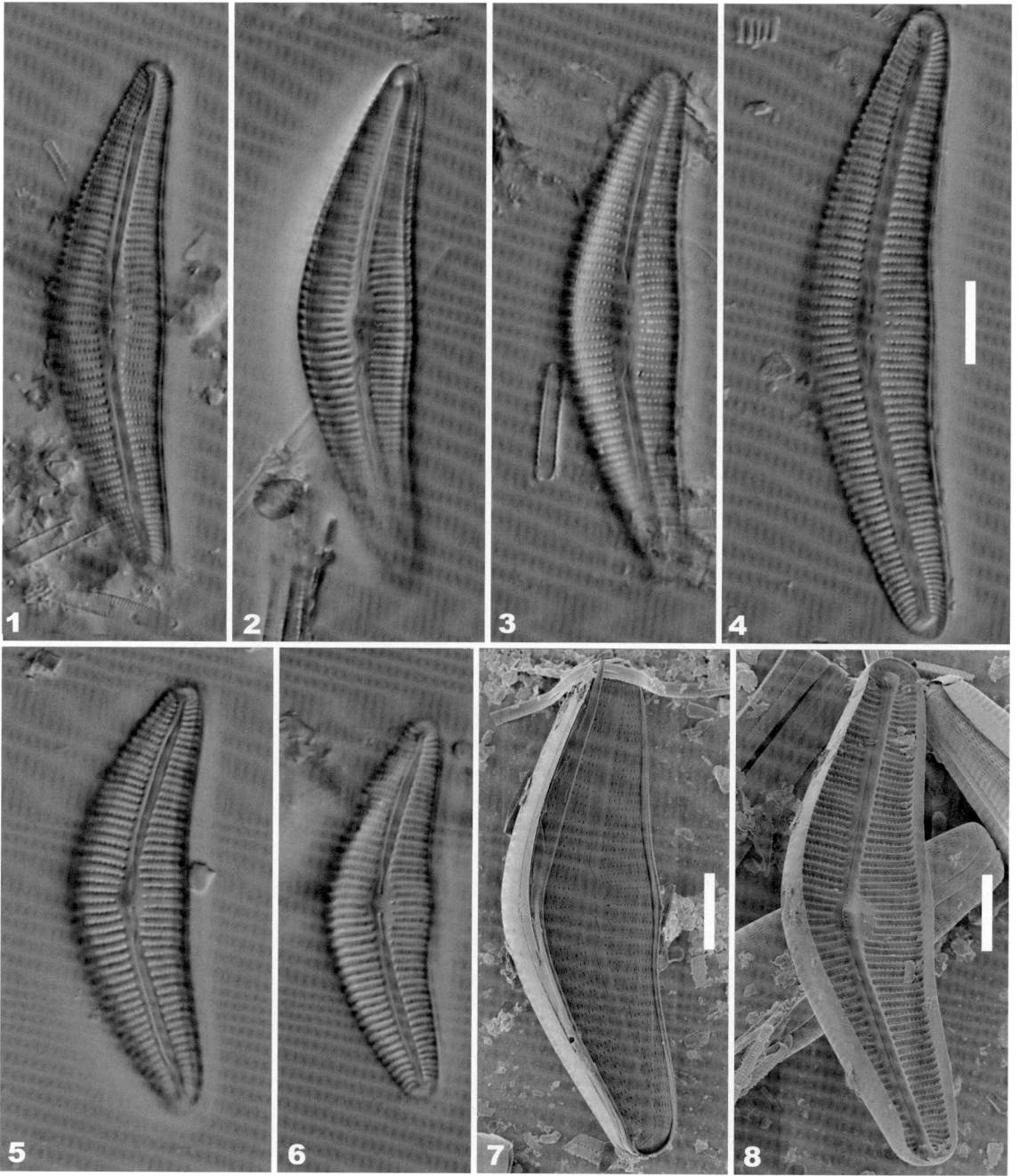

1-3. 极新月桥弯藻 *Cymbella percymbiformis* Krammer; 4. 西蒙森桥弯藻 *Cymbella simonsenii* Krammer; 5-8. 斯库
台娜桥弯藻 *Cymbella scutariana* Krammer

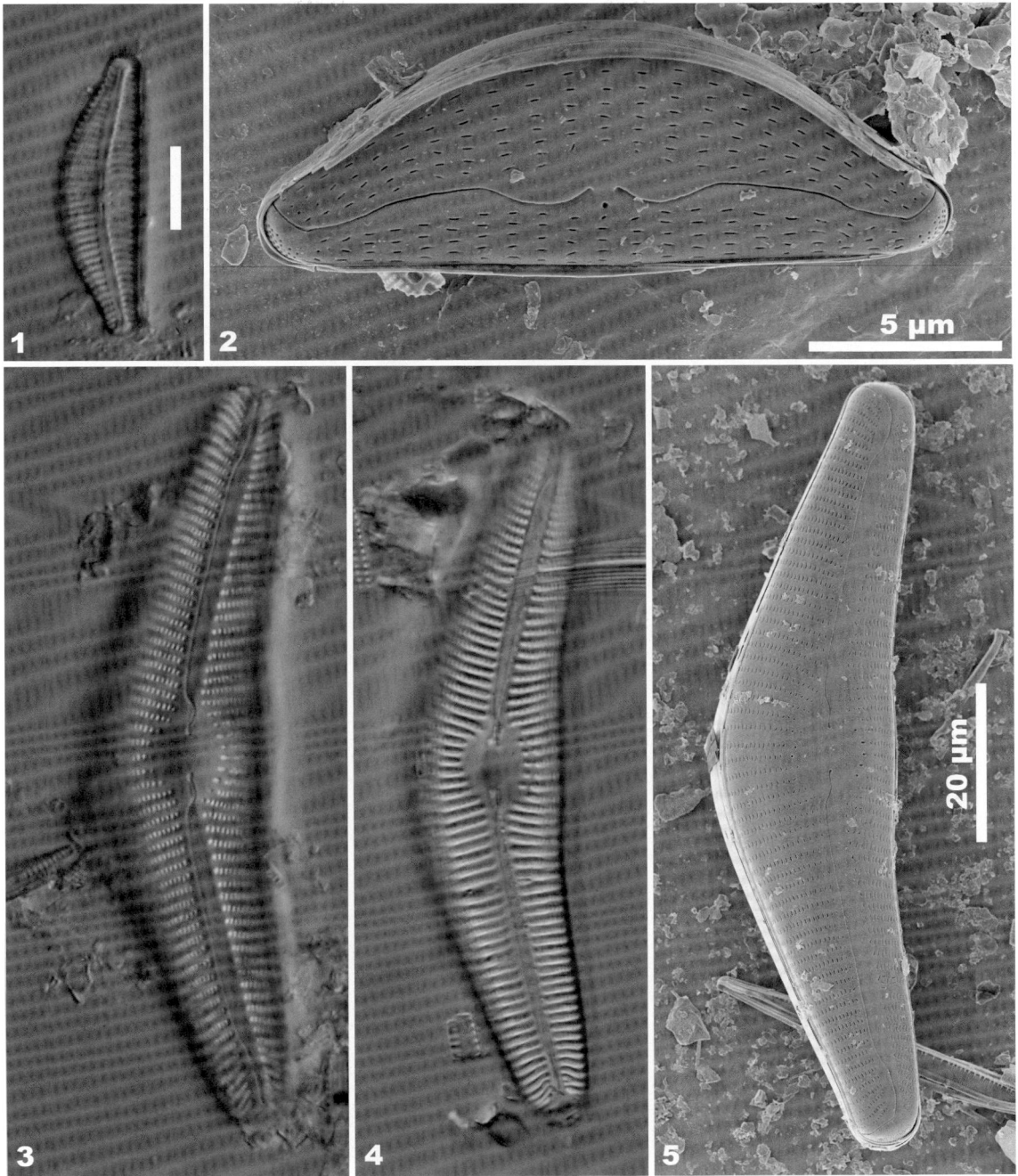

1-2. 热带桥弯藻 *Cymbella tropica* Krammer; 3-5. 图尔桥弯藻 *Cymbella tuulensis* Metzeltin, Lange-Bertalot et Soninkhishig

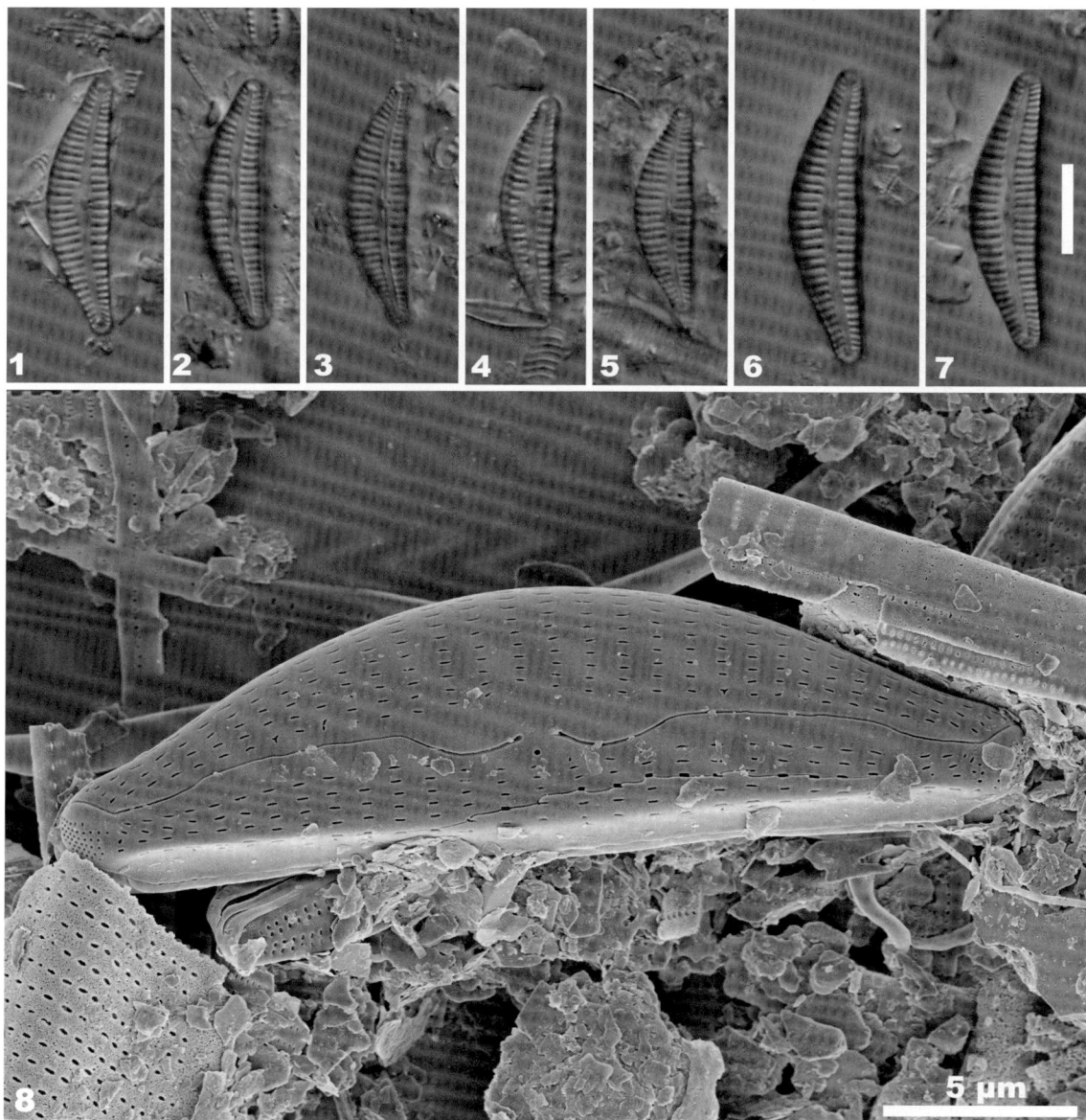

1-5, 8. 普通桥弯藻 *Cymbella vulgata* Krammer; 6-7. 韦斯拉桥弯藻 *Cymbella weslawskii* Krammer

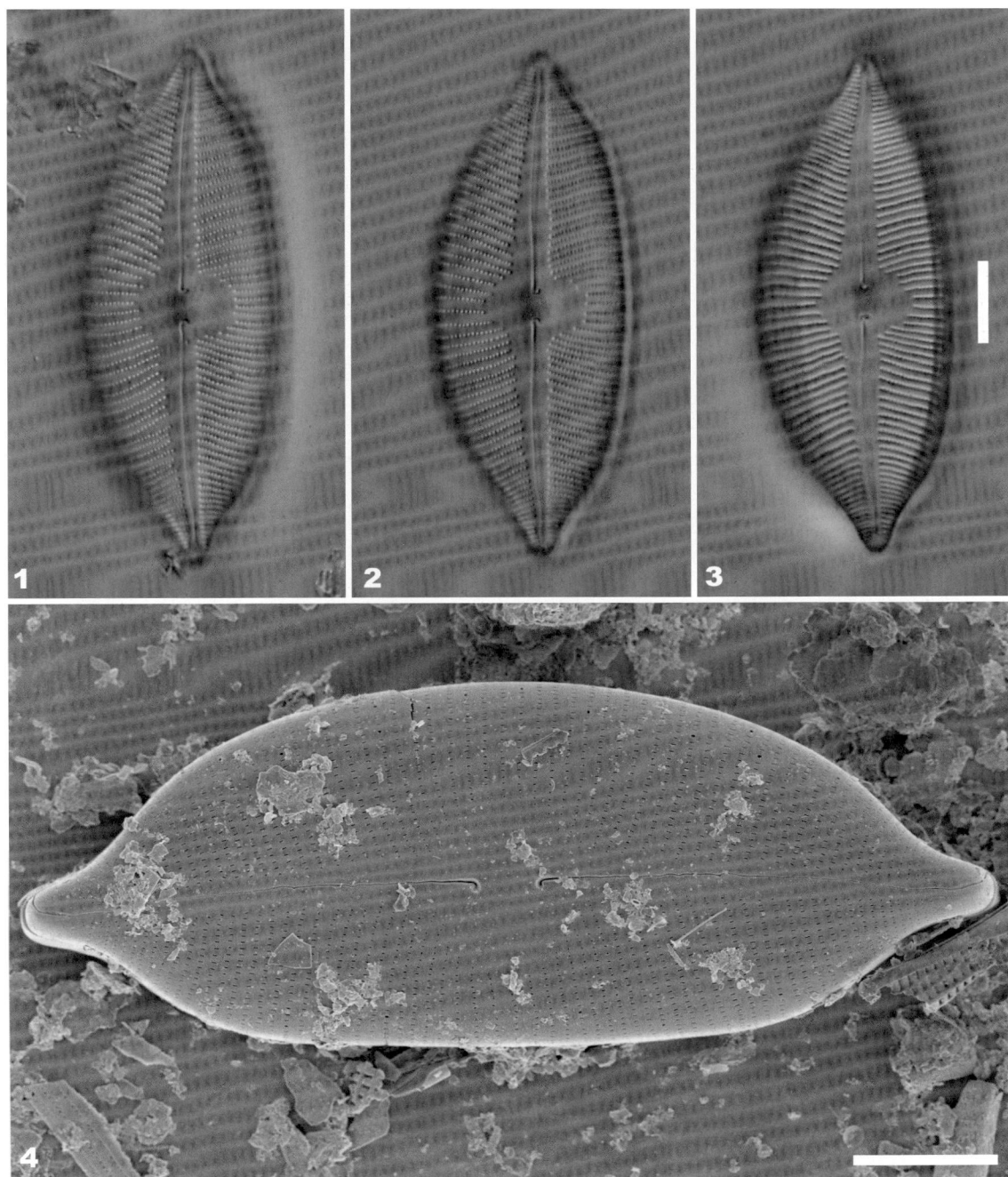

1-4. 尖形弯肋藻 *Cymbopleura apiculata* Krammer

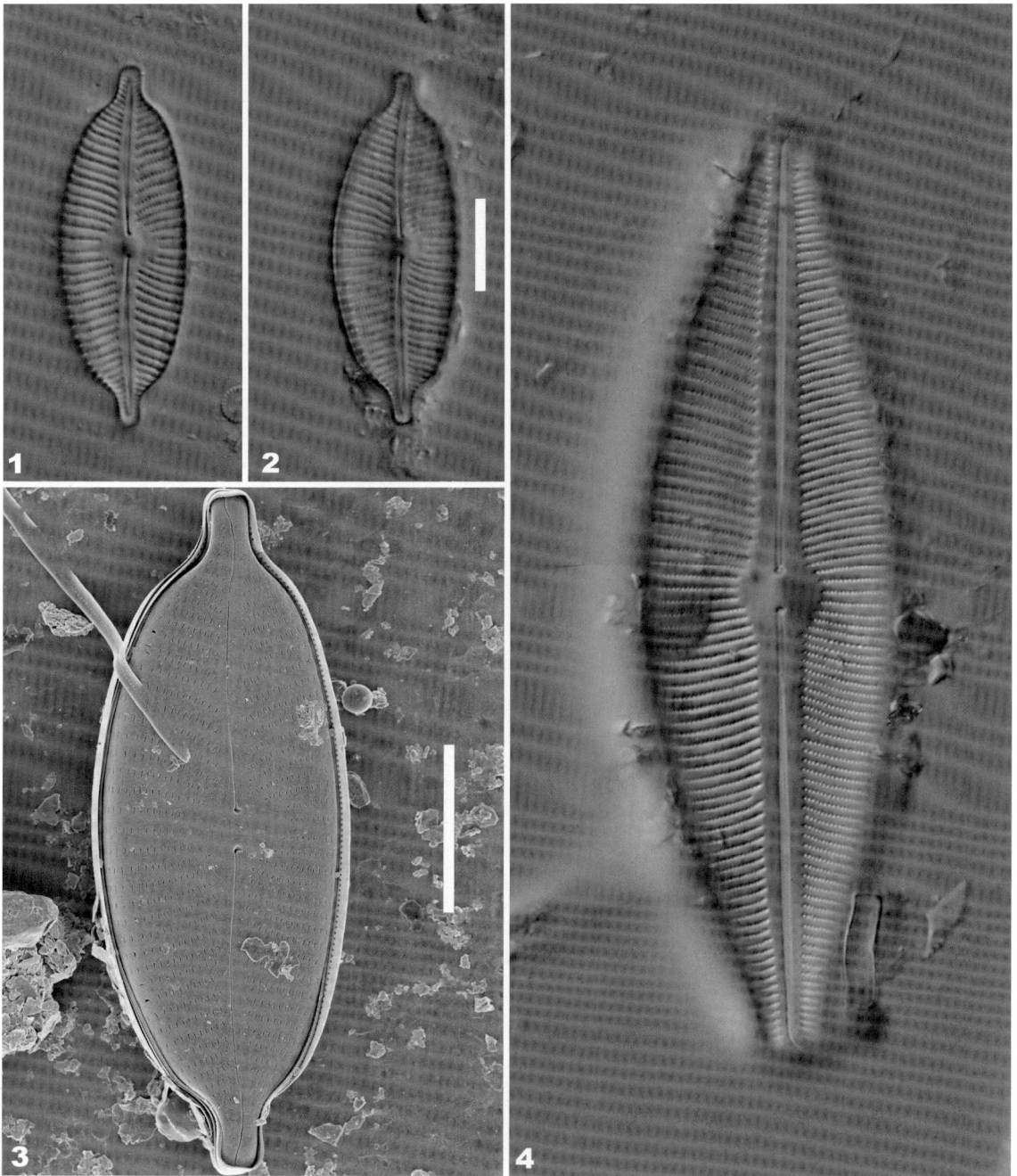

1-3. 急尖弯肋藻 *Cymbopleura cuspidata* (Kützing) Krammer; 4. 不等弯肋藻 *Cymbopleura inaequalis* (Ehrenberg) Krammer

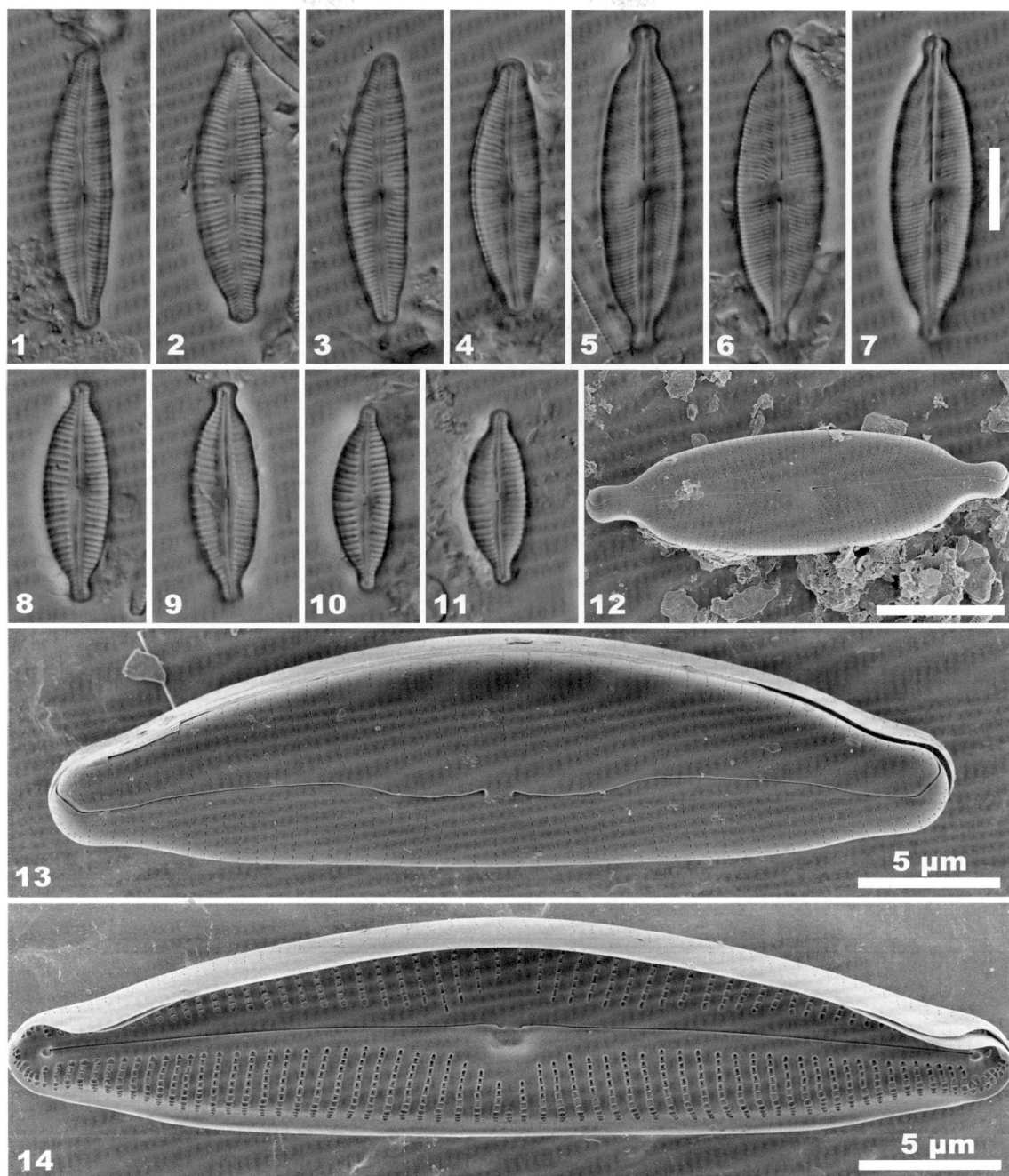

1-4, 13-14. 线形弯肋藻 *Cymbopleura linearis* (Foged) Krammer; 5-7, 12. 蒙古弯肋藻 *Cymbopleura mongolica* Metzeltin, Lange-Bertalot et Soninkhishig; 8-11. 蒙提科拉弯肋藻 *Cymbopleura monticula* (Hustedt) Krammer

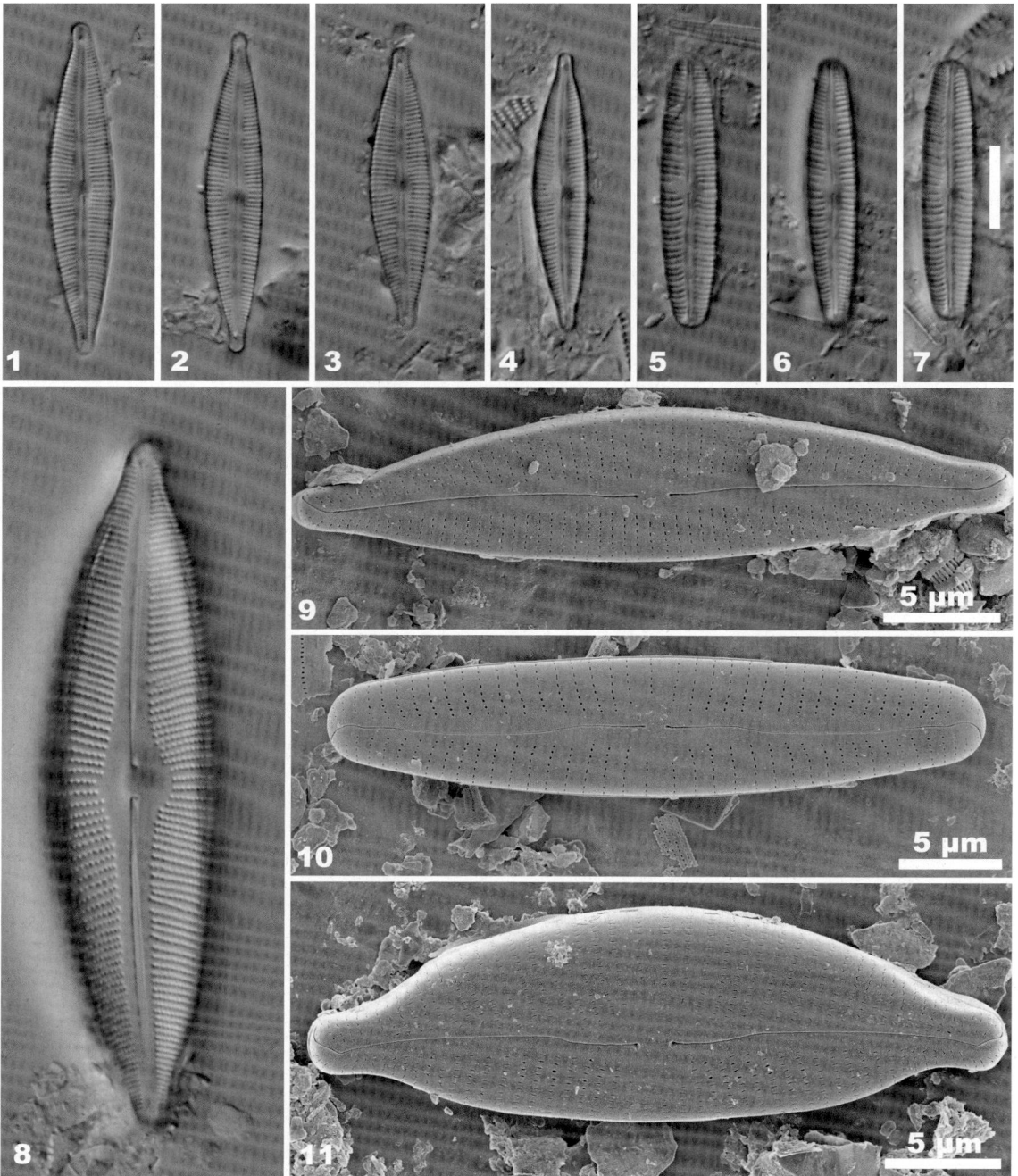

1-4, 8. 纳代科弯肋藻 *Cymbopleura nadejdae* Metzeltin, Lange-Bertalot et Soninkhishig; 5-7, 10. 矩圆弯肋藻 *Cymbopleura oblongata* Krammer; 9, 11. 延伸弯肋藻 *Cymbopleura perprocera* Krammer

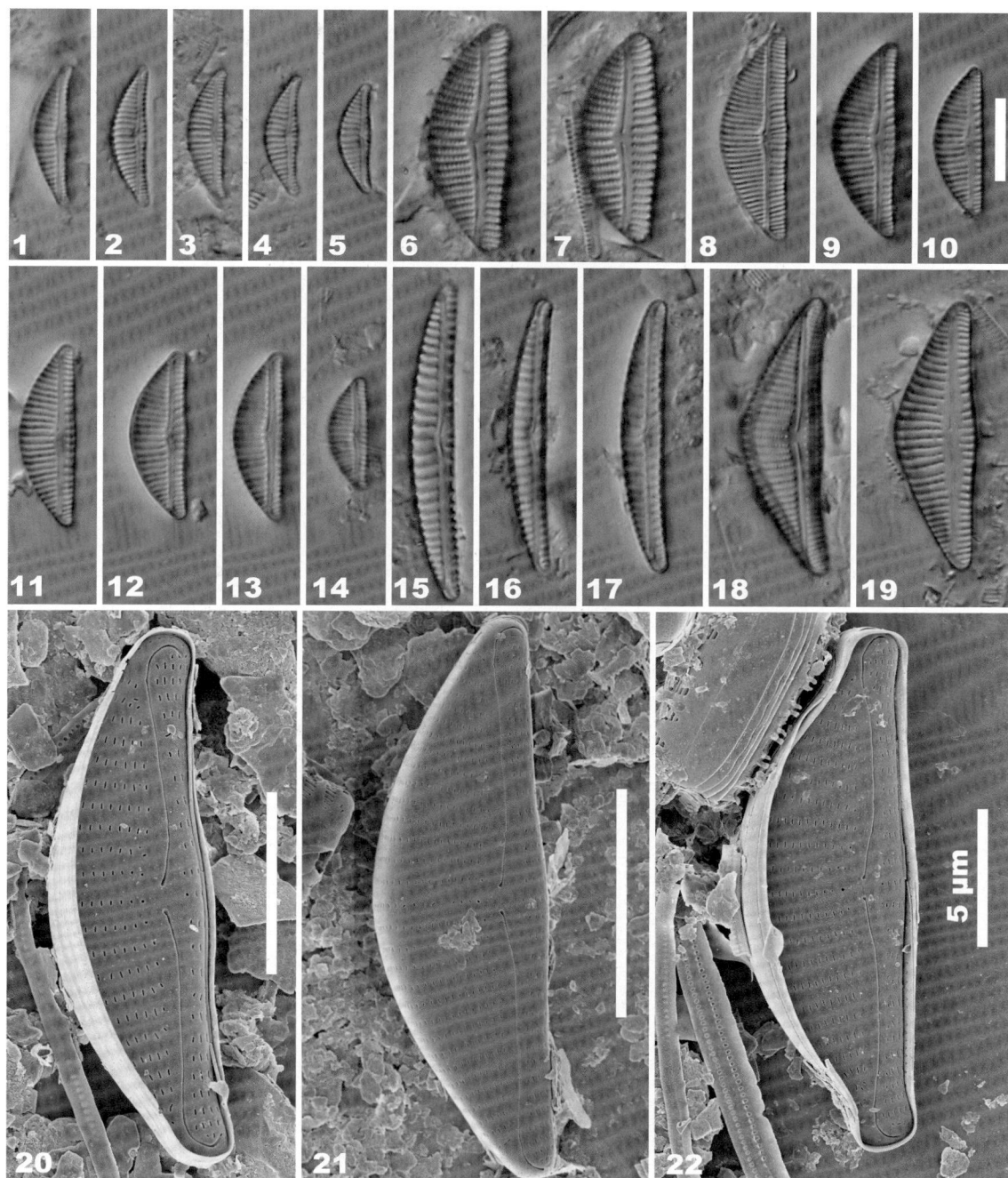

1-5, 20. 短头内丝藻 Encyonema brevicapitatum Krammer; 6-7. 簇生内丝藻 Encyonema cespitosum Kützing; 8-10, 21. 长贝尔塔内丝藻 Encyonema lange-bertalotii Krammer; 11-14, 22. 隐内丝藻 Encyonema latens (Krasske) Mann; 15-17. 半月形内丝藻北方变种 Encyonema lunatum var. boreale Krammer; 18-19. 三角型内丝藻 Encyonema trianguliforme Krammer

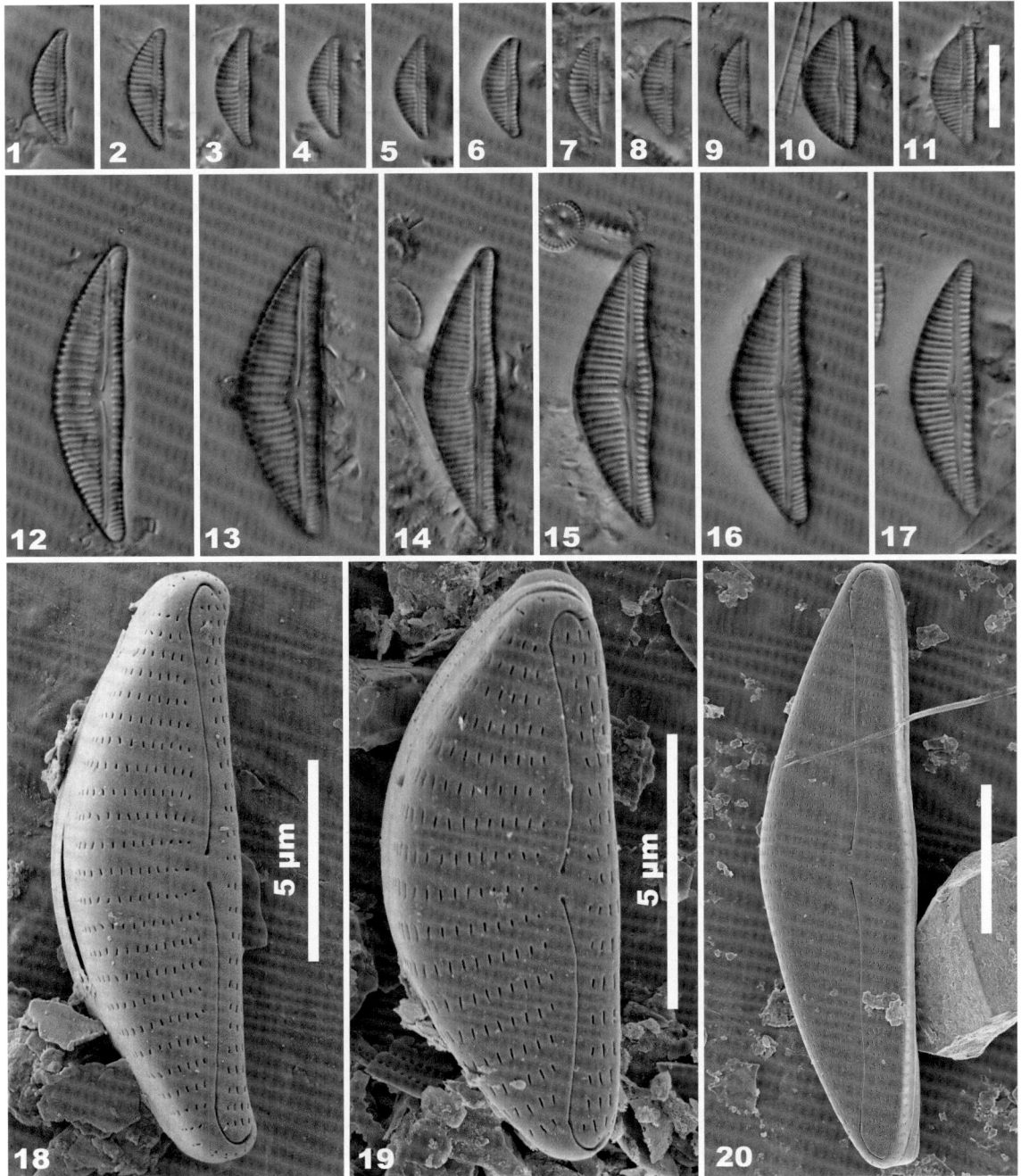

1-9, 18. 微小内丝藻 *Encyonema minutum* (Hilse) Mann; 10-11, 19. 极长贝尔塔内丝藻 *Encyonema periangebertalotii* Kulikovskiy et Metzeltin; 12-17, 20. 西里西亚内丝藻 *Encyonema silesiacum* (Bleisch) Mann

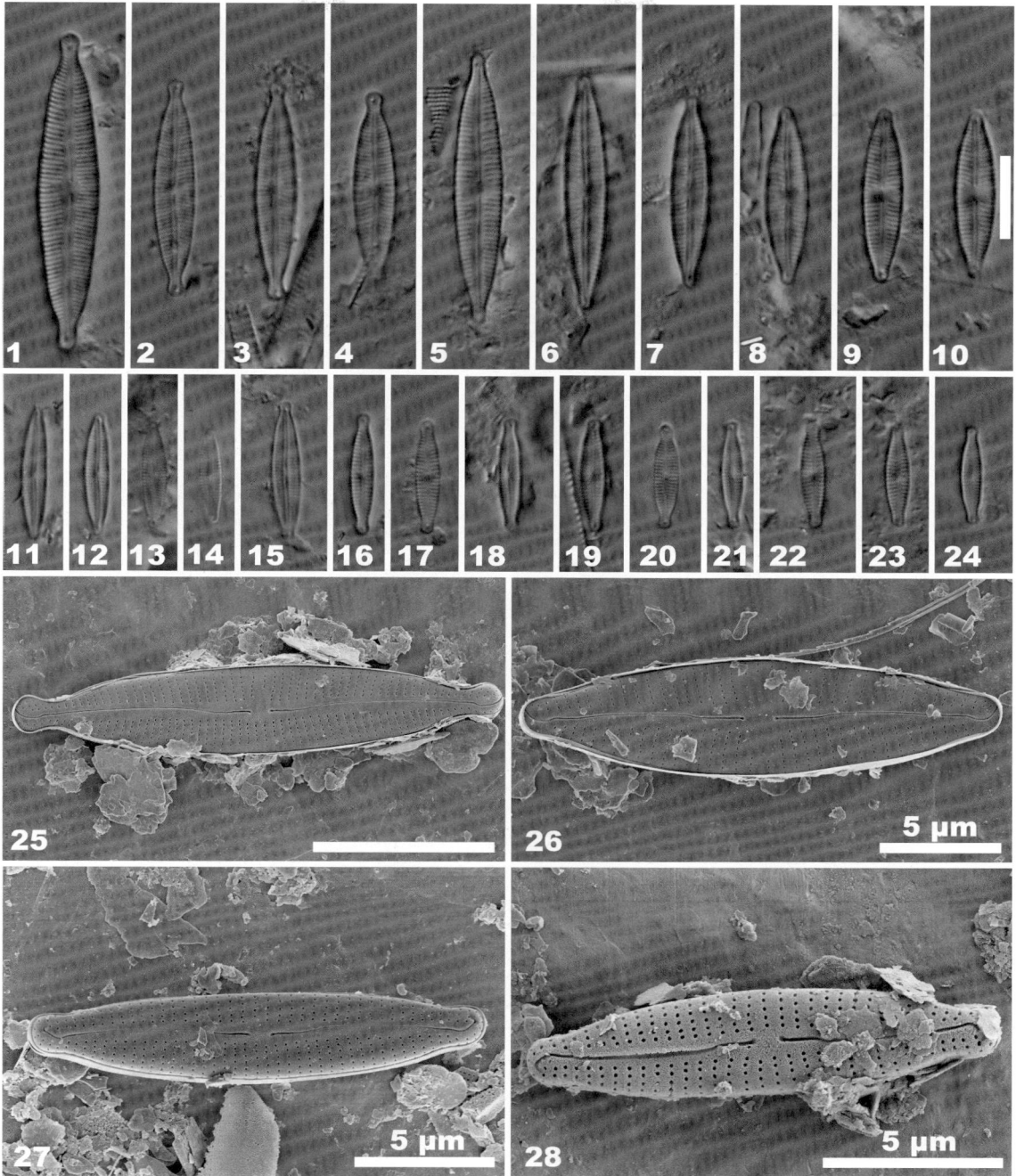

1-4, 25. 杂型拟内丝藻 Encyonopsis descriptiformis Bahls; 5-10, 26. 法国拟内丝藻 Encyonopsis falaisensis (Grunow) Krammer; 11-14, 27. 克拉姆拟内丝藻 Encyonopsis krammeri Reichardt; 15-24, 28. 湖生拟内丝藻 Encyonopsis lacusalpini Bahls

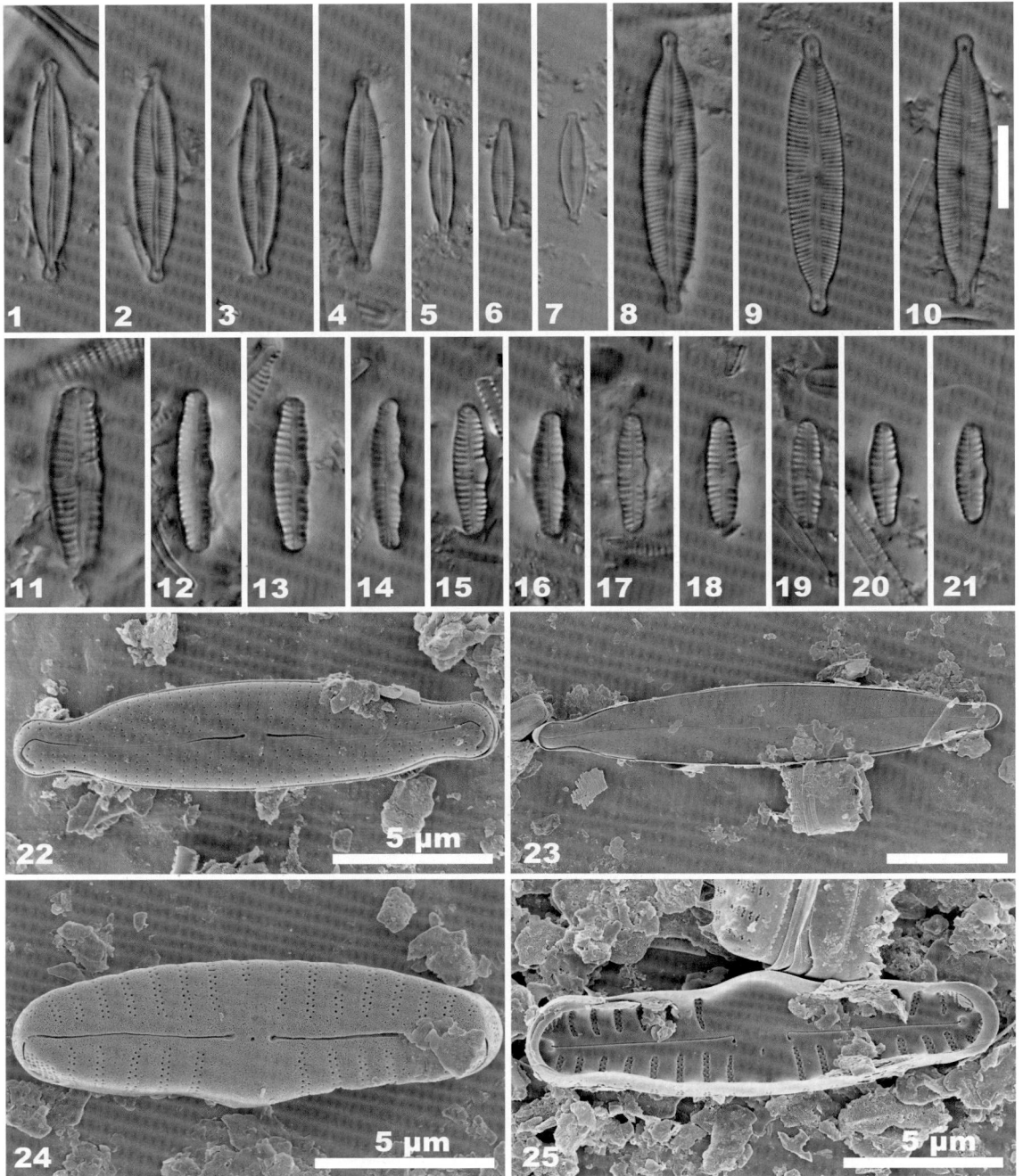

1-7, 22. 小头拟内丝藻 *Encyonopsis microcephala* (Grunow) Krammer; 8-10, 23. 亚隐头拟内丝藻 *Encyonopsis subcryptocephala* (Krasske) Krammer; 11-14. 头端瑞氏藻 *Reimeria capitata* (Cleve) Levkov et Ector; 15-21, 24-25. 波状瑞氏藻 *Reimeria sinuata* (Gregory) Kociolek et Stoermer

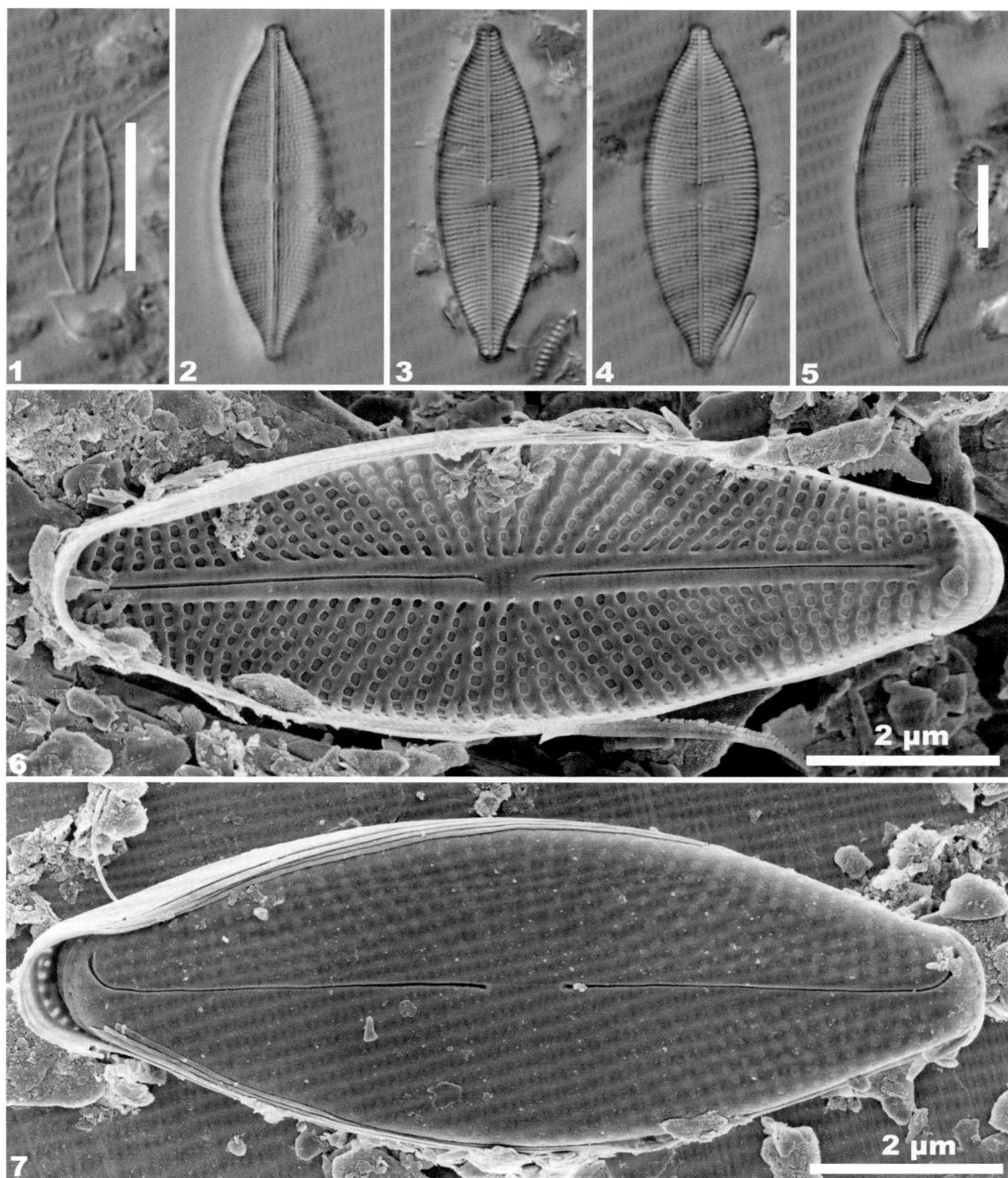

1, 6-7. 小型拉菲亚藻 *Adlafia minuscula* (Grunow) Lange-Bertalot; 2-5. 具细尖暗额藻 *Aneumastus apiculatus* (Østrup) Lange-Bertalot

1-2. 吐丝状暗额藻 *Aneumastus tusculus* (Ehrenberg) Mann et Stickle; 3-4. 中肋异菱藻 *Anomoeoneis costata* (Kützing) Hustedt

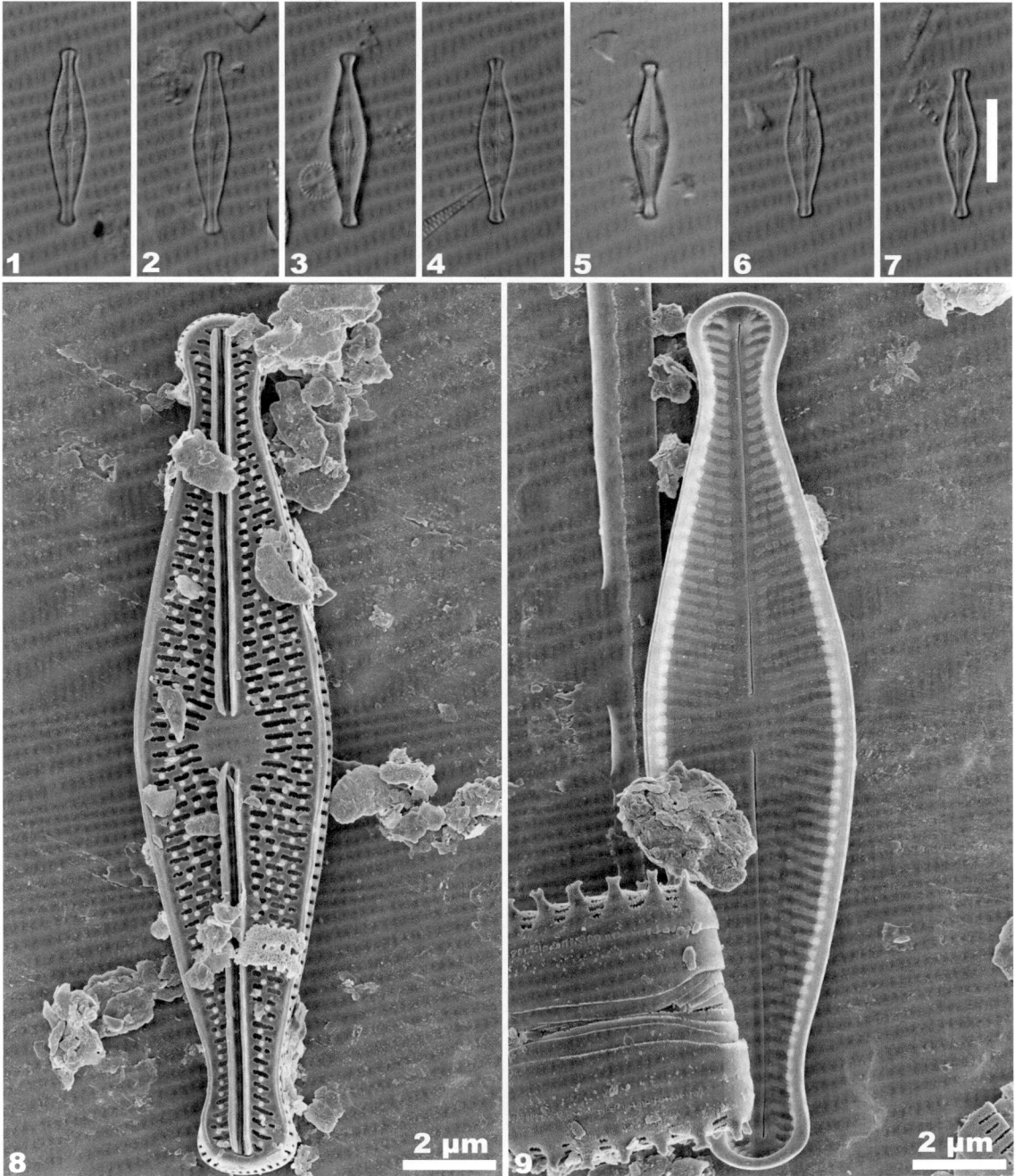

1-9. 小头短纹藻 *Brachysira microcephala* (Grunow) Compère

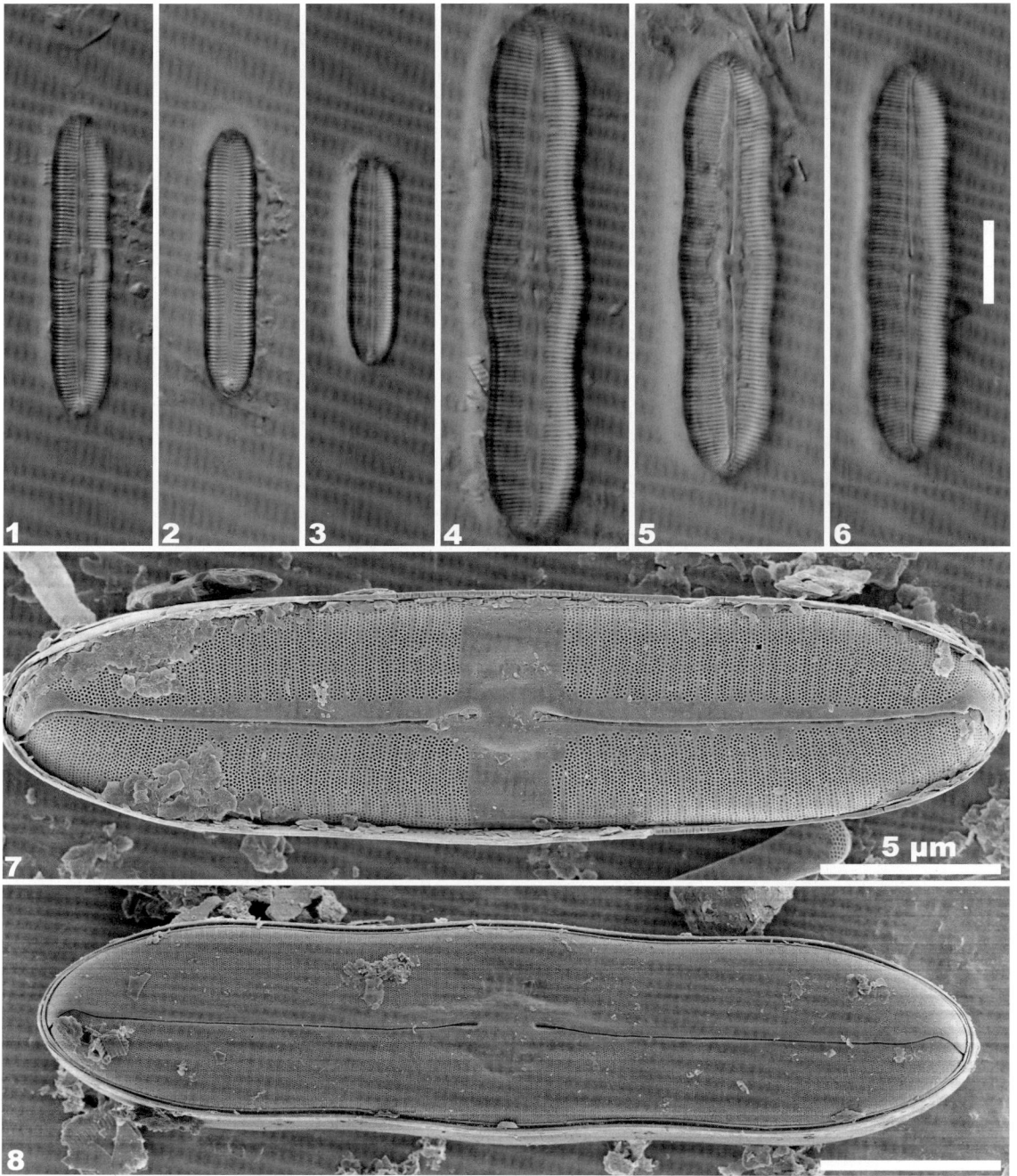

1-3、7. 镰形美壁藻 *Caloneis falcifera* Lange-Bertalot, Genkal et Vekhov; 4-6、8. 短角美壁藻 *Caloneis silicula* (Ehrenberg) Cleve

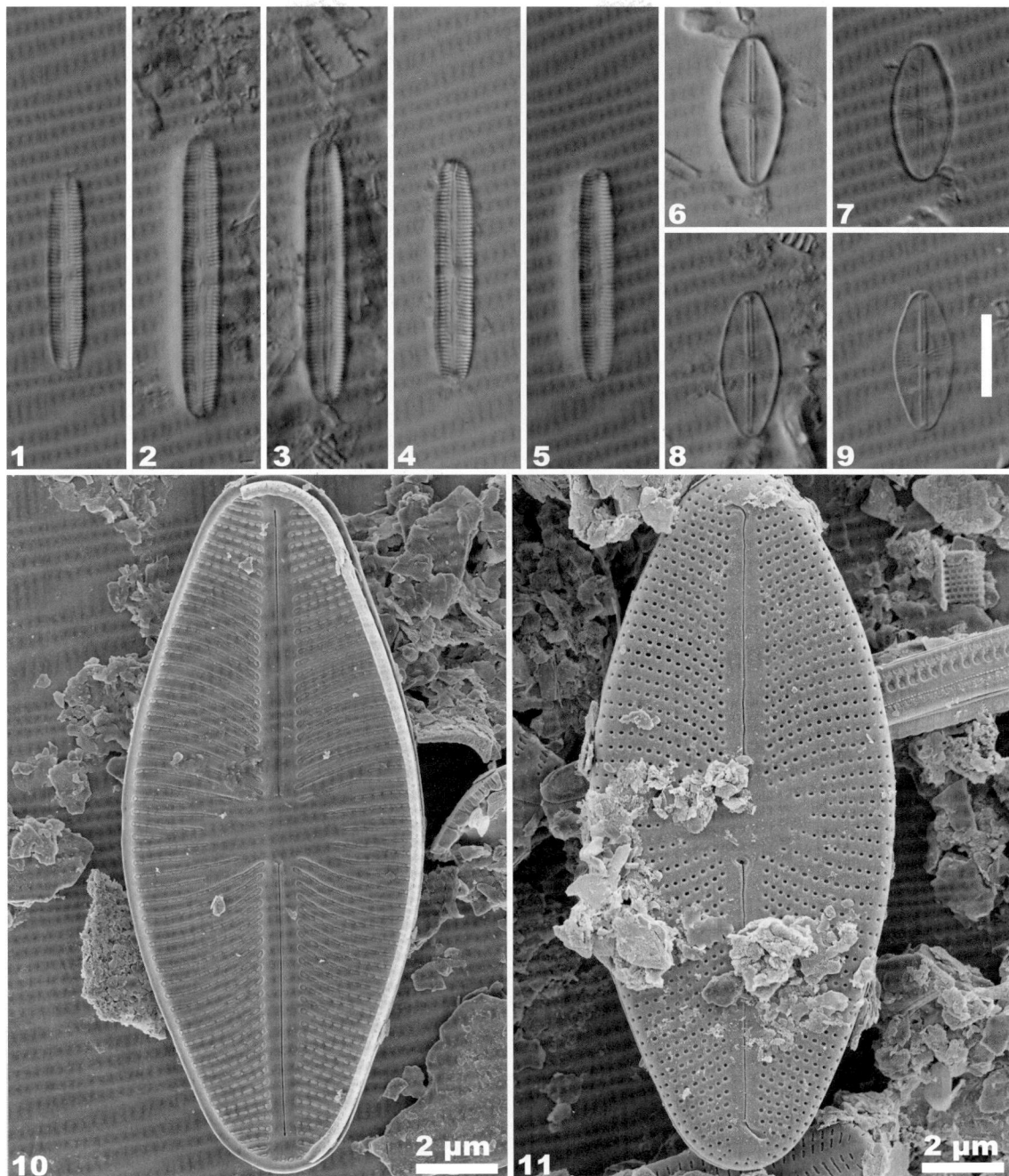

1. 小美壁藻 *Caloneis tenuis* (Gregory) Krammer; 2-5. 波曲美壁藻 *Caloneis undosa* Krammer; 6-11. 戴维西亚洞穴形藻 *Cavinula davisiae* Bahls

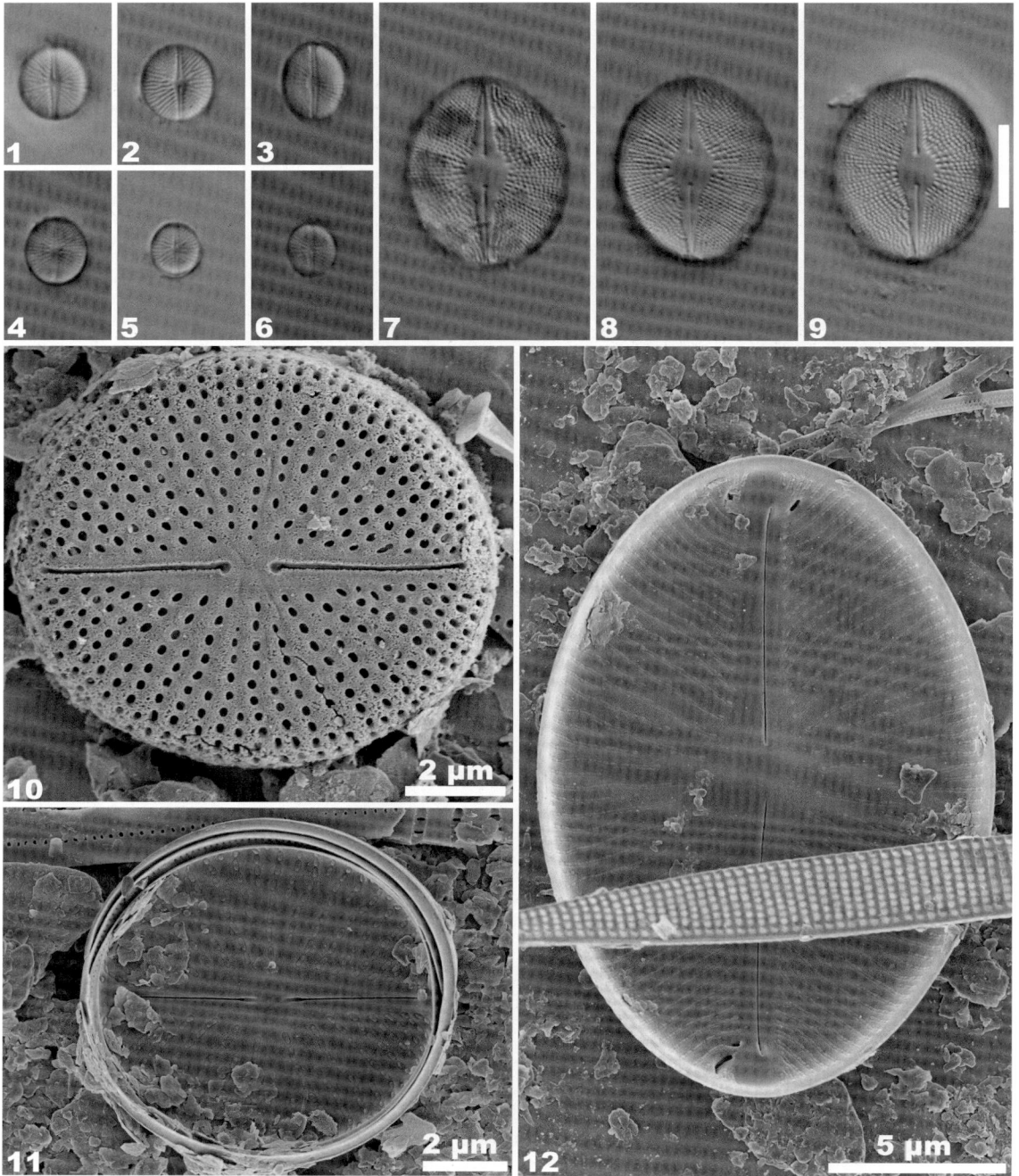

1-6, 10-11. 伪楯形洞穴形藻 *Cavinula pseudoscutiformis* (Hustedt) Mann et Stickle; 7-9, 12. 楯形洞穴形藻 *Cavinula scutiformis* (Grunow) Mann et Stickle

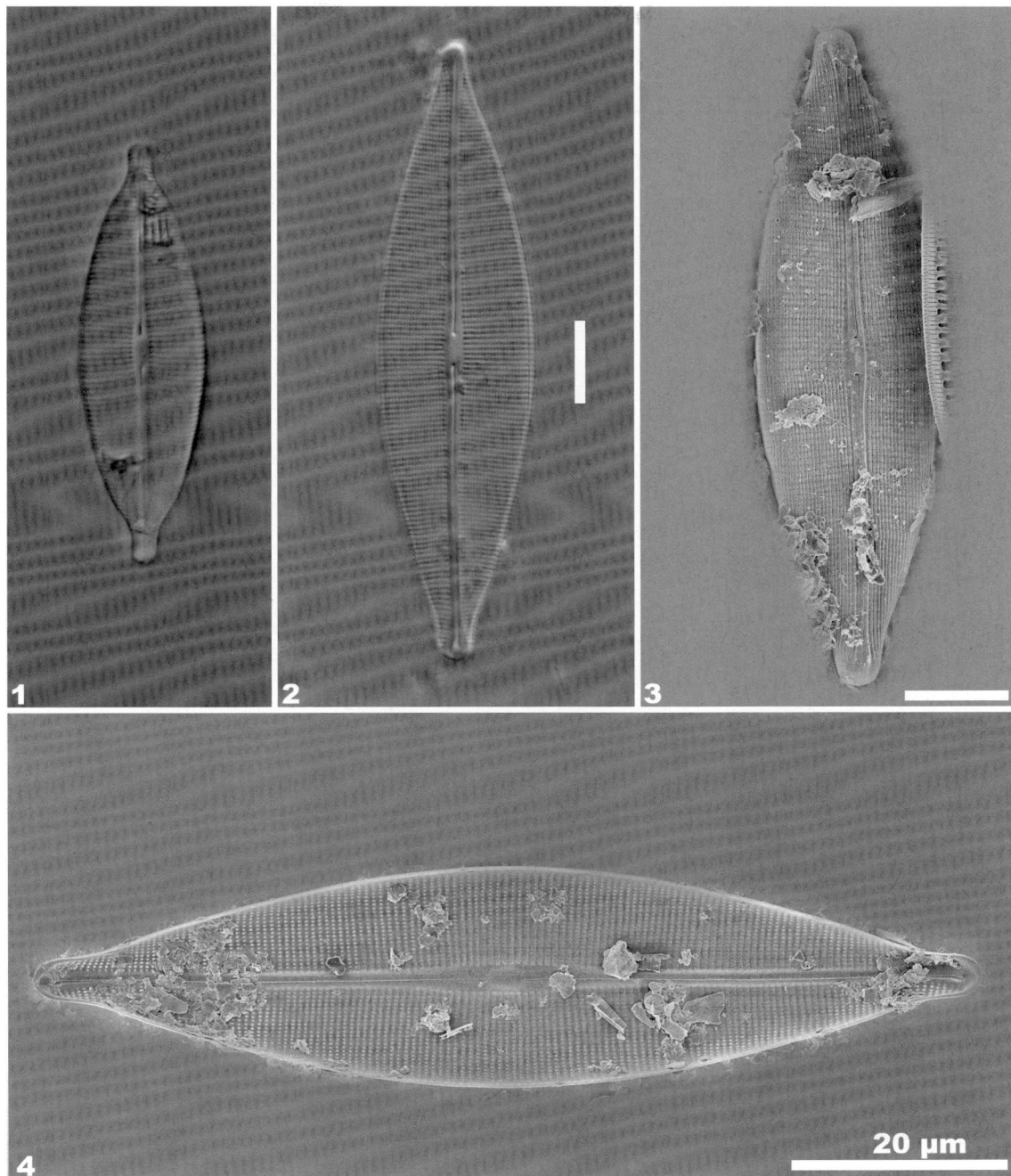

1, 3. 模糊格形藻 *Craticula ambigua* (Ehrenberg) Mann; 2, 4. 急尖格形藻 *Craticula cuspidata* (Kützing) Mann

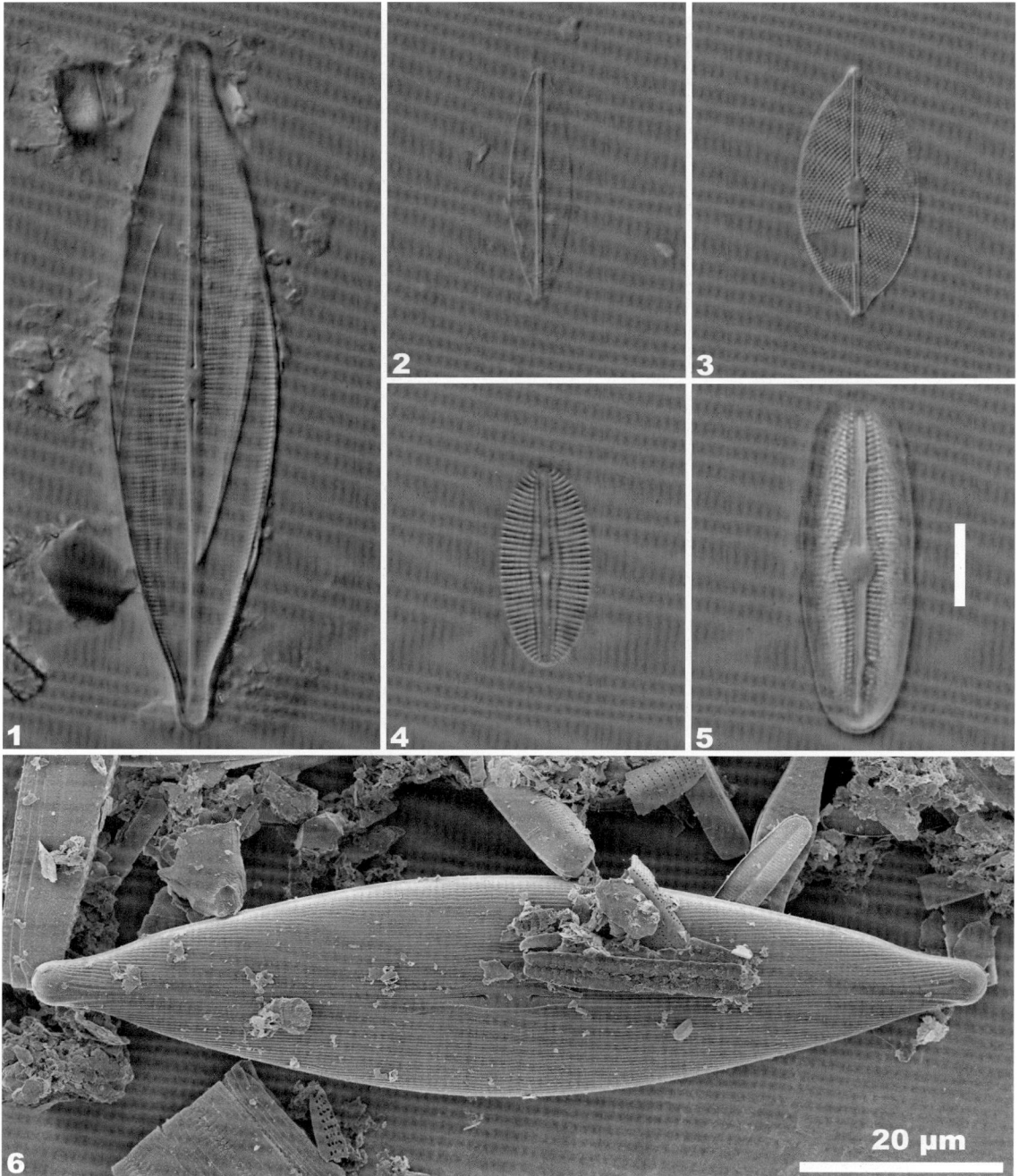

1, 6. 富曼蒂格形藻 *Craticula fumantii* Lange-Bertalot, Cavacini, Tagliaventi et Alfinito; 2. 极小格形藻 *Craticula minusculoides* (Hustedt) Lange-Bertalot; 3. 胎座交互对生藻 *Decussata placenta* (Ehrenberg) Lange-Bertalot et Metzeltin; 4. 灰岩双壁藻 *Diploneis calcicolafrequens* Lange-Bertalot et Fuhrmann; 5. 椭圆双壁藻 *Diploneis elliptica* (Kützing) Cleve

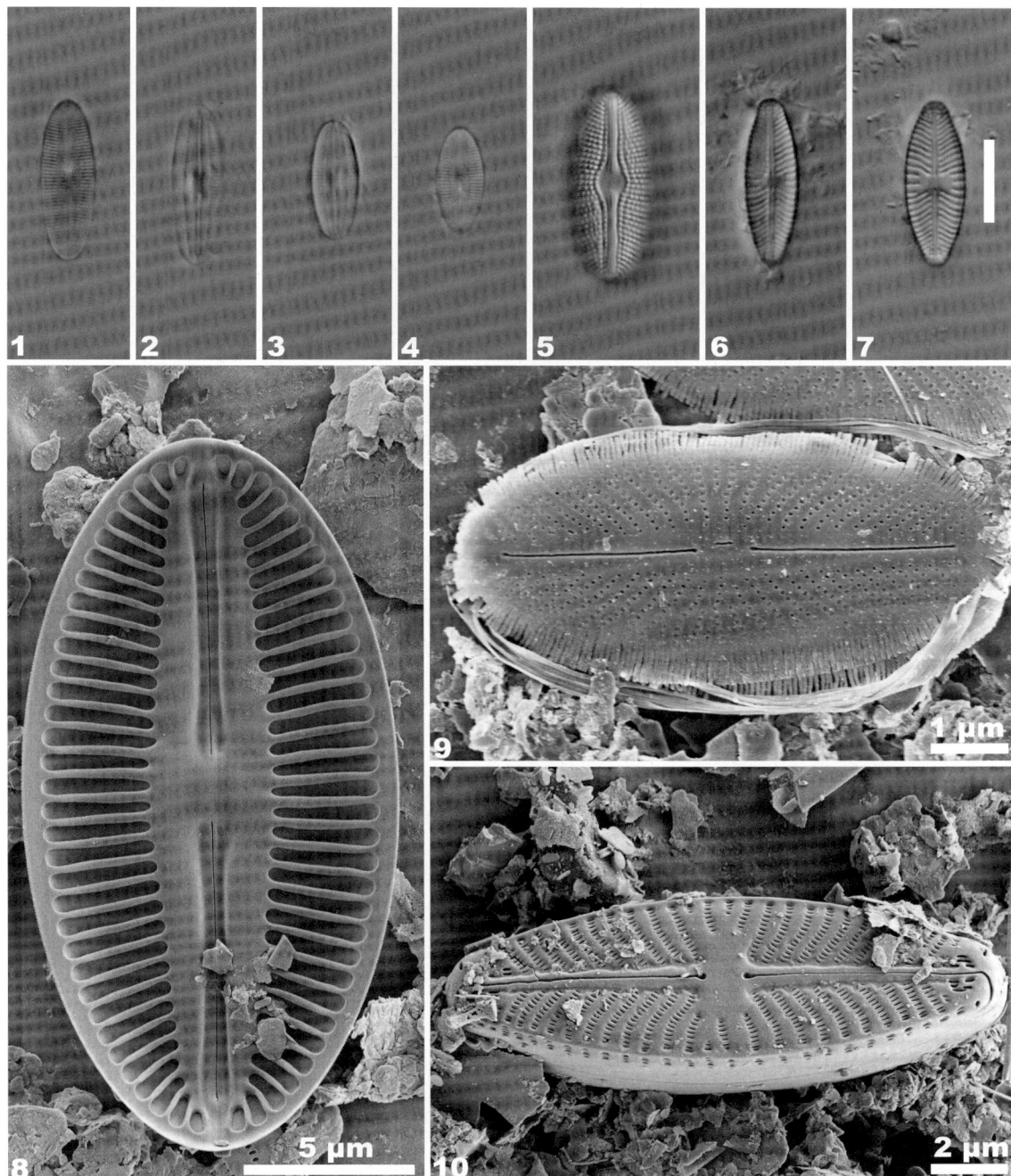

1-4, 8. 彼得森双壁藻 *Diploneis petersenii* Hustedt; 5. 伪卵圆双壁藻 *Diploneis pseudoovalis* Hustedt; 6-7, 10. 卡氏盖斯勒藻 *Geissleria cummerowii* (Kalbe) Lange-Bertalot; 9. 薄壳管状藻 *Fistulifera pelliculosa* (Kützing) Lange-Bertalot

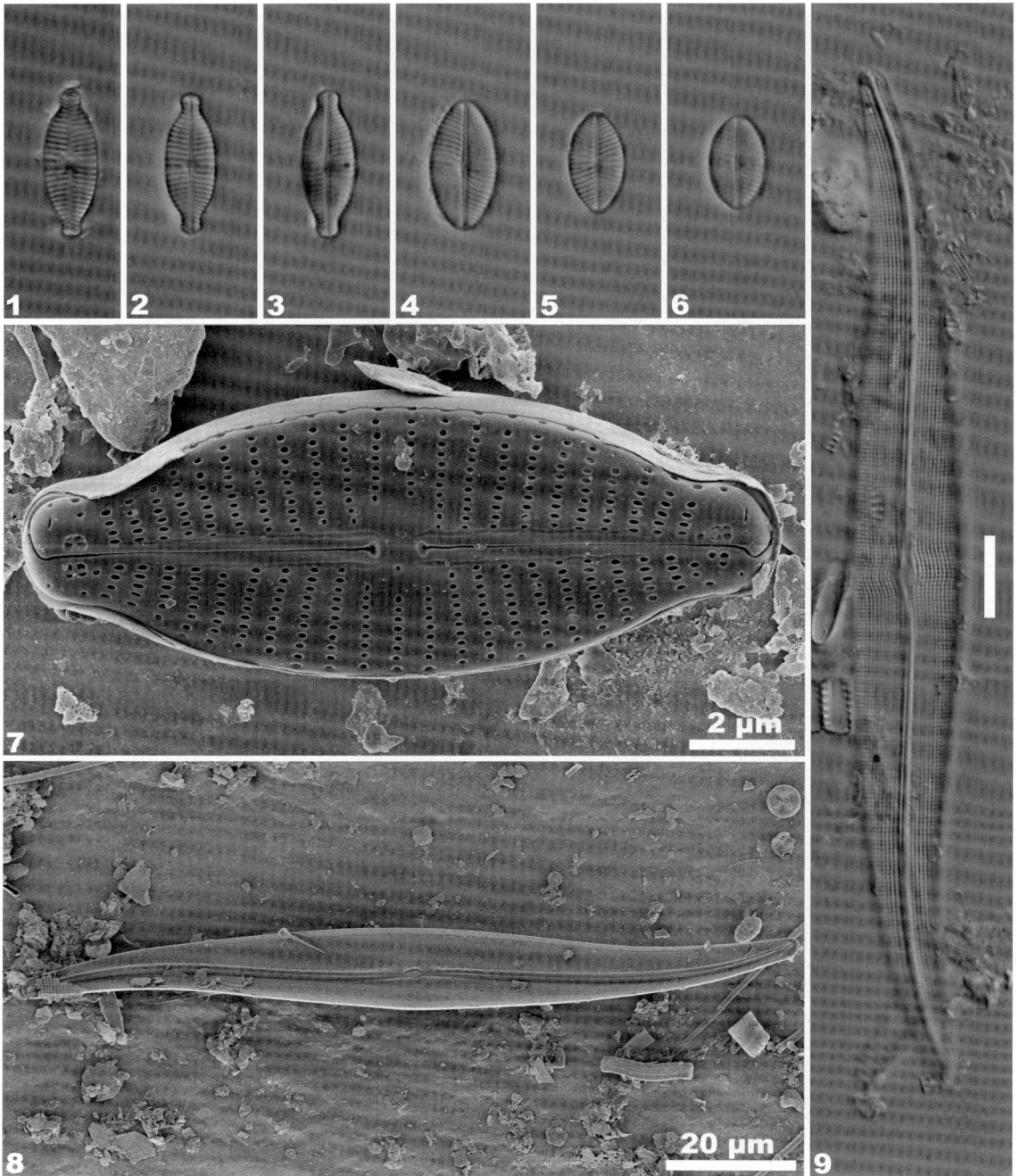

1-3, 7. 蒙古盖斯勒藻 *Geissleria mongolica* Metzeltin, Lange-Bertalot et Soninkhishig; 4-6. 舍恩菲尔德盖斯勒藻 *Geissleria schoenfeldii* (Hustedt) Lange-Bertalot et Metzeltin; 8-9. 尖布纹藻 *Gyrosigma acuminatum* (Kützing) Rabenhorst

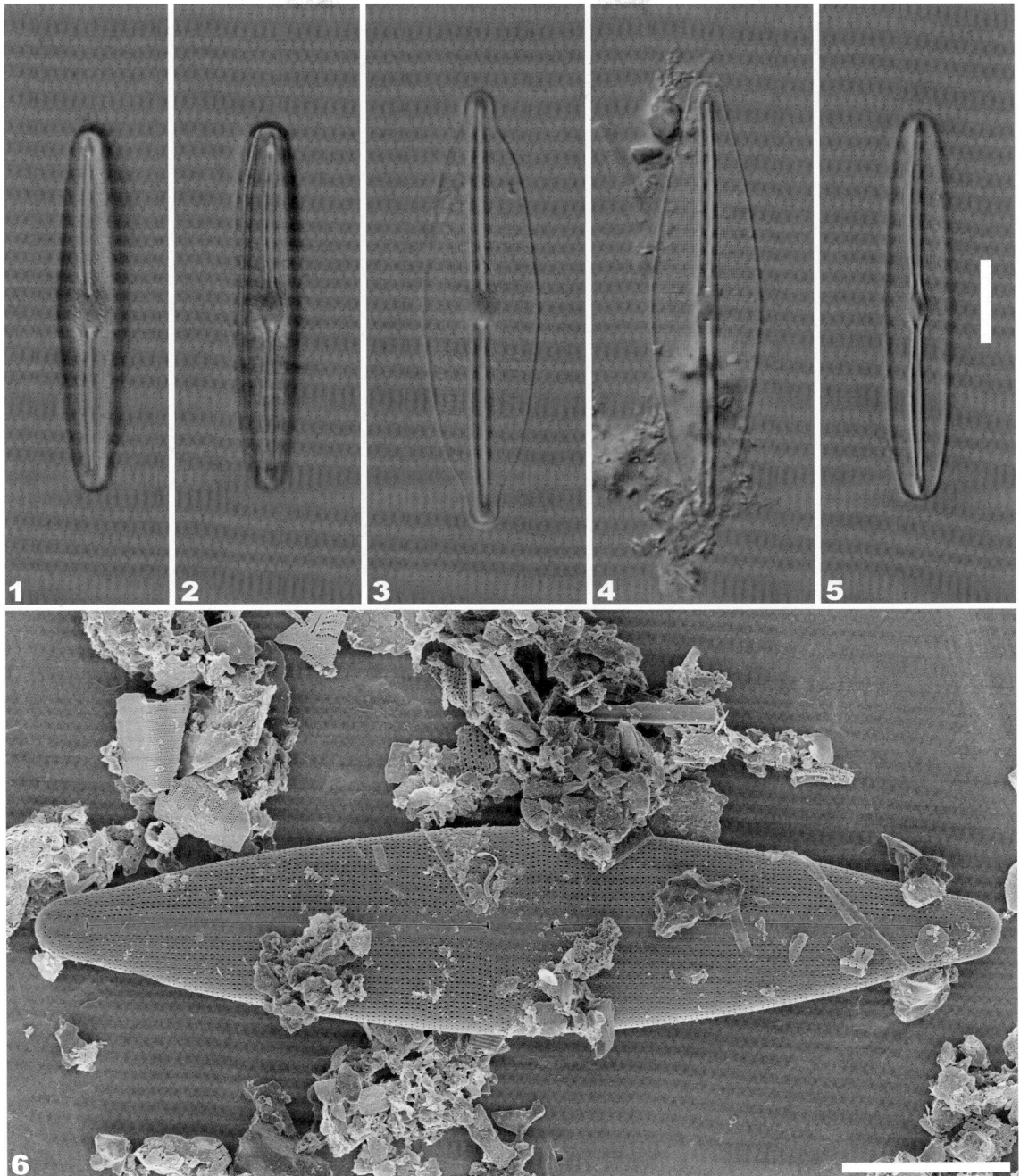

1-2. 亚洲肋缝藻 *Frustulia asiatica* (Skvortzov) Metzeltin, Lange-Bertalot et Soninkhishig; 3. 横断肋缝藻 *Frustulia hengduanensis* Luo et Wang; 4, 6. 萨克森肋缝藻 *Frustulia saxonica* Rabenhorst; 5. 普通肋缝藻 *Frustulia vulgaris* (Thwaites) De Toni

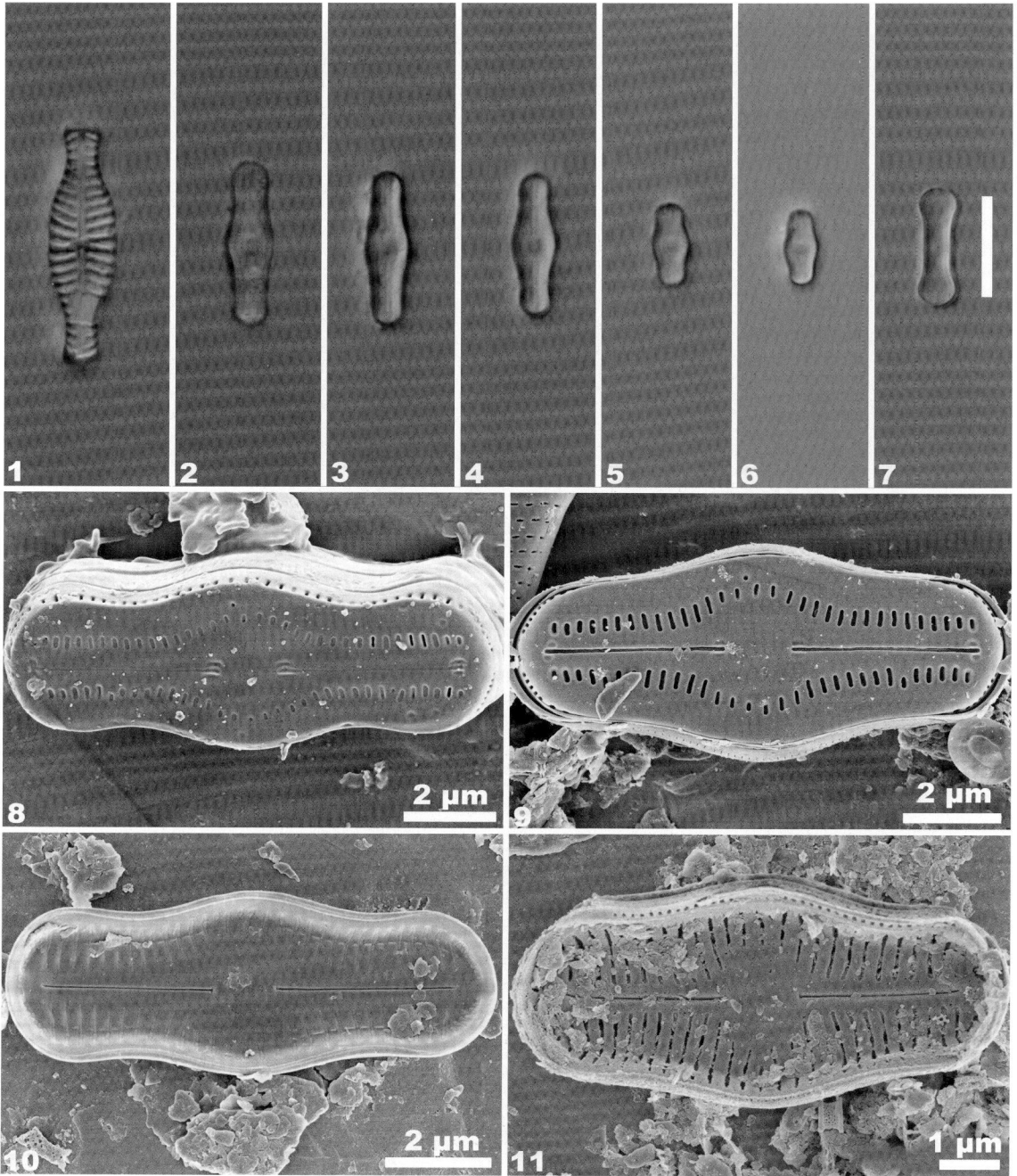

1. 头端蹄形藻 *Hippodonta capitata* (Ehrenberg) Lange-Bertalot, Metzeltin et Witkowski; 2-4, 8, 10. 弓形喜湿藻 *Humidophila arcuatoides* (Lange-Bertalot) Lowe, Kociolek, Johansen, Van de Vijver, Lange-Bertalot et Kopalová; 5-6, 9, 11. 密枝喜湿藻 *Humidophila implicata* (Gerd Moser, Lange-Bertalot et Metzeltin) Lowe, Kociolek, Johansen, Van de Vijver, Lange-Bertalot et Kopalová; 7. 爬虫形喜湿藻 *Humidophila sceppacuerciae* Kopalová

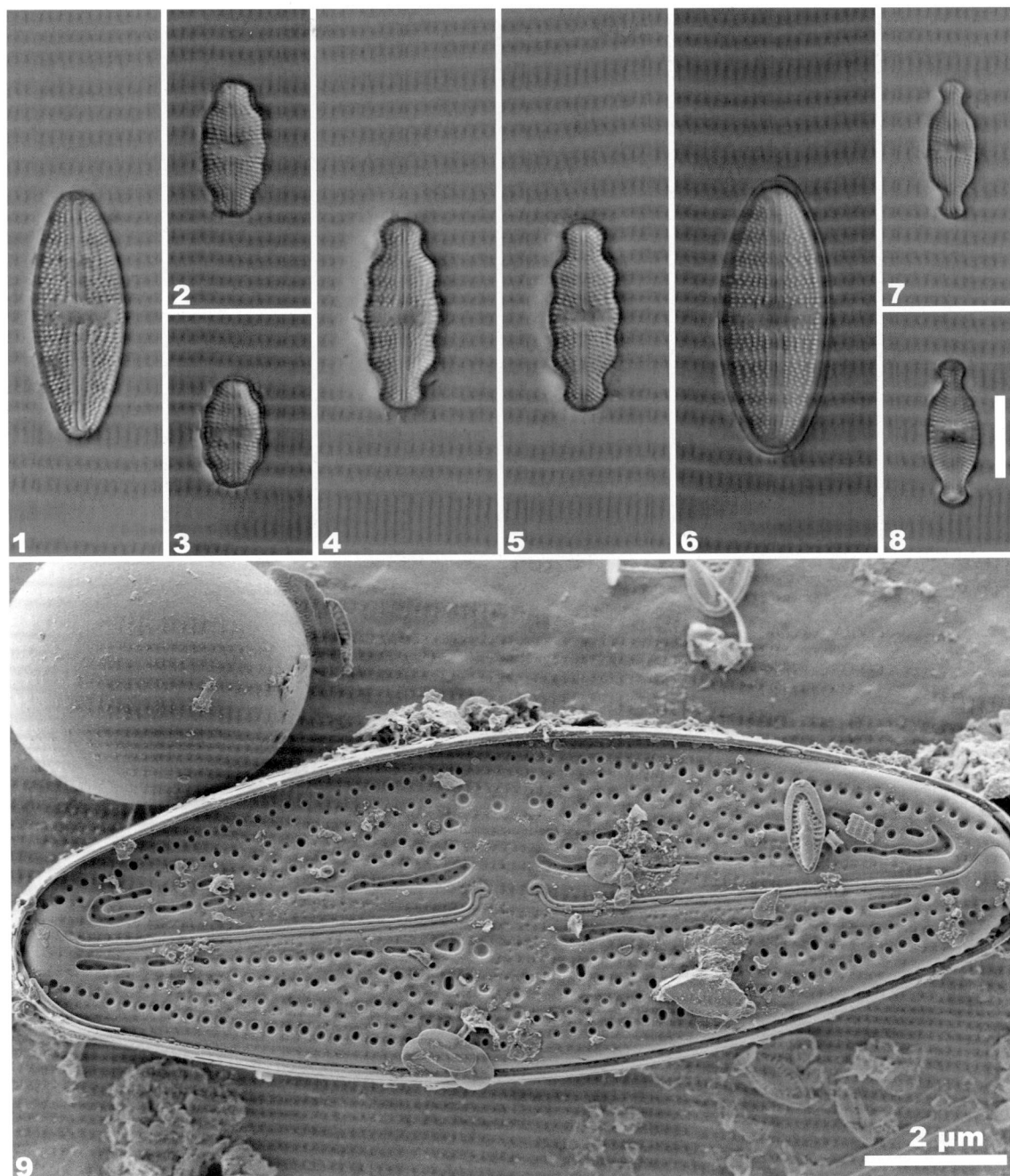

1, 9. 钝泥栖藻 *Luticola mutica* (Kützing) Mann; 2-3. 类雪生泥栖藻 *Luticola nivaloides* (Bock) Li et Qi; 4-5. 奥尔萨克泥栖藻 *Luticola olegsakharovii* Zidarova, Levkov et Van de Vijver; 6. 可赞赏泥栖藻 *Luticola plausibilis* (Hustedt) Mann; 7-8. 偏凸泥栖藻 *Luticola ventricosa* (Kützing) Mann

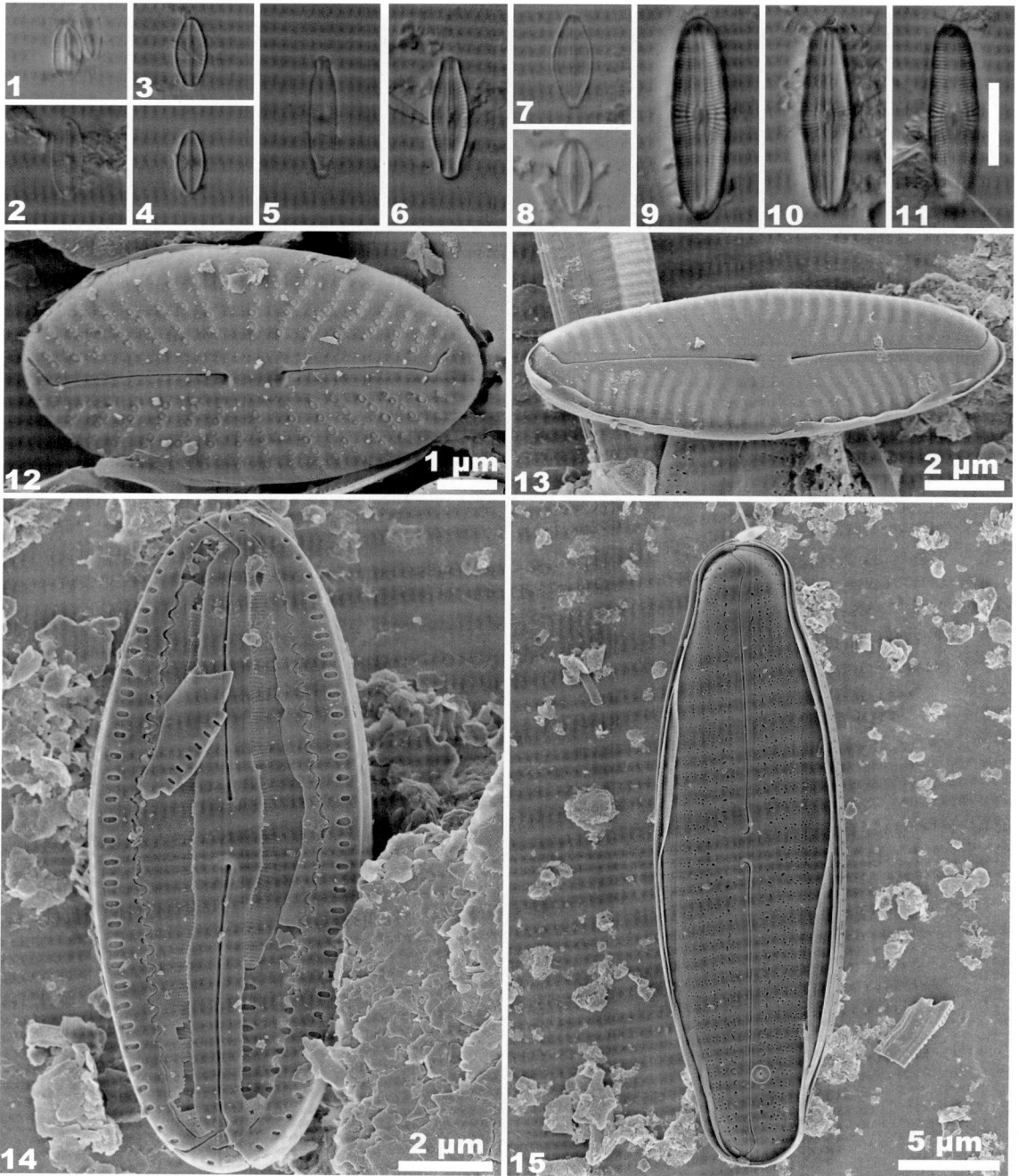

1, 12. 细柱马雅美藻 *Mayamaea atomus* (Kützing) Lange-Bertalot; 2, 13. 小钩马雅美藻 *Mayamaea fossalis* (Krasske) Lange-Bertalot; 3-4. 联合马雅美藻 *Mayamaea asellus* Lange-Bertalot; 5. 极细小林藻 *Kobayasiella subtilissima* (Cleve) Lange-Bertalot; 6. 诺曼尼微肋藻 *Microcostatus naumannii* (Hustedt) Lange-Bertalot; 7-8, 14. 维鲁米微肋藻 *Microcostatus werumii* Metzeltin, Lange-Bertalot et Soninkhishig; 9-11, 15. 近膨胀缪氏藻 *Muelleria pseudogibbula* Liu et Wang

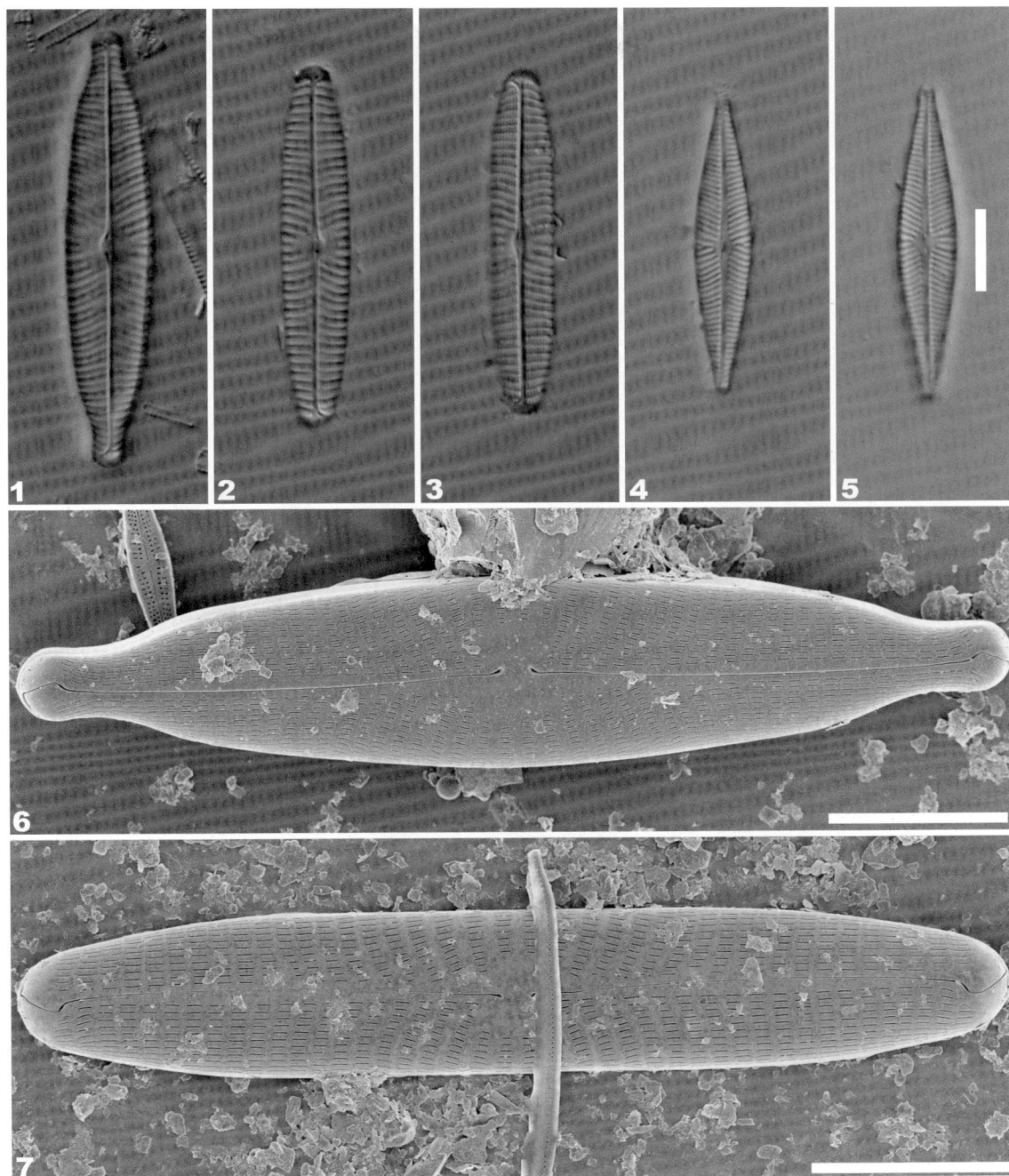

图版 113

1, 6. 双头舟形藻 *Navicula amphiceropsis* Lange-Bertalot et Rumrich; 2-3, 7. 窄舟形藻 *Navicula angusta* Grunow; 4-5. 清晰舟形藻 *Navicula chiarae* Lange-Bertalot et Genkal

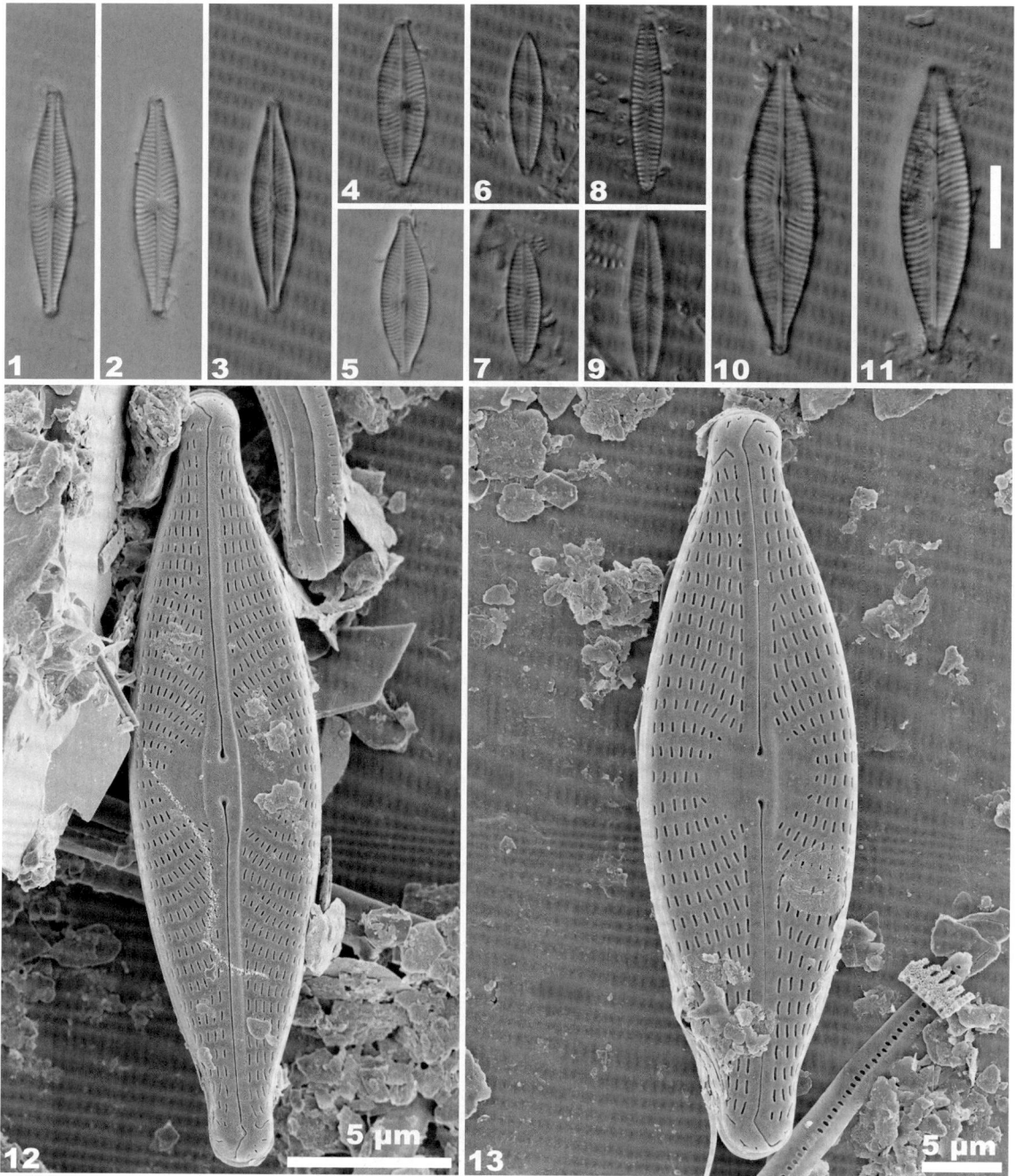

1-3, 12. 隐头舟形藻 *Navicula cryptocephala* Kützing; 4-5, 13. 隐柔弱舟形藻 *Navicula cryptotenella* Lange-Bertalot; 6-7. 似隐头状舟形藻 *Navicula cryptotenelloides* Lange-Bertalot; 8-9. 艾瑞菲格舟形藻 *Navicula erifuga* Lange-Bertalot; 10-11. 细长舟形藻 *Navicula exilis* Kützing

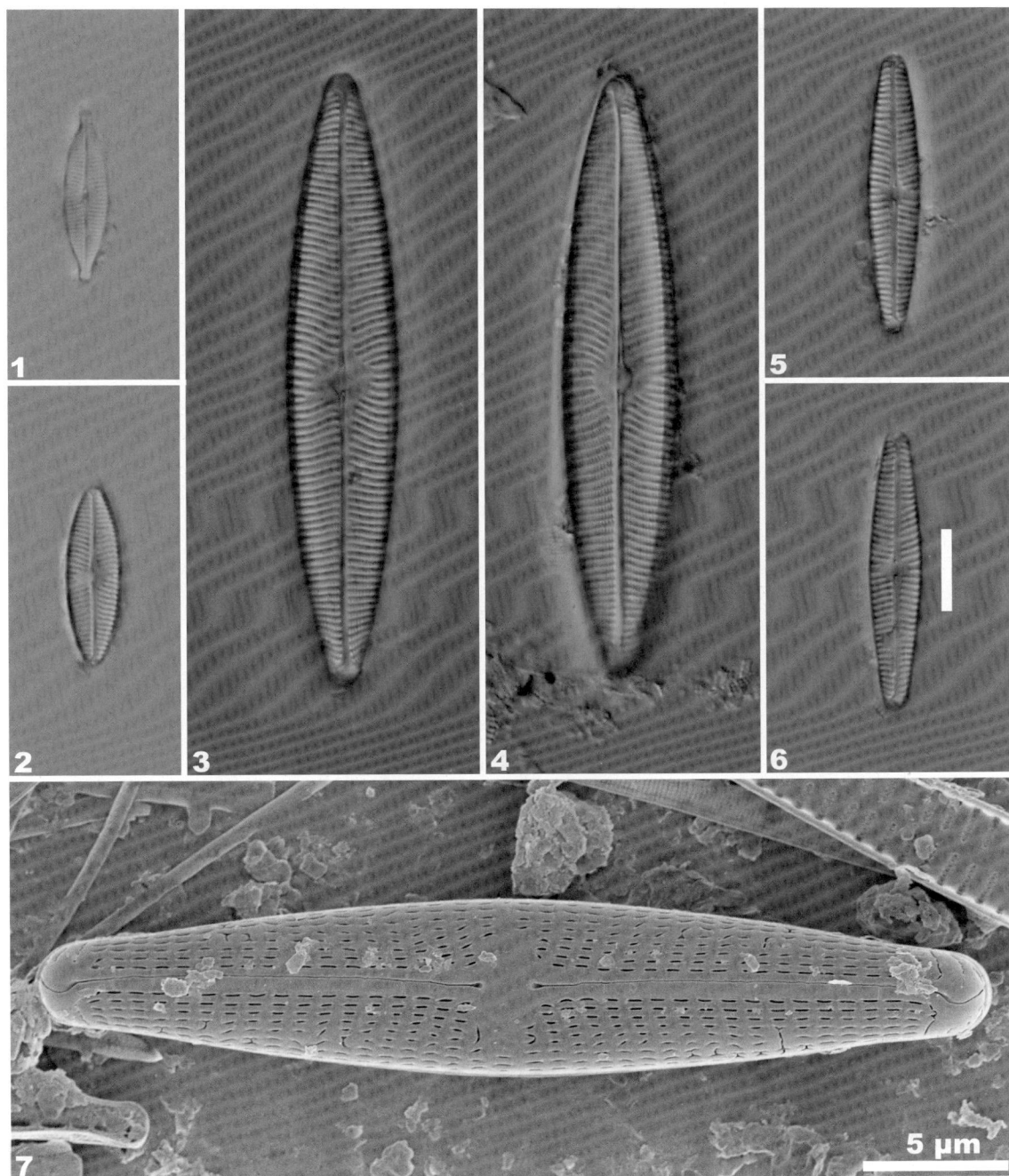

1. 群生舟形藻 *Navicula gregaria* Donkin; 2. 雷氏舟形藻 *Navicula leistikowii* Lange-Bertalot; 3-4. 披针形舟形藻 *Navicula lanceolata* Ehrenberg; 5-7. 荔波舟形藻 *Navicula libonensis* Schoeman

图版 116

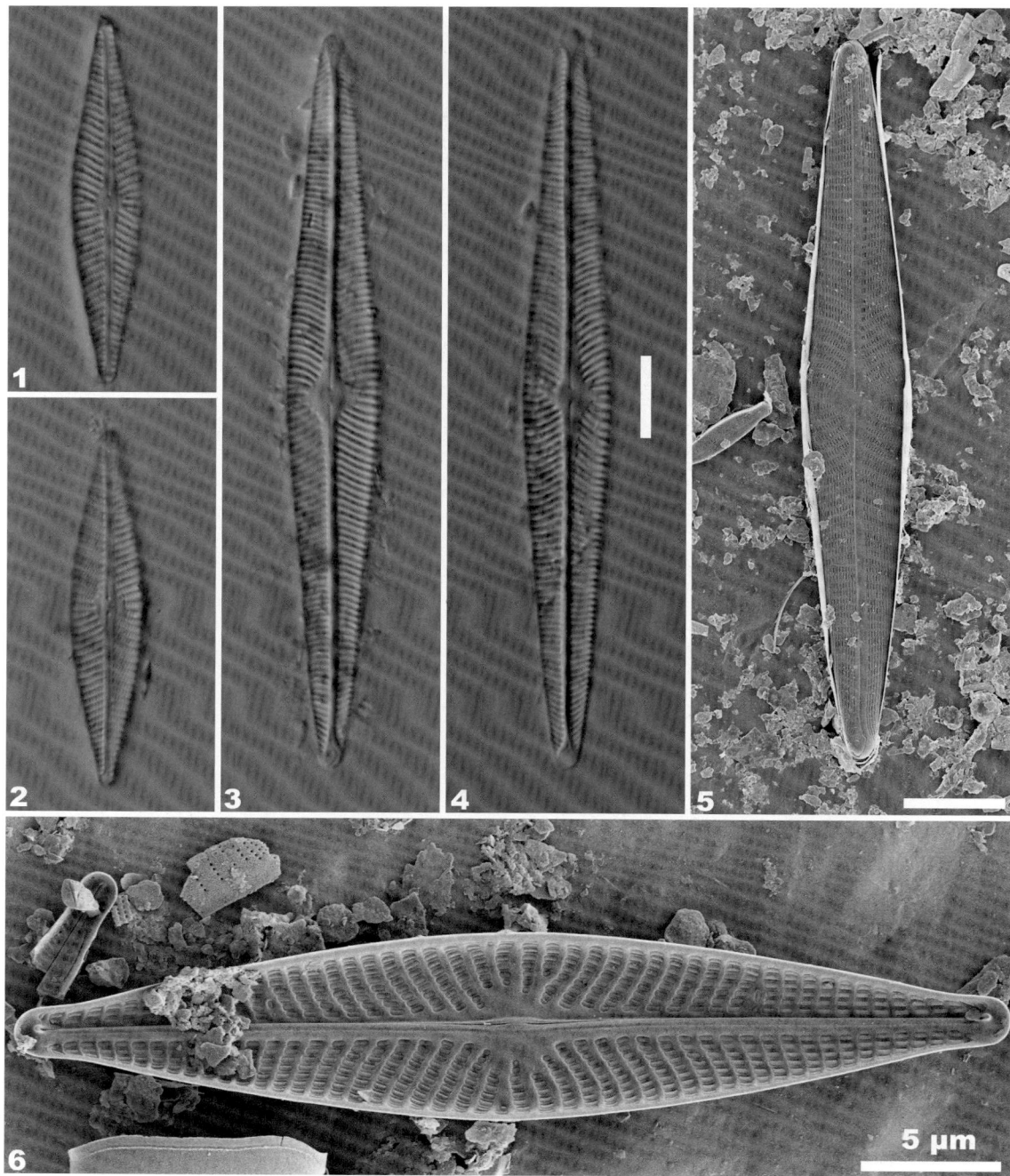

1-2, 6. 假披针形舟形藻 *Navicula pseudolanceolata* Lange-Bertalot; 3-5. 放射舟形藻 *Navicula radiosa* Kützing

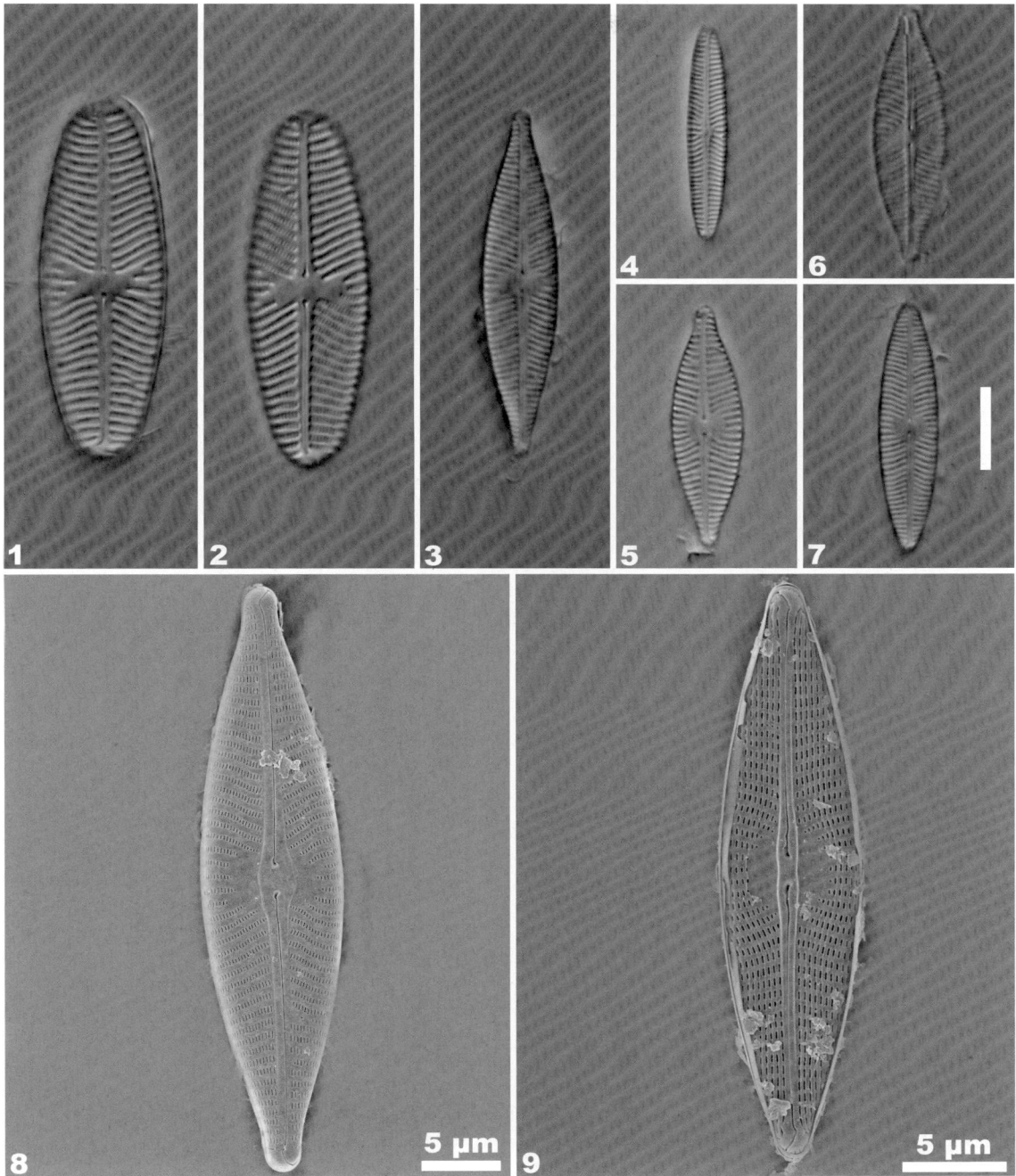

1-2. 莱茵哈尔德舟形藻 *Navicula reinhardtii* (Grunow) Grunow; 3、8. 喙头舟形藻 *Navicula rhynchocephala* Kützing; 4. 西比舟形藻 *Navicula seibigiana* Lange-Bertalot; 5-6. 平凡舟形藻 *Navicula trivialis* Lange-Bertalot; 7、9. 绘制舟形藻 *Navicula tsetsegmaae* Metzeltin, Lange-Bertalot et Soninkhishig

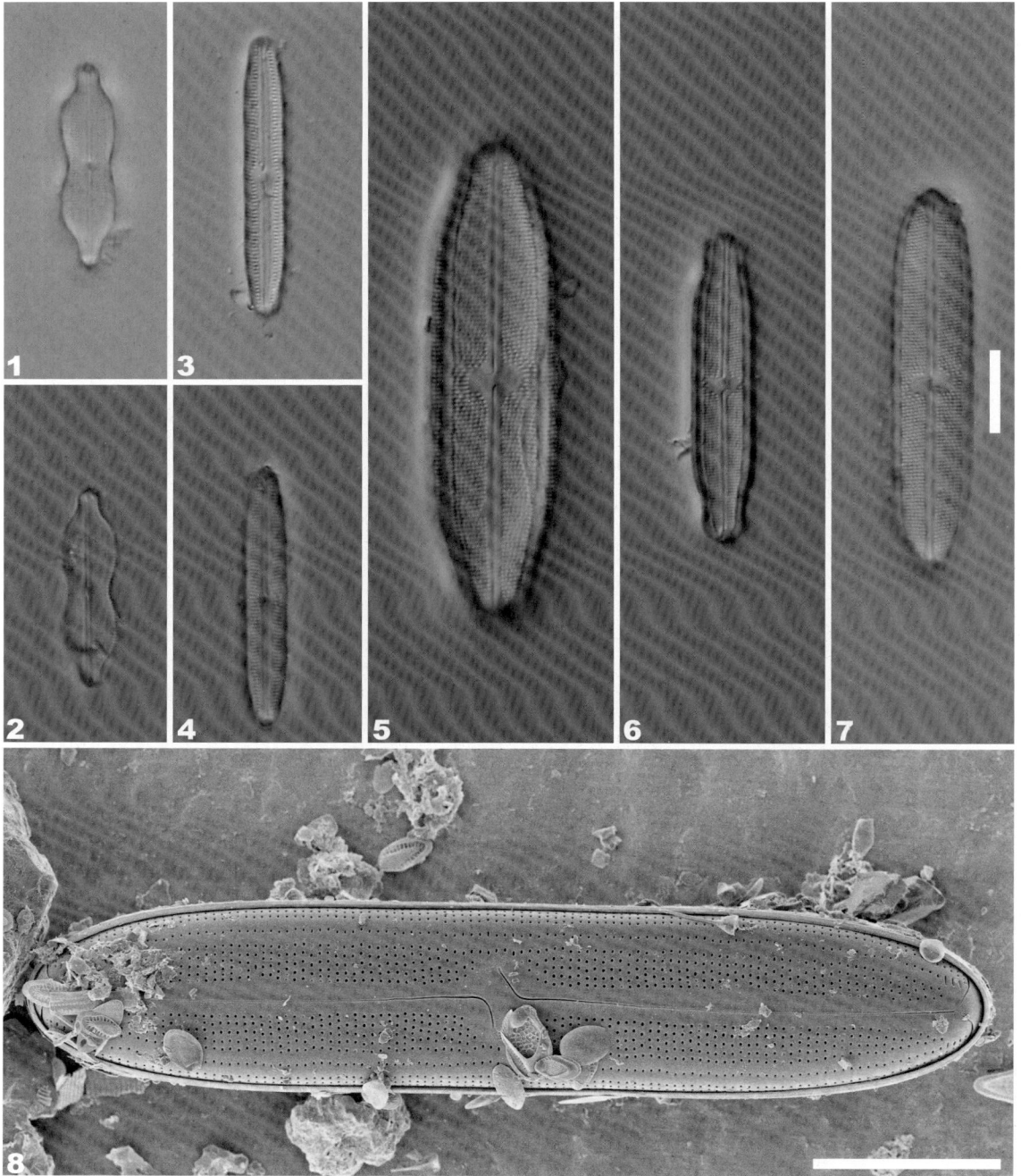

1-2. 双结长篦形藻 *Neidiomorpha binodis* (Ehrenberg) Cantonati, Lange-Bertalot et Angeli; 3-4. 标志细篦藻 *Neidiopsis vekhovii* Lange-Bertalot et Genkal; 5. 细纹长篦藻 *Neidium affine* (Ehrenberg) Pfitzer; 6. 狭窄长篦藻 *Neidium angustatum* Liu, Wang et Kociolek; 7-8. 杆状长篦藻 *Neidium bacillum* Liu, Wang et Kociolek

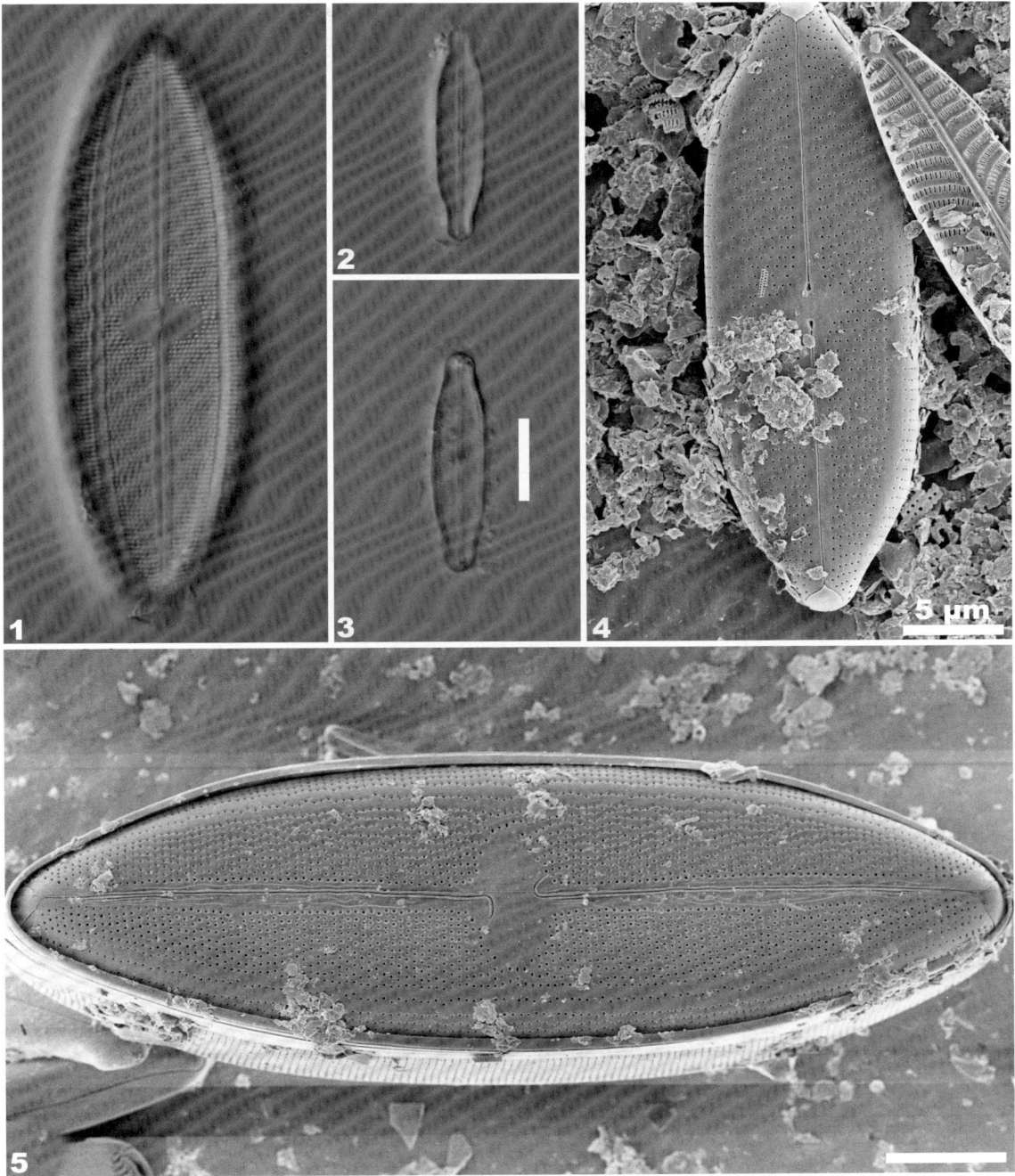

1、5. 拱形长篦藻 *Neidium convexum* Liu, Wang et Kociolek; 2-3. 柯蒂长篦藻 *Neidium curtihamatum* Lange-Bertalot, Cavacini, Tagliaventi et Alfinito; 4. 楔形长篦藻 *Neidium cuneatiforme* Levkov

1, 3. 双头长篦藻 *Neidium dicephalum* Liu, Wang et Kociolek; 2, 4. 显点长篦藻 *Neidium distinctepunctatum* Hustedt

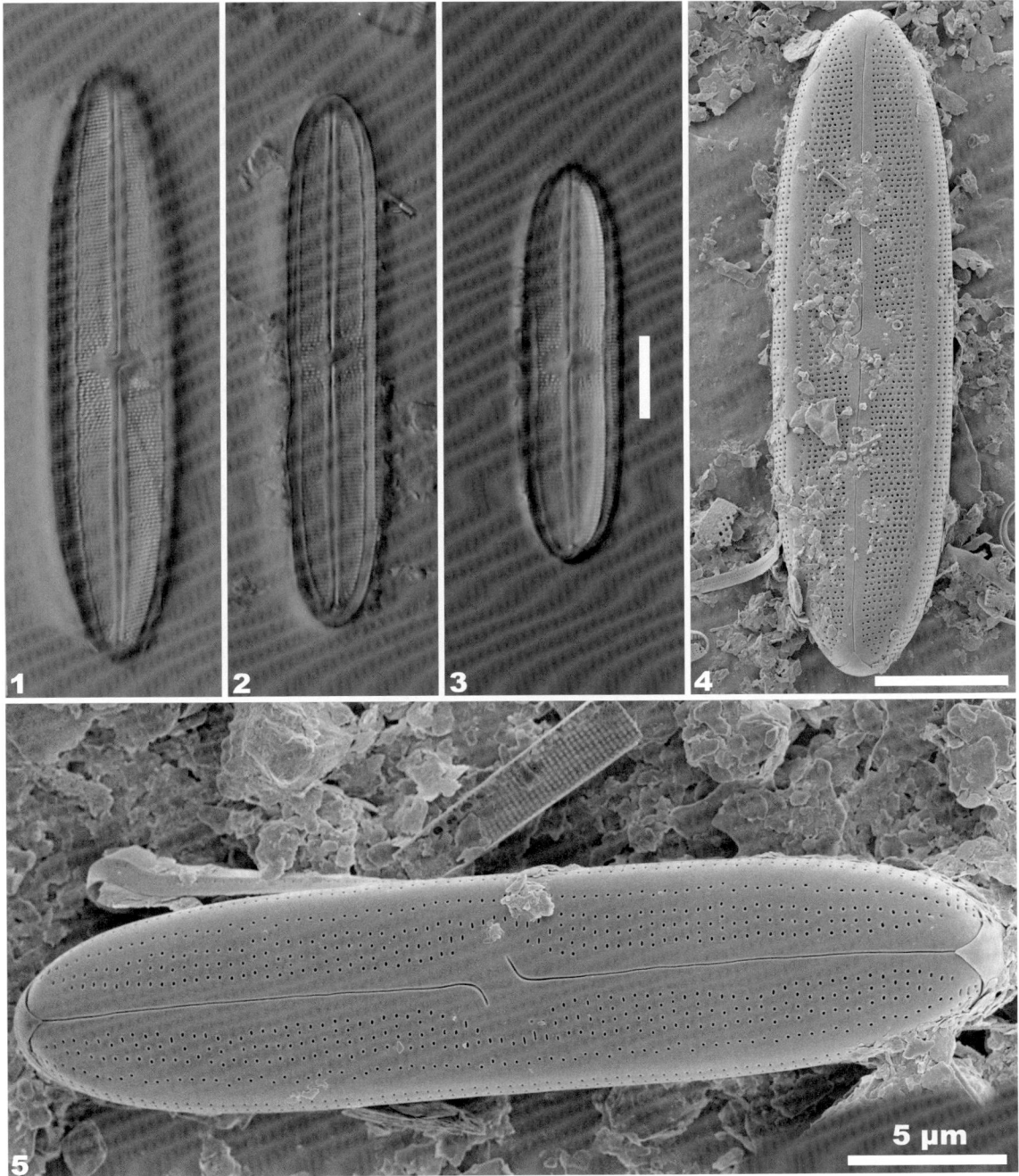

1. 彩虹长篦藻 *Neidium iridis* (Ehrenberg) Cleve; 2, 5. 彩虹长篦藻平行变种 *Neidium iridis* var. *paralelum* Krieger; 3-4. 肯特长篦藻 *Neidium khentiiense* Metzeltin, Lange-Bertalot et Soninkhishig

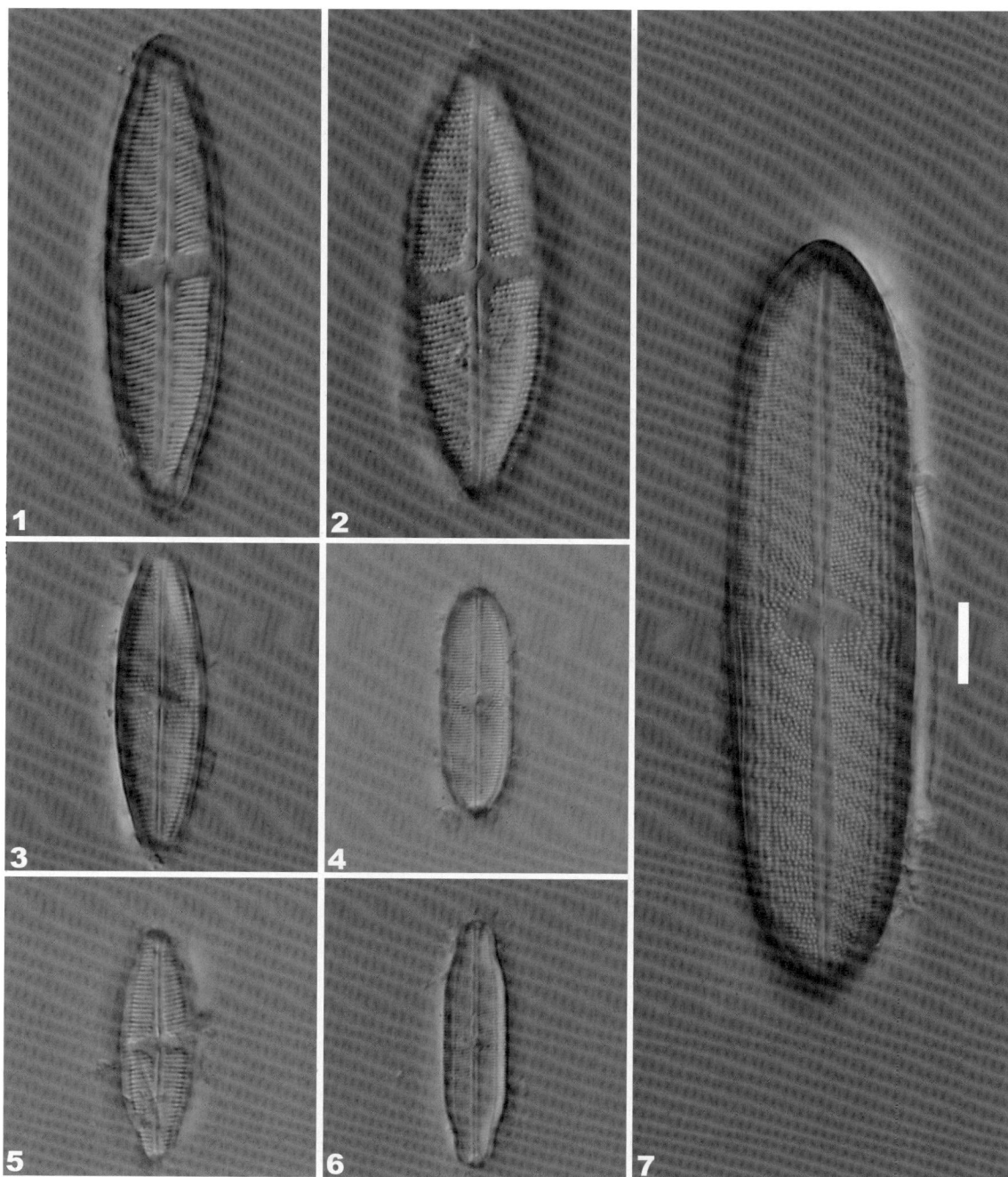

1. 科兹洛夫长篦藻 *Neidium kozlowi* Mereschkovsky; 2. 科兹洛夫长篦藻埃氏变种较大变型 *Neidium kozlowi* var. *elpativskyi* f. *majorius*; 3. 科兹洛夫长念珠形变种 *Neidium kozlowi* var. *moniliforme* Cleve; 4. 短喙长篦藻 *Neidium rostratum* Liu, Wang et Kociolek; 5. 小喙长篦藻 *Neidium rostellatum* Liu, Wang et Kociolek; 6. 近长圆长篦藻 *Neidium suboblongum* Liu, Wang et Kociolek; 7. 花湖长篦藻 *Neidium lacusflorum* Liu, Wang et Kociolek

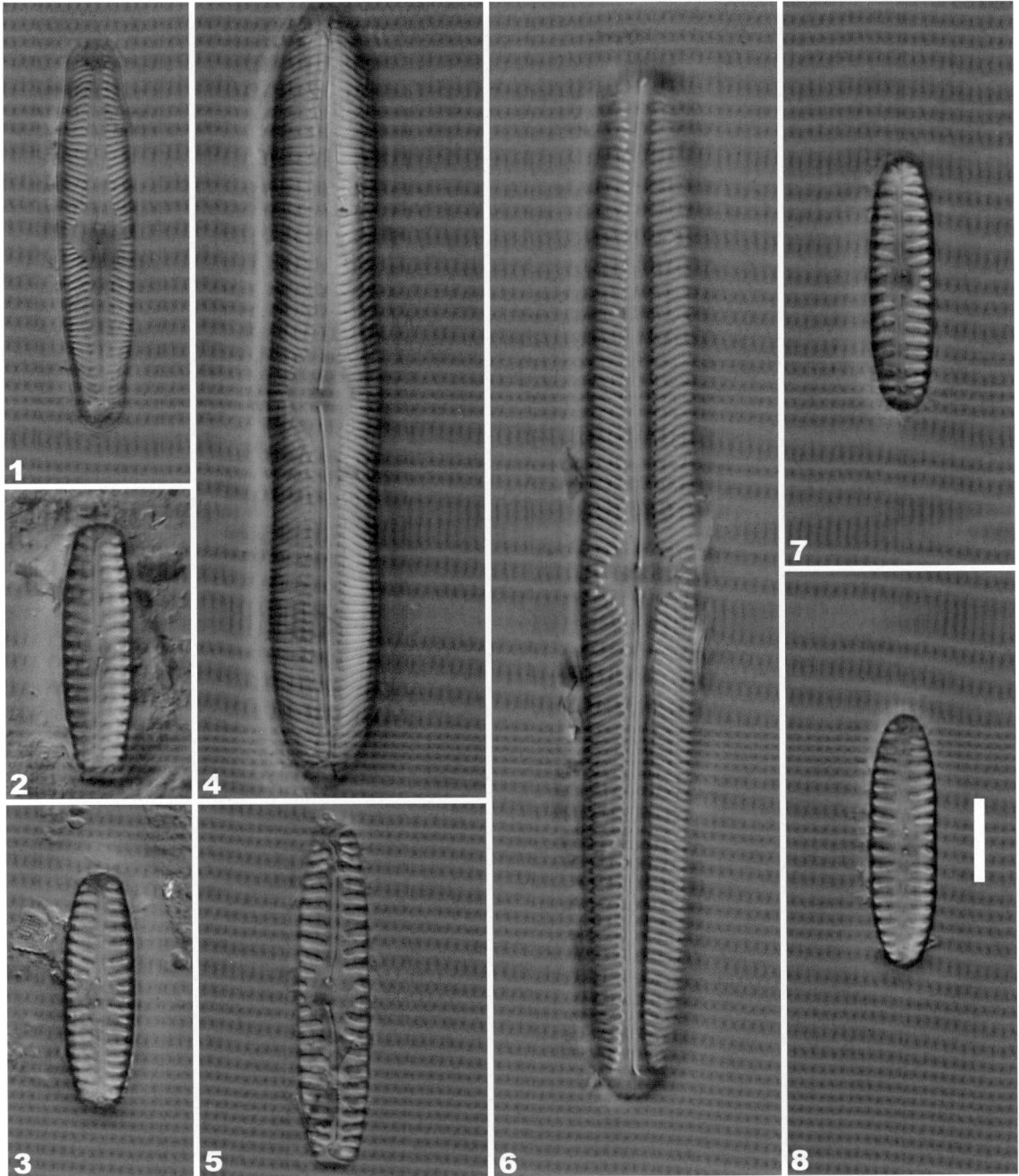

1. 澳洲微辐节羽纹藻 *Pinnularia australomicrostauron* Zidarova, Kopalová et Van de Vijver; 2-3. 北方羽纹藻近头端变型 *Pinnularia borealis* f. *subcapitata* Petersen; 4. 二体羽纹藻 *Pinnularia biclavata* Cleve; 5. 北方羽纹藻岛变种 *Pinnularia borealis* var. *islandica* Krammer; 6. 双戟羽纹藻 *Pinnularia bihastata* (Mann) Mills; 7-8. 北方羽纹藻 *Pinnularia borealis* Ehrenberg

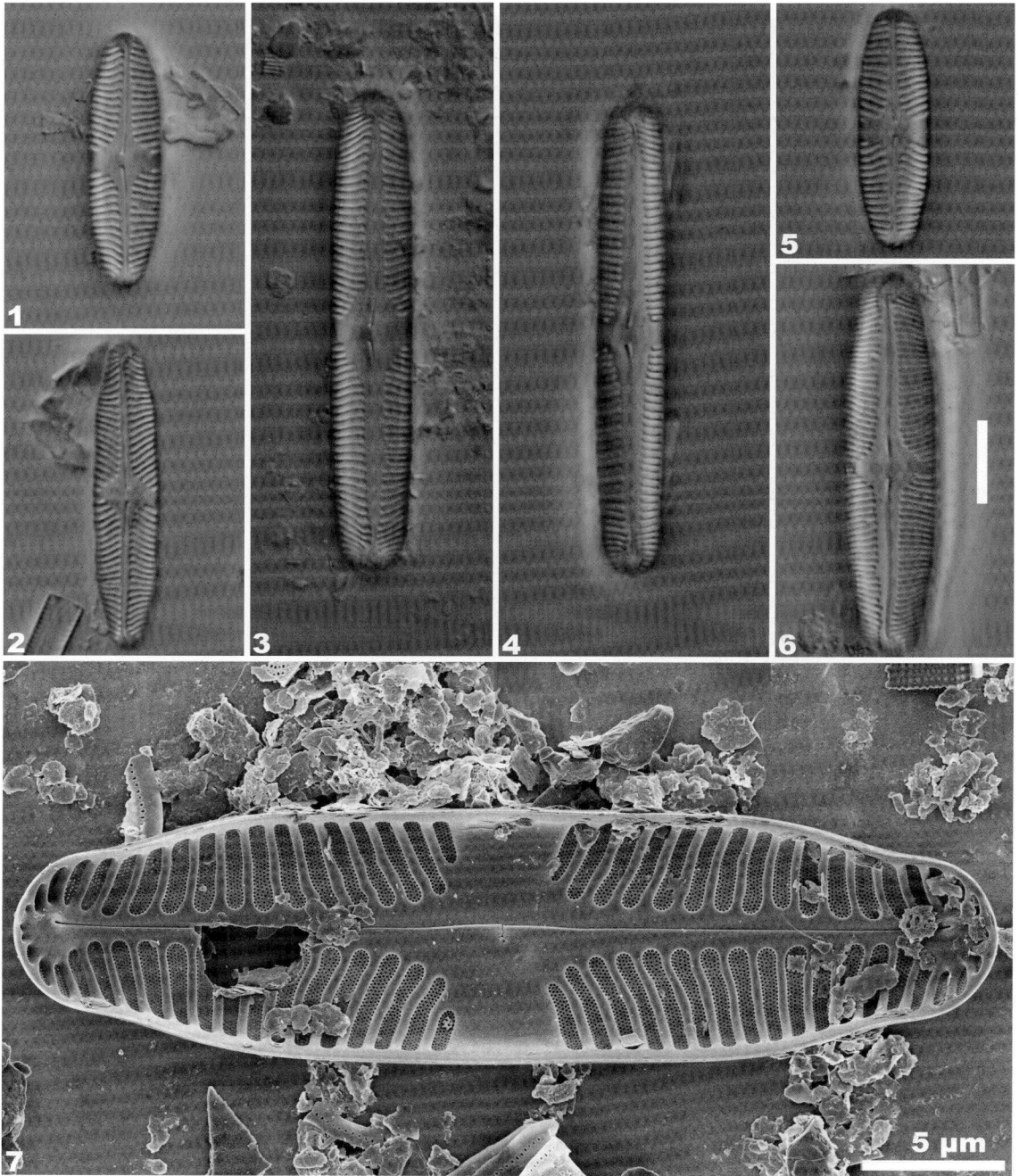

1, 5, 7. 布列毕松羽纹藻 *Pinnularia brebissonii* (Kützing) Rabenhorst; 2. 锥状羽纹藻 *Pinnularia conica* Gandhi;
3-4. 棒形羽纹藻 *Pinnularia clavata* Liu, Kociolek et Wang; 6. 歧纹羽纹藻 *Pinnularia divergens* Smith

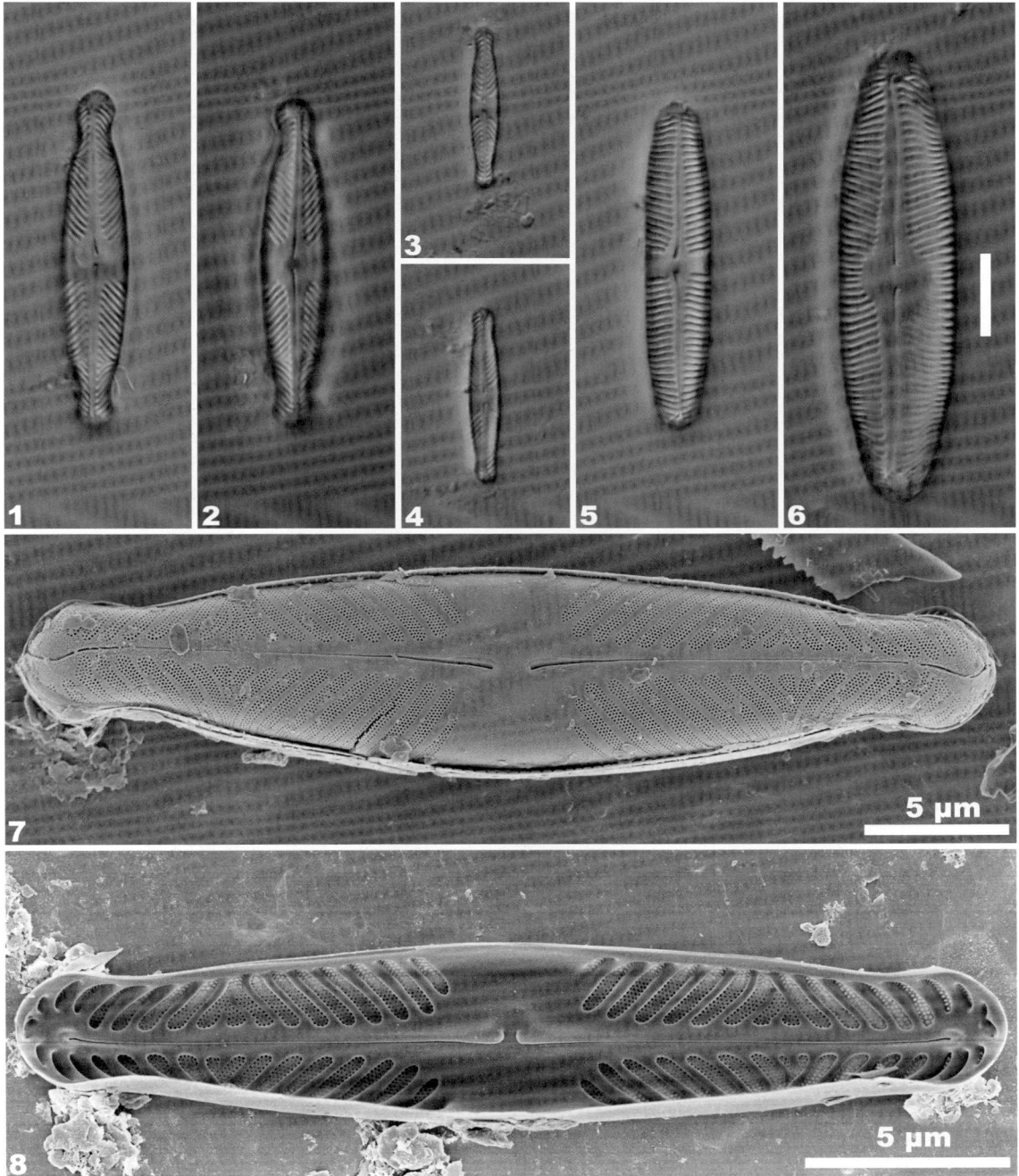

1-2, 7. 极岐羽纹藻 *Pinnularia divergentissima* (Grunow) Cleve; 3-4, 8. 极岐羽纹藻胡斯特变种 *Pinnularia divergentissima* var. *hustedtiana* Ross; 5. 多洛玛羽纹藻 *Pinnularia doloma* Hohn et Hellerman; 6. 喜盐羽纹藻 *Pinnularia halophila* Krammer

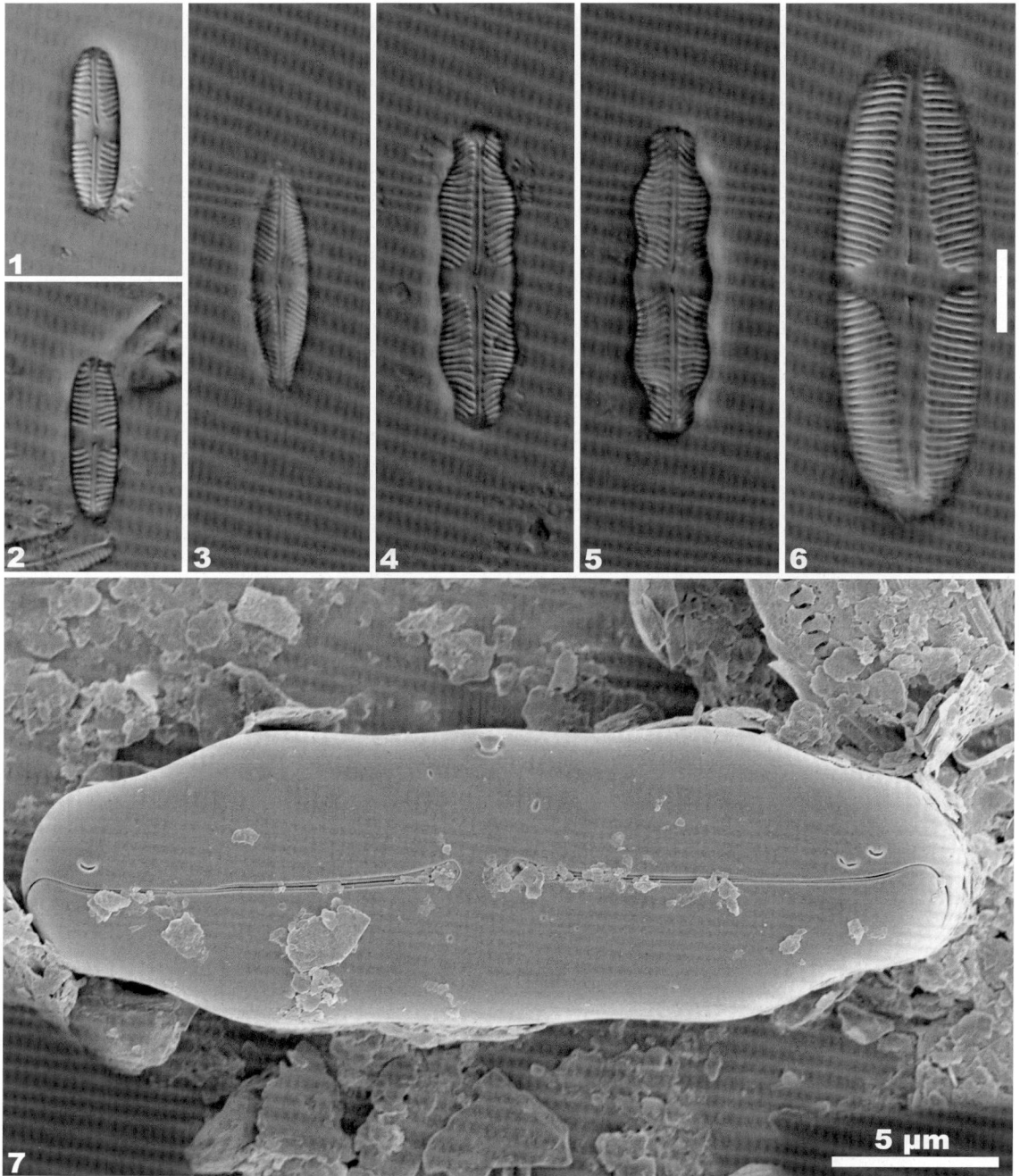

1-2. 隐名羽纹藻 *Pinnularia incognita* Krasske; 3. 荣格羽纹藻 *Pinnularia jungii* Krammer; 4-5, 7. 中狭羽纹藻 *Pinnularia mesolepta* (Ehrenberg) Smith; 6. 微辐节羽纹藻 *Pinnularia microstauron* (Ehrenberg) Cleve

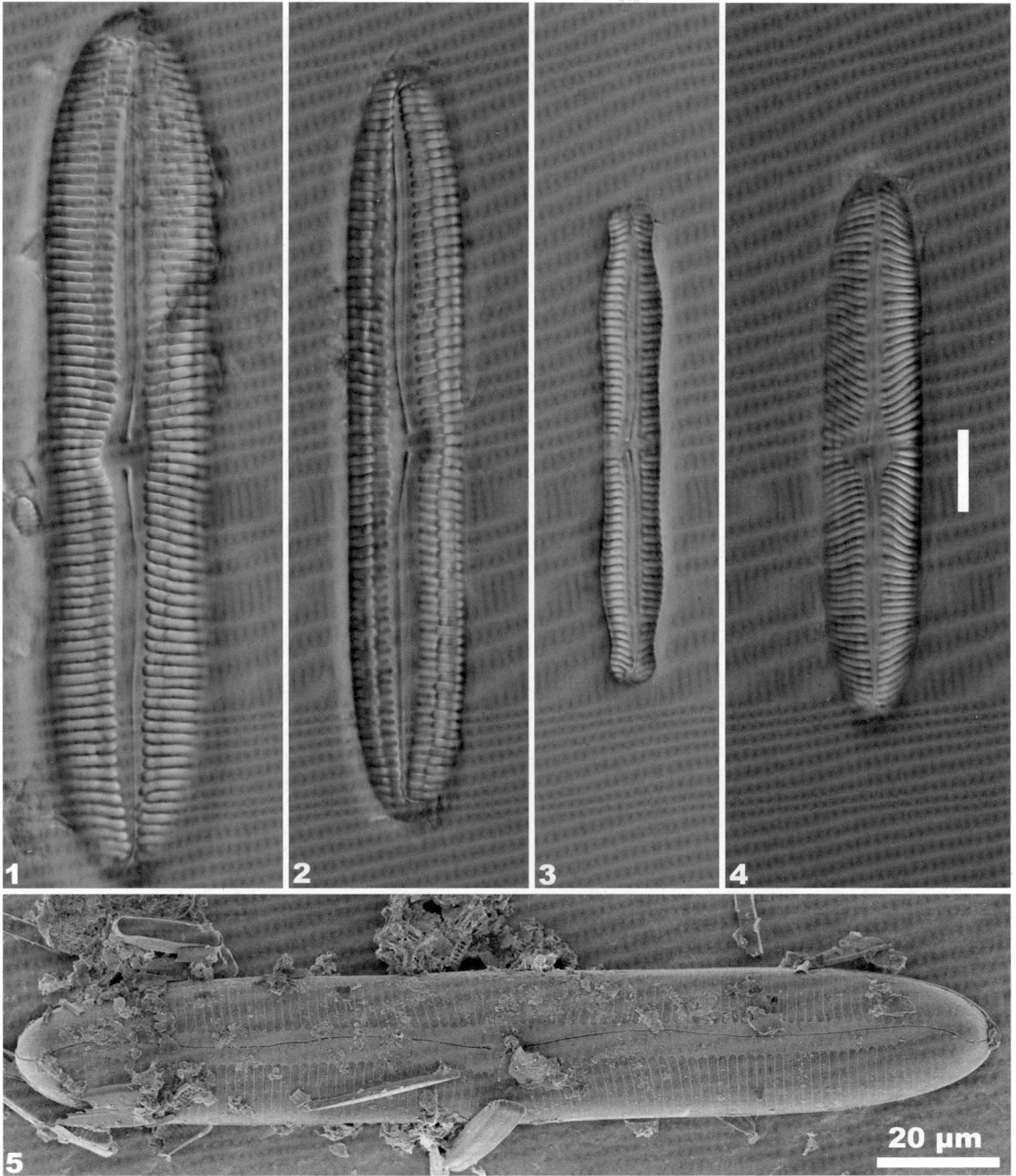

1-2, 5. 新巨大羽纹藻 *Pinnularia neomajor* Krammer; 3. 具节羽纹藻喙状变种 *Pinnularia nodosa* var. *robusta* (Foged) Krammer; 4. 极细羽纹藻 *Pinnularia perspicua* Krammer

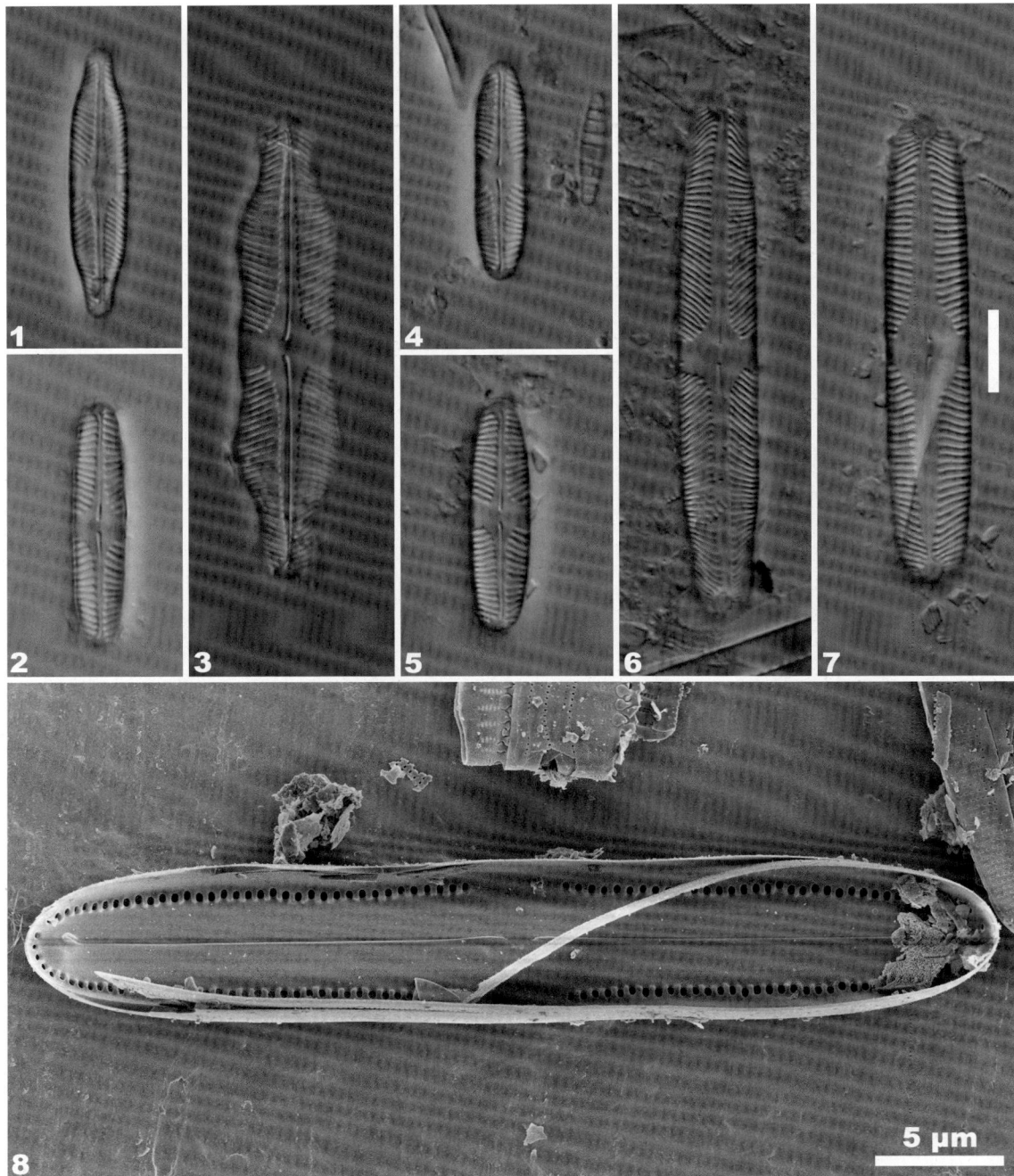

1. 沟状羽纹藻 *Pinnularia pisciculus* Ehrenberg; 2. 小十字羽纹藻直变种 *Pinnularia stauroptera* var. *recta* Skvortzov; 3. 钝尾羽纹藻 *Pinnularia septentrionalis* Krammer; 4-5. 施氏羽纹藻 *Pinnularia schoenfelderi* Krammer; 6. 小十字羽纹藻长变种 *Pinnularia stauroptera* var. *longa* (Cleve) Cleve; 7-8. 近弯羽纹藻 *Pinnularia subgibba* Krammer

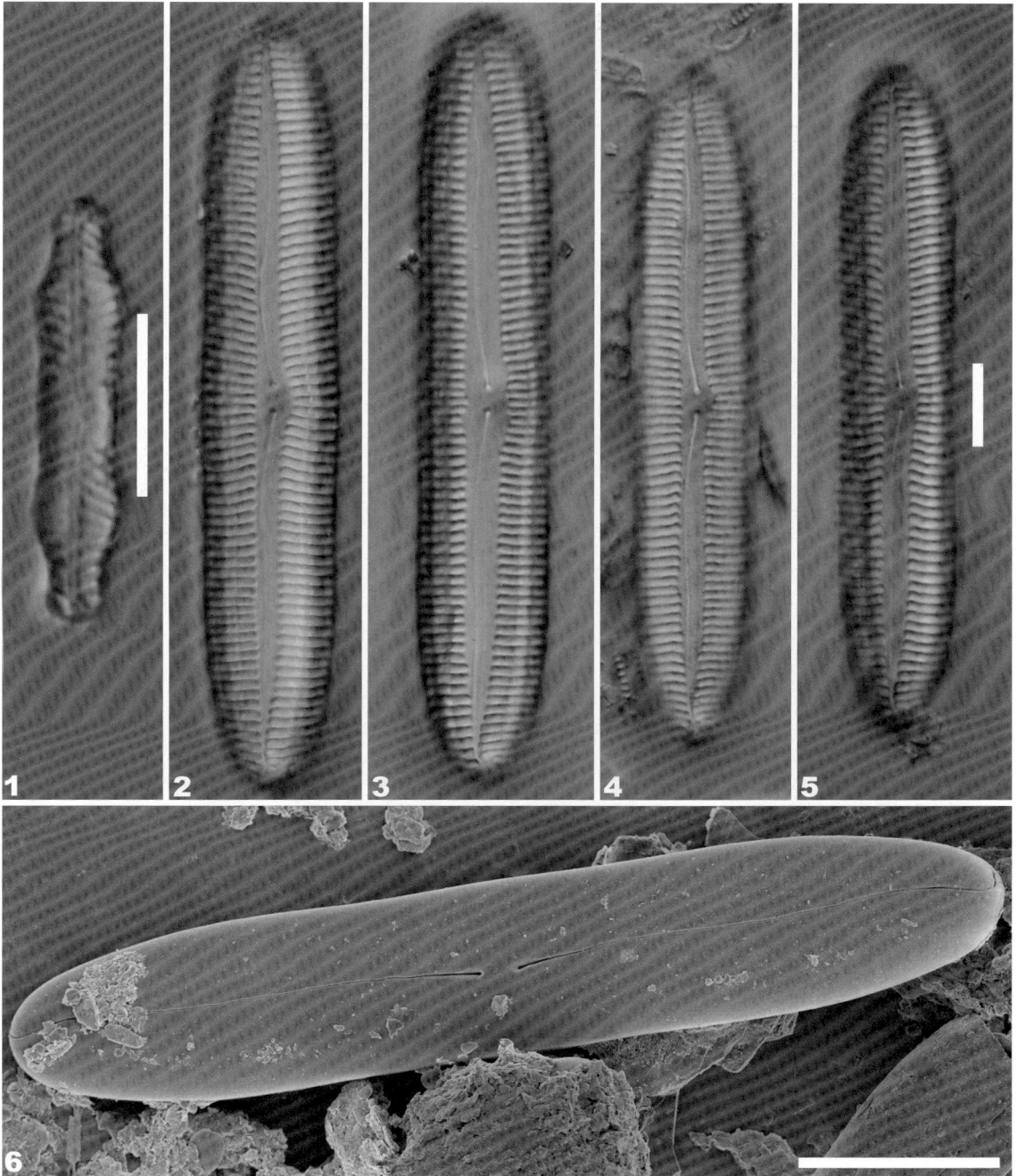

1. 波纹羽纹藻 *Pinnularia undulata* Gregory; 2-6. 卷边羽纹藻 *Pinnularia viridis* (Nitzsch) Ehrenberg

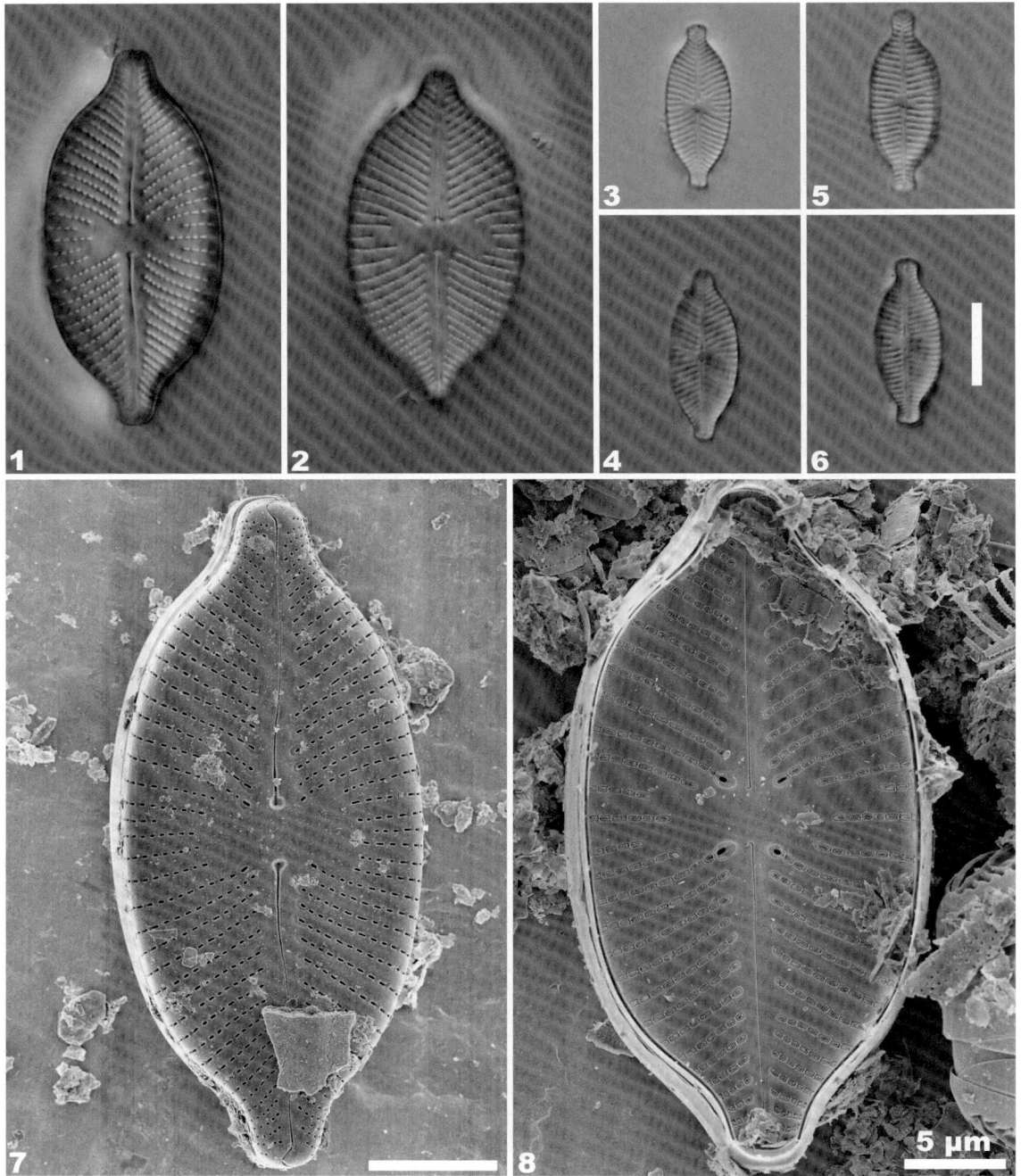

1-2, 7-8. 两球盘状藻 *Placoneis amphibola* (Cleve) Cox; 3-4. 温和盘状藻线形变种 *Placoneis clementis* var. *linearis* (Brander ex Hustedt) Li et Qi; 5-6. 极温和盘状藻 *Placoneis clementioides* (Hustedt) Cox

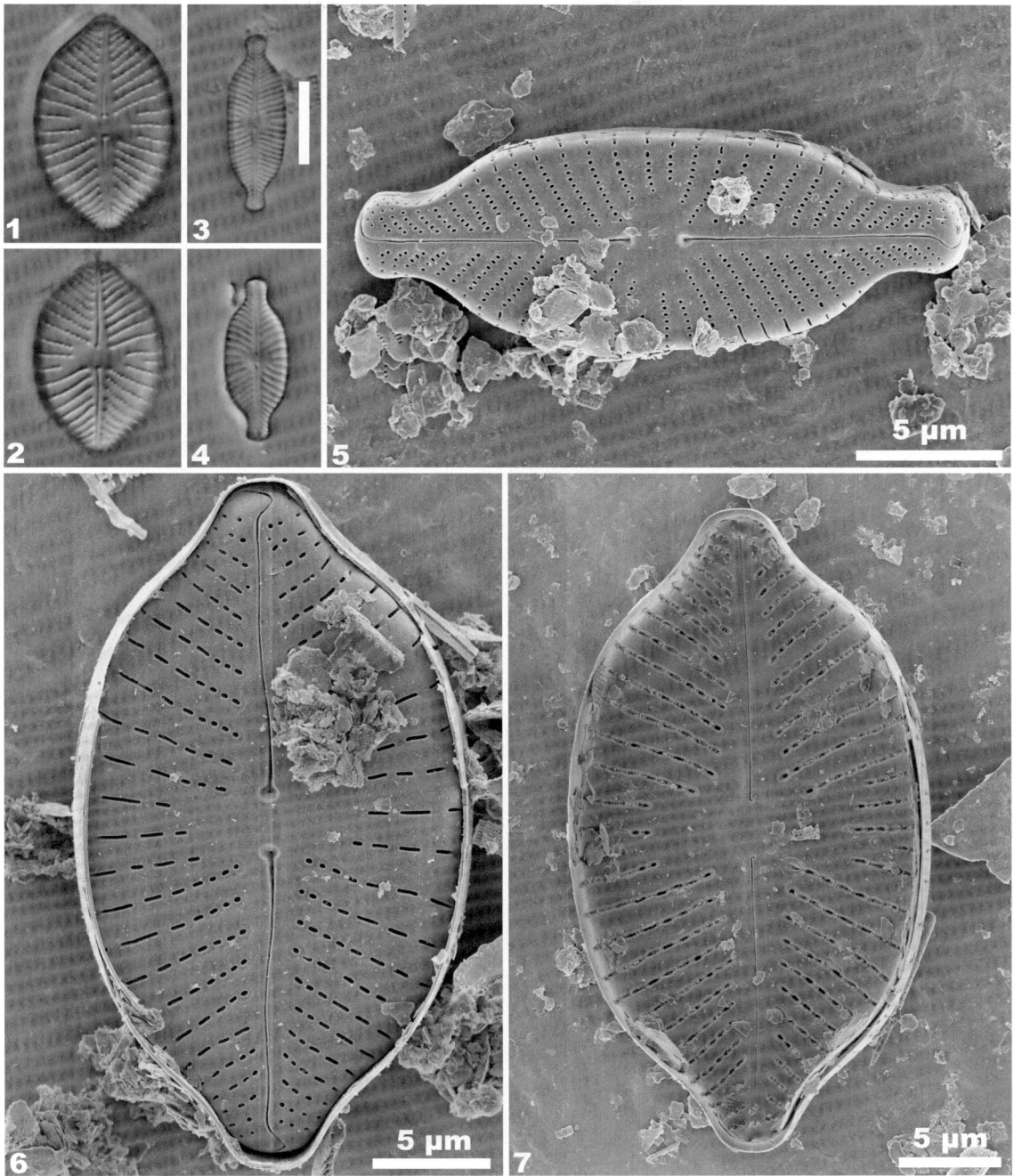

1-2, 6-7. 三角形盘状藻 *Placoneis deltoides* (Hustedt) Mann; 3-5. 埃尔金盘状藻 *Placoneis elginensis* (Gregory) Cox

图版 132

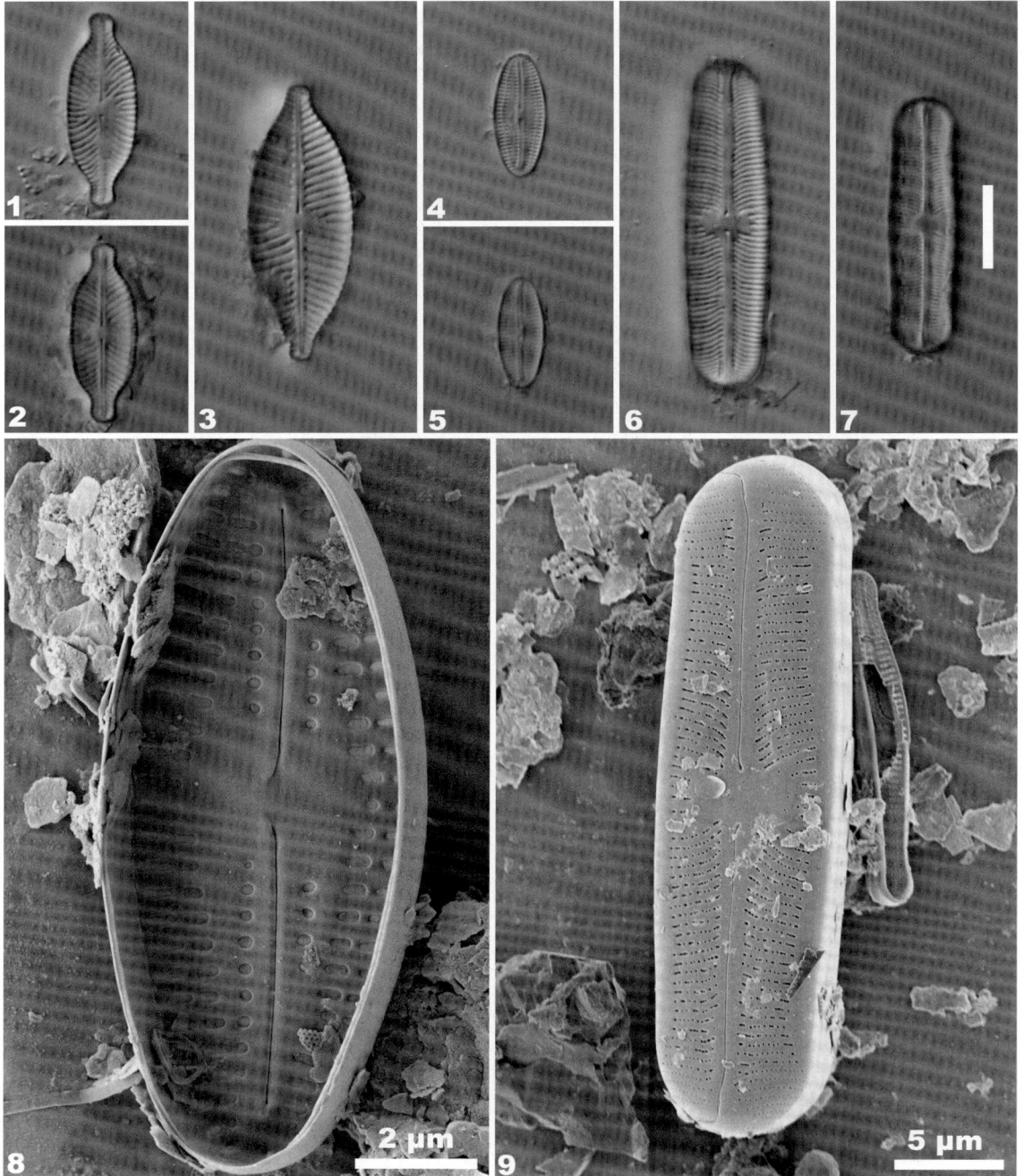

1-2. 椭圆盘状藻 *Placoneis elliptica* (Hustedt) Ohtsuka; 3. 平截盘状藻 *Placoneis explanata* (Hustedt) Mamaya; 4-5, 8. 柔嫩假曲解藻 *Pseudofallacia tenera* (Hustedt) Liu, Kociolek et Wang; 6-7, 9. 布莱克福德鞍型藻 *Sellaphora blackfordensis* Mann et Droop

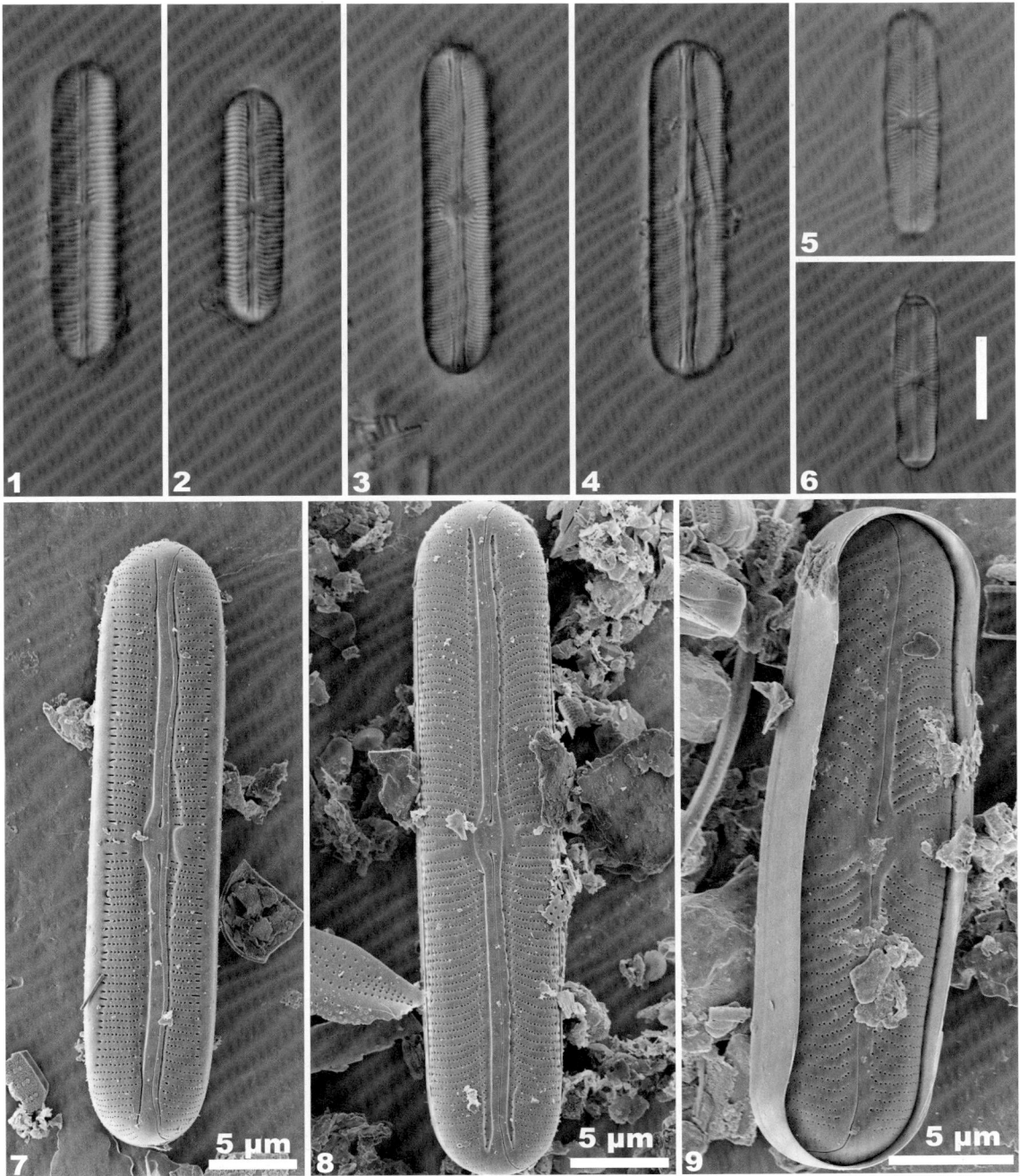

1-2, 7. 坎西尔鞍型藻 *Sellaphora khangalis* Metzeltin et Lange-Bertalot; 3-4, 8. 克来斯鞍型藻 *Sellaphora kretschmeri* Metzeltin, Lange-Bertalot et Soninkhishig; 5-6, 9. 库斯伯鞍型藻 *Sellaphora kusberi* Metzeltin, Lange-Bertalot et Soninkhishig

图版 **134**

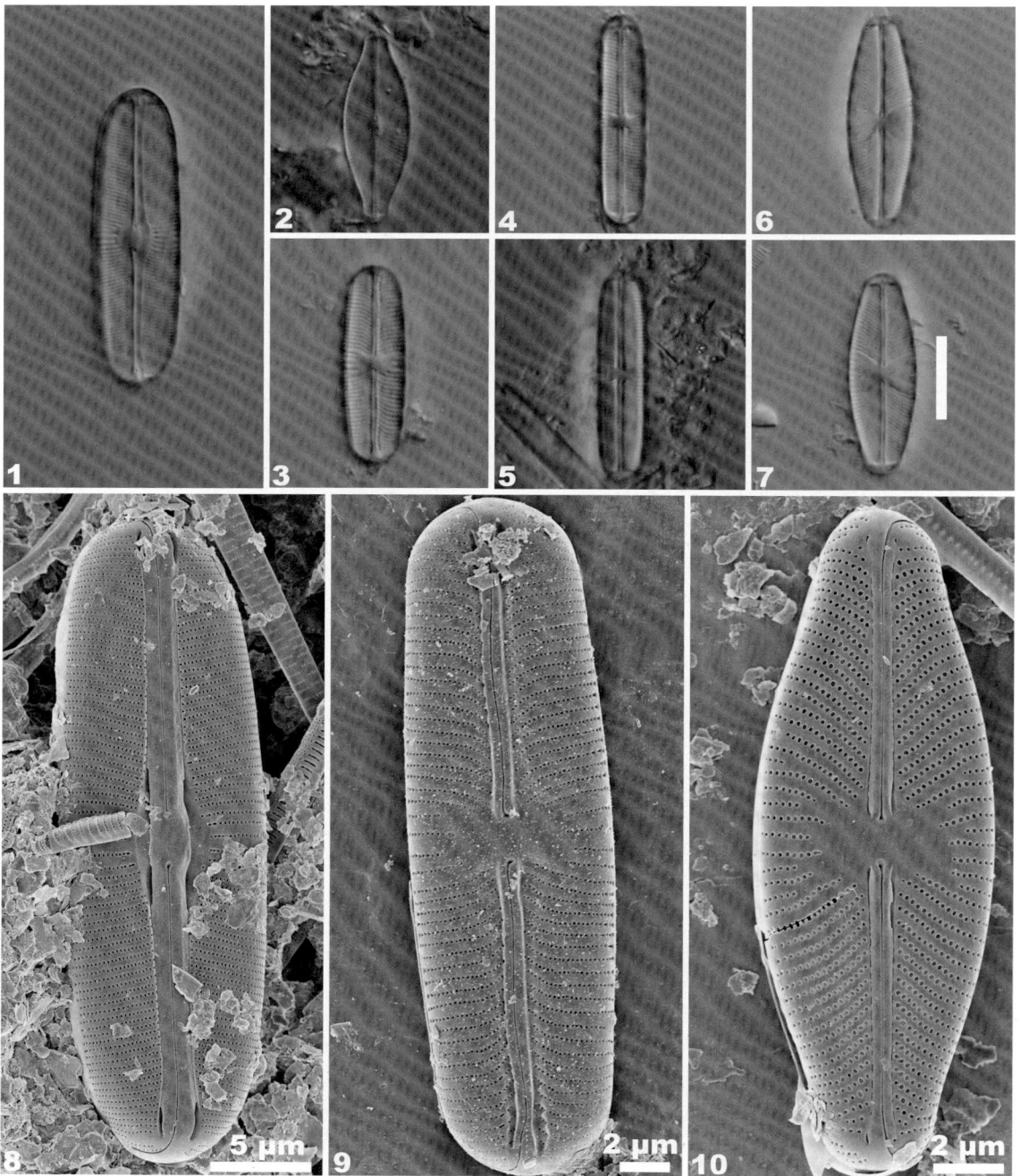

1, 8. 蒙古鞍型藻 *Sellaphora mongolocollegarum* Metzeltin et Lange-Bertalot; 2. 变化鞍型藻 *Sellaphora mutatoides* Lange-Bertalot et Metzeltin; 3, 9. 近瞳孔鞍型藻 *Sellaphora parapupula* Lange-Bertalot; 4-5. 全光滑鞍型藻 *Sellaphora perlaevissima* Metzeltin, Lange-Bertalot et Soninkhishig; 6-7, 10. 亚头状鞍型藻 *Sellaphora perobesa* Metzeltin, Lange-Bertalot et Soninkhishig

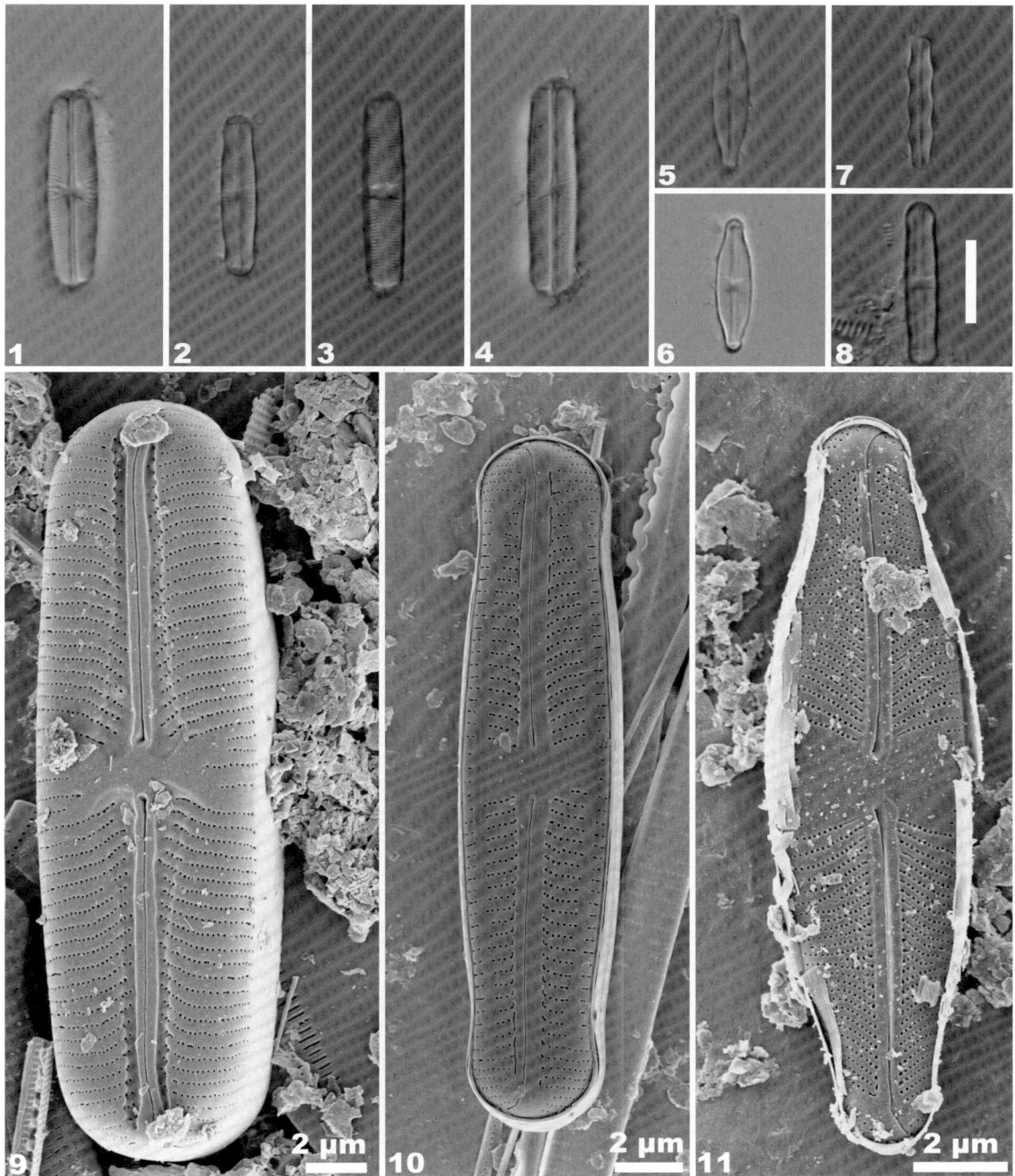

1, 9. 瞳孔鞍型藻 *Sellaphora pupula* (Kützing) Mereschkovsky; 2, 10. 瞳孔鞍型藻头端变型 *Sellaphora pupula* f. *capitata* (Skvortzov et Meyer) Poulin; 3. 伪瞳孔鞍型藻 *Sellaphora pseudopupula* (Krasske) Lange-Bertalot; 4. 施罗西鞍型藻 *Sellaphora schrothiana* Metzeltin, Lange-Bertalot et Soninkhishig; 5-6, 11. 辐节型鞍型藻 *Sellaphora stauroneioides* (Lange-Bertalot) Veselá et Johansen; 7. 三齿鞍型藻 *Sellaphora tridentula* (Krasske) Wetzel; 8. 近蛹形鞍型藻 *Sellaphora subnympharum* (Hustedt ex Simonsen) Wetzel, Ector, Van de Vijver, Compère et Mann

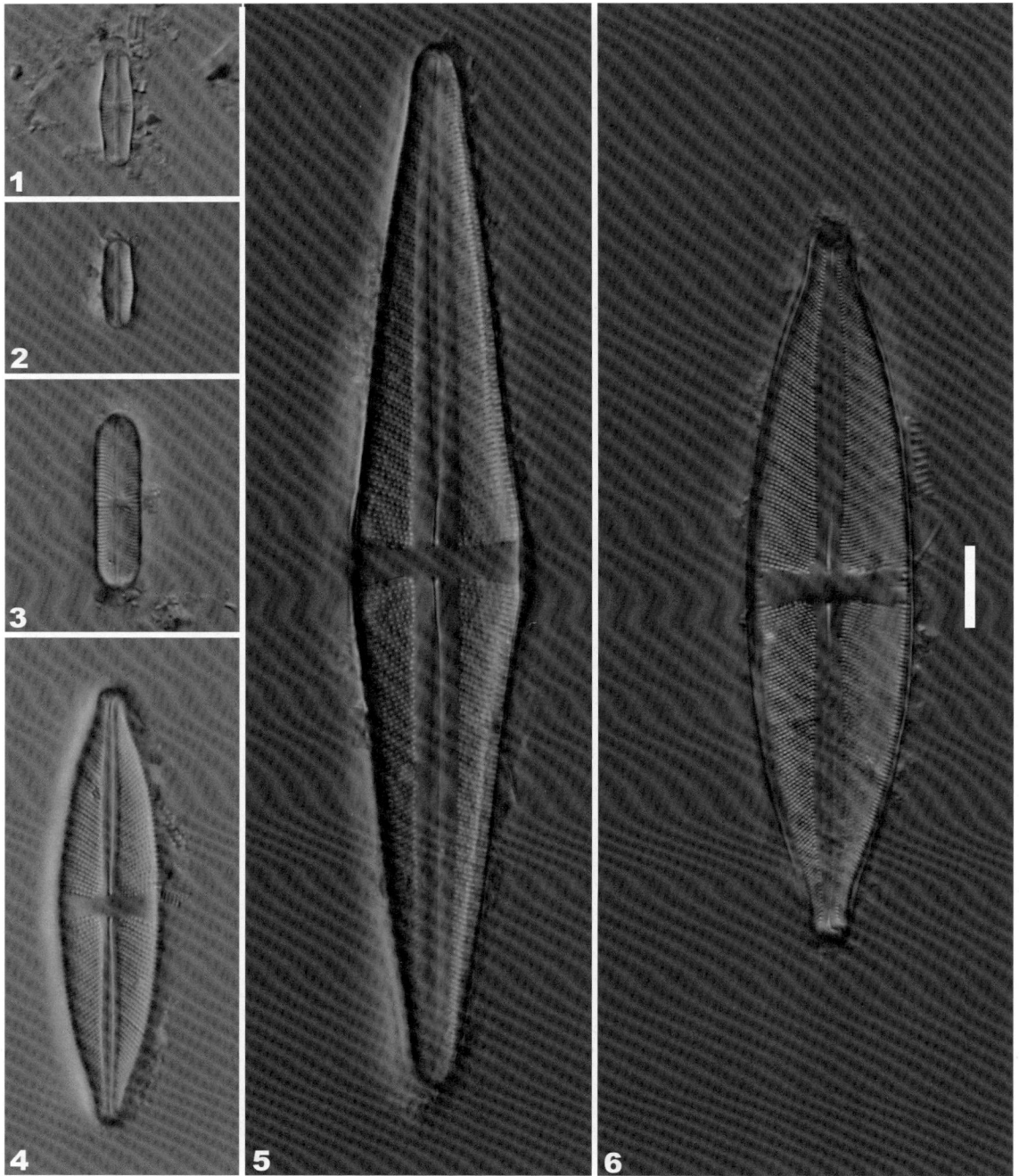

1-2. 凸腹鞍型藻 *Sellaphora ventraloides* (Hustedt) Falasco et Ector; 3. 石莼舟形藻 *Navicula ulvacea* (Berkeley) Cleve; 4. 双头辐节藻 *Stauroneis anceps* Ehrenberg; 5. 尖辐节藻 *Stauroneis acuta* Smith; 6. 圆辐节藻 *Stauroneis circumborealis* Lange-Bertalot et Krammer

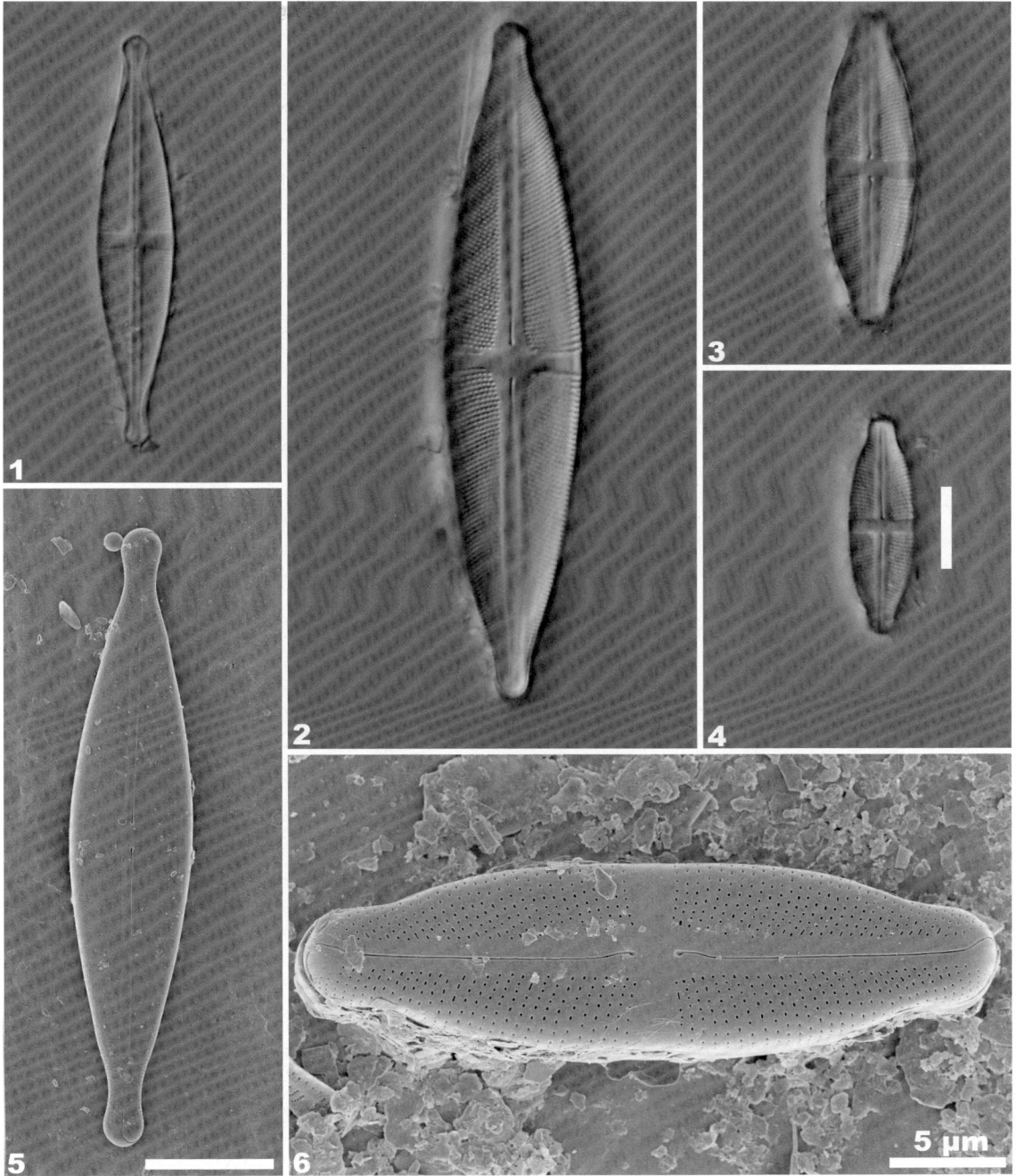

1, 5. 细长辐节藻 *Stauroneis gracilis* Ehrenberg; 2. 格氏辐节藻 *Stauroneis gremmenii* Van de Vijver et Lange-Bertalot; 3-4, 6. 内弯辐节藻 *Stauroneis incurvata* Rochoux d'Aubert

图版 **138**

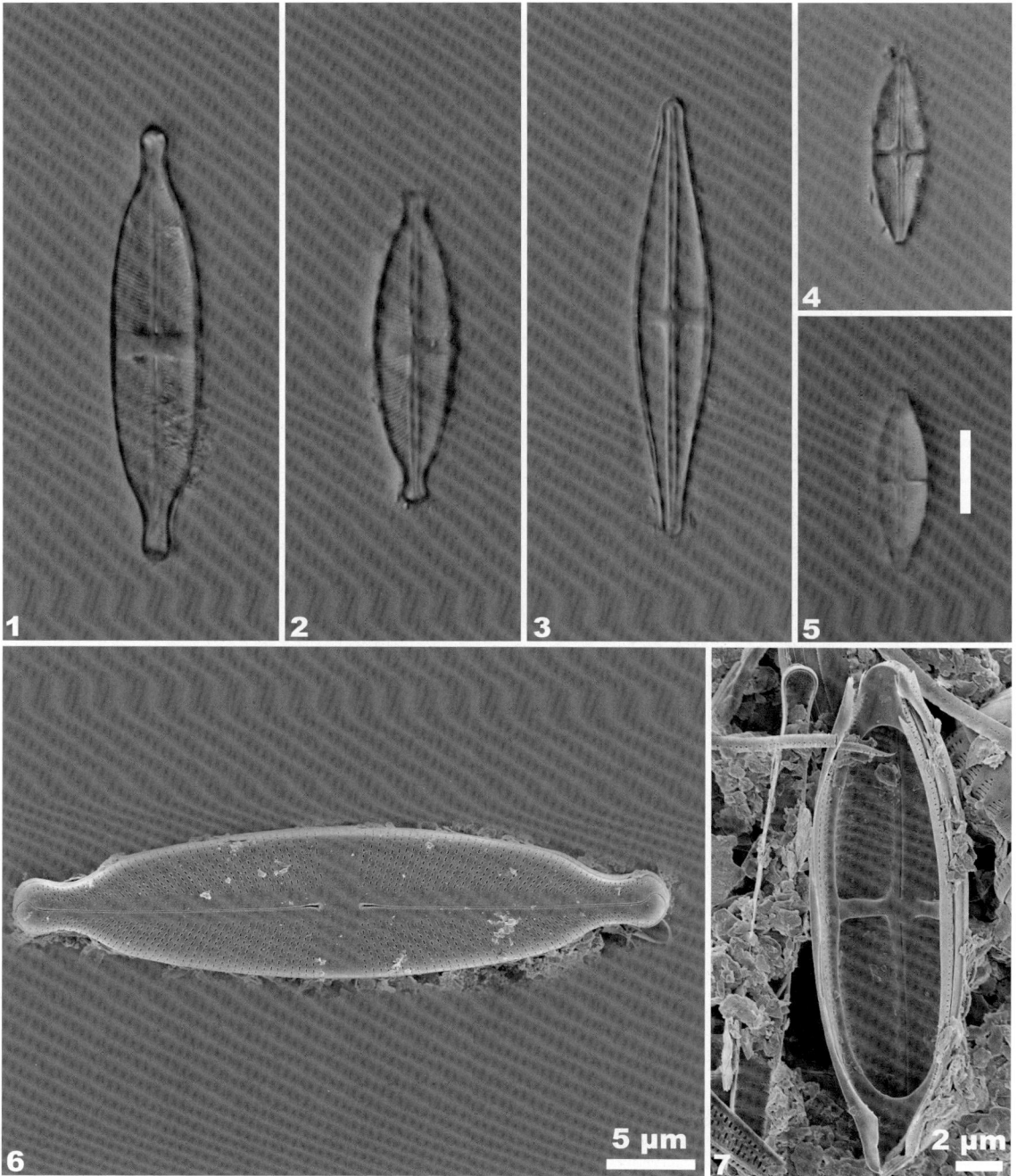

1, 6. 繁杂辐节藻 *Stauroneis intricans* Van de Vijver et Lange-Bertalot; 2. 库特内辐节藻 *Stauroneis kootenai* Bahls; 3. 新透明
辐节藻 *Stauroneis neohyalina* Lange-Bertalot et Krammer; 4-5, 7. 西藏辐节藻 *Stauroneis tibetica* Mereschkowsky

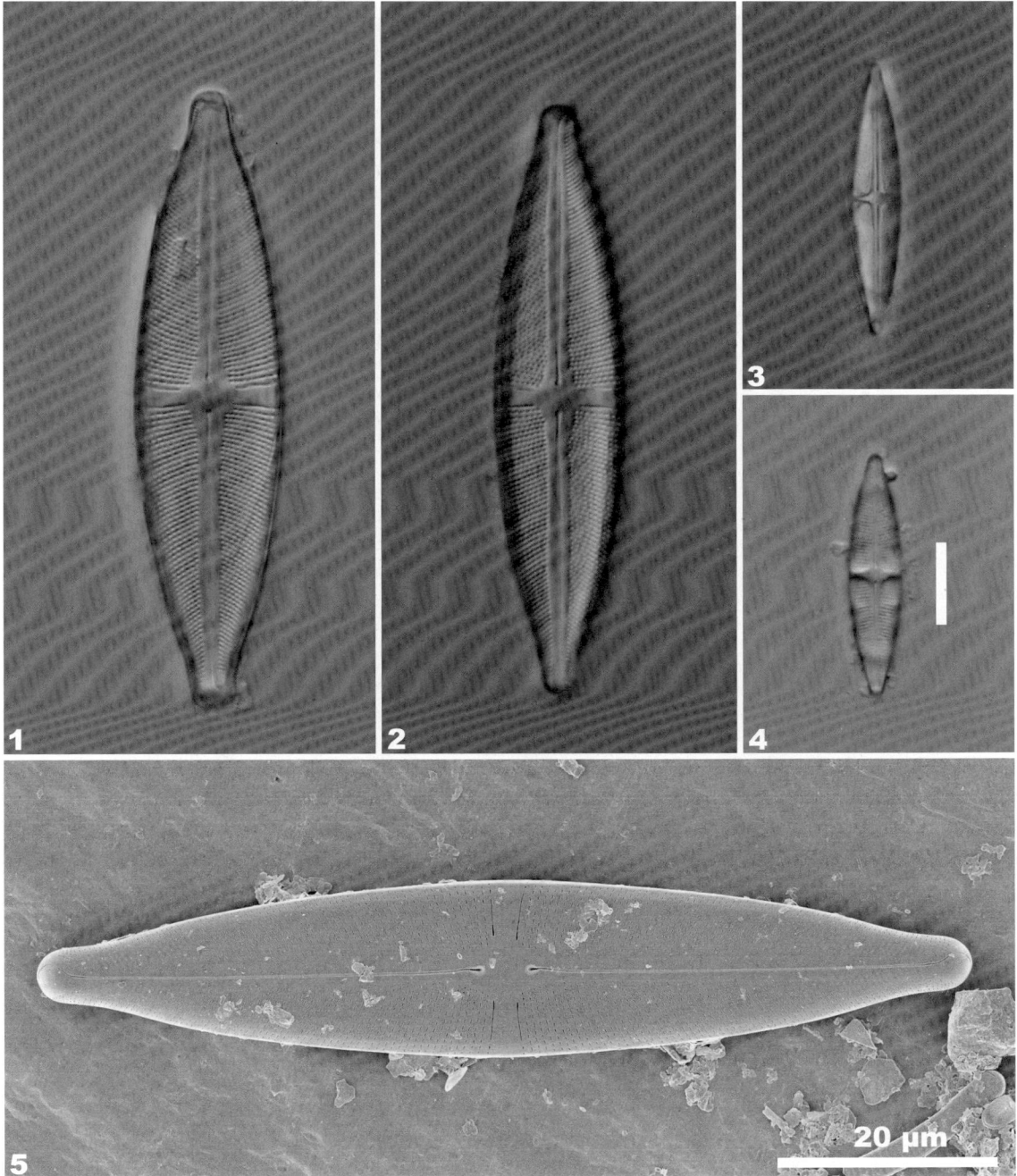

1-2, 5. 紫心辐节藻 *Stauroneis phoenicenteron* (Nitzsch) Ehrenberg; 3-4. 施密斯辐节藻缺刻变种 *Stauroneis smithii* var. *incisa* Pantocsek

图版 140

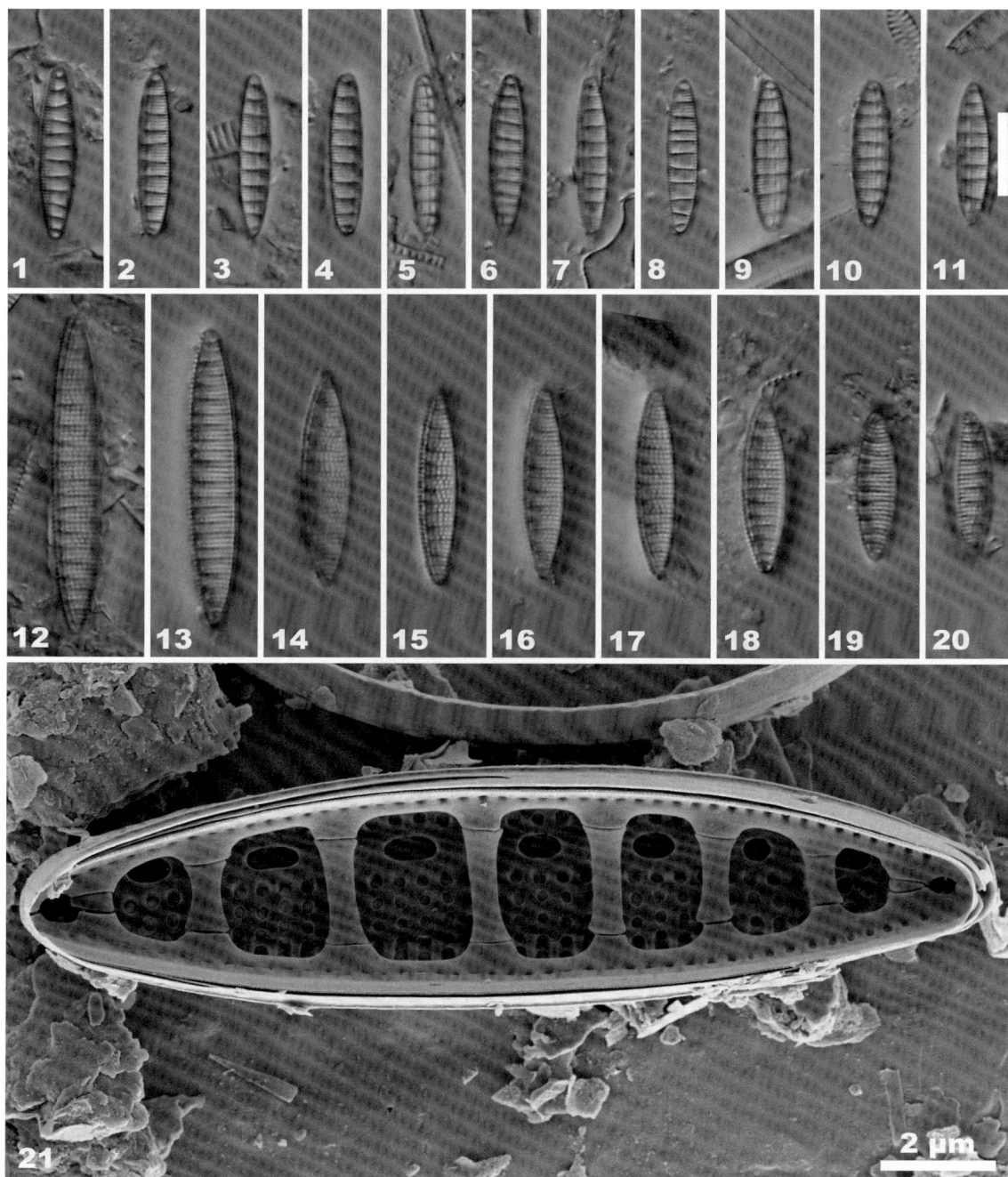

1-11, 21. 华美细齿藻 *Denticula elegans* Kützing; 12-20. 库津细齿藻 *Denticula kuetzingii* Grunow

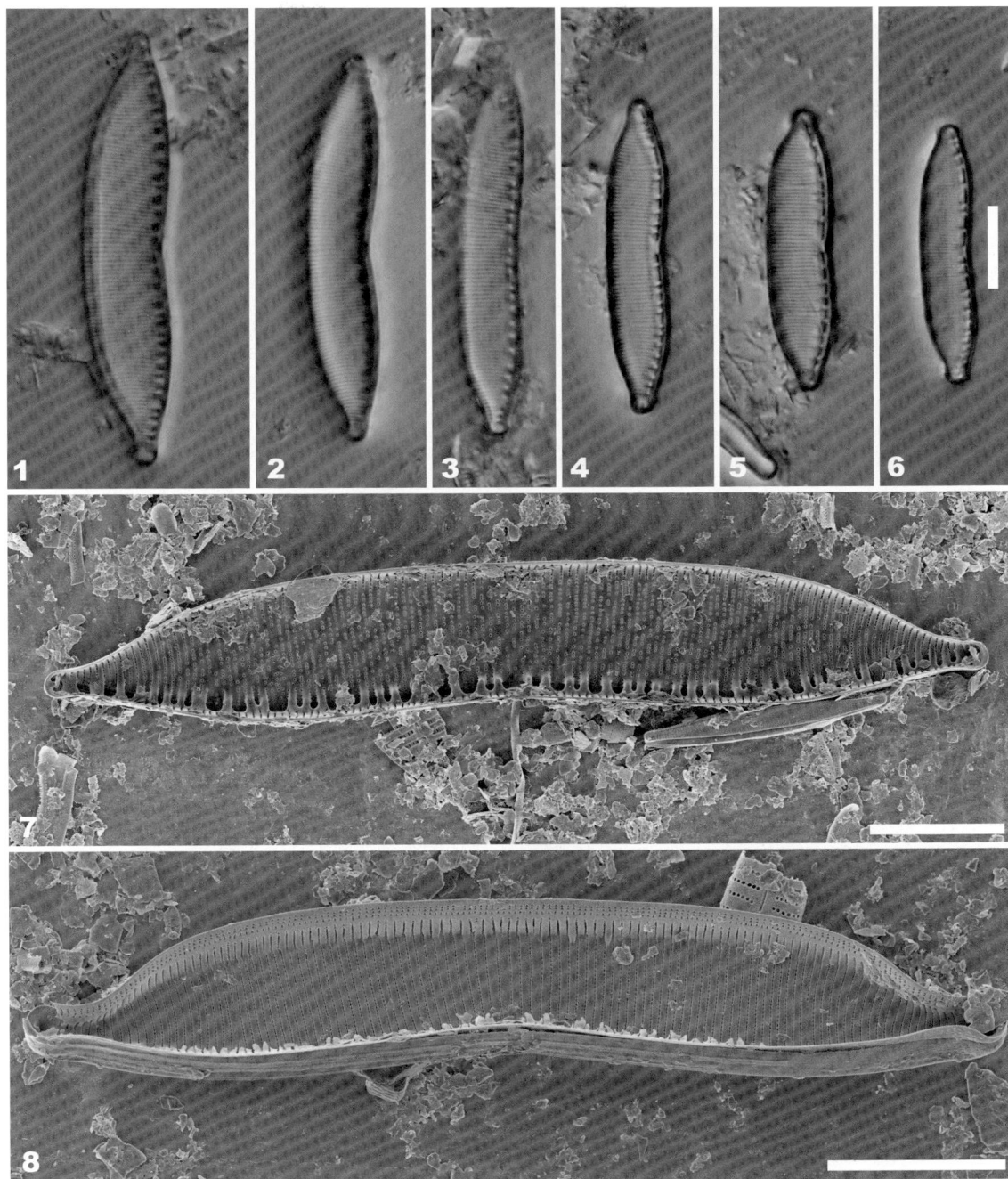

1, 7. 丰富菱板藻 Hantzschia abundans Lange-Bertalot; 2-6, 8. 两尖菱板藻 Hantzschia amphioxys (Ehrenberg) Grunow

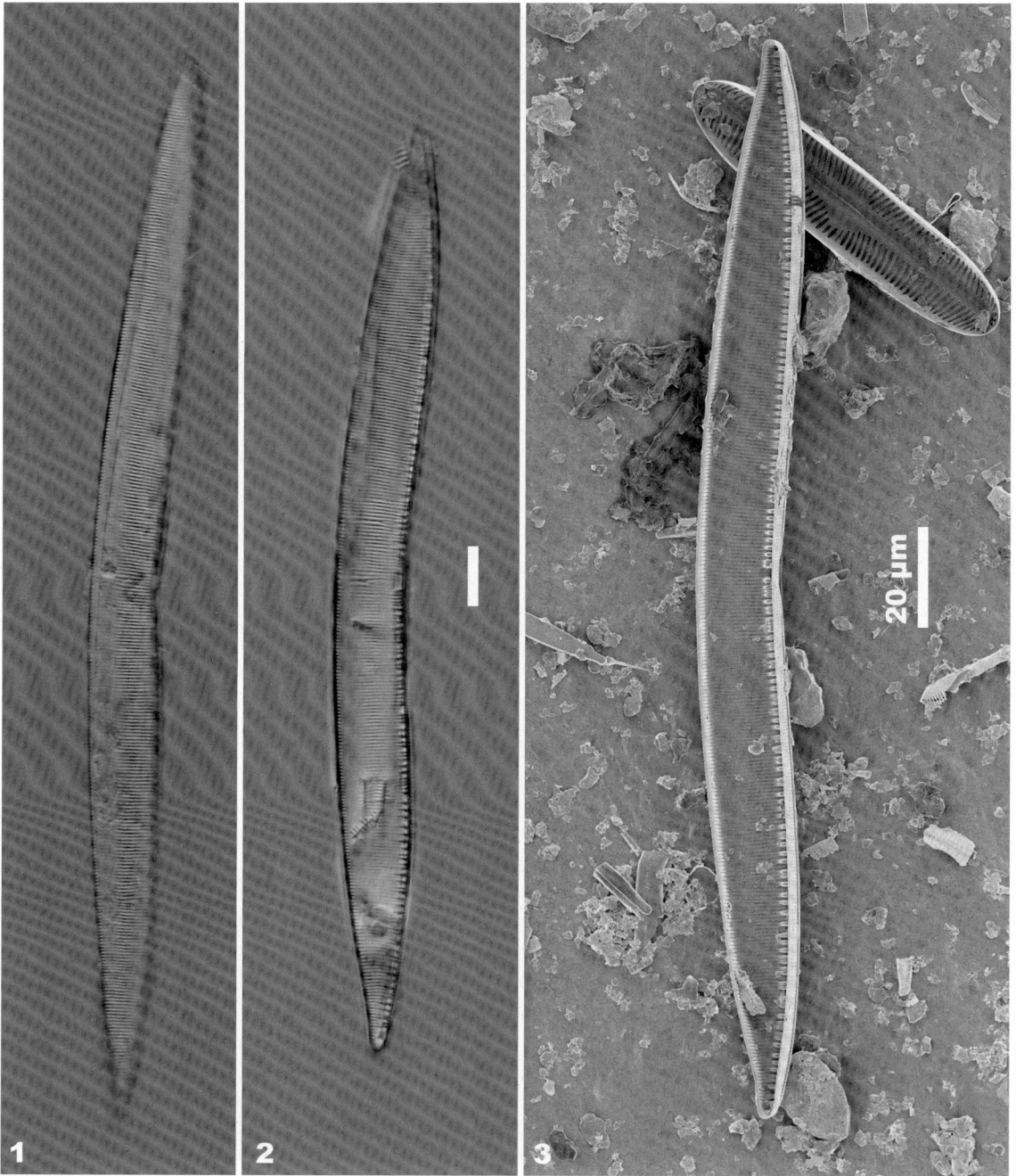

1-3. 巴克豪森菱板藻 *Hantzschia barckhausenii* Lange-Bertalot et Metzeltin

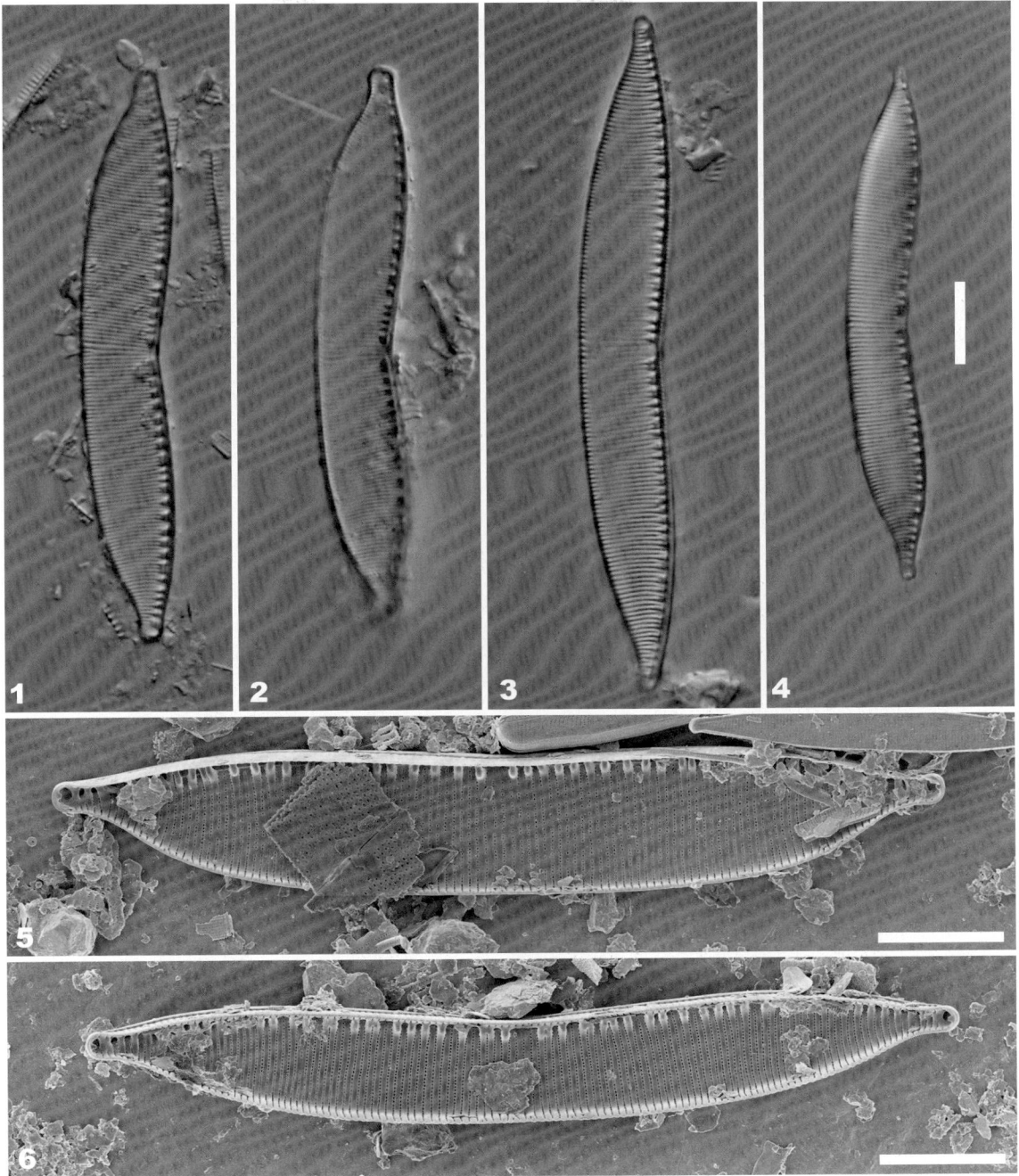

1-2, 5. 密集菱板藻 *Hantzschia compacta* (Hustedt) Lange-Bertalot; 3-4, 6. 活跃菱板藻 *Hantzschia vivacior* Lange-Bertalot

图版 144

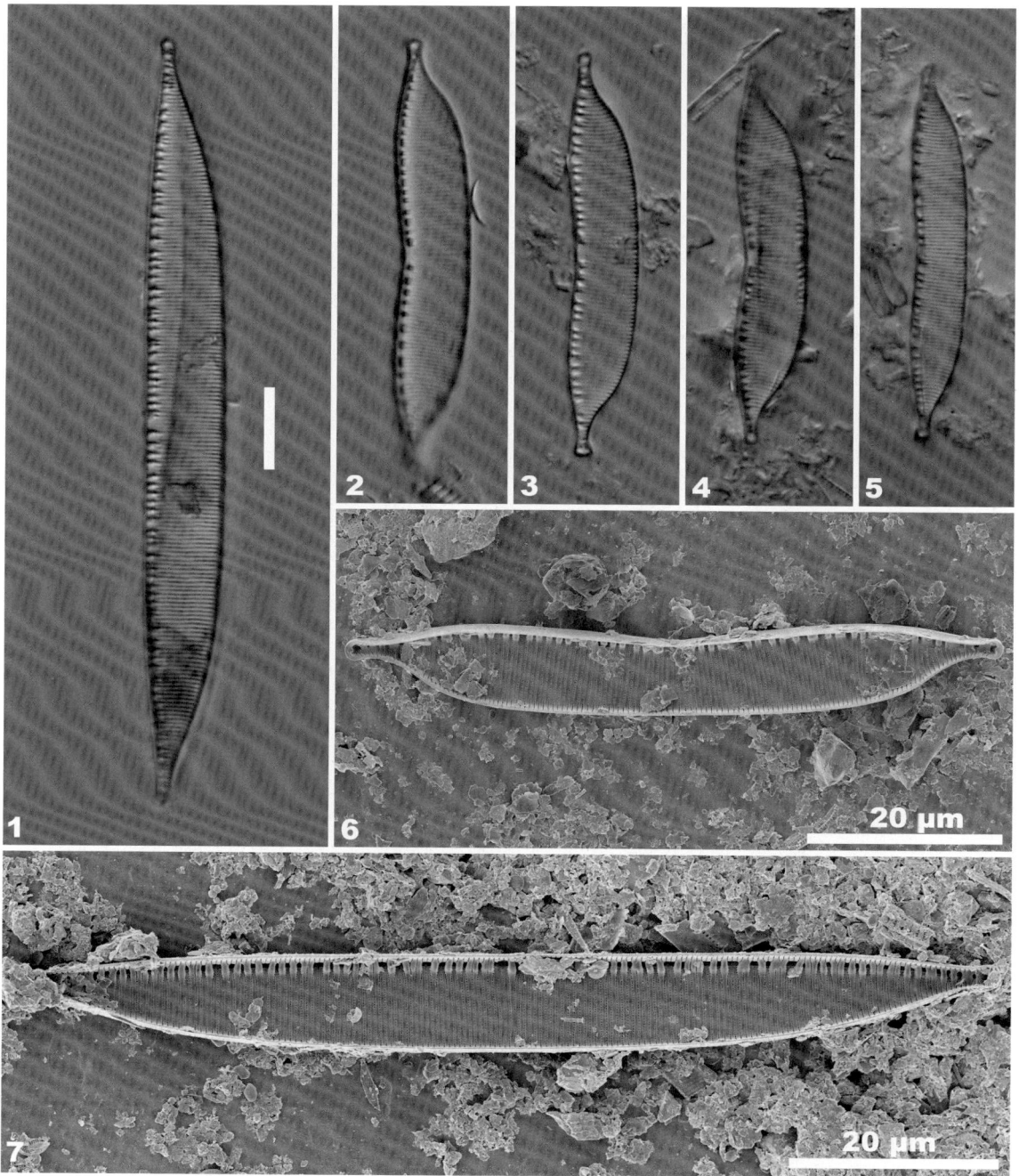

1, 7. 长命菱板藻 *Hantzschia vivax* (Smith) Grunow; 2-6. 伊犁菱板藻 *Hantzschia yili* You et Kociolek

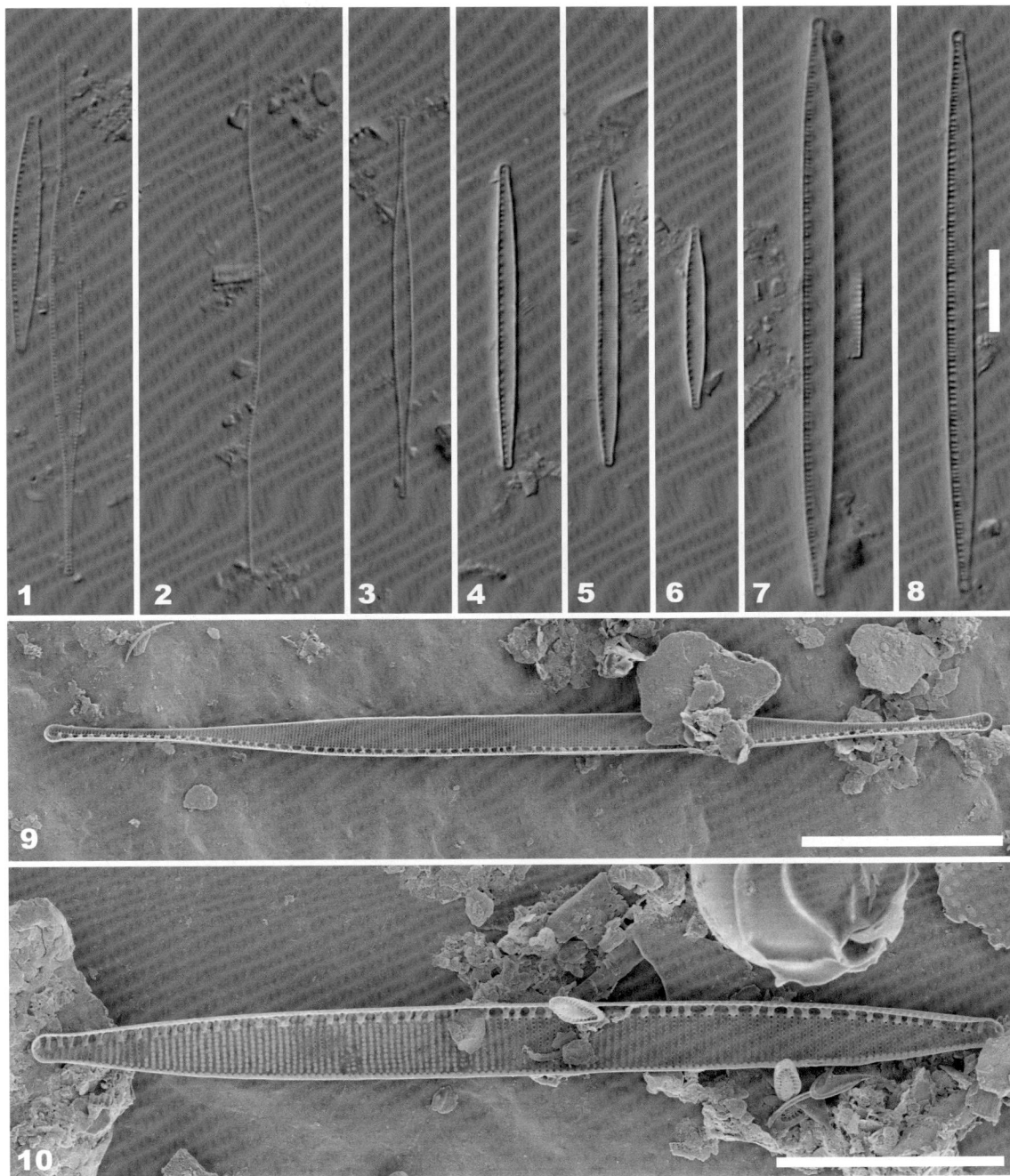

1-3, 9. 针形菱形藻 *Nitzschia acicularis* (Kützing) Smith; 4-6, 10. 喜酸菱形藻 *Nitzschia acidoclinata* Lange-Bertalot; 7-8. 尖端菱形藻 *Nitzschia acula* (Kützing) Hantzsch

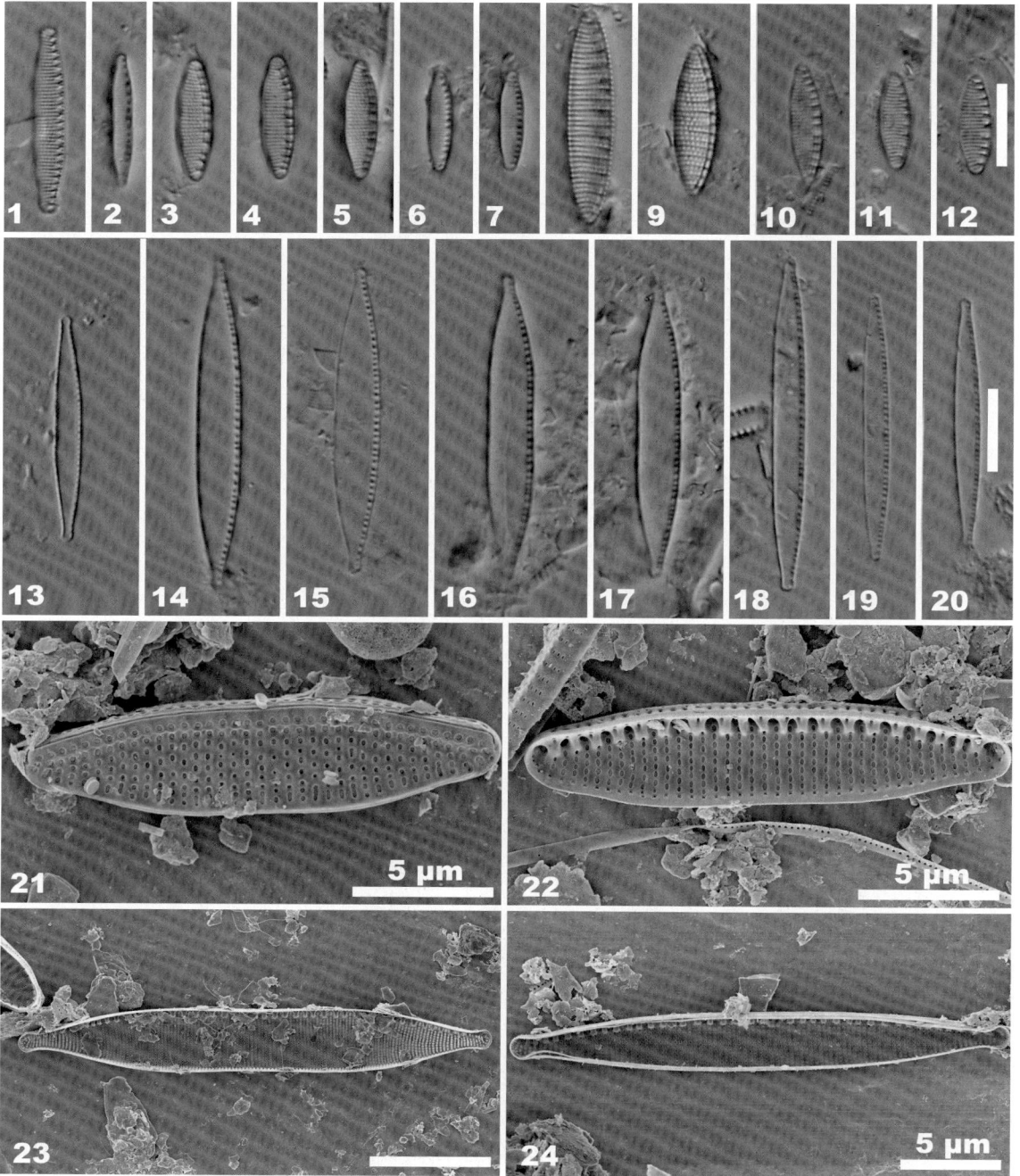

图版 146

1-7, 21. 高山菱形藻 *Nitzschia alpina* Hustedt; 8-12, 22. 两栖菱形藻 *Nitzschia amphibia* Grunow; 13. 阿奇菱形藻 *Nitzschia archibaldii* Lange-Bertalot; 14-17, 23. 小头端菱形藻 *Nitzschia capitellata* Hustedt; 18-20, 24. 小头端菱形藻细喙变种 *Nitzschia capitellata* var. *tenuirostris* (Grunow) Bukhtiyarova

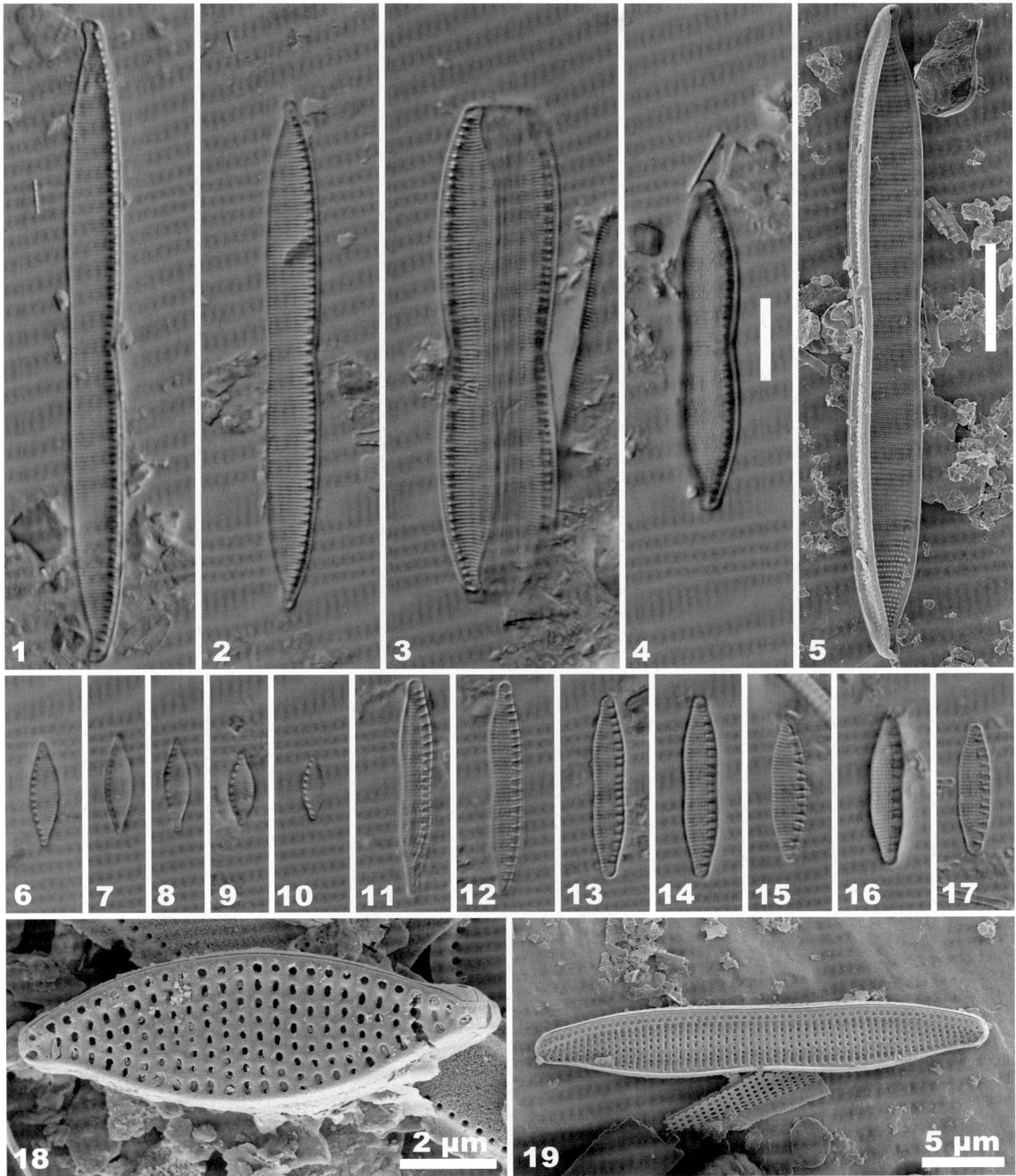

1-5. 多变菱形藻 *Nitzschia commutata* Grunow; 6-10, 18. 迪尔菱形藻 *Nitzschia dealpina* Lange-Bertalot et Hofmann; 11-17, 19. 定日菱形藻 *Nitzschia dingrica* Jao et Lee

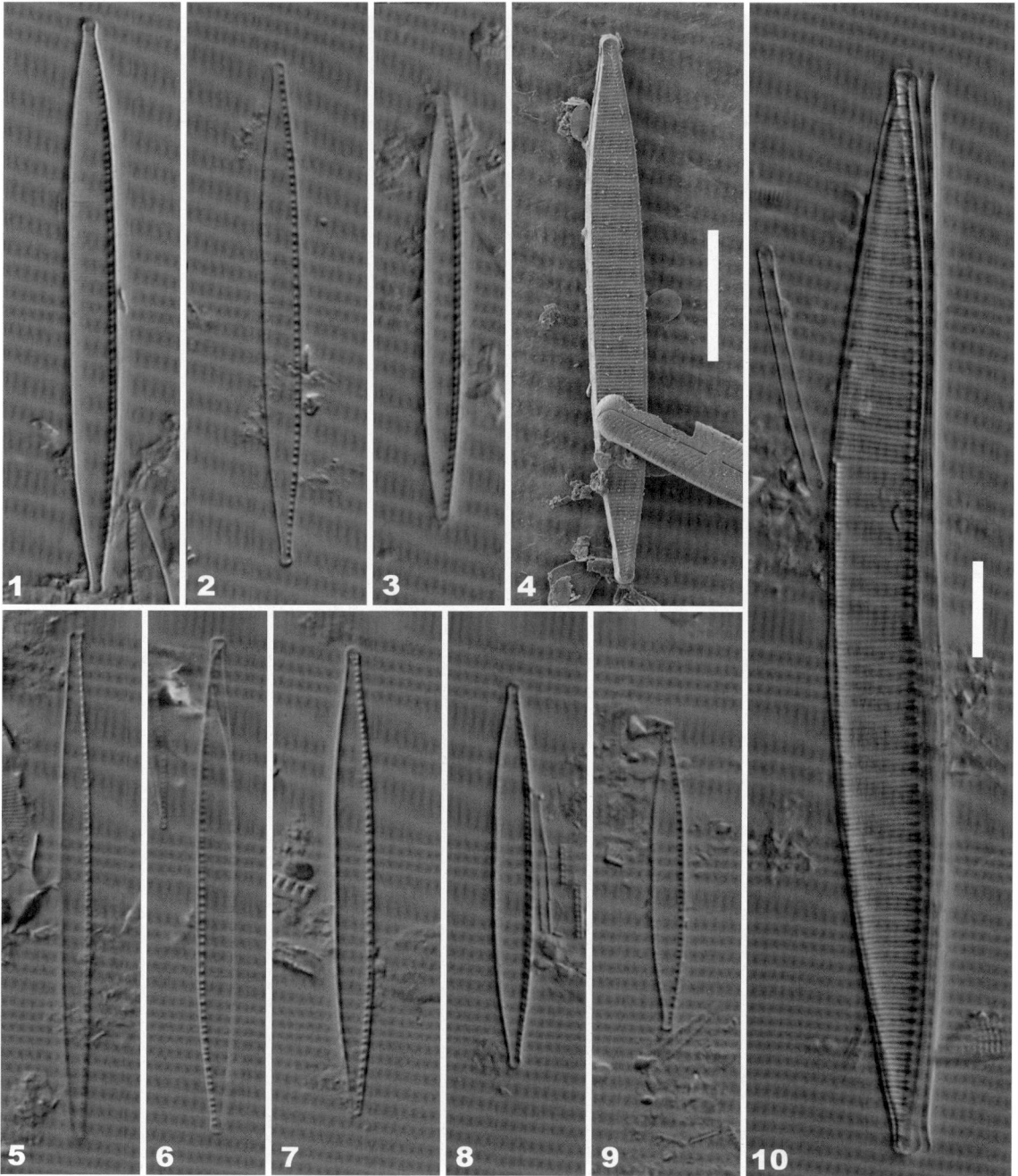

1-4. 多样菱形藻 *Nitzschia diversa* Hustedt; 5-9. 纤细菱形藻 *Nitzschia exilis* Sovereign; 10. 额雷菱形藻 *Nitzschia eglei* Lange-Bertalot

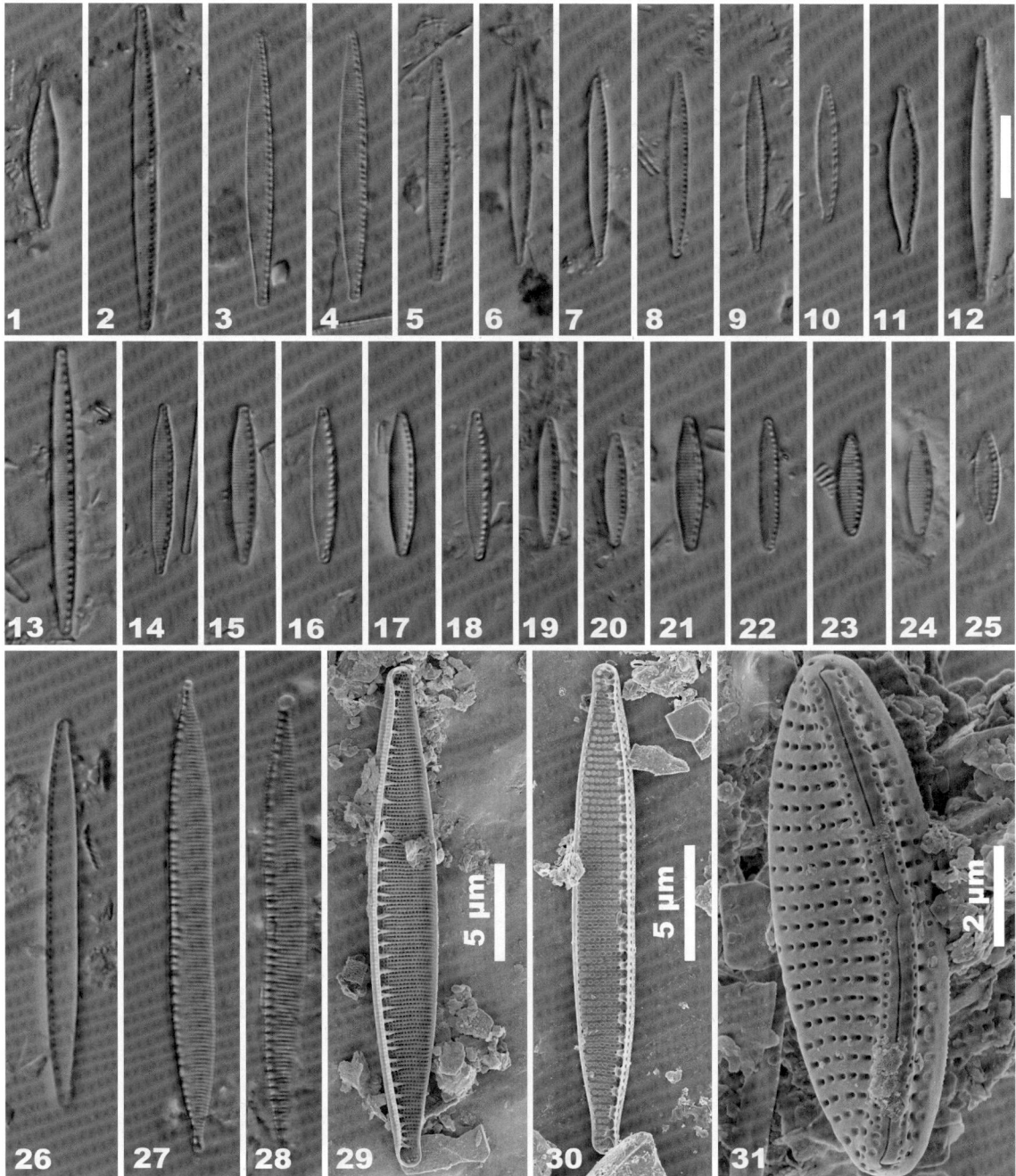

1. 华丽菱形藻 Nitzschia elegantula Grunow; 2-10, 29. 泉生菱形藻 Nitzschia fonticola (Grunow) Grunow; 11. 溪生菱形藻 Nitzschia fonticoloides Sovereign; 12. 化石菱形藻 Nitzschia fossilis (Grunow) Grunow; 13-20, 30. 小片菱形藻 Nitzschia frustulum (Kützing) Grunow; 21-25, 31. 平庸菱形藻 Nitzschia inconspicua Grunow; 26. 费拉扎菱形藻 Nitzschia ferrazae Cholnoky; 27-28. 吉塞拉菱形藻 Nitzschia gisela Lange-Bertalot

图版 149

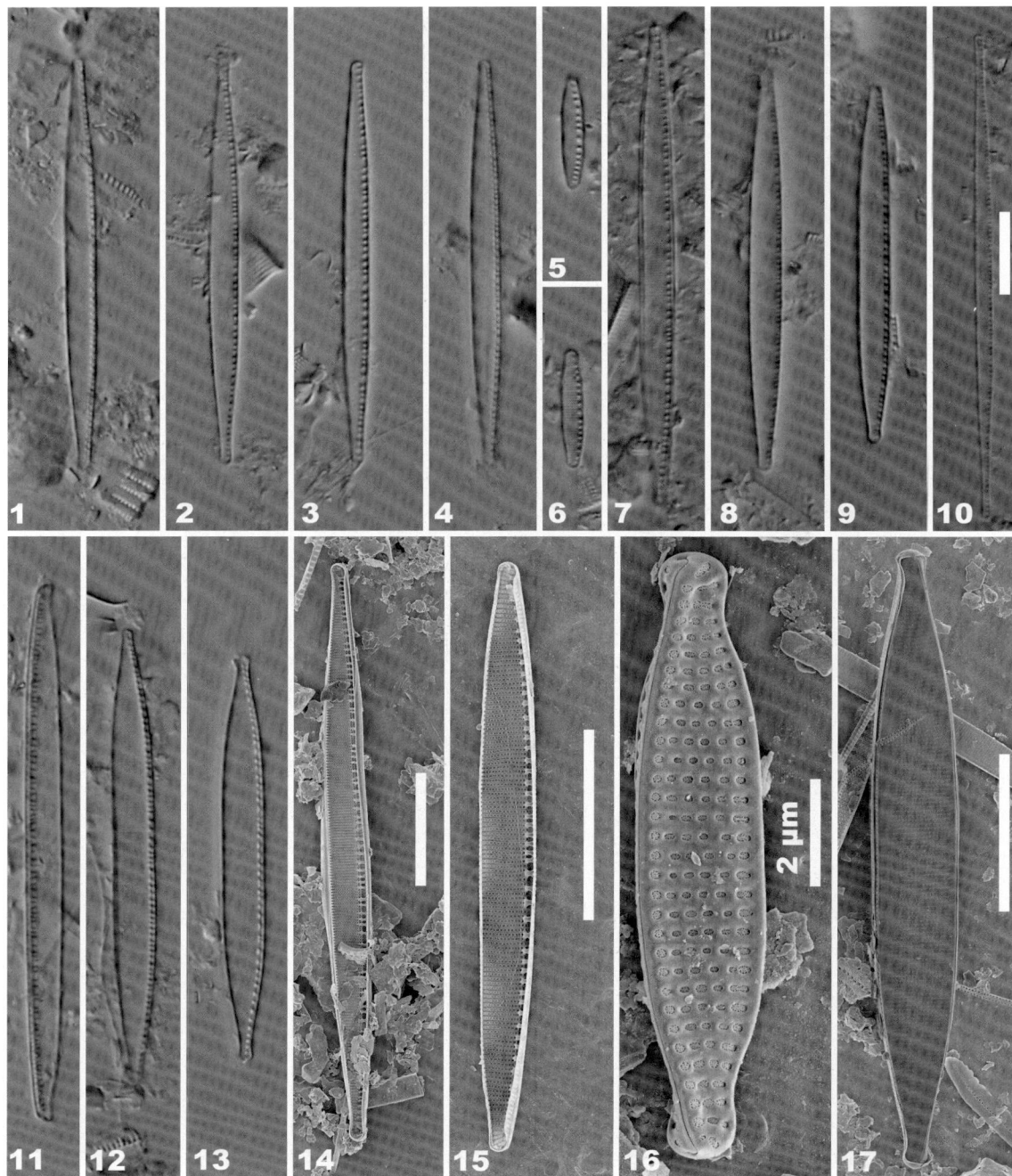

1-4, 14. 细长菱形藻 *Nitzschia gracilis* Hantzsch; 5-6. 汉茨菱形藻 *Nitzschia hantzschiana* Rabenhorst; 7-9, 15. 中型菱形藻 *Nitzschia intermedia* Hantzsch ex Cleve et Grunow; 10. 稻皮菱形藻 *Nitzschia paleacea* (Grunow) Grunow; 11. 线形菱形藻 *Nitzschia linearis* Smith; 12-13, 17. 谷皮菱形藻 *Nitzschia palea* (Kützing) Smith; 16. 小头菱形藻 *Nitzschia microcephala* Grunow

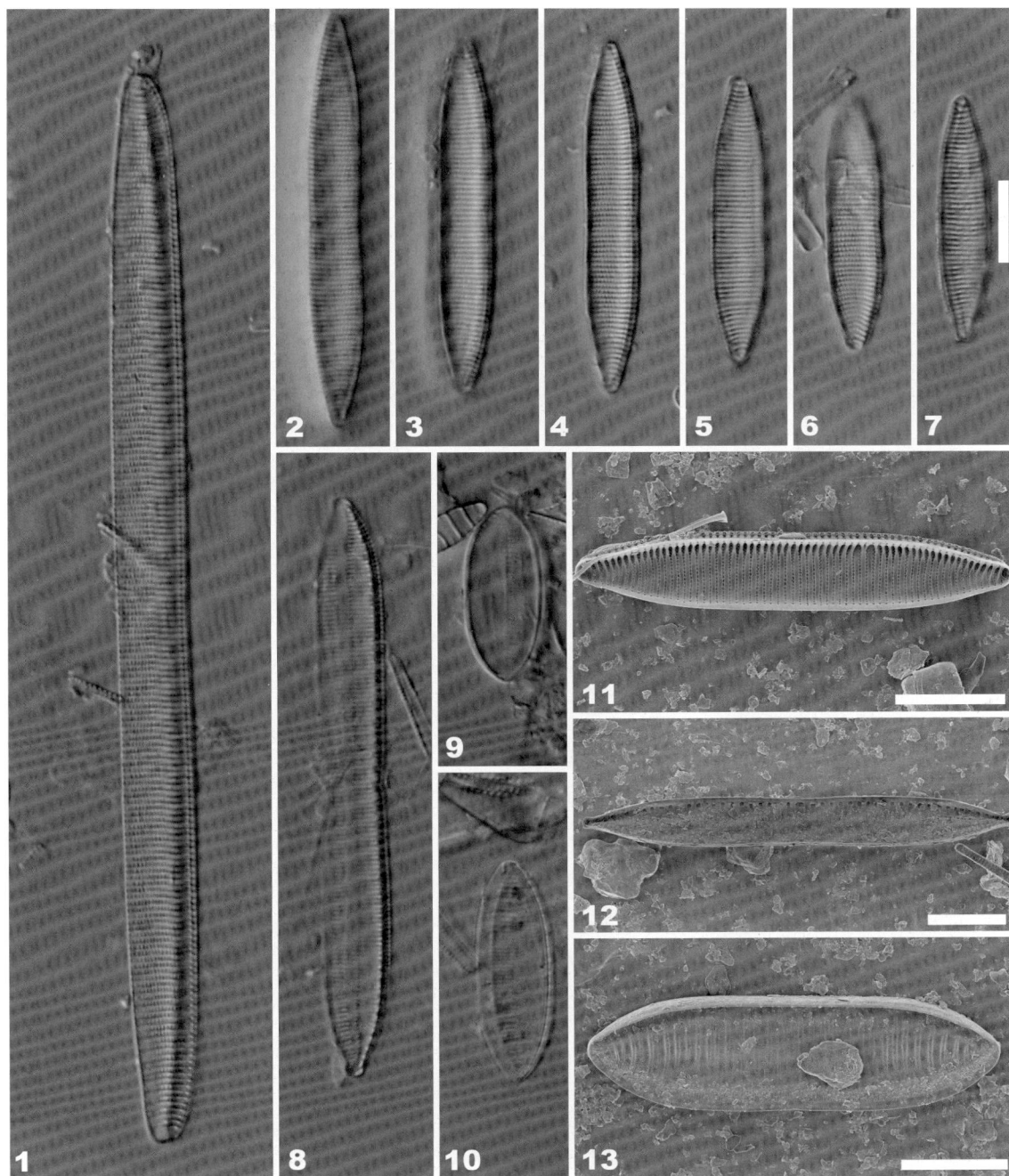

1. 渐窄盘杆藻 *Tryblionella angustata* Smith; 2-7, 11. 狭窄盘杆藻 *Tryblionella angustatula* (Lange-Bertalot) Cantonati et Lange-Bertalot; 8, 12. 细尖盘杆藻 *Tryblionella apiculata* Gregory; 9. 细弱盘杆藻 *Tryblionella debilis* Arnott ex O'Meara; 10, 13. 维多利亚盘杆藻 *Tryblionella victoriae* Grunow

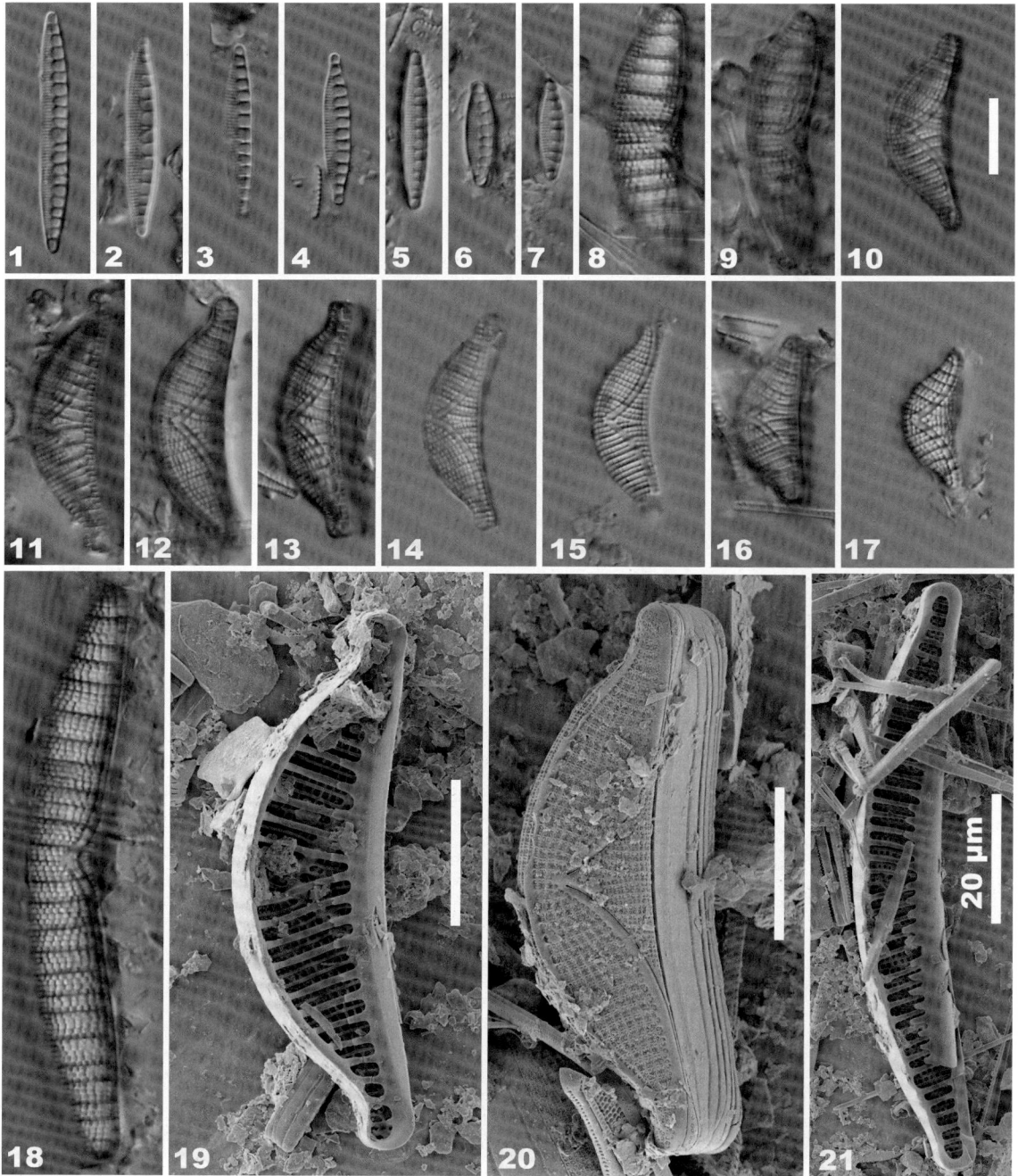

1-7. 索尔根格鲁诺藻 *Grunowia solgensis* (Cleve-Euler) Aboal; 8-9. 弗里克窗纹藻 *Epithemia frickei* Krammer; 10-17, 19-20. 鼠形窗纹藻 *Epithemia sorex* Kützing; 18, 21. 膨大窗纹藻 *Epithemia turgida* (Ehrenberg) Kützing

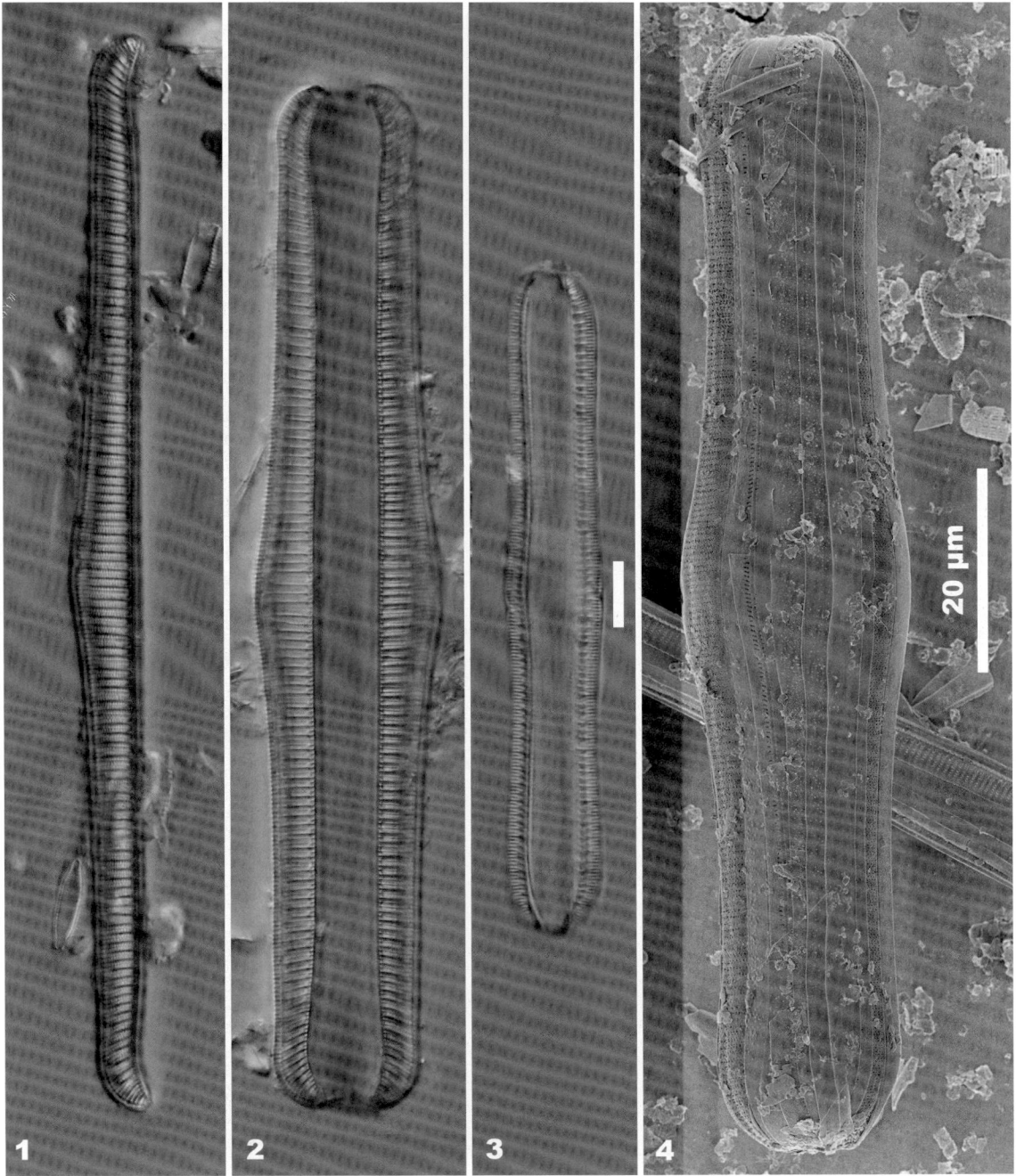

1-4. 弯棒杆藻 *Rhopalodia gibba* (Ehrenberg) Müller

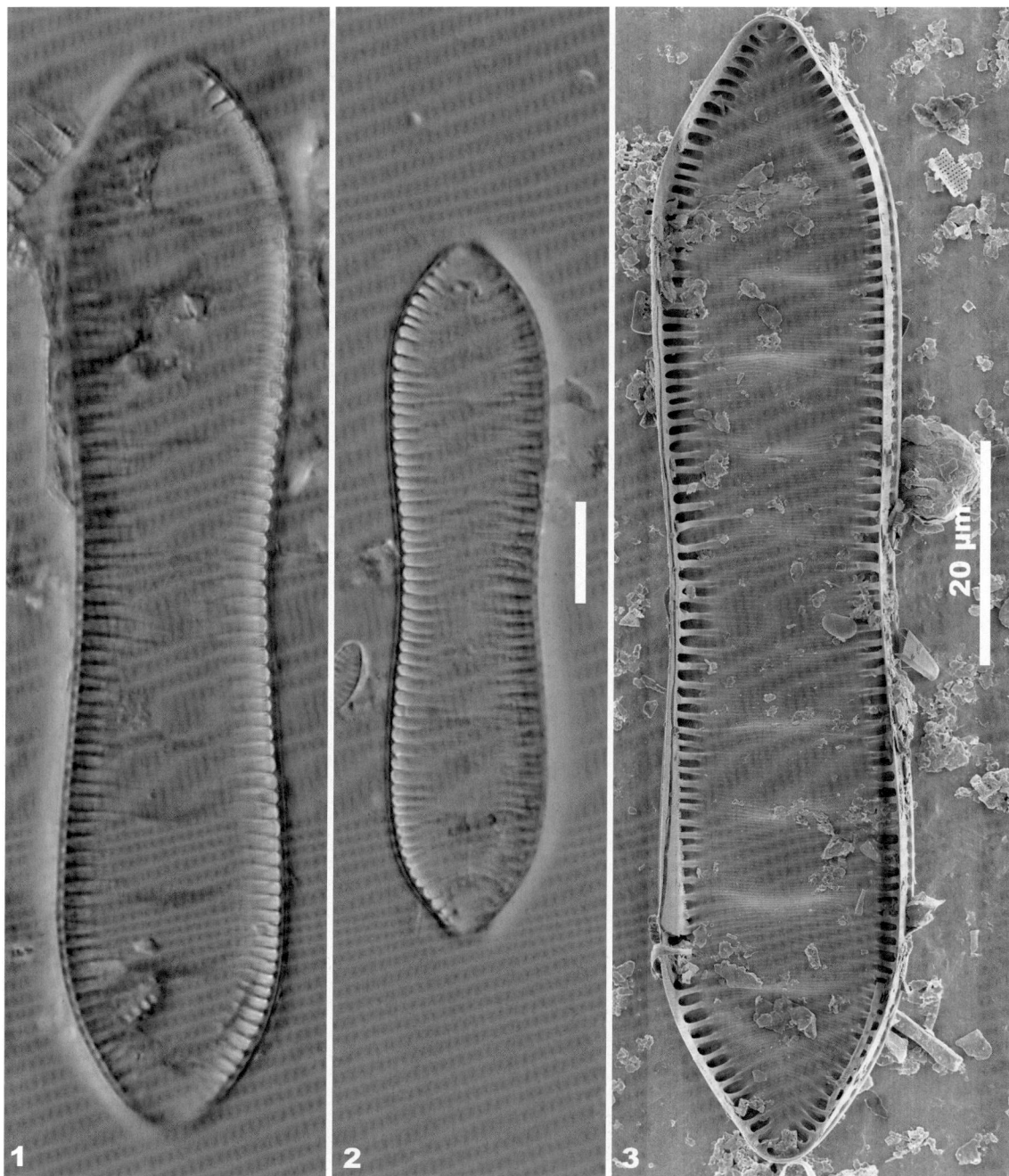

1-3. 草鞋形波缘藻 *Cymatopleura solea* (Brébisson) Smith

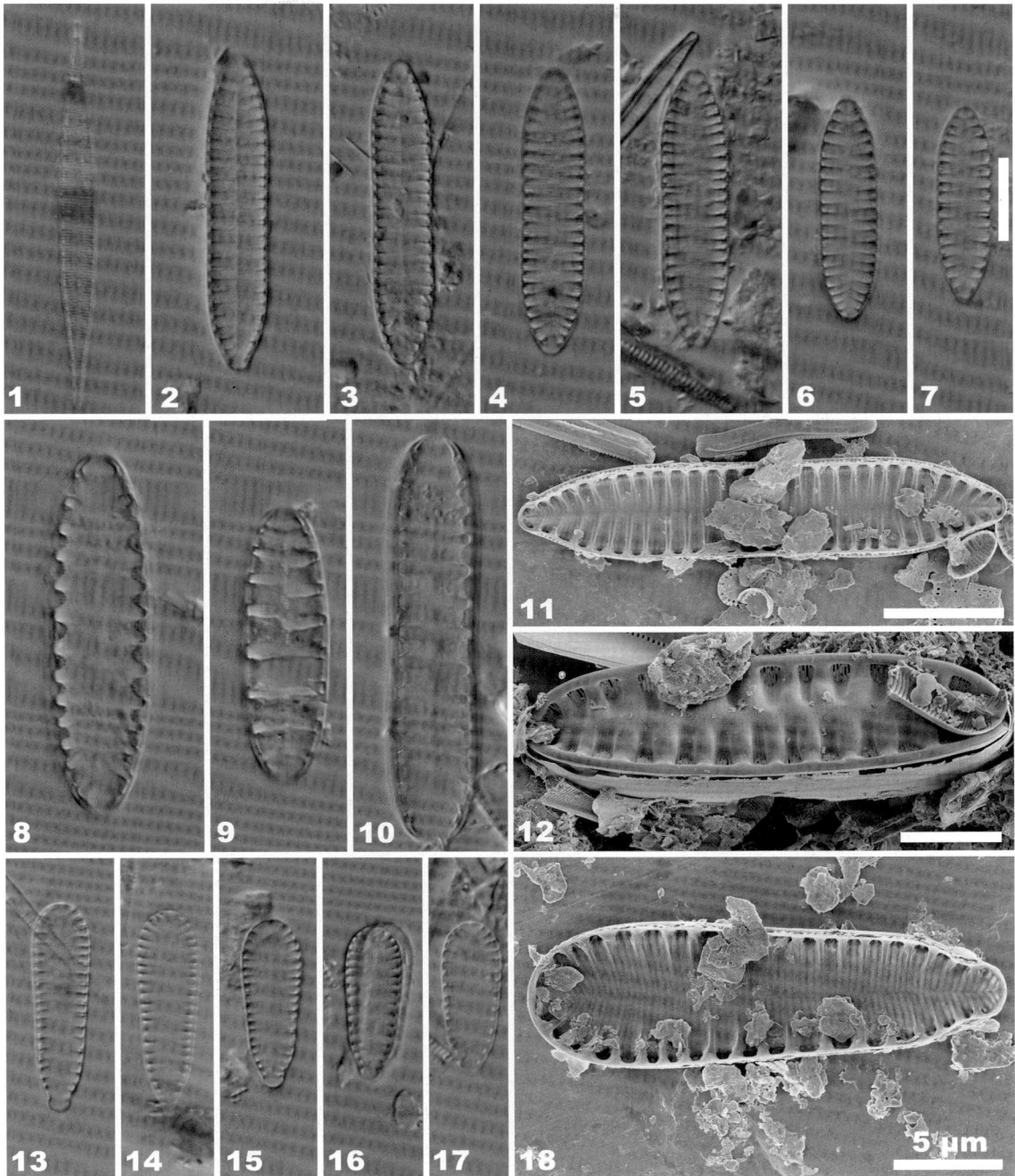

1. 优美长羽藻 *Stenopterobia delicatissima* (Lewis) Brébisson ex Van Heurck; 2-7, 11. 窄双菱藻 *Surirella angusta* Kützing; 8-9. 岛双菱藻 *Surirella islandica* Østrup; 10, 12. 线性双菱藻 *Surirella linearis* Smith; 13-18. 微小双菱藻 *Surirella minuta* Brébisson ex Kützing